起步之举 发展之路

——新时期道路运输业发展大调研成果汇编

交通运输部道路运输司

内容提要

本书是交通运输部“新时期道路运输业发展大调研”相关重要文件和调研成果汇编，大调研活动围绕影响道路运输业全局的10个重大课题深入调查研究，掌握了全面、翔实、宝贵的第一手资料，完成了10个专题调研报告，摸清了我国道路运输业发展现状，总结了发展经验，找出了存在的问题和薄弱环节，分析了产生问题的症结和深层次原因，从行业实际出发提出了解决问题的思路和对策。

本书的调研成果对推动新时期交通运输业科学发展，具有重要的战略意义和现实意义。

图书在版编目（CIP）数据

起步之举　发展之路：新时期道路运输业发展大调研成果汇编/交通运输部道路运输司编. —北京：人民交通出版社，2010.1
ISBN 978-7-114-08041-8

Ⅰ.起... Ⅱ.交... Ⅲ.公路运输-交通运输业-经济发展-调查报告-中国 Ⅳ.F542.3

中国版本图书馆 CIP 数据核字（2009）第 240767 号

Qibuzhiju Fazhanzhilu-Xinshiqi Daolu Yunshuye Fazhan Dadiaoyan Chengguo Huibian

书　　名：起步之举　发展之路——新时期道路运输业发展大调研成果汇编
著 作 者：交通运输部道路运输司
责任编辑：王振军　顾燏鲁　何　亮
出版发行：人民交通出版社
地　　址：（100011）北京市朝阳区安定门外外馆斜街3号
网　　址：http://www.ccpress.com.cn
销售电话：（010）85285969，85285580
总 经 销：北京金飞图书发行中心
印　　刷：北京鑫正大印刷有限公司
开　　本：880×1230　1/16
印　　张：26.5
字　　数：537千
版　　次：2010年1月　第1版
印　　次：2010年1月　第1次印刷
书　　号：ISBN 978-7-114-08041-8
印　　数：0001－8000册
定　　价：60.00元
（如有印刷、装订质量问题的图书由本社负责调换）

编委会

主　　任：冯正霖

副 主 任：李　刚

委　　员：徐亚华　王水平　王志民　葛　方　李先友
　　　　　郑黎明　高洪涛　李和平　张　云　李晓希
　　　　　杨细平　郑　勇

编写组

主　　编：李　刚

副 主 编：徐亚华　王水平

主要成员：李华中　杨　清　汪学君　张平平　孔卫国
　　　　　吕全德　石先平　谭衡鸣　邱小发　李时锋
　　　　　李志强　徐文强　蔡团结　谢家举　俞卫江
　　　　　战榆林　刘美银　李华强

前言

党的十七大确定加快行政管理体制改革，加大机构整合力度，探索实行职能有机统一的大部门体制。十一届全国人大一次会议通过了《国务院机构改革方案》，决定组建交通运输部。根据交通运输部“三定”规定，2009 年 3 月正式成立道路运输司。全国城乡道路运输开始实行统一管理，我国道路运输业发展进入发挥比较优势、促进综合运输体系发展的新阶段，掀开了新的一页。

道路运输司起步伊始，工作千头万绪。在深入分析行业发展面临形势和任务的基础上，部按照“三个服务”和构建综合运输体系的要求，集中四个月的时间，组织全国省（区、市）、新疆生产建设兵团和计划单列市交通运输部门，围绕事关道路运输业长远发展、社会关注度高的 10 个重大问题，开展了新时期道路运输业发展大调研活动。

这次新时期道路运输业发展大调研活动，是我国道路运输发展史上规模最大、范围最广、程度最深的一次调研活动。部党组和各级交通运输主管部门及道路运输管理部门对大调研活动高度重视，把大调研作为巩固和扩大学习实践科学发展观活动成果、推动道路运输业科学发展、建设综合运输体系的重大举措。李盛霖部长对开展大调研作出重要批示，冯正霖副部长主持召开全国交通运输系统大调研动员电视电话会议并作重要讲话，部专门下发通知进行部署。道路运输司对调研开展的各环节加强督促指导。10 个调研牵头省交通运输厅和道路运输管理部门成立了领导小组和调研机构，抽调精干力量，建立联合调研机制，吸收地方党委、政府有关部门和科研机构的力量，形成了工作合力。在调研过程中，各单位发扬求真务实、高度负责的作风，扎实深入调研，科学研究分析，精心组织归纳，既调研以往工作经验，又借鉴国内外先进成果，组织对调研报告反复讨论修改，数易其稿，精益求精，不断完善。在全行业的共同努力下，这次大调研活动获得圆满成功，不仅形成了10份高质量、高水平的调研报告，取得了丰硕调研成果，也通过调研增进了交流、锻炼了队伍、鼓舞了士气、解放了思想、凝聚了力量。交通运输部组织召开了新时期道路运输业发展大调研成果总结汇报会，10个专题调研报告得到了部领导的高度肯定和部机关司局、部属单位的一致赞同，调研活动及其成果在行业内外产生了积极影响。

为方便交通运输行业各单位参考和查阅这次大调研成果，现将大调研的有关重要文件和调研报告进行汇编出版。这是全行业共同努力的成果，是大家集体智慧的结晶。希望全行业特别是道路运输管理部门，大兴调研之风，积极促进调研成果的转化应用，大力调整结构，促进产业升级，转变发展方式，引领道路运输业走上新的发展之路。

当前，我国正处于加快发展现代交通运输业、构建综合运输体系的关键时期。道路运输工作和道路运输管理部门使命光荣，任重道远。新时期道路运输业发展大调研活动只是我们探索道路运输工作规律、促进道路运输业发展的开始。在部党组的正确领导下，只要全行业深入贯彻落实科学发展观，团结一心、创新进取、扎实工作，我们就一定能够开创现代道路运输业发展的新局面，不断为国民经济和社会发展作出新的更大贡献。

交通运输部道路运输司

二〇〇九年十二月十八日

目　录

领导讲话及相关文件

调 研 报 告

领导讲话及相关文件

李盛霖部长在新时期道路运输业发展大调研成果总结汇报会上的讲话

（2009年11月26日）

同志们：

这次新时期道路运输业发展大调研成果总结汇报会是一个很重要的会议，开得很好。刚才，我听了六位同志的发言，下午四个发言材料我也看了，这十个调研专题确实给人很多启发。这次新时期道路运输业发展大调研活动，是我国道路运输发展史上规模最大、范围最广、程度最深的一次调研活动。这次调研取得的成果，对推进新时期交通运输行业实现又好又快发展，具有积极的现实意义和重要的战略意义。

这次大调研活动开展了四个月时间。这期间，各省(区、市)、计划单列市交通运输部门和道路运输管理机构积极参加。按部里的统一部署，部党组由正霖同志主抓，部机关由道路运输司牵头协调，机关其他司局积极配合。道路运输司刚成立不久，就组织这样大规模的调研活动，工作很努力、很负责、很认真，高质量、高水平地完成了这次调研任务。在此，我代表部党组，向积极参与这次调研活动的各有关单位和同志们表示衷心的感谢，向各省交通运输厅和道路运输系统广大干部职工表示诚挚的问候。

对今天这次会议，正霖同志下午还要做全面总结。我结合听到的和看到的材料，谈两个方面的感受：

一、这次调研活动取得了显著成效，要努力推动调研成果的转化和应用

这次调研活动组织的十个专题，对道路运输业若干重大问题形成了共识。通过调研活动，摸清了道路运输业发展的现状，总结了多年来道路运输业工作的经验，同时也找出了新时期道路运输业发展存在的问题和薄弱环节，分析了问题的症结和深层次的原因，从行业实际出发提出了解决问题的思路和对策。这些意见、思路和解决问题的对策，对整个交通运输行业的发展都会产生积极的作用。这些作用，可以概括为“三个有利于”：

*第一，有利于交通运输行业的结构调整和增长方式的转变。*交通运输结构调整、交通运输增长方式的转变，是新形势下交通运输行业实现又好又快发展的重要途径。我们今年在应对金融危机的实践过程中，解决了交通运输行业的一些问题，但这些问题只是表面上解决了，还需要从根本上解决。对交通运输业而言，要把交通经济结构的调整搞得更合理，增长方式必须要有根本性的转变。

通过开展这次新时期道路运输业发展大调研活动，我们对道路运输行业的若干问题

形成了新的共识。在一定意义上讲，对整个交通运输行业的结构调整，交通运输行业增长方式的转变，都有很多很好的启示。特别是这些年交通基础设施建设快速发展，需要交通运输各个方面的发展都要跟上。预计“十一五”末，全国公路总里程要达到400万公里以上。高速公路包括在建的，明年年底接近10万公里。这么大规模的公路建设，怎么实现道路运输业与之协调发展，给我们带来了新的课题。

这次调研活动，对新时期交通运输如何协调发展，如何处理好建设与管理、建设与运输的关系，会产生积极的作用。河南省交通运输厅牵头调研的课题在汇报发言中，提出了车辆技术和机动车维修市场管理存在的“四个不适应”，并就解决这“四个不适应”提出了五条建议。这些建议都很实在。我们这次大调研取得的成果，对交通运输结构的调整、关系的理顺和行业协调发展，都将起到很好的引导作用。

在交通运输行业的增长方式方面，节能减排越来越重要。2007年，交通运输加上仓储方面的能耗，约占全国能耗的8%，其中道路运输和水运能耗约占5%。交通运输占原油消耗量的34%左右，其中道路运输和水运就占20%。这充分说明，交通运输是节能减排的重要领域，而节能减排的重要环节在运输。这次的调研活动中，几个专题调研报告都提到了道路运输如何节能减排，对交通运输行业管理提出了很多很好的建议。这些调研成果，对交通运输行业如何走出一条资源节约型、环境友好型的发展路子，提供了重要的理论依据和实践基础。

第二，有利于“三定”方案的实施。这次全国的政府机构改革，交通运输部门的机构改革是一个重点，中央成立了交通运输部，国务院在今年年初正式下发了交通运输部的“三定”方案，随之全国各省(区、市)交通运输部门的机构也进行了调整。这次机构改革，交通运输部门加强运输工作是一个特点，至少有三个方面：一是组建了交通运输部，原交通部加上了“运输”二字。当然，过去的交通概念里也有运输的内涵，但交通运输部成立后，明确提出了不仅有交通而且有运输。二是交通运输部成立后，增加了两个司局，其中一个就是道路运输司。三是在职能的调整上，增加了强化运输管理的职能，国务院对交通运输部“三定”方案的七项职能作了调整，运输管理有三项职能得到强化。

道路运输是交通运输的重要组成部分。这次大调研重点围绕道路运输行业开展。这次大调研不仅符合机构改革的总体要求，同时也为国务院确定的交通运输部“三定”方案的顺利实施，创造了很多有利的条件。刚才听了两个发言，一个是山西省交通运输厅牵头调研的课题汇报，就道路运输管理机构职能调整、队伍建设等问题作了发言。另外，广东省交通运输厅牵头调研的课题汇报，就运输枢纽、场站、轨道(规划)建设与运营管理调研成果作了发言。这些发言，对交通运输部门如何落实国务院明确的交通运输部的新职能，像城市交通管理、运输枢纽、场站、轨道交通管理等，都是重要的建言献策。

第三，有利于工作作风的转变。这次调研活动从开始就强调“力戒搞形式、务求出实效”，原则是“创新、深入、务实、协作”。这次调研坚持和发扬了求真务实、深入细致的作风，坚持和发扬了密切配合、团结协作的作风，坚持和发扬了高度负责、政令畅通的作风。应该讲，大调研活动做到了精心筹划、周密安排、深入实际、深入基层、深入一线，在整个调研活动中注意不走过场、不搞形式。另外，各地、各部门在调研过程中锻炼了队伍、凝聚了智慧。这些经验和做法，是我们宝贵的精神财富，我们一定要很好地坚持下去。

我这里想强调的是，要努力推动调研成果的转化和应用，这是我们搞大调研的最终目的。特别是当前我国改革发展稳定各项事业在加速调整、不断深化的大背景下，加强调查研究非常重要，有利于积极应对挑战、抢抓机遇、谋划长远，也有利于找准重点、回应热点难点。对调研成果，我们一定要抓好下一步的转化工作，根据实际工作需要和政策措施的轻重缓急，把调研成果与明年的交通运输工作安排结合起来，与“十二五”规划的编制结合起来。要把调研成果充分运用到明年的交通运输工作中去，充分运用到“十二五”交通运输发展规划的编制中去，使这次调研成果发挥更大的作用。

二、要充分发挥道路运输在现代交通运输业发展中的重要作用

最近一段时间，各地交通运输部门在组织推动今年各项目标任务完成的同时，正在研究考虑明年的工作，着手编制“十二五”规划。研究明年工作和编制“十二五”规划，国务院要求我们要做到三个“冷静”：第一个是冷静思考今年应对金融危机的经验和问题；第二个是冷静思考当前面对的国际国内经济形势和职能；第三个是冷静思考经济长期发展的方向和任务。

按照中央领导同志的要求，部党组在组织全面完成今年各项交通运输目标任务的同时，也组织了对明年工作的安排和“十二五”规划编制工作的研究。我们总的感觉，明年是交通运输系统应对金融危机的重要一年，也是交通运输行业结构调整、发展方式转变的关键一年。按照国家经济发展的总体要求，结合交通运输系统来讲，明年和今后一个时期的交通运输工作，要坚定不移地以科学发展观为统领，以推进现代交通运输业发展为抓手，不断提高“三个服务”的能力和水平。这个总体思路既是我们这些年交通运输行业科学发展实践的总结，也是行业上下今年学习实践科学发展观活动形成的共识。

如何推动现代交通运输业的发展，从整体上讲要从五个方面作出努力：一是继续加强交通基础设施建设，特别是要用现代技术改造现有的设施和装备。二是积极推进综合运输体系的建设。三是继续坚持走资源节约型、环境友好型的发展路子。四是不断扩大交通运输业的服务领域，积极推进现代物流业的发展。五是努力构建和完善交通运输安全和应急保障体系。道路运输业是现代交通运输业的重要组成部分，我们要充分利用这次调研成果，进一步发挥道路运输业在推进现代交通运输业发展中的作用。从这次调研和整体发展要求来看，至少要从以下四个方面充分发挥作用：

（一）充分发挥道路运输在推进综合运输体系建设中的作用。综合运输是各种运输方

式发展到一定程度的必然要求，也是各种运输手段发展到一定程度的必然结果。综合运输体系的建设，有三大核心任务：建设集约的基础设施系统；建设高效的运输服务系统；建设有力的体制和政策支持系统。道路运输作为重要的运输方式，具有通达率高、覆盖面广，以及机动灵活、组织多样、产品齐全等比较优势和技术经济特点，既可以通过干线公路发挥"大动脉"作用，也可以通过支线公路起到"微循环"效应，道路运输应在综合运输中发挥有效衔接和促进良性互动的骨干力量。只有发挥好道路运输业的比较优势，促进道路运输与其他运输方式的良性互动，实现客运零距离换乘、货运无缝隙衔接，才能真正做到人便于行、货畅其流，这对于加快综合运输体系建设具有非常重要的作用。

另外，从辽宁省交通厅牵头调研的道路运输在综合运输体系中的定位与结构调整的成果看，我们这些年的交通运输及道路运输工作取得了很大的成绩，我们的运输生产力得到了快速发展，道路运输能力得到了极大增强。2008 年，全国道路运输行业完成的公路客运量占综合运输体系的92%，完成的货运量占综合运输体系的73%，这说明，道路运输是综合运输体系中，服务范围最广、承担运量最大、运输产品最多样、就业人员最多的运输方式。所以，我们一定要充分发挥好道路运输在综合运输体系中的作用。

(二)充分发挥道路运输在促进现代物流业发展中的作用。物流业是融合运输业、仓储业、货代业和信息业的复合型服务产业，是国民经济的重要组成部分。交通运输既是物流的重要环节和依托的载体，也是物流系统的重要支撑和基础功能。最近的一份资料显示，物流的总费用占国民生产总值的比重，发达国家占 9% ~10%，我国 1994 年占 24%，2000 年占 19.4%，2008 年占 18.1%，今年上半年占 18%。对我国来讲，每降低一个百分点，全国就可以为企业增加 2800 亿元的效益。物流总费用当中，交通运输占 55%，仓储占 32% ~33%，其他方面占 13%。因此，运输的合理化是提高物流组织化水平的重要内容，是降低供应链成本、提高效率的重要手段。现代物流业的发展对道路运输货运产生了重大的积极影响，既为货运业发展提供了更大的空间，也对运输组织结构和车辆配置提出了更高的要求。湖北省交通运输厅牵头调研的课题在汇报发言中，对道路运输促进现代物流业发展归纳的"七个不适应"，非常客观和符合实际。这次的调研成果充分说明，只有用规模化、集约化、公司化的理念，积极鼓励道路运输企业用现代科学技术和管理手段，提高企业的管理水平和运营效率，加快消除区域封锁和市场壁垒，积极培育一批信誉高、服务好、规模大、有竞争实力的道路运输龙头和骨干企业，才能提高道路运输企业在物流供应链中的核心竞争力，为现代物流业发展提供专业化、标准化、规范化的货运服务。只有加快提升道路货运管理信息化水平，才能加强运输和物流的融合，更好地满足现代交通运输业和现代物流业发展的需要。我们要以国务院印发的《物流业调整和振兴规划》为契机，用现代物流的理念来改造传统道路货运业，完善道路货运发展的政策体系，提高道路货运的组织化、网络化程度，促进市场资源的合理配置。

(三)充分发挥道路运输对促进城乡交通一体化的作用。实现城乡协调发展，是构建社会主义和谐社会的重要内容。发展农村运输，是交通运输工作服务“三农”最直接、最有效的举措。党的十七届三中全会强调，要逐步形成城乡公交资源相互衔接、方便快捷的客运网络。推动城乡交通一体化，既是城乡协调发展的基础保障，也是促进经济社会和谐发展的重要条件。刚才，听了江苏省交通运输厅牵头调研的统筹城乡道路客运协调发展的调研成果汇报，从调研结果来看，要推进城乡交通一体化，关键是要发挥道路运输的比较优势，搞好运输网络的布局，讲的六条措施都非常好。

促进城乡交通一体化，关键是抓好两个环节：一是要加强城市和农村道路运输的衔接，统筹规划、合理布局、消除分隔，建设统一协调的区域和城乡道路运输网络，使道路运输发展成果惠及城乡。城乡交通一体化，现在最大的问题是城乡公共交通的政策不一致，城市的政策农村用不上。二是要统筹城乡交通基础设施、公交、班线客运和货运物流服务，加快形成“以城促乡、城乡协调”的交通运输发展新格局，逐步建立资源共享、相互衔接、布局合理、方便快捷、畅通有序的城乡道路运输网络，让城乡居民共享安全、经济、便捷、高效的交通运输服务。

（四）充分发挥道路运输在交通应急运输和安全管理方面的作用。近年来，我国自然灾害、社会安全事件等突发公共事件呈现增多趋势，保障重点物资、抢险救灾物资运输和重点时段运输安全稳定运行的工作压力明显加大。这次调研，把道路运输安全和道路应急保障体系建设作为十大专题之一，由四川省交通运输厅牵头作了深入调研。从调研结果看，作为最基础的运输保障方式，道路运输管理的复杂性和艰巨性前所未有。2003年非典疫情、2008年年初的低温雨雪冰冻灾害、“5・12”汶川特大地震等突发性特大事件的成功处置，以及北京奥运会、国庆60周年庆典等大型活动的顺利召开，道路运输发挥了不可替代的作用。道路运输作为最基础的一种运输方式，在所有运输保障和应急管理中都是不可或缺的。适应新形势要求，道路运输工作必须增强危机意识和责任意识，要注意将工作重心向保民生、保稳定、保安全转移，充分发挥道路运输业的比较优势和基础作用。只有这样，才能使道路运输能够积极有效地应对、处置突发事件，确保重点物资、重点时段的客货运输安全顺畅，让人民群众放心满意。

今天下午汇报的还有山东省交通运输厅牵头调研的道路运输经济运行分析机制建设、湖南省交通运输厅牵头调研的道路运输市场诚信体系建设、浙江省交通运输厅牵头调研的道路运输信息化建设等课题，都提出了许多有意义的建设性意见，值得认真借鉴吸收。

多年以来，道路运输行业坚持解放思想，努力深化改革，不断扩大开放，自觉践行“三个服务”，道路运输事业发展取得了显著成绩，有力地保障了国民经济和社会发展，保障了人民群众安全便捷出行。特别是在大灾大难、抢险救灾和重要的应急保障任务面前，全国的道路运输管理部门能够冲得上、拿得下，树立起了敢打能胜的良好形象。事实证明，我们这支运管队伍是一支有战斗力、有作为、有形象的队伍。我代表交通运输部党组对在座的各位同志，并通过你们向全国运管系统全体干部职工致以亲切问候！

同志们，道路运输正处于大调整的重要战略机遇期。我们要认真贯彻落实科学发展观，以创新的发展理念、昂扬的精神风貌、务实的工作作风，进一步增强紧迫感、责任感和使命感，敢于迎难而上，善于化危为机，勇于开拓进取，为切实履行好保发展、保民生、保稳定的职责，做出我们不懈的努力。

冯正霖副部长在新时期道路运输业发展大调研成果总结汇报会上的讲话

（2009 年 11 月 26 日）

同志们：

在部机关机构改革成立道路运输司不久，部按照“三个服务”和构建综合运输体系的要求，组织全国各省（区、市）和计划单列市交通运输部门，围绕事关道路运输业长远发展、社会关注度高的 10 个重大问题，集中四个月的时间，开展了新时期道路运输业发展大调研活动。10 个专题调研分别由辽宁、山东、江苏、湖北、广东、河南、四川、湖南、浙江、山西省交通运输厅牵头，其他省（区、市）、新疆生产建设兵团和计划单列市交通运输部门配合开展。

部今天召开这次新时期道路运输业发展大调研成果总结汇报会，主要是全面总结大调研活动情况，分析道路运输工作面临的形势，研究部署下一步工作。李盛霖部长亲自出席会议听取汇报。周海涛总工、刘功臣总监，部有关司局、部属有关单位的负责同志及相关部门的同志，10 个调研牵头省厅的分管厅领导，各省（区、市）和计划单列市道路运输机构的主要领导及相关部门的同志，有关行业协会的领导参加了今天的会议。李盛霖部长在会上作了一个非常重要的讲话，从三个方面总结了大调研的积极作用，对推动调研成果的转化和应用提出了明确要求，从四个方面深入分析论述了道路运输在现代交通运输业发展中的重要作用。请道路运输司牵头，结合明年工作安排，提出在已有基础上对重要专题作进一步深入研究的具体措施，抓好组织实施。请办公厅和规划司牵头，结合筹备明年全国交通运输工作会议和编制“十二五”交通运输发展规划，认真吸收相关研究成果，完善综合运输体系建设、现代物流业发展和城乡交通运输一体化的各项政策措施。

四个多月来，交通运输系统各有关单位按照部统一部署，深入开展调研活动，牵头单位高度负责，协作单位积极参与，部有关司局加强指导协调。通过大家的共同努力，高质量、高水平地完成了这次调研任务。这次调研活动有以下五个突出特点：

*一是思想认识统一。*部党组高度重视这次大调研活动，部专门制订了工作方案，召开电视电话会议进行了全面部署。调研活动从一开始就明确了“力戒搞形式、务求出实效”的原则。有关单位，特别是 10 个牵头单位以极高的工作热情积极参与，严肃认真地开展工作。大家把这次大调研活动作为巩固和扩大学习实践科学发展观活动成果、推动道路运输业科学发展的重大举措，从发展现代交通运输业、推进综合运输体系建设、加

强和改进道路运输管理的高度，充分认识这次调研工作的重大意义。认识的统一带来了行动的实效，为顺利开展大调研活动奠定了坚实的思想基础。

二是组织安排周密。为确保这次大调研活动顺利开展，部成立了专门领导机构，道路运输司先后召开4次座谈会，研究确定调研方案，及时了解进展情况，进行督促检查。10个牵头单位及各协助单位成立了专题小组，细化调研方案，为调研活动的顺利开展提供了良好的条件。浙江、辽宁、广东等地充分利用行业内外的科研力量开展调研。山西、湖南、河南等地与协助单位建立了联络员联系制度和信息通报制度，形成了工作合力。

三是调查研究深入。调研活动的各牵头单位采取了实地查看、听取介绍、座谈交流、学术研讨等方式，并通过信函调查、问卷调查、网上调查等形式，深入了解道路运输业发展实际和管理现状，广泛听取行业内外、社会各界的意见和建议。从一天的汇报看，我们也查清了家底，看到了我们到底处在一个什么样的发展水平上。山西等地邀请了省委政研室、省政府办公厅及省直其他单位的同志参与调研，湖南、山东等地对国外相关领域的发展现状和成功经验进行了借鉴吸收。四个多月来，10个牵头单位累计实地走访31个省(区、市)的316个地市、125个县和5个计划单列市的交通运输部门，以及378家企业和132个枢纽、场站；共发放各类调查表和征求意见函19500多份，回收有效调查表和回函16900多份，回收率达86.7%；网上征求意见和建议2890条；召开各种座谈会、研讨会和咨询会共计410次，参会人员涉及多个领域的专家和代表，参会人数达6930人次。

四是调研成果丰硕。这次调研活动以解放思想、开拓创新、凝聚智慧、谋划长远为主线，按照察实情、找问题、理思路、转观念、提建议、谋发展的总体思路，围绕影响道路运输业全局的10个重大课题，进行了深度调研，完成了10个专题调研报告和23个专题调研子报告，找出了影响道路运输业发展的突出问题和矛盾70余项，提出有针对性、可操作性的工作建议和政策措施80多条。这些调研成果既有对原有工作规律认识的不断深化，也有对新职责工作内容的有益探索，内容丰富。这些成果也是道路运输全行业集体智慧的结晶。

五是行业内外影响大。这次大调研活动，是道路运输行业组织的规模最大、范围最广、程度最深的调研活动，也是交通运输部成立后组织的首次全行业调研活动，各方面高度关注，在行业内外产生了很大反响。调研期间，道路运输司和10个牵头省交通运输部门共印发了上百份简报，各省(区、市)和计划单列市的道路运输信息网站进行了动态跟踪报道，部网站、中国交通报、道路运输杂志等行业主流媒体也作了大量报道。这次调研活动不仅形成了高质量的调研报告，也增进了交流、锻炼了队伍、鼓舞了士气、凝聚了力量。

同志们，为了适应发展交通运输业和建设综合运输体系的需要，国务院决定由交通运输部负责对城乡道路运输实施统一管理，这为道路运输事业的统筹协调发展带来了重大机遇。根据机构改革赋予的新职能，结合新时期道路运输业发展实际和这次调研大家反映的问题、提出的建议，我对道路运输工作再强调几点。具体地说，就是要做到“七个坚持”、“七个切实”。

第一，坚持优先发展战略，切实履行城市公共交通管理职责。今年10月7日，胡锦涛总书记在考察北京国庆期间交通工作时强调：交通问题是关系群众切身利益的重大民生问题。要解决城市交通问题，必须充分发挥公共交通的重要作用，为广大群众提供快捷、安全、方便、舒适的公交服务，使广大群众愿意乘公交、更多乘公交。总书记的重要指示，对交通运输发展特别是城市公交管理具有重要指导意义，我们要采取积极有效措施，努力提高城市公共交通管理工作的质量和水平，要围绕建立“安全便捷、经济环保、诚信可靠、文明规范”的城市客运体系的总体目标，探索实施“五个优先”的公交优先发展战略，即投资安排优先、场站用地优先、路权分配优先、财税扶持优先、换乘衔接优先。要探索建立城市公交公共财政保障体系，加快形成以制度性公共财政补贴为主、以土地划拨和税费减免等优惠政策为辅、以专项补贴和补偿为补充的城市公交财政保障机制，努力推动城市公共交通事业优先发展、健康发展。当前，要配合国务院法制办做好《城市公共交通条例》修改完善工作，争取早日出台。

第二，坚持“三步走”的总体思路，切实促进出租汽车行业规范发展。要认真贯彻中央领导对出租汽车管理工作的重要批示精神，按照“稳定、规范、提升”的总体思路，加快解决出租汽车行业管理中存在的突出问题。要研究相关政策和措施，积极推进出租汽车服务管理信息系统建设，研究建立出租汽车行业诚信考核制度，提升出租汽车行业的管理水平和服务效能，促进出租汽车行业规范发展。要依法依规妥善处置出租汽车行业群体性事件，对出租汽车行业中存在的不稳定因素，做到早发现、早解决，确保出租汽车行业稳定。

第三，坚持现代物流业的发展理念，切实推进传统货运业的升级改造。要深入贯彻落实《物流业调整和振兴规划》，围绕道路货运场站基础设施、运输装备、企业管理、运输组织、市场监管、信息技术应用等关键要素，用现代物流的理念改造传统货运业。要加快实施促进甩挂运输发展的综合性政策措施，组织开展道路货物甩挂与网络化运输试点工程。要积极推动物流相关技术标准化体系建设，扶持国家公路运输枢纽信息系统建设，加快全国道路运输信息系统与公共物流信息平台资源的共享与融合，提升道路货运管理信息化水平。要继续推进治超工作，认真学习山西省货运源头治超工作经验，积极争取源头治超专项经费，明确运政源头执法地位，完善源头治超工作机制，将货运源头治超与道路货运市场监管相结合，与路面执法监督相结合，坚持路面执法与源头监管并重，推动治超工作取得新成效。

第四，坚持统筹兼顾，切实扶持农村客运健康发展。要以推进城乡公交客运与班线客运有序运行、协调发展为目标，加强城市和农村客运的衔接，统筹规划城际、城市、城乡、乡村四级公交客运网络，逐步建立资源共享、相互衔接、布局合理、方便快捷、畅通有序的城乡客运网络。要充分发挥地方政府的主导作用，加大公共财政扶持力度，加快农村客运基础设施建设，不断改善运力结构和服务水平。要积极探索扶持农村客运发展的新举措，研究建立扶持农村客运发展的公共财政奖励制度。

第五，坚持安全发展理念，切实提升道路运输安全监管和应急保障能力。加强道路运输应急保障建设，要围绕“三关一监督”的安全生产管理工作职责，引导运输企业健全安全生产管理制度和监管体系，推进运输企业安全生产规范化管理。要加强城市公交安全监管，研究制定城市公交安全运营监管制度和公交客车维护检测技术规范，普及城市公交安全和应急处置知识，提高城市公共交通安全应急处置能力。要切实加强重点时段、突发事件，特别是明年上海世博会等重大活动的运输保障，部已召集22个省进行了专题研究，希望有关省份加大落实力度，确保上海世博会圆满成功。要进一步完善道路运输经济运行动态监测机制，研究建立应急运输补偿机制，提高应急运输保障能力。

第六，坚持绿色环保要求，切实加强道路运输节能减排工作。要抓好《道路运输车辆燃料消耗量检测和监督管理办法》的贯彻落实工作，加快制定相关配套制度，适当简化车型申请受理程序，减轻企业负担，确保政策的平稳、有序实施。各级道路运输管理机构要严格实施营运车辆燃料消耗量检测和监督管理制度，坚决禁止高油耗运输车辆进入运输市场。要继续深入开展道路运输节能减排示范活动，在城市公交行业，采取经济手段积极推广使用安全节能的公交车辆，发展低碳交通。

第七，坚持以人为本，切实加强道路运输管理队伍建设。要以机构改革为契机，按照“精简、统一、效能、权责一致”的原则，与有关部门沟通协调，科学调整道路运输管理机构职能、名称、性质和级别等，保证道路运输管理工作经费，创造良好的体制基础和机制保障，努力促进运管机构设置与工作职能相适应、人员素质与岗位需求相适应、经费保障与管理任务相适应。要按照道路运输新的职能要求，合理确定人员编制和规模，完善人员录用标准，加强人员培训教育，努力建立一支政治上靠得住、工作上有本事、作风上过得硬、群众信得过的学习型运管队伍。

今年入冬以来，全国很多地区发生了重大冰雪灾害。冬季又是道路运输事故的易发多发季节。国家安全生产监督管理总局通报，最近一段时间发生的道路运输群死群伤事故中70%是道路运输企业发生的事故。请各级交通运输部门特别是道路运输管理机构，按照中央和部的部署，统筹安排，加强协调，严密组织，履行保障运输生产、保障安全运行、保障应急有力的职责，为国民经济和社会健康稳定发展作出我们的贡献。

冯正霖副部长在开展新时期道路运输业发展大调研活动电视电话会议上的讲话

（2009 年 7 月 10 日）

同志们：

今天，我们召开新时期道路运输业发展大调研活动电视电话会议。这是交通运输部组建后，深入学习实践科学发展观，巩固和扩大学习实践活动成效，推动道路运输业科学发展的集中体现。会议的主要任务是，对开展新时期道路运输业发展大调研活动进行全面部署，动员各省（区、市）和计划单列市交通运输部门集中三个月时间，按照“三个服务”和构建综合运输体系的要求，围绕新时期城乡道路运输业发展面临的突出问题，深入开展调查研究工作，理清思路，明确方向，抓住重点，破解难题，以更好地发挥道路运输业在综合运输体系中的比较优势、推动道路运输业的快速、科学、安全和协调发展。

部党组对这次调研活动非常重视，李盛霖部长专门作出批示，指出开展新时期道路运输业发展大调研活动“很有必要”，给予了充分肯定。刚才，宣读了《关于开展新时期道路运输发展大调研活动的通知》，明确了开展大调研活动的指导思想、工作目标、组织形式、时间安排、任务分工及工作要求，各级交通运输部门特别是道路运输管理机构要认真抓好落实。

湖南、浙江、山东三省交通运输厅作为牵头单位的代表作了发言。湖南省运管局提出，要把大调研活动作为大事、要事、特事来抓。浙江省运管局表示，要围绕大交通、大转型、大发展和大网络开展大调研。山东省运管局表示，要举全省运管行业之力，做好保障，以求真务实的作风，完成好专题调研工作。这些发言都很好，各地要认真学习借鉴。

下面，我讲三点意见。

一、深刻认识开展新时期道路运输业发展大调研活动的重大意义

道路运输业是综合运输体系中从业人员最多，运输量最大，通达程度最深，服务面最广的一种运输方式，在综合运输体系中发挥着十分重要的作用。这次大部门体制改革，交通运输部设立道路运输司，对城乡道路运输行业实行统一管理，既为统筹城乡道路运输协调发展创造了体制基础，也为推进综合运输体系发展提供了机制保障；既满足了道路运输专业化管理的需要，也能更好地体现社会管理和公共服务的政府职能；既是实施

"路运并举"战略的重要举措，也是"三个服务"理念的生动实践。这一改革思路符合我国交通运输发展的客观规律，是我们探索实行大部门体制改革、发展综合运输体系的具体体现。

在这一新的体制下，部道路运输司如何适应新形势和新要求，更好地履行部党组赋予的职责，是需要认真思考的，也更需要与全国道路运输系统广大干部职工一道，坚持党的解放思想、实事求是的思想路线，凝心聚力、开拓创新，立足现实、谋划长远。要站在战略和全局的高度，准确把握形势，切实统一思想，充分认识开展新时期道路运输业发展大调研活动的重要性和必要性。

（一）开展新时期道路运输业发展大调研活动，是发展现代道路运输业的客观要求

改革开放以来，特别是1983年部提出"有路大家行车"，开放搞活了道路运输市场，道路运输生产力得到了极大解放。近年来，道路运输工作坚持以科学发展观为指导，道路客货运输快速增长，结构调整初显成效，安全基础管理不断强化，服务水平明显提高，应急保障能力显著增强，为经济社会发展提供了有力支撑和坚强保障。同时，我们也应清醒地看到，新时期道路运输业发展面临的挑战更加严峻、更加复杂，一方面，道路运输业发展积累的深层次矛盾还没有得到很好地解决，另一方面，也出现了诸多新情况、新问题。这些矛盾和问题突出表现在"七个能力不足"：一是道路运输组织结构不合理，有效供给能力不足；二是产业发展水平较低，满足高品质服务需求能力不足；三是增长方式粗放，可持续发展能力不足；四是市场组织化程度较低，科技进步、信息技术应用发展能力不足；五是城乡道路运输一体化进程总体缓慢，统筹城乡、区域客运协调发展能力不足；六是法规和标准体系建设滞后，城市公共交通安全保障能力不足；七是受体制机制等因素制约，道路运输与其他运输方式有效衔接和良性互动发展能力不足。这七个方面的不足，严重制约了现代道路运输业的发展。

国务院领导和部党组反复强调，要抓住大部门体制改革和建设综合运输体系的机遇，大力发展现代交通运输业。现代道路运输业是现代交通运输业的重要组成部分，如何加快结构调整，促进产业升级，大力发展现代道路运输业，是全国交通运输部门特别是道路运输部门共同面临的一个重大课题。需要我们全面深入开展调查研究工作，进一步认清道路运输业的性质和定位，科学分析道路运输业在行业构成、经营方式、服务水平、技术进步、组织化程度等方面不适应建设现代道路运输业的问题，研究提出建设现代道路运输业的发展战略、管理思路和政策措施。这既是当前急切之需，又事关道路运输业长远发展的战略全局。只有通过全面、细致、深入的调研活动，才能探索解决道路运输业发展的一系列重大理论和实践难题，才能开创现代道路运输业发展的新局面。

（二）开展新时期道路运输业发展大调研活动，是推进综合运输体系建设的迫切需要

综合运输体系是各种运输方式在社会化的运输范围内和统一的运输过程中，按照技术经济特点组成分工协作、有机结合、联结贯通、布局合理的交通运输综合体系。当前，

部机关的机构、职责已经确定，地方交通运输部门机构改革也已陆续进入实施阶段。实行大部门体制改革，发展综合运输，是交通运输业发展到一定阶段的内在要求。道路运输是国民经济的基础性和服务性产业，是综合运输体系的重要组成部分。在综合运输体系中，道路运输作为一种特定的运输方式，既需要发挥其通达度高、覆盖面广以及机动灵活、组织多样、产品齐全等比较优势，还需要承担连接其他运输方式、促进良性互动发展的重要功能。目前，道路运输业完成的客运量、货运量分别占综合运输体系的90%和70%以上，从业人员数量达2400万人之多，道路运输完成的客货运量和就业人员数量均比其他几种运输方式的总和还要多。发挥好道路运输业的比较优势，推进道路运输与其他运输方式的有效衔接与良性互动发展，加快推进综合运输体系建设，是道路运输部门的重要使命。

在发展综合运输体系的大背景下，道路运输业发展面临新的机遇：公路网密度的加深为提高道路运输业通达度和覆盖面提供了空间，综合运输枢纽规划建设促进了道路运输网络布局和市场资源优化与重新配置，城市公共交通管理体制的逐步理顺为统筹城乡客运协调发展提供了保障。但也面临着严峻挑战：铁路提速和客运专线发展使高速公路道路客运面临巨大的竞争压力，现代物流业发展使传统道路货运业面临着结构优化升级的艰巨任务。这就需要我们通过开展大调研活动，深入研究改革和发展过程中出现的新情况、新问题，科学分析各种运输方式的技术进步、管理创新和发展变化，正确把握各种运输方式发展的阶段性特征，深刻认识道路运输发展的比较优势，找准道路运输服务于综合运输体系建设的切入点、着力点和突破口，准确提出促进道路运输业与其他运输方式有效衔接与良性互动发展的工作思路、管理重点和政策措施，加快形成便捷、通畅、高效、安全的综合运输体系。

（三）开展新时期道路运输业发展大调研活动，是加强和改进道路运输管理的重大举措

道路运输业是市场最为开放、公众性最强、离百姓最近的行业，对经济社会发展和人民公众出行起着基础、先导和保障作用。道路运输在国民经济中的地位和运行特点，决定了道路运输管理工作必须真诚倾听基层的呼声、真实反映基层的愿望；发展现代道路运输业的新形势和新任务，要求必须更加注重求计于民、问需于民、服务于民。

近年来，道路运输发展政策在一些地方执行不力，除有工作作风和工作能力上的问题外，一个很重要的原因，是有些政策措施与发展现状相脱节、与基层管理不适应、与社会公众需求不一致，进而导致政策执行力的衰减。这就需要我们通过大调研活动，深入了解当前道路运输行业的政策措施是否与经济社会发展的整体环境相协调，是否与广大人民群众的呼声和愿望相一致，是否与各级道路运输部门的管理职能、工作水平相适应。各级交通运输部门要通过这次大调研，进一步转变管理理念和工作作风，从根本上强化制度的执行力和行业的凝聚力，使我们的各项工作既利于眼前，又惠及长远；既满

足国民经济发展需要，又切合基层道路运输管理实际。当前各级道路运输机构正面临机构改革，这次改革是在建设综合运输体系、发展现代道路运输业的大背景下实施的，决不是简单的机构名称的更改。新形势、新任务给道路运输部门提出了新要求、新使命。做好新时期的道路运输工作，首要的任务是加强调查研究。没有调查就没有发言权。调查研究是我们党的优良工作传统，是我们发现问题、认识问题和解决问题的基本方法和有效途径，是重要的领导方法和工作方法。要通过这次全国范围内开展的大调研活动，努力解决深层次问题，使之成为一次倾听民声、集中民智、落实民意的过程，成为道路运输行业学习实践科学发展观的“直通车”，成为提高广大道路运输业干部职工素质的“助推器”，成为密切交通运输系统上下沟通的“联心桥”。

开展新时期道路运输业发展大调研活动，是谋划道路运输业长远发展的一项重大任务，是转变运管队伍工作作风的一项具体措施，是提升道路运输行业整体形象的一个重要载体。各级交通运输部门要从战略和全局的高度，进一步增强责任感、使命感和紧迫感，把思想认识统一到部党组开展大调研的决策部署上来，将大调研活动融入道路运输发展的中心工作中去，扎实深入开展好大调研活动，确保取得实实在在的效果。

二、准确把握开展新时期道路运输业发展大调研活动的基本要求

刚才，从三个省道路运输部门负责同志的发言中，我们了解到各省都成立了领导小组，制订了具体的工作方案，落实了人员和任务，做好了开展调研的相关准备。在大调研活动中，各级交通运输部门务必要紧紧围绕“察实情、找问题、理思路、转观念、提措施、谋发展”的总体思路，认真把握好“创新、深入、务实、协作”四个方面的要求。

*一是创新，要在解放思想上狠下功夫。*这是开展好大调研活动的根本前提。道路运输业发展面临的形势在变，我们的职能在变，任务在变，要求也在变。只有进一步解放思想，增强开拓意识，才能准确把握新时期道路运输业发展的脉搏、顺应时代需要，才能突破旧观念制约和传统思维定式、与时俱进地推进现代道路运输业的发展。要通过开展大调研活动，进一步解放思想，在深入了解现状、发现问题、找准症结的基础上，提出道路运输业发展的新理念、新思路、新举措、新政策，推动道路运输业实现新发展。

*二是深入，要在细致透彻上狠下功夫。*这是开展好大调研活动的基础条件。要真实、全面了解行业发展现状，找准工作中的突出问题和矛盾，就必须在深入了解情况、深刻分析问题上下功夫。要采取实地查看、听取汇报、座谈交流、学术研讨、明察暗访等灵活多样的调研方式，充分运用多种手段，如问卷调查、抽样调查、网上调查等行之有效的方法开展调研，广开言路，广集民智，广纳良谋。同时，要注重点面结合、上下联动，积极主动听取主管领导和相关部门的意见，进行多渠道、全方位、多层次的调查研究，掌握全面、翔实的第一手材料。坚决防止闭门造车、主观臆断、浅尝辄止，避免出现“走不深、看不全、研不透”的问题。这里要特别强调，不能把结论产生在调研之前，而

要将结论产生在调研之后。

三是务实，要在求真务实上狠下功夫。这是开展好大调研活动的根本要求。开展大调研，是道路运输行业践行科学发展观的具体行动，要始终做到求真务实。要发扬脚踏实地、真抓实干的精神，克服浮躁情绪，切实把心思用在察实情、讲实话上，把精力投入到出实招、求实效中，在求真务实上比精神，在求真务实上见高低，在求真务实上看水平，坚决防止调研工作敷衍了事、走过场、玩花活。道路运输司要加强督促检查和指导，真正做到力戒形式主义，务求取得实效。

四是协作，要在团结协作上狠下功夫。这是开展好大调研活动的有效途径。这次全国性的大调研活动，涉及多个单位、多个区域、多个专题，每一个专题都是全局性的问题，仅靠牵头单位是无法摸清全部情况的。三个发言单位都表示，做好调研工作必须加强协调配合。我们要牢固树立“一盘棋”的思想，建立上下联动、左右协调的工作机制，充分调动各方面的积极性和主动性，举全行业之力，凝聚大家的共识和智慧，开展好大调研活动。

三、全力确保新时期道路运输业发展大调研活动取得成效

各级交通运输部门要切实做到思想认识、组织领导、目标责任、工作措施、人员配备“五到位”，缜密组织、精心筹划，把大调研活动的各项任务真正落实到位。

一要强化大调研活动的组织领导。深入开展大调研活动，推进大调研活动取得成效，关键在组织领导。各级交通运输部门的领导同志是大调研活动的组织者，也是大调研活动的参与者，承担着重要的责任。这里再次明确，10个牵头省级交通运输主管部门分管副厅长是部大调研活动领导小组成员，更是专题调研任务的第一责任人，要切实履行好职责。要充分认识大调研活动的重要性，把大调研活动摆在重要位置，列入议事日程，提供必要的经费保障，扎实推进调研工作。各级领导同志要切实做好表率，对调研活动要亲力亲为、亲自部署，坚持带头深入基层、带头分析问题、带头调查研究，推动调研活动的深入开展。

二要完善大调研活动的工作机制。根据统一部署，7月15日全面启动10个专题的大调研活动，时间紧、任务重。要进一步强化大调研活动的制度保障，完善专题调研工作方案。各牵头省级交通运输部门要尽快会同协助单位，按照活动的统一部署和工作要求，成立专题调研联合工作组，制订切实可行的实施方案，细化分解任务，明确调研内容、调研对象、时间进度、阶段性目标和参加人员。要充分调动参加研究单位和人员的积极性、主动性和创造性。

三要统筹兼顾大调研活动与部门日常工作。当前，地方交通运输部门体制改革正在紧张推进，各项工作任务十分繁重。各地要从自身实际出发，找准大调研活动与部门日常工作的结合点，把调研活动作为推进日常工作的动力，统筹安排，科学组织，确保调

研活动与部门日常工作在时间、人员、任务上有衔接、有保障，切实做到两不误、两促进。

四要着力大调研活动成果的转化和应用。开展调研活动是手段，解决发展问题才是目的。调研报告是调研质量的直接反映，是调研成效的具体体现。各单位撰写的调研报告要做到依据充分、立论准确、分析透彻、观点鲜明，工作思路要有深度、有前瞻性，工作建议和政策措施要有力度、有可操作性。调研结束后，部将组织召开调研成果汇报会进行交流，并对调研工作进行全面总结，努力促进将大调研活动成果转化为解决问题和矛盾的正确思路，转化为适应新时期道路运输业发展的政策措施，转化为促进现代道路运输业发展的推动力。

同志们，开展新时期道路运输业发展大调研活动，不断开拓道路运输业发展的新局面，是我们当前要认真做好的一项重要工作。我们要以高度的使命感、饱满的精神状态、锐意进取的工作热情、求真务实的工作作风，努力完成好新时期道路运输业发展大调研活动的各项任务，为推进现代道路运输业发展做出我们应有的贡献。

李刚司长在全国道路运输局长座谈会上的讲话

（2009 年 10 月 13 日）

同志们：

我们召开这次全国道路运输局长座谈会，主要有两个方面的任务：一是检查督促新时期道路运输业发展大调研工作进展和落实情况，确保善始善终完成好大调研任务；二是与大家共同探讨运管工作面临的形势和任务，以期在今后道路运输科学发展上形成更多共识。

一、善始善终完成好新时期道路运输业发展大调研任务

道路运输司成立后不久，部就启动了新时期道路运输业发展大调研活动。大调研涉及了当前运管工作、道路运输行业发展面临的关键性、大家非常关注的 10 个重大问题，也是事关行业长远发展的问题。通过大调研这种形式，部里联合省里，联合行业，上上下下共同研究解决道路运输行业面临的问题，解决全国 20 万人的运管人员队伍做什么的问题，解决 2400 多万从业人员的行业怎么发展的问题。大调研活动得到了部领导的高度肯定，得到了有关司局、各省交通运输厅和道路运输管理部门的广泛赞同和大力支持。李盛霖部长、冯正霖副部长对大调研活动非常关注。李盛霖部长专门作出了批示，冯正霖副部长主持召开电视电话会议进行动员并作重要讲话，部里专门下发了文件作出部署。我们在行业开展大调研活动的同时，还在司内安排了解放思想、创新观念的大讨论活动，全司人员集体参加，并邀请相关方面的专家参与讨论，进行指导。第一期大讨论安排的是物流专题，冯正霖副部长全程参加听取讨论，并在会上作了重要讲话。今后每一到两个月，我们将安排一次大讨论，来探讨城市公交、出租汽车、道路运输安全、信息化建设、服务质量等行业重大问题。通过开展大讨论，引导大家更多地学习业务，更主动地讨论问题、研究问题，促进思想解放和理念创新。

今天会上，听取了各单位前一个阶段大调研工作情况介绍，总的感到各地对大调研工作认识到位、领导到位、资金到位、工作到位，取得了明显成效。特别是通过开展大调研活动，我们凝聚了人心，凝聚了行业力量，凝聚了大家的智慧，达到了预期目的。大家在发言中，也反映了面临一些实际困难和问题。一是调研时间偏紧。满打满算就是三、四个月的时间，感觉时间不太够用。二是有的领导投入精力不够。有些单位主要领导没有对课题进行全过程跟踪指导。有些局长刚才讨论发言时讲的观点很好，但这些观

点和见地还没有在调研报告中很好地反映出来。三是有的调研方法欠妥。有的单位把调研作为科研课题去做，有的单位先起草了报告框架，再去调研、填空。这两种方式都不可取。结论和观点应该产生在调查研究之中，或者在调查研究之后。四是调研质量还需要进一步提高。有的调研专题进展速度迟缓，有些调研报告无论是在观点上、文字上都需要继续提高。各个专题的观点还需要更鲜明些，要解决的问题要提得更明确一点，并要具有可操作性。

这里对如何善始善终地完成大调研任务，提三点要求。

第一，要进一步提高对大调研活动重要性的认识。关于这次大调研活动的重要意义，冯正霖副部长在7月10日的电视电话会议上作了全面阐述，行业上下的认识也在不断深化。有的同志反映，对这次大调研活动有两个没想到，一是没有想到部党组会如此重视。最初仅是作为司里的一项工作安排，提出后即上升为部领导始终关注的一项重要工作，最近部领导经常提及大调研活动情况。二是没想到行业内外反响会如此之大。大调研已经成为全行业热议的焦点。除各地道路运输管理部门外，机关各司局、很多地方的厅局长，都十分关注这件事，对开展大调研非常赞成。这既是对我们的肯定和鼓舞，也给我们提出了更高的要求。我们的思想认识必须要有新的转变、新的提高，把思想认识统一到部党组的部署上来，统一到部领导的要求上来，把大调研工作当作一件大事、要事，善始善终地抓紧、抓实、抓细、抓好。

第二，要努力提高调研报告的质量水平。大调研结束后，部将召开成果总结汇报会，汇报会要开一天时间，10个专题都要汇报，各牵头省份的分管厅领导及全体运管局长参加。我们将按照冯正霖副部长的要求，请李盛霖部长和其他领导出席。这次会议对大调研成果的利用，对服务部领导的思考决策，都将会起到重要作用。调研成果总结汇报会开好的前提，是把大调研工作完成好，把调研报告撰写好，把调研成果汇报好。大家要在调研的基础上，起草好调研报告，对调研中反映出的问题，要进行认真总结归纳、梳理分析，有选择、有重点地提出意见建议，不要胡子眉毛一把抓。在汇报中要提出解决的核心问题，特别是需要部里面、需要国家从宏观层面解决的问题。道路运输司将进一步加强对大调研的跟踪指导，不仅要加强与有关牵头省份的联系，司领导也要对分管处负责联系的题目进行把关指导，保证高质量、高水平完成调研任务。

第三，要切实促进大调研成果的转化利用。调研是一种形式，但通过调研形式取得的成果必须是实的。把这次大调研的成果转化成为部党组促进道路运输业发展的决策，是我们组织这次大调研活动的根本目的。当前，部正紧张组织编制“十二五”发展规划。道路运输司负责道路运输三个专项规划的编制：一是道路运输发展“十二五”专项规划的编制，二是城市客运发展专项规划的编制，三是道路运输应急体系建设专项规划的编制。我们要通过这三个规划，明确道路运输业发展的政策、目标、手段，以及相应的保障措施。对于大调研成果的运用，最直接、最现实的目的是为“十二五”规划编制和全国交通运输工作会议提供政策依据和理论支撑。大调研的成果能不能、能有多少列入部明年的工作计划，纳入到部党组决策和“十二五”规划中，会关系到道路运输行业今后五年，乃至更长时期发展的格局。下一步，我们还要在大调研的基础上，深入研究这些课题的哪些领域需要制定法规、标准、规范和政策，通过这些形式来进一步转化大调研的成果，使大调研活动真正起到应有的作用。

二、关于道路运输业发展面临的形势和任务

当前，道路运输业发展正处于一个大变革、大转折的关键时期，站在了历史的一个重要转折点上。要完成好道路运输发展的任务，首先必须对道路运输工作形势有清醒的认识和准确的把握。

（一）充分认识大部门体制改革对道路运输业发展提出的新要求。这次大部门体制改革，部里新增加的几项职能主要落到了道路运输司，包括指导城市客运、出租汽车行业管理和物流管理的有关职能。增加这几项职能，使我们的运管工作格局发生了很大的变化。一是关于城市公交的管理。城市公共交通与我们过去管理的城间客运相比，是一个更敏感的行业。城市公共交通是重要的民生领域，是公共服务的范畴，城市公交的行业指导和管理职能使我们的社会管理和公共服务职能得到了加强，管理内涵得到了扩充。交通运输部门以前无论是修公路还是搞道路客运，职责主要是保增长。我们“进城”管理城市公共交通后，在保增长的同时，增强了保民生的职能，承担了保民生的任务。二是关于出租汽车的管理。道路运输司承担了指导出租汽车行业的职能。当前出租汽车行业存在一些不稳定因素，我们对出租汽车的管理要把稳定放在第一位，我们的工作又加重了保稳定的内涵。交通运输部门由原来保增长为主，更加注重保民生、保稳定；由原来的城间运输、城间交通管理变为城乡交通管理。城市客运是我们不熟悉的领域，进来之后有很多学习的任务，现在司里有70%的精力在抓出租汽车、抓公交车。三是关于物流的管理。货运是物流的基础，是我们管理的重点，物流是我们今后要关注和发展的方向，但不是管物流就可以替代管货运。货运应该是现代物流当中不可或缺的、很主要的方面。道路运输部门管理物流，就是要用现代物流的理念来改造传统的货运业，来发展物流，使传统货运业改造之后更好地为现代物流服务。对新增的职责，我们不能无为而治，必须有所作为，以负责任的态度把职责履行好。

（二）充分认识成品油价格与税费改革给运管队伍带来的新任务。税费改革对于道路运输管理机构的长远发展有积极的影响，这一点要充分肯定，我们要积极地去推动和扩大税费改革的后续效应。过去我们道路运输管理机构如果与其他部门比，包括与公路、路政、稽征相比，在各个方面包括经费保障上是比较差的。这次税费改革，通过转移支付来解决运管经费，运管经费由自收自支变成了财政性资金。有一些省借助税费改革和机构改革，解决了道路运输管理机构参照公务员管理的问题。在改革过程中，可能有些

资金还没有到位，经费渠道还没有完全畅通，但总体上看是时间问题，是地方财政部门和交通运输部门在渠道理顺过程中的问题，不再是一个根本性的问题。原先运管队伍工作任务以收费为主，基层运管部门可能有70%的精力在抓收费。现在我们不收费了，基层运管部门今后还会不会管？做什么、怎样去做？这都是我们应认真考虑的问题。在收费这项职能消失之后，我们有许多新的事情要去做，不要怕有事做。一个队伍没有事情做，肯定会出问题，这也是一个队伍消亡的开始。对税费改革过程中运管部门职能调整产生的一系列新变化，我们要以积极态度去面对，努力去做好。

一是关于城市客运管理。城市客运划转给了交通运输部门，虽然可能编制没增加，经费没增加，但职能增加了。职能是一个机构存在的非常重要的基础，而且城市客运是保民生、保稳定的重要工作，这对运管机构的基础地位是一个提高。所以，我们要积极做好这件事。

二是关于源头治超。部在山西召开治超现场会，提出了源头治超的问题，这确实是责任很大、难度很大的事情。但由路面治超向源头治超延伸是下一步治超工作的发展趋势，是部已经决定要做的，我们对此必须要树立信心，勇于面对。源头治超，关键是抓好两点，一个是货源地的治超，一个是车辆本身的治超。货源的源头治超，是由过去很少管货源集散地，到扩展职能去管货源集散地。现在搞源头治超，确实很多地方不具备条件，存在法规依据不足的问题、认识的问题、职能的问题，我们面临很多困难。但这对道路运输管理部门来说既是挑战，也是改善管理、转变职能的机遇。需要通过制定法规来解决问题，需要把源头治超作为一项新的职能去认真对待。还有车辆治超的问题。现在的一些货车特别是挂车，可以说就是为超载而设计制造的，生产同样的挂车，国内自销的比出口的重几吨。这些运输车辆钢板加厚了，轮胎加重了，车厢加高了，大梁、车身、车架都加重，很明显是为了超载。挂车重了，牵引车动力没变，在高速路上速度上不去，达不到最低限速标准，也影响其他车辆通行，所以要尽快制定包括比功率、合理车辆自重等指标的技术标准，通过实行货车的标准化解决超载车辆问题。

三是关于节能减排。部务会审议通过了《道路运输车辆燃料消耗量检测和监督管理办法》，从11月1日开始实施，明年3月1日开始全面实施检查。这其中涉及车辆生产，涉及运管检测和监管手段，涉及营运车的发证，涉及车辆目录的管理等一系列问题，是一项技术性很强的工作。如何使运管人员全面适应这项工作，是我们面临的一个大课题。

四是关于经济运行分析。今后我们道路运输管理部门一项很重要的工作是加强对市场的运行情况监控，对市场运行情况进行监督，主动引导市场的发展。我们在审批客运线路时，应根据线路的实载率等情况决定，但实际工作中是不是真正这样去做了？是否做到了对市场情况的全面掌握？部领导常说，道路运输是数字最少的部门。情况确实如此，我们的好多管理和决策都是概念性的。比如说货流的概念、春运期间客流的概念，都形不成准确数字。最近部里搞了100个城市客运站每天发送量的统计，就是希望通过局部的、有代表性的典型情况，反映出整个市场的变化，反映出趋势来。通过这种趋势，我们再来测算全省、全国的数，就会比过去更科学，就会更有依据。我们需要各个省、各个市支持共同把这件事情做好。这是一个非常有意义的事。还有货运的问题，现在每年全社会货运的73%都是道路运输完成的，但主要货种的流量、流向在全国范围是什么概念？是什么数？我们了解很不够。这是运管机构应该掌握、应该研究的内容，这反映着我们对经济活动的认知水平和管理水平。

五是关于营运与非营运车辆的划分。税费改革后，营运车多少和收费没有关系了，个别地方就出现了这种倾向，即把营运车范围缩小，该发证的不发。这种倾向非常不好。营业性与非营业性运输是车辆的一个属性，正确的划分是运输市场管理的基础，以前划分是行业管理的需要，今天我们来讨论划分营运非营运的问题，更是正确履行交通运输职责的需要。

（三）充分认识综合运输体系发展对道路运输业带来的新问题。综合运输体系的建设，过去是各自为政，每个行业都立足自己的发展，不考虑别的。今后在大部门体制下，在综合运输体系的建设过程中，需要重新审视研究道路运输业的发展。道路运输业的发展也不是发展得越多越好，是根据社会经济发展的需要，来进行适当的发展；是各种运输方式发挥优势、特长，各种运输方式在竞争中实现合理分工下的发展。这是一个科学发展问题。当前，高速铁路的快速发展对道路客运产生了巨大冲击，需要我们有新的思路去应对，而不是一味地怨天尤人。铁路动车组和高速客运专线的发展，让我们道路运输失去了一些机会，失去了干线的一些市场，失去了与铁路点到点相同的、并线的市场。但从另一方面，也给我们带来新的机会。铁路提速之后带来的站距扩大，慢车、短途甩客，必然甩到道路运输，货运也有一些会被道路运输分流。另外，大站之间，大站的两头，集疏运的客流也会增加。这种机遇和挑战，这些市场的变化都需要我们去认真研究，去应对。

（四）充分认识公路基础设施建设大发展带来的新机遇。1985 年国家实行车购费政策后，公路进入了大发展时期。今年年底全国公路总里程将突破 400 万公里。纳入国家高速公路网规划的 8.5 万公里高速公路，将在“十一五”末突破 7 万公里。现在已经建成和在建的高速公路超过了 10 万公里。经过这些年的发展，公路建设取得了很大成绩，改善了运输设施，为运输发展提供了很好的基础条件。还有另外一个更重要的方面，公路建设高速增长下一步是怎样的趋势？今后公路建设的效益体现在哪里？什么时候是交通运输发展的转型期？现在迫切需要从运输的角度研究这些问题。我们判断，可能“十二五”就是道路运输大发展的机遇期。这并不是说到了“十二五”公路建设就不搞了，公路建设任务依然很繁重，因为路网还要进一步完善，但我们需要真正地向“路运并举”转移。目前部里正在研究综合运输体系和现代物流这两个课题，部领导要求道路运输司更多地介入，因为这两个课题 70% 的内容都涉及运输，其中道路运输又是最主要的，占了大头。这说明了大家的注意力和关注点的转移。

今年9月中旬，冯正霖副部长带队到辽宁省进行城市客运调研，走了沈阳、抚顺、大连三个城市。三个地方特点不同，但都全面真实地反应了城市公交当前的现状和问题。在调研结束时，冯正霖副部长结合对公交整体形势的判断，就城市公交的发展问题讲了一番话。他说，交通运输部门是一个负责任的部门，我们管这一块就要管好，只有从做负责任的部门来要求，才能担任起国务院新赋予交通运输部门指导城市客运的管理职能，全力推进城市客运管理。出租汽车牵头部门以前不是我们，我们可进可退。但现在不同了，中编办对城市客运管理职责发了一个文件，明确由交通运输部门主管。我们必须以负责任部门的要求，承担起公交车和出租汽车管理职能，做好这方面的工作。

今年“十一”黄金周后第一天上班，部召开了会议，组织学习贯彻胡锦涛总书记10月7日视察北京公交的讲话。翁孟勇副部长讲，总书记强调公交是一个重要的民生工程，是对交通运输部门的新要求，我们要做好相关工作。李部长强调，胡锦涛总书记国庆期间考察北京交通工作时的重要指示，不仅是对北京市的，也是对我们全国交通运输的，是对交通运输发展面临新形势新任务提出的新要求。全国交通运输系统一定要抓住机遇，以科学发展观为指导，扎扎实实做好各项工作，不断提高“三个服务”的能力和水平。一要认真学习领会总书记关于“交通问题是关系群众切身利益的重大民生问题”的重要指示，深刻认识交通运输在全局中的地位和作用，不断增强做好交通运输工作的使命感。二要认真学习领会总书记关于“为广大群众提供快捷、安全、方便、舒适的公交服务，使广大群众愿意乘公交、更多乘公交”的重要指示，深刻认识这是交通运输行业贯彻落实科学发展观的基本要求，不断增强做好交通运输工作的责任感。三要认真学习领会总书记关于“要通过采取多种措施，切实解决北京城市交通拥堵问题”的重要指示，深刻认识这是对交通运输发展进入新的历史阶段提出的新要求，不断增强做好交通运输工作的紧迫感。这是部领导对贯彻落实总书记指示的意见，对我们交通运输主管部门和运管机构来说，这是一个难得的发展机遇。

对于城市公交的发展，2004年温家宝总理作了重要批示，确定了公交优先的发展战略。胡锦涛总书记强调城市公交是重要民生工程，而且涉及解决城市交通拥堵的问题。我们发展城市公交，很直接的作用就是可以缓解城市交通拥堵问题。对公交发展问题，冯正霖副部长提出我们要出实招，要有真正的措施，包括对于今后公交车购置的补贴问题，包括公交车站点建设问题。相信通过一段时间，我们会在公交发展的政策措施上在更广范围内取得共识，形成有重大影响的决策。

*（五）充分认识道路运输发展形势产生的新变化。*虽然道路运输司成立只有200天，但进入9月份以来形势发生了许多新的变化，正朝着有利于道路运输发展的方向转化。一是在出租汽车和危险品车辆管理方面，部里已经给了政策，在“十二五”期间，要建立出租汽车GPS监控体系，包括信息化调度服务管理系统，部里将给予资金支持，我们

将把这件事推广到地级市。借助上海世博会的交通安保工作，部加强 GPS 监控技术手段和联网联控，也落实了部分资金。下一步，部里要建设这套监控系统，使全部危险品车辆都能进来，把系统上升到一定的层次和水平。道路运输管理部门的监控手段也要上去，这不仅是监控，是信息的汇集，还有信息分析的功能，都是我们所需要的。二是关于农村客运的财政补贴问题。最近正在作调研，把补贴方案具体化，正努力推动这项工作。三是关于城市公交的管理，我们正抓紧推出《城市公共交通条例》，争取明年上半年出台。9 月份已将条例送审稿报到了国务院，部领导和国务院法制办领导作了沟通，要求抓紧提速。国务院法制办对此也有共识，认为《城市公共交通条例》事关重大，需要加快。我们将来会管理两套客运系统，一个是《城市公共交通条例》调整的公益性的公交系统，一个是《道路运输条例》调整的经营性的道路客运系统。对出租汽车的管理最终也会形成法规。部起草的指导出租汽车发展意见也已报到国务院审议，最近先要发到地方政府征求意见，也希望大家关注这件事，做好意见反馈工作，努力争取早日出台。四是关于甩挂运输，部将发文对有关问题进行明确，并作为明年的重点工作推进，包括开展试点，推动的配套资金也在积极争取。五是关于世博会安保，上海世博会和北京奥运会相比有新的特点和难点，一个是参加的人多，预计要有 7000 万人到上海，每天有 30 万至 40 万人；再一个是时间长，共 184 天。道路运输管理部门的职责，既要加强对危险品运输的监控，又要在大会期间提供可靠的运输保障。前一阶段，部研究制订了世博会安保方案，包括危险品运输、跨省客运等，这项工作涉及 20 多个省。请相关省的运管局长高度关注，部省密切配合，举全行业之力，做好上海世博会的公路交通和道路运输安全保障工作。

同志们，全面履行职能、加快结构调整、促进产业升级、推进现代道路运输业发展的重任，历史性地落到了我们的肩头。我们要在前段工作的基础上，切实把新时期道路运输业发展大调研任务完成好，把大调研成果利用好，把道路运输管理部门参加大调研活动激发出来的积极性、创造性以及工作热情和良好作风引导好、维护好，创新进取，扎实工作，群策群力，共同开创道路运输事业科学发展的新局面。

关于开展新时期道路运输业发展大调研活动的通知

厅运字〔2009〕147号

各省、自治区、直辖市、新疆生产建设兵团交通运输厅(局、委):

随着新一轮政府机构改革的推进、国家重点产业调整振兴规划的启动、成品油价格与税费改革的实施、综合运输体系建设进程的加快，道路运输管理工作面临诸多新情况、新问题，道路运输行业的发展战略、管理理念和工作职能需要重新调整和定位。结合当前新形势和新要求，经部领导同意，决定在全国道路运输系统组织开展新时期道路运输业发展大调研活动。现将有关事项通知如下:

一、指导思想

以全面贯彻落实科学发展观为统领，按照做好“三个服务”和构建综合运输体系的总体要求，以解放思想、开拓创新、凝聚智慧、谋划长远为主线，以解决新时期城乡道路运输发展中面临的突出问题为重点，转变管理理念，改进工作方法，强化责任意识，全面深入开展调查研究工作，为充分发挥城乡道路运输业在综合运输体系中的比较优势、推进城乡道路运输业向现代服务业转型提供基础支撑和决策依据。

二、工作目标

力争用三个月左右的时间，围绕部确定的调研专题和主要任务，充分调动全国道路运输行业的力量，按照察实情、找问题、理思路、转观念、提措施、谋发展的总体思路，全面了解我国道路运输业管理现状，找准发展中的突出问题和矛盾，梳理出道路运输的管理理念和工作重点，准确提出新时期城乡道路运输发展的整体思路和政策措施。

三、工作任务

新时期道路运输业发展大调研活动围绕道路运输在综合运输体系中的定位和结构调整，道路运输经济运行分析机制建设，统筹城乡道路客运协调发展，道路货物运输与现代物流业发展，运输枢纽、场站及轨道交通(规划)建设与运营管理，车辆技术和机动车维修市场管理，道路运输安全管理机制建设，道路运输市场诚信体系建设，道路运输信息化建设，道路运输管理机构职能调整与队伍建设等10个专题进行。调研专题的主要内容及任务分工详见附件1。

四、组织形式

坚持部统一组织协调、地方牵头负责、多省市联合行动的工作原则，围绕部研究确定的10个方面的专题，由10个省级交通运输主管部门牵头，有关省(区、市)或计划单列市道路运输管理部门协助配合，深入基层、深入一线、深入实际，采取座谈研讨、实地走访与问卷调查等多种形式集中开展调研活动。专题调研活动原则上在牵头单位和协助单位所属行政区域内开展，也可根据工作需要，扩大1至2个省(区、市)作为调研对象。

五、工作步骤

大调研活动自7月1日开始，至9月30日结束，共分为三个阶段进行。

(一)部署阶段，时间为7月1日至7月10日。主要工作内容：7月初部组织召开大调研活动动员部署会议，对大调研活动进行全面动员部署。各牵头省级交通运输主管部门组织召开专题调研活动动员部署会议，统一思想认识，加强组织领导，明确调研活动的内容、目的和要求，并于7月10日前完成专题调研工作动员部署。

(二)调研阶段，时间为7月10日至9月10日。主要工作内容：各牵头省级交通运输主管部门围绕调研专题和主要任务，建立专题调研工作机制，制订专题调研活动方案，并于7月15日统一启动调研工作。

(三)总结阶段，时间为9月11日至9月30日。主要工作内容：各牵头省级交通运输主管部门会同协助单位系统梳理、全面总结专题调研成果，并于9月30日前向部道路运输司提交调研报告和相关材料。调研活动结束后，部将适时组织召开调研成果研讨会，对调研成果进行交流，并对调研工作进行全面总结。

六、工作要求

(一)提高思想认识。当前，我国道路运输业正处于由传统产业向现代服务业转型的关键时期。开展新时期道路运输业发展大调研活动既是一项紧迫的现实任务，又是一项较为复杂的系统工程，涉及面广，工作量大。各地交通运输主管部门和道路运输管理机构要进一步深化对开展此次大调研活动的思想认识，将此次大调研活动作为转变运管队伍工作作风、提升行业整体形象的重要载体，以强烈的历史使命感和饱满的精神状态投入到大调研活动中。

(二)加强组织领导。为确保此次调研活动的顺利开展，部成立了以冯正霖副部长为组长，道路运输司李刚司长为副组长，10个牵头省级交通运输主管部门分管副厅长和道路运输司副司长为成员的领导小组(名单见附件2)，负责调研活动的指导、协调和督查工作。各牵头省级交通运输主管部门要会同协助单位精心筹划、缜密安排，组织成立专题调研工作小组，制订调研方案，细化调研提纲，落实经费保障，明确工作任务和责任人。

（三）密切沟通协调。开展大调研活动期间，各地交通运输主管部门和道路运输管理机构要密切协调配合，牵头单位和协助单位要研究建立调研工作联动机制，及时协调解决调研过程中出现的有关问题，形成工作合力，共同推进调研活动有序进行。为此，成立以道路运输司王水平副司长为组长，10个牵头省级道路运输管理局局长和道路运输司各处主要负责人为成员的大调研活动协调小组（名单见附件3）。部道路运输司各处将按照调研专题分工具体负责调研活动的日常联络与沟通协调，并视情参加专题调研的有关工作。

（四）力求工作实效。各牵头省级交通运输主管部门和道路运输管理机构要结合工作实际，积极探索行之有效的调研方式和活动载体，使调研工作更加符合实际、贴近基层。各地交通运输主管部门和道路运输管理机构要强化求真务实的工作作风，避免查找问题不深入、不透彻，防止调研走过场、走形式。同时，要坚持开言路、集民智的方针，开门搞调研，广泛听取基层同志、企业职工以及社会公众的建议，主动听取有关部门的意见，确保调研成果全面、真实，确保所提工作建议和政策措施有针对性、具操作性。

附件：

1. 新时期道路运输业发展大调研专题的主要内容及任务分工
2. 新时期道路运输业发展大调研活动领导小组名单
3. 新时期道路运输业发展大调研活动协调小组名单

中华人民共和国交通运输部办公厅（章）

二〇〇九年六月二十五日

附件 1

新时期道路运输业发展大调研专题的主要内容及任务分工

专题一：道路运输在综合运输体系中的定位和结构调整

(一)主要内容

1. 道路运输在综合运输体系中发挥的作用；

2. 道路运输在综合运输体系中的结构调整情况；

3. 道路运输在综合运输体系建设中存在的问题；

4. 道路运输与其他运输方式的有效衔接与良性互动情况；

5. 发挥道路运输比较优势、推进道路运输结构调整的整体思路、下一阶段的工作建议和政策措施。

(二)牵头单位

辽宁省交通厅。

(三)协助单位

甘肃省交通运输厅、安徽省交通运输厅、宁波市交通局。

(四)联络处室

道路运输司出租汽车管理处。

专题二：道路运输经济运行分析机制建设

(一)主要内容

1. 道路运输经济运行分析信息源与采集机制的现状和作用；

2. 道路运输经济运行对行政决策与市场引导的作用；

3. 道路运输发展对经济运行分析指标的需求；

4. 建立道路运输经济运行分析机制的整体思路、下一阶段的工作建议和政策措施。

(二)牵头单位

山东省交通运输厅。

(三)协助单位

河北省交通运输厅、黑龙江省交通运输厅、青海省交通运输厅。

(四)联络处室

道路运输司货运与物流管理处。

专题三：统筹城乡道路客运协调发展

(一)主要内容

1. 城乡客运(包括道路旅客运输、城市公共交通、出租汽车、城市轨道交通)发展与管理现状(管理体制、市场构成与经营规模等)；

2. 城乡客运资源配置、投融资体制、政府财政补贴；

3. 统筹城乡道路客运协调发展中遇到的问题；

4. 统筹城乡道路客运协调发展的整体思路、下一阶段的工作建议和政策措施。

(二)牵头单位

江苏省交通运输厅。

(三)协助单位

北京市交通委员会、江西省交通运输厅、重庆市交通委员会。

(四)联络处室

道路运输司城乡客运管理处。

专题四：道路货物运输与现代物流业发展

(一)主要内容

1. 道路货物运输在现代物流业中的地位和作用；

2. 当前货运业发展现状(运力结构、组织结构、经营结构与经营规模)；

3. 传统货运业向现代物流业转型的情况和存在的问题；

4. 道路运输管理部门在推动现代物流业发展中的职能定位；

5. 物流公共信息平台建设；

6. 加快道路货物运输业向现代物流业转型的整体思路、下一阶段的工作建议和政策措施。

(二)牵头单位

湖北省交通运输厅。

(三)协助单位

浙江省交通运输厅、宁夏回族自治区交通运输厅、上海市交通运输和港口管理局、深圳市交通运输委员会。

(四)联络处室

道路运输司货运与物流管理处。

专题五：运输枢纽、场站及轨道交通(规划)建设与运营管理

(一)主要内容

1. 运输枢纽、场站及轨道交通(规划)建设与运营管理体制；

2. 近年来政府在运输枢纽、场站及轨道交通建设方面的投入情况(土地政策、资金来源、建设主体、经营主体、投融资体制等)；

3. 运输枢纽、场站及轨道交通运营与管理情况及存在的问题；

4. 有关运输枢纽、场站及轨道交通(规划)建设与运营管理的整体思路、下一阶段的工作建议和政策措施。

(二)牵头单位

广东省交通运输厅。

(三)协助单位

天津市交通运输和港口管理局、上海市交通运输和港口管理局、广西壮族自治区交通厅。

(四)联络处室

道路运输司城乡客运管理处。

专题六：车辆技术和机动车维修市场管理

(一)主要内容

1. 道路运输车辆技术和机动车维修市场管理现状；

2. 机动车维修救援网络和汽车快修业的发展情况；

3. 道路运输车辆综合性能检测制度执行情况；

4. 推动车辆技术进步和促进机动车维修业健康发展的整体思路、下一阶段的工作建议和政策措施。

(二)牵头单位

河南省交通运输厅。

(三)协助单位

陕西省交通运输厅、内蒙古自治区交通厅、福建省交通厅、青岛市交通委员会、杭州市机动车服务管理局。

(四)联络处室

道路运输司车辆管理处。

专题七：道路运输安全管理机制建设

(一)主要内容

1. 道路运输安全管理“三关一监督”的执行情况；

2. 城市公共交通安全运行保障制度及执行情况；

3. 部门间道路运输安全联动机制的建设与执行情况；

4. 基层运管机构与道路运输企业安全管理的经验与做法；

5. 道路运输应急保障体系建设与运行情况(资金投入、运行模式等)；

6. 机动车驾驶员培训行业管理现状(驾驶员培训市场规模、教练员队伍、教练车、教学场地等情况)；

7. 机动车驾驶员素质教育工作开展情况(教学大纲执行情况、培训记录制度实施情况、部门间的协调配合情况等)；

8. 推进道路运输安全发展的整体思路、下一阶段的工作建议和政策措施。

(二)牵头单位

四川省交通厅。

（三）协助单位

贵州省交通运输厅、山西省交通运输厅、新疆生产建设兵团交通局、大连市交通局。

（四）联络处室

道路运输司车辆管理处。

专题八：道路运输市场诚信体系建设

（一）主要内容

1. 道路运输企业质量信誉考核制度执行情况及发挥的作用；

2. 道路运输企业诚信体系建设存在的突出问题及成因；

3. 道路运输从业人员诚信考核体系建设情况；

4. 道路运输从业人员管理中存在的突出问题及成因；

5. 加快道路运输诚信体系建设的整体思路、下一阶段的工作建议和政策措施。

（二）牵头单位

湖南省交通运输厅。

（三）协助单位

河南省交通运输厅、山东省交通运输厅、新疆维吾尔自治区交通运输厅。

（四）联络处室

道路运输司出租汽车管理处。

专题九：道路运输信息化建设

（一）主要内容

1. 道路运输信息化的建设运行情况（系统开发应用、系统功能、标准化等）；

2. 道路运输信息化建设的投资来源与保障机制；

3. 道路运输信息化建设的成效评估；

4. 实现部省道路运输信息系统联网工作的整体思路、下一阶段的工作建议和政策措施。

（二）牵头单位

浙江省交通运输厅。

（三）协助单位

甘肃省交通运输厅、江苏省交通运输厅、西藏自治区交通厅。

（四）联络处室

道路运输司综合处。

专题十：道路运输管理机构职能调整与队伍建设

（一）主要内容

1. 机构设置现状（基层运管机构的名称、性质、规格、编制、人员准入、经费来源、实际规模、人员编制与构成、法律依据等）；

2. 新一轮政府机构改革推进过程中道路运输管理机构的职能调整情况；

3. 成品油价格与税费改革前后基层运管机构的管理方式与工作重点；

4. 基层运管机构设置与队伍建设中存在的突出问题；

5. 有关道路运输管理机构职能调整和队伍建设的整体思路、下一阶段的工作建议和政策措施。

(二)牵头单位

山西省交通运输厅。

(三)协助单位

吉林省交通运输厅、云南省交通运输厅、海南省交通运输厅、厦门市交通委员会。

(四)联络处室

道路运输司综合处。

附件2

新时期道路运输业发展大调研活动领导小组名单

组　长：

交通运输部副部长　冯正霖

副组长：

交通运输部道路运输司司长　李　刚

成　员：

交通运输部道路运输司副司长　徐亚华

交通运输部道路运输司副司长　王水平

山西省交通运输厅副厅长　王志民

辽宁省交通厅副厅长　葛　方

江苏省交通运输厅副厅长　李先友

浙江省交通运输厅副厅长　郑黎明

山东省交通运输厅副厅长　高洪涛

河南省交通运输厅副厅长　李和平

湖北省交通运输厅副厅长　张　云

湖南省交通运输厅总经济师　李晓希

广东省交通运输厅副厅长　杨细平

四川省交通厅副厅长　郑　勇

附件 3

新时期道路运输业发展大调研活动协调小组名单

组　长：

交通运输部道路运输司副司长	王水平

成　员：

山西省交通运输管理局局长	李华中
辽宁省交通厅运输管理局局长	杨　清
江苏省交通厅运输管理局局长	汪学君
浙江省道路运输管理局局长	张平平
山东省交通厅道路运输局局长	孔卫国
河南省交通厅道路运输局局长	吕全德
湖北省道路运输管理局局长	石先平
湖南省公路运输管理局局长	谭衡鸣
四川省交通厅公路运输管理局局长	邱小发
广东省交通厅公路运输管理处处长	李时锋
部道路运输司综合处副处长	战榆林
部道路运输司城乡客运管理处处长	蔡团结
部道路运输司货运与物流管理处处长	谢家举
部道路运输司车辆管理处副处长	俞卫江
部道路运输司出租汽车管理处处长	李志强

关于表彰新时期道路运输业发展大调研活动优秀调研成果和先进单位的通报

厅运字〔2009〕268号

各省、自治区、直辖市、新疆生产建设兵团、计划单列市交通运输厅(局、委)及道路运输管理局(处)，部内各司局，部属各单位：

今年7月份以来，部按照“三个服务”和构建综合运输体系的要求，组织全国各省(区、市)和计划单列市交通运输部门，围绕事关道路运输业长远发展、社会关注度高的10个重大问题，开展了新时期道路运输业发展大调研活动。10个专题调研分别由辽宁、山东、江苏、湖北、广东、河南、四川、湖南、浙江、山西省交通运输厅牵头，其他省(区、市)、新疆生产建设兵团和计划单列市交通运输部门配合开展，由10个牵头省份的运管部门具体组织实施。这次大调研活动，是我国道路运输发展史上规模最大、范围最广、程度最深的一次调研活动。部专门成立了大调研活动领导小组，部领导亲自抓，道路运输司牵头协调，机关其他司局大力支持。各牵头单位高度负责、精心组织，协作单位积极参与。甘肃、内蒙古等部分省(区)还组织各市对10个专题进行了全面调研。这次大调研活动中，各地交通运输部门和运管机构坚持和发扬了求真务实、深入细致、高度负责的作风，密切配合，团结协作，深入扎实开展调研，高质量、高水平完成了调研任务，取得了丰硕的调研成果，对推进新时期交通运输行业又好又快发展，具有积极的现实意义和重要的战略意义。

为表彰先进，部决定对新时期道路运输业发展大调研活动优秀调研成果、先进组织实施单位，以及积极参与大调研活动的单位予以通报表彰(名单附后)。希望受表彰的单位再接再厉，继续坚持和发扬大调研活动中形成的良好作风，不断开创工作新局面。各地各单位要按照部领导要求，进一步深入进行调研，并根据实际工作需要和政策措施的轻重缓急，把调研成果充分运用到明年交通运输工作安排和“十二五”交通运输发展规划编制中去，使这次大调研成果发挥更大的作用。全行业要以先进单位为榜样，全面贯彻落实科学发展观，努力做好“三个服务”，创新进取，扎实工作，为推进现代交通运输业发展作出新的更大贡献！

附件：新时期道路运输业发展大调研活动优秀调研成果和先进单位名单

中华人民共和国交通运输部办公厅(章)

二〇〇九年十二月十八日

附件

新时期道路运输业发展大调研活动优秀调研成果和先进单位名单

（排名不分先后）

一、优秀调研成果

道路运输在综合运输体系中的定位和结构调整

道路运输经济运行分析机制建设

统筹城乡道路客运协调发展

道路货物运输与现代物流业发展

运输枢纽、场站及轨道交通(规划)建设与运营管理

车辆技术和机动车维修市场管理

道路运输安全管理机制建设

道路运输市场诚信体系建设

道路运输信息化建设

道路运输管理机构职能调整与队伍建设

二、先进组织单位

辽宁省交通厅

山东省交通运输厅

江苏省交通运输厅

湖北省交通运输厅

广东省交通运输厅

河南省交通运输厅

四川省交通厅

湖南省交通运输厅

浙江省交通运输厅

山西省交通运输厅

三、先进实施单位

辽宁省交通厅运输管理局

山东省交通厅道路运输局

江苏省交通厅运输管理局

湖北省交通运输厅道路运输管理局

广东省交通运输厅公路运输管理处

河南省交通运输厅道路运输局

四川省交通厅公路运输管理局
湖南省公路运输管理局
浙江省道路运输管理局
山西省交通运输管理局
四、先进参加单位
北京市交通委员会运输管理局
天津市交通运输和港口管理局
河北省道路运输管理局
内蒙古自治区交通运输管理局
吉林省运输管理局
黑龙江省道路运输管理局
上海市交通运输和港口管理局
安徽省公路运输管理局
福建省运输管理局
江西省道路运输管理局
广西壮族自治区道路运输管理局
海南省道路运输局
重庆市道路运输管理局
贵州省公路运输管理局
云南省公路运输管理局
西藏自治区交通厅交通运输管理局
陕西省交通厅运输管理局
甘肃省公路运输管理局
青海省公路运输管理局
宁夏回族自治区道路运输管理局
新疆维吾尔自治区道路运输管理局
新疆生产建设兵团交通局
大连市交通局
宁波市交通局
厦门市交通委员会
青岛市交通委员会
深圳市交通运输委员会

调 研 报 告

调研专题一

道路运输在综合运输体系中的定位和结构调整

辽 宁 省 交 通 厅
甘肃省交通运输厅
安徽省交通运输厅
宁 波 市 交 通 局

调研专题一调研人员名单

调研领导小组

组　长：葛　方　胡　冰

成　员：杨　清　李　潭　魏仕彬　张　延

调研工作小组

组　长：杨　清

副组长：徐同连

成　员：冯海波　于德水　陈　晖　江宗法　司武国　王新联
杨　旸　胡兴华　刘　平　李晓峰　于文龙　赵永飞
姜春连　杨雪峰　姜　辉　姜　源　刘寒冰　贾洪飞
孙宝凤　罗清玉　钟沂平　傅忠宁

调研工作概况

根据交通运输部《关于开展新时期道路运输业发展大调研活动的通知》（厅运字〔2009〕147号）文件精神，辽宁省交通厅、甘肃省交通运输厅、安徽省交通运输厅和宁波市交通局共同承担“道路运输在综合运输体系中的定位和结构调整”专题调研任务。三省一市交通部门对调研工作非常重视，制订了细致周密的调研工作方案和实施方案，本着理论联系实际、指导实际的原则，邀请了吉林大学交通学院参与调研。并先后两次召开专题会议论证和细化调研大纲、调研问卷。

在调研实施过程中，采取向全国各省运输管理部门发放调研大纲、问卷和实地调研两种形式，在实际调研中兼顾了调研对象的代表性和全面性，分为东部、西部和中部3个调研组，历时两周，实地走访了14个省会城市和近30个地市的运输管理、铁路等部门以及40多家典型道路运输企业，与数百人进行了座谈。运输企业涵盖了公司化率高、集团运作、区域联动、网络化经营、区域化经营为特色的客运企业，以公路运输为主导的公铁联运企业，以高端服务和危险品运输为特色的货运企业，以疏港运输为主的物流企业，以小件快递业务为主网络化经营的快递公司等，所有制成分涵盖国有、民营、个体、股份制和外资等不同形式。

经过各调研小组的汇总和分析，形成了调研报告初稿。辽宁省交通厅召集参加调研的各相关单位相继召开了3次研讨会，共同修改、完善调研报告内容体系，并对调研提出的重要观点、工作思路、结构调整措施进行了充分讨论和凝练。调研报告以创新理念、凝聚智慧、宏观抓总、谋划长远为基本思路，以解决新时期综合运输体系建设中道路运输面临的突出问题和定位为重点，以创新管理理念，实施结构调整，促进各种运输方式的有效衔接和合理分工，推进综合运输体系建设为目标，基本理清了思路，明确了定位，提出了措施。

调研报告共包括5项内容：一是综合运输体系发展现状及道路运输在其中发挥的作用；二是道路运输在综合运输体系中面临的问题；三是道路运输相对于其他运输方式的比较优势和劣势；四是道路运输在综合运输体系中的定位；五是道路运输在综合运输体系中的结构调整。

一、综合运输体系发展现状及道路运输在其中发挥的作用

(一)综合运输体系的发展现状

改革开放以来，尤其是“十五”以来，我国交通运输业实现了快速发展，由公路、铁路、航空、水运、管道5种运输方式构成的综合运输体系日趋完善，交通运输量和港口吞吐量大幅增长，基础设施和装备水平显著提高，现代管理水平和信息化应用水平明显提升。交通运输业的总体服务能力、技术装备水平、基础设施条件等各个方面都实现了跨越式发展，初步实现了各种运输方式间的合理分工，开始步入多种运输方式协调发展的新阶段。

(1)综合运输体系基础设施。截至2008年年底，全国综合运输基础设施网络总里程达到645.3万公里，比1978年增长了4.2倍。其中，公路从1949年的8.07万公里发展到1978年的89万公里，2008年公路总里程为373.02万公里，是1978年的4.2倍，是1949年的46倍；2008年铁路总营运里程为8.0万公里，是1978年的1.55倍，是1949年的3.7倍；管道输油、气里程从1958年的0.02万公里增长到2008年的5.83万公里，增长了291.7倍；2008年规模以上港口生产用码头泊位12773个，比1978年增加12018个，其中沿海万吨级以上泊位1076个，增加943个；民航航线里程从1949年的1.13万公里增加到2008年的246.18万公里，民用机场2008年达到158个，比1950年增加122个。2008年等级道路客运站达到15665个，其中一级站548个、二级站2165个、三级站1966个、四级站4572个、五级站6414个、简易站及招呼站150075个；道路货运站3104个，其中一级站234个，二级站279个，三级站822个，四级站1769个；铁路车站5752个，其中特等站51个、一等站209个、二等站313个、三等站826个、四等和五等站共计4353个。

(2)综合运输体系的运输装备。截至2008年年底，全国民用汽车达到5099.61万辆，其中，载客汽车3838.92万辆，载货汽车1126.07万辆，分别比1978年增长了38倍、148倍和11倍。车辆装备形成了大、中、小型相配套，高、中、低档相结合的格局。

铁路从1997年到2008年陆续进行了6次大面积提速，现已全面掌握了时速200公里及以上既有线提速的设计、施工、养护维修等成套技术，形成了我国铁路既有线提速到200~250公里/小时的技术标准体系；铁路主要干线普遍开行了5000~6500吨货物列车，达到世界先进水平，铁路装备行业在较短时间内实现了关键领域的跨越式发展。青藏铁路、上海磁悬浮示范运营线路、北京至天津高速铁路，表明中国铁路正在迅速向以高技

术集成为显著特征的现代运输方式迈进。截至2008年年底，中国铁路总延展里程已达16.11万公里，铁路运营里程达8万公里，居亚洲第一位。

截至2008年年底，沿海港口逐步建设了一大批港口集装箱、大宗散货和汽车滚装等大型专业化码头，港口机械化和专业化水平不断增强，作业效率显著提高，主要港口的集装箱装卸效率已达世界先进水平。水运方面，我国运输船舶逐步向大型化、专业化和标准化方向发展，净载重吨位不断上升。2008年年底我国拥有营业性远洋运输船舶2136艘，海运船队运力规模跃居世界第四位，深水筑港和航道整治技术也取得重大突破。

民航已建成现代化的空中交通管理系统，航空安全综合保障能力逐步增强，接近民航发达国家水平。到2008年年底我国机场已达158个。在机场数量增加的同时，机场的航管、通信、导航和气象保障系统等方面的技术改造得到加强。民航首都机场、上海机场和广州机场等三大枢纽机场初步达到国际先进水平。

管道勘察、选线已经应用航空遥感和卫星定位技术，管道设计采用了先进的计算机辅助系统，管道施工的开沟、布管、焊接、下沟回填实现了自动化一条龙施工作业。我国已具备了在国际市场上进行长距离输送管道及其配套工程的设计、施工能力，管道运输技术水平已跻身国际先进水平行列。

(3)综合运输体系运输能力。2008年，全国主要运输方式完成客运量286.79亿人、旅客周转量23196.69亿人公里，分别是1949年的209倍和150倍；完成货物运输量258.75亿吨、货物周转量110300.84亿吨公里，是1949年的161倍和433倍。其中，公路完成客运量、旅客周转量268.21亿人和12476.11亿人公里，是1949年的1483倍和1567倍；完成货运量、货物周转量191.68亿吨和32868.19亿吨公里，是1949年的241倍和4038倍。铁路完成客运量、旅客周转量14.62亿人和7778.60亿人公里，是1949年的14倍和60倍；完成货运量、货物周转量33.04亿吨和25106.28亿吨公里，是1949年的59倍和136倍。水运完成货运量、货物周转量29.45亿吨和50262.74亿吨公里，是1949年的116倍和796倍；完成客运量2.03亿人、旅客周转量59.18亿人公里。民航完成客运量、旅客周转量1.93亿人和2882.8亿人公里，是1949年的713倍和1558倍；完成货运量、货物周转量407.64万吨和119.60亿吨公里，是1949年的170倍和570倍。管道完成货运量、货物周转量4.54亿吨和1944.03亿吨公里，是1971年的39倍和216倍(管道货运量、货物周转量从1971年开始统计)。

(4)综合运输体系技术水平。基础设施日益完善、装备水平日益提高，现代管理和信息化应用水平明显提升。铁路旅客列车运行速度已经达到国际先进水平，货运重载技术取得突破；公路运输装备水平提高，供给能力和质量不断提升；港口基础设施规模不断扩大，集装箱码头装备水平达到世界一流；民用飞机应用水平基本与国际水平同步；长输油气管道技术已接近国际20世纪90年代水平。2008年，铁路复线率为36.2%，电气化率为34.6%，高速公路里程达到6.03万公里，沿海港口万吨级深水泊位1416个。

(5)综合运输体系服务质量和效率效益。伴随先进科技的应用，交通基础设施整体技术水平快速提升。综合运输网络的发展由以“通”为主上升到以“畅”为先，“以重技术规范要求”上升到“以人为本”，以交通基础设施的更新换代为标志，运输大型化、专业化和便捷化日趋明显，综合交通网服务质量和效率效益均有较大程度的提高。

(6)综合运输体系的运行机制。随着交通管理体制改革的逐步推进，运输市场化程度不断提高。铁路运输实现了主辅业分离，公路、水运、民航和管道运输实现了政企分开。除铁路外，以政府调控与市场调节相结合的运输价格形成机制初步建立。交通运输领域的投资主体多元化、资金渠道多元化的基本格局初步形成。

综上所述，改革开放30年，交通基础设施建设得到快速发展，为综合运输体系的构建奠定了坚实的基础，同时也对综合运输体系建设提出更高要求；交通运输大部门体制，顺应了交通运输从分散发展到集约发展的阶段递进规律，不仅减少了部门职责交叉、理清了权责关系，更为加快发展现代综合运输体系提供了体制保障。

(二)道路运输业在综合运输体系中发挥的作用

改革开放以来，我国道路运输早于铁路和航空得到了巨大的发展，交通基础设施在总量持续增长的同时，路网结构和技术状况进一步改善；以公路主枢纽为龙头的客货场站建设有序发展，逐步形成面向全社会的道路运输场站服务网络；社会运力紧张状况全面缓解的同时，交通运输装备结构得到合理调整；道路运输市场机制初步建立，运输服务水平有较大提高；农村交通运输服务状况得到显著改善。道路运输已经发展成为服务范围最广、承担运量最大、组织最为灵活、产品最为多样的运输方式，在综合运输网络中的基础性和先导性作用日益显著，有力地支撑了我国经济社会的发展，并在抢险救灾等突发事件的应急运输中发挥着重要的保障作用。

1. 公路建设的持续加快，进一步提高了通达深度和覆盖密度，道路运输的衔接能力和服务水平大幅提升

改革开放以来，我国交通基础设施规模总量实现了快速增长。截至2008年年底，全国公路里程发展到373.02万公里，平均每年增长4.19%，其中，高速公路里程达60302公里，一级公路达54216公里。东部地区公路里程105.01万公里，中部地区125.89万公里，西部地区142.11万公里，东部、中部和西部地区二级及以上公路占该地区路网比例分别为17%、10%和7%；国省干线公路中二级及以上公路所占比例分别为86%、79%和46%；公路密度分别为98.8公里/百平方公里、75.9公里/百平方公里和20.6公里/百平方公里(2005年后公路里程含村道)，西部地区落后于全国平均水平的差距显著缩小。全国乡镇公路通达率为99.2%，建制村公路通达率为92.9%。公路基础设施建设在总量持续增长的同时，公路技术等级和路面等级进一步提高，路网结构和技术状况进一步改

善。道路运输对基础设施总量增长和速度增长的贡献率分别达到42.46%和44.39%。同时，客货场站建设有序发展，逐步形成面向全社会的道路运输场站服务网络。客运场站服务环境、服务水平得到显著改善，货运场站改造升级，稳步向物流园区建设方向推进，场站设施现代化程度和集疏运能力显著提升。

2. 道路运输量稳步增长，在综合运输体系中的主导地位日益巩固和加强

2008年年底，全国道路运输行业完成公路客运量268.2亿人次，占综合运输体系的92%；完成货运量191.7亿吨，占综合运输总量的73%；完成客运量、货运量分别比新中国成立前增长2680多倍和190多倍；道路运输以其机动灵活和门到门技术经济特性，在短途集散和部分中长途运输中发挥着主导作用，承担了92%的旅客运输量。其机动灵活、门到门的可达性运输特点，决定了道路运输在中短途运输、农村运输和城市配送运输中的主导地位，不仅作为一种独立运输方式发挥着快速的集疏运输作用，而且为其他运输方式提供了有效的衔接和保障。同时，在特定时段和区域，道路运输在长途运输中也起到一定程度的骨干作用，在一定历史时期内弥补了其他运输方式发展相对滞后造成的运输功能“缺位”的不足，为推动经济社会建设、提高人民生活水平发挥了巨大的作用。

3. 道路运输装备充足，运输能力充沛，保障了道路运输基础性作用的发挥

运力结构不断优化，客车舒适性、安全性稳步提高，货车重型化、厢式化、专业化趋势日益显著。截至2008年年底，全国公路营运汽车达930.61万辆，其中载客汽车169.64万辆、2560.36万客位，其中大型客车25.50万辆、1096.44万客位；载货汽车760.97万辆、3686.20万吨位，其中普通载货汽车720.18万辆、3139.76万吨位，专用载货汽车40.79万辆、546.44万吨位，特别是规模以上货运企业车辆数增幅较大，道路运输业的技术装备水平、运输能力、运输效率和便捷性、及时性显著提高。

4. 道路运输市场机制初步建立，有效提高了资源的合理配置水平

改革开放以来，道路运输市场经历了培育发展、治理整顿、结构调整、优化升级四个阶段，市场机制初步建立，市场集中度和抵御风险能力显著提高；通过政策引导和制度规范，集约化、规模化、网络化经营趋势日益明显，一批具有现代企业管理制度的大型客货企业逐步建立。在营运车辆持续增长的情况下，全国客运经营业户由22.6万户下降至12.2万户，下降了46%，市场组织化程度不断提高。市场准入制度基本健全，进入与退出机制初步形成，安全管理长效机制日益完善，市场监管水平有较大提高，为综合运输体系进一步实现运输主体规模化、运输要素市场化，促进各种运输方式之间的合作分工，充分发挥市场在综合运输体系资源配置中的基础性作用奠定了基础。

5. 道路运输应急保障体系基本健全，提高了应对突发事件的基础保障能力

建立了应急运输工作机制，健全了应急保障体系，建立了包括各种车型的客货应急

运输车队，在抗击非典、防范禽流感、防汛防洪、抗震救灾、奥运服务等突发事件和国家重要事件中发挥了重要的保障作用。

6. 道路运输保障体系发达，为道路运输快速发展奠定了坚实的基础

通过加强汽车维修行业的规范管理和市场监管，汽车维修行业得到快速发展；通过加强道路运输从业人员培训，从业人员培训工作得到规范，培训质量全面提高；通过高技术手段的应用与创新，全国机动车维修救援网络初步建立。不仅保障了道路运输的快速发展，而且为社会提供了全面的驾驶员和道路运输从业人员培训、机动车维修服务。

7. 道路运输是农村地区主要运输方式，为社会主义新农村建设发挥了强大的促进和拉动作用

“十五”以来实施了以提高国土交通通达度、改善农村道路质量为主要目标的大规模农村公路建设，农村公路通达度明显提高，农村公路覆盖面明显扩大。到2008年年底，全国农村公路总里程达到172.10万公里，实现了99.2%的乡镇、92.9%的建制村通公路。随着农村客运网络化、公交化和路站运一体化的发展，农村客运在运力结构、班次密度、客运网络、安全和服务水平等方面都有了较大改善。目前，农村客运结构调整、城乡客运一体化正在实施，一个遍布全国的城乡交通网络体系初具规模。鲜活农产品绿色通道网络“五纵二横”基本形成，所有整车合法运输鲜活农产品的车辆在“绿色通道”上行驶，享受减免通行费等优惠政策，提高了鲜活农产品的运输效率，降低了运输成本。

综上所述，功能齐全、体系完备的道路运输体系基本形成，能够满足乘客安全、舒适、快捷、高效、经济的出行需求以及托运人安全、快捷、高效、经济的托运要求；依托城市道路、高速公路、国省主干道非高速公路，逐步建立起高效、及时、人性化、智能化的服务保障体系，进一步增强了道路运输在综合运输体系中的连接作用和主导地位。

二、道路运输在综合运输体系建设中面临的问题

改革开放以来，道路运输网络供给能力和服务能力总体适应了国民经济发展和社会进步的需要，但是既有适应也有不足，既有越位也有缺位，面临的主要问题是：在发挥道路运输比较优势方面，仍存在运输结构不合理、基础设施发展支撑能力不足、发展政策不适应、与其他运输方式分工不合理及衔接不畅等问题，从而限制了道路运输又好又快地发展和比较优势的充分发挥，距“分工合理、优势互补、有效衔接、高效运行、可

持续发展”的综合运输体系建设目标尚有差距。

（一）道路运输结构不合理，造成在综合运输体系中比较优势不突出

1. 道路运输主体结构不合理，缺乏组织化程度高的大型主导企业

经过近几年的集约化改造，道路运输集约化、规模化经营程度大幅提升，但挂靠经营仍大量存在，并且缺少区域内或跨区域，具有强大组织功能、集团化、网络化经营的品牌主导型企业，对运输资源的整合仍需加大力度，运输组织化程度、区域联动效率和网络化经营效益仍有差距。特别是客运线路经营权有限期使用制度落实不到位，致使客运经营主体结构调整面临着很大压力，进度缓慢。货运、机动车维修、驾驶员培训、车辆租赁等领域的集约化工作仍显滞后。

2. 道路运输运力结构不合理，运输服务质量得不到有效保障

公路客运运力在地区、线路配置上不尽合理，城际客运发展较快，农村地区客运运力不足，缺乏适应农村客运需求的经济适用车辆；受外部经济环境和快速铁路发展的影响，高档客车总量增长放缓；线路资源优化配置未能充分发挥杠杆作用，造成客运运力结构的不协调，尤其在偏远地区，高效低耗的重型货车、集装箱车等专业运输车辆不足；车辆更新缓慢，老旧车辆多；5～8 吨的中型敞篷货车仍大量存在；甩挂运输在部分地区刚刚起步，适合城市配送的小型厢式货车发展缓慢；低效率运输还大量存在，拖拉机和农用机动车甚至人畜力车还在参与营业性运输，适应当地经济发展水平的经济型厢式货运车型不足。

3. 道路运输服务结构不合理，制约了道路运输比较优势的发挥

发展现代物流产业政策不明，方向不清，措施不力，基础设施的配套性、兼容性差，物流技术装备水平偏低，标准化对接缓慢，物流业发展滞后。城市配送囿于政策和体制的因素，造成城市内通行限制过多，缺乏与城市配送物流相适应的运作、管理和服务标准，城市内路权受限制，多数城市配送车辆以改装车(即载客面包车)甚至黑车居多。甩挂运输缺乏衔接性基础设施平台支撑，缺乏有效的扶持政策，特别是现行税费征收政策、交强险的保险政策等与发展甩挂运输不协调。专业化运输层次低，组织化程度低，难以规模化、网络化经营，如冷链物流还没有得到应有的重视，完整独立的冷链尚未形成；冷链市场化程度低，基础设施建设远远不够，缺乏上下游的整体规划和整合。第三方物流发展滞后，运输企业受专业化分工影响，企业规模偏小，规模化、网络化经营有一定困难。危险品运输、大件运输的专业化程度较高，除对车辆要求特殊之外，还存在运输成本高，风险大，企业规模偏小，规模化、网络化经营困难等问题。

（二）道路基础设施规划和建设与运输需求不完全适应，阻碍其在综合运输体系中作用的发挥

1. 综合运输网络规划缺乏整体战略性，限制了道路运输作用的发挥

对综合运输体系基础设施建设缺乏足够的重视和统一、协调，缺乏具有操作性、约束力、整体性、统一性的战略规划。在综合运输体系结构、整个运输系统的融合上没有统一的认识和明确的发展方向，铁路、公路、水运、航空、管道运输方式如何纳入综合运输体系，如何平衡其关系并发挥其作用与优势，缺少权威性的研究。目前的综合运输发展规划，基本以各种运输方式按照各自市场需求进行规划为主，然后进行汇总合并，缺乏自上而下的约束力，因而也就缺乏相互间的衔接与协调，各种运输方式基本上属于自行独立发展，制约了综合运输体系的构建。2009 年 6 月国家发改委着力进行了综合运输网络的规划，积累了综合运输体系统一规划的初步经验，但具体到各省、各地区、各城市层面尚无法实现统筹规划。例如综合客运枢纽的建设，涉及铁路、道路运输、城市交通的衔接，实现统一规划、统一部署比较困难。

2. 道路运输基础设施规划建设机制不科学，影响了其效用的发挥

道路建设项目的可行性论证以交通量预测为基础，以满足日益增长的交通量需求为出发点，对更好地实现人和货物的位移方面考虑不多。其中，对于促进运输发展有着重要意义的场站、服务区、运输信息网络等运输基础设施建设及其功能配套设施考虑不够。道路运输客货场站基础设施建设机制不科学，对道路运输的客货场站等基础设施重视不够，政策、资金支持仍不到位，客货运附加费没有全部用于改善场站条件，负责客流、货流组织的道路运输管理部门对场站建设的选址、规划、建设参与不多，甚至没有话语权，造成项目规划建设与管理使用的脱节，影响了客货场站效用的发挥。如城市客运站边缘化就是这种机制衍生的后果，不仅背离了管理部门以人为本服务理念的要求，也违背了乘客方便、快捷出行的需求，增加了出行成本和时间。

长期以来，道路运输基础设施建设普遍存在重客运场站建设，轻货运场站建设的倾向，货运场站建设投资严重不足，融资非常困难，导致货运场站建设严重滞后。2008 年全国一级公路货运站仅为 234 个，全国四级以上货运站仅为 3104 个，道路货运基础设施数量严重不足，信息化水平极低，其规模小、功能单一、服务落后，远远不能适应道路货物运输发展的需要。道路货运业发展缺乏必要的组织平台和硬件基础设施支持，制约了货运规模化、集约化、组织化程度的提高，制约了高效率、高效益的货物运输组织水平的提升，影响了货运整体效益和比较优势的发挥，也不利于降低综合运输体系的运行成本和整个物资流通成本。尤其是大中城市综合性的货运场站数量缺乏，规模不足，功能退化，服务落后，货运场站建设资金渠道单一，社会投融资困难，无法满足货运场站

的建设和发展需要。一些在建项目不仅自筹资金难以到位，而且进一步融资渠道也不通畅，无法按期竣工，只好圈地闲置。部分货运场站运输功能和运输管理不衔接，站运不分，政企不分，建设方背上沉重经济包袱；多数货运场站服务于道路运输一种运输方式，能够有效衔接两种以上运输方式的并不多见，经营效果不理想，不能适应综合运输的需求。

3. 农村交通基础设施相对不足，农村道路运输持续发展能力薄弱

农村公路通达度明显提高，但是仍存在维护资金不足、道路基础设施不完善的状况，尤其是在中西部的农村。农村客运站建设与运营困难，建设用地无法从制度上保障，站址落实较难，配套资金与优惠政策不到位，后期经营维护面临困境。农村地区大多地偏人少，通达困难，班线开通率低，保持率低；农村客运成本高，客流少且不稳定，运营企业普遍亏本；政府、民众“公交化”呼声高，补贴落实少，因此，农村客运站既无法靠收取站务费维持经营，也无法享受政府补贴，虽然全国正在实行站所合一、中心站带农村站、多种经营模式开发等方式，但维持经营和正常的服务功能压力仍较大。农村货运基础设施落后，投入严重不足；农村生产资料、消费品以及鲜活农产品的包装、储存、快速配送体系尚未形成；还缺乏支撑农业生产资料流通的配送、信息服务和技术服务平台等。

(三)道路运输发展政策不适应，影响其在综合运输体系中的可持续发展

1. 综合运输体系建设的制度准备不充分，构建综合运输体系任重道远

在交通运输等七个行业领域，正在进行的实行职能有机统一的大部门体制，将为加快发展现代综合运输体系提供制度保障。构建交通运输大部门体制，成为破除体制束缚的突破口和深化改革的重要切入点。在国家层面初步完成了交通运输大部门体制架构，地方交通运输行政管理体制改革正在进行中，但即使是在同一省的交通运输行政管理体制构架内，即“一厅(交通厅)+专业管理局(运输管理局、公路管理局、港航管理局等)”，公路、水运、民航的统筹也有困难；而道路运输与铁路的统筹，更是两条平行线，行业壁垒严重；打破地区封锁，实现道路运输区域一体化发展亦缺乏有力的统筹。

2. 场站建设投资机制尚未形成，基础设施水平仍需大幅提高

对道路运输基础设施定性与作用认识不统一，对其的公用性甚至公益性认识不充分，政策上支持力度不够，制约了道路运输衔接能力的发挥。比如，对于道路运输基础设施没有比照民航、铁路给予土地使用税方面的优惠。道路运输的场站建设资金规模小、渠道单一，投资机制尚未形成，用于场站建设的资金十分有限，即使在政府主导投资建设场站的过程中，亦缺乏具有可操作性的道路运输场站建设政府投资管理办法，来指导和规范政府投资行为。

3. 燃油税改革打破了传统的道路运输管理模式，但历史形成的政策性障碍仍然影响市场的加快发展

由于道路运输按经营性质分为营业性运输和非营业性运输，国家相关规定要求营业性运输车辆须缴纳定额营业税、进行综合性能检测和二级维护，而非营业性运输则没有明确要求，使营业性车辆运行成本高于非营业性车辆，大量社会车辆利用价格优势或阶段性或长期参与道路运输，“黑车”屡禁不止，扰乱了市场的健康有序发展。运管部门囿于法规和政策约束，对非法营运或宽松管理或将非法营运扩大化，加之取证困难，造成执法效果不理想，甚至引起较大社会反响。道路运输服务业未纳入行业管理，特别是取消货运代理、信息配载的许可后，道路运输管理部门失去了对与道路货物运输密切相关的运输服务业的市场监管手段，而费改税后，车辆运行成本将增加，迫使大量企业不自购车辆，而是通过组织社会运力运输货物，并已形成一定规模，导致行业管理部门对货运市场源头管理的失控。

4. 现有税收制度未充分考虑道路运输行业实际，限制了物流产业的快速发展

物流企业缺乏适合其业务范围的物流行业发票。税务部门提供的物流业发票，只有运输发票和仓储发票(税率为4%)两种，而物流企业提供的是一个完整物流服务，涉及运输、仓储、包装、装配或流通加工等多个环节，各个环节税率不尽相同，物流企业只能开具一个笼统的企业产品发票，即缴纳增值税17%，客观上造成重复纳税，税率差大，有失公平。横向管理部门的协调难度也随着道路运输改革的深入不断增加。

(四)各种运输方式分工不合理和衔接不畅，影响了综合运输体系整体效率的发挥

1. 各种运输方式分工不合理，造成了社会资源的浪费

2008年的数据表明，全国道路运输的客运量、客运周转量占综合运输体系的90%、12.6%以上，货运量、货运周转量占70%、54.2%以上。道路运输在运量结构中占主导地位，这种主导地位既与道路运输的技术经济特征有关，也与公路基础设施大发展及其他运输方式发展相对滞后有关，即道路运输的“越位”及其他运输方式的“缺位”，使道路运输承担了大量的长途和低附加值运输，合理、高效、经济的运输分工仍需加强。同时，铁路在城际间短途运输的大发展现象也大量存在，尤其是中心城市和卫星城市之间“一小时”、“二小时”快速铁路运输，直接冲击了道路运输在优势领域的发展空间，带来两种运输方式重复建设、激烈竞争、社会资源浪费、综合运输体系总体效率低等问题。

截至2008年年底，我国输油管总长度达到2.9万公里，但是管道运输量仅占总运量的3%，致使大量原油和成品油通过铁路和公路运输。水运承担的运输市场份额与水运的

技术经济特性存在较大的差距，客运量和货运量比例较小，水运利用程度较低。

2. 各种运输方式衔接不畅，影响了综合运输效率的提高

各种运输方式行业管理部门之间由于职能条块分割，尚未建立长期、固定的协调机制，没有实质性的合作关系。每年，春运时期，尽管由经贸委等综合管理部门组织交通部门和铁路部门召开协调会议，研究衔接、加开班次等问题，但长期的部门协调机制没有建立，部门之间很少沟通，由于体制不畅，在组织跨运输方式的综合运输时，衔接、协调困难，各种运输方式尚未以一个共同承运人的方式进行合作，造成了环节上的不畅和效率的降低。

3. 各种运输方式技术标准不统一，影响了运输一体化的实现

运输装备水平和技术标准距离综合运输体系建设仍有差距，运输装备特别是货运车辆及载具，标准不一，种类繁多。货运的无缝衔接、甩挂运输、驼背运输受装备水平及技术标准的限制，进展缓慢。我国集装箱类型、尺寸与标记的标准不能同船舶、卡车、专用列车的结构顺畅衔接，也不能与集装箱相关的其他系统的标准相衔接；与各种运输方式接驳的移动设备、装卸机械、商品外包装和托盘等也不尽统一，由此限制了集装箱多式联运以及水、陆、空联运中的快速换装、换运。同时，由于各种运输方式的客运场站等基础设施的规划与建设缺乏综合协调和整体规划导致客运跨运输方式的零距离换乘、节点运输等实施存在很大困难。

（五）运输管理信息化程度低，难以支撑综合运输体系的有效运行

各种运输方式的信息化建设自成体系，无法打破行业壁垒，信息不能共享，难以支撑综合运输体系的有效运行。缺乏必要的信息化手段来提高综合运输的管理效能和服务水平，缺乏全国统一标准的交通运输管理信息平台；缺乏能够满足综合运输发展需要、可实现多种运输方式“共建共享共维共管”的综合性公共信息服务平台，因而制约了综合交通的加快发展和服务水平的提高，更无法形成各种运输方式之间的联动协作信息环境。

三、道路运输相对于其他运输方式的优势和劣势

（一）道路运输的比较优势

道路运输相对于其他运输方式的比较优势主要体现在以下六个方面：一是有效衔接其他运输方式，通达程度深，覆盖面广；二是道路运输机动性强和灵活度高，运输组织

多样性；三是对产品类型和运输量适应性强，运输服务产品多样性；四是道路运输网络规模经济性高；五是运送速度快，时效性好；六是原始投资少，资金周转快，回收期短，技术改造容易。

1. 有效衔接其他运输方式，通达度深，覆盖面广

有效衔接其他运输方式、通达程度深和覆盖面广是发挥道路运输“门到门”优势的重要体现，也充分体现了道路运输的普遍服务功能，是其他运输方式所无法替代的。道路运输与其他运输方式有效衔接包括：沿着快速铁路路线，在客流密集的城市中心站呈“鱼骨式”衔接并延伸；开通城镇、镇乡的客运快线，把“门到门”的终点站延伸至城镇公交站、农村客运站；整合现有班线资源，主推“一小时圈”、“二小时圈”，建设形成快速客运、干线客运、旅游客运等多层次、高效率、一体化的道路客运服务网络；大力发展农村客运，形成农村道路客运服务网络。全方位衔接措施的立足点就是充分发挥道路运输通达程度深的比较优势，进而达到覆盖面广的效果。

2. 机动性强，灵活度高，运输组织多样性

道路运输的时间机动性明显大于其他运输方式，车辆可随时调度、装载、起运，各作业环节衔接时间也较短；道路运输还对运输批量大小具有很强的适应性，特别是对较小批量和附加值高的货物运输非常适应，这种特点使得公路运输可以用于救灾工作、应急事件处理和军事运输等一系列突发事件；道路运输还具有组织方式上的灵活性，甩挂运输就是一种高效运输组织方式的体现，适于发展现代物流；道路运输可以自行开展干支线连接运输、区域联运、跨省联运等，也可以开展与其他运输方式的联合运输，成为其集疏运的必要手段之一。在服务时间、服务内容、服务方式、服务对象等方面具有高度的灵活性，这一优势使其即使在面临快速铁路等其他可替代运输方式的冲击时，仍能占据一定的市场份额。

3. 对产品类型和运输量适应性强，运输服务产品多样性

道路运输对于运输的产品类型和运输量具有较高的适应性。绝大多数货物通过道路运输完成流通环节，实现由生产地仓库到销售地销售点的直达运输。道路运输对运输量也具有较大的适应性，小运量可以通过配载来实现低运价运输，对于运输时间要求宽泛一些的大运量货物甚至为了实现供应链一体化，也可将大运量分解为小运量进行承运，并通过优化调度、JIT送达、连续补货等运输组织技术，分期分批完成大运量运输和保持“零库存”的成本优势。运输服务产品多样性，也充分体现了道路运输应对不同层次、不同品质运输需求的高度适应性。既可依托高速公路、国省干道开展城际快客和快货运输等高品质服务，又可依托农村公路开展农村客运和货运，满足基本出行需求和运输需求；既可提供包车运输、零担运输、公路运输枢纽场站的物流组织等集约化服务，也可提供满足个性化、人性化需求的差异化服务；既可广泛适应一般运输的服务要求，也可提供

发生自然灾害等突发事件时的应急运输保障；既可提供豪华型客运车辆、重载性的货车，也可以提供普通经济适应性的中巴车等满足不同层次的需求。

4. 道路运输网络的规模经济性高

道路运输网络由运输线路、运输站点、运输设备及相关设施共同构成，道路运输业是以运输网络为基础的产业，因而既具有网络自身的一般特性，又具有交通运输网络的系统特性。其经济性显而易见，最小的生产力单元是“一车一人”，使其网络经济性更具有比较优势。道路运输是以门对门的“线”的运输为基础，以路网普遍性“面”的运输实现可达性，网络中某一“点”或“线”的拥堵，不影响道路运输完成运输任务。我国公路路网密度高于其他运输方式，并且，公路路网、货运场站均分层次、分等级建设和布局，充分发挥了网络经济性，可以降低运输成本，满足不同层次的运输需求。

5. 送达速度快，时效性好

在“门到门”的直达运输中，对于限时运送货物或为适应市场临时急需货物，公路运输服务优于其他运输方式，尤其是中短途运输在整个运输过程的送达速度，较任何其他运输工具都更加迅速、便捷，基本能够实行一站服务，不需要中转。这就决定了道路运输速度不一定最快，但是送达速度具有完全的优势，而送达速度快不仅可以加快资金周转，而且有利于保持货物质量不变和提高运输的时效性，这对于运输贵重物品、高档电子产品、鲜活易腐货物等高附加值货物特别重要。送达速度快、门对门服务方式决定了道路运输在发展小件零担运输领域具有显著优势。电子商务的发展促进了依托快客运输的小件货物零担运输的迅速发展，城市间快递业务满足了城市人生活、工作对于运输时效性的高要求。“朝发夕至”、“次日送达”，上门服务，方便快捷，运价经济，极大地适应了社会经济发展对道路运输提出的个性化要求。

6. 原始投资少，资金周转快，回收期短，技术改造容易

汽车车辆购置费较低，原始投资回收期短。美国有关资料表明，道路货运企业每收入1美元，仅需投资0.72美元，而铁路则需2.7美元。道路运输的资本每年可周转3次，铁路运输则需3~4年周转一次。并且汽车相对轮船、飞机和火车更容易进行技术改造，维修等费用低。

(二)道路运输的劣势

1. 道路运输劣势分析一

与其他运输方式比较而言，道路运输仍然具有许多不可避免的局限性，从技术经济特性的角度看存在单位运输能力小、单位运输成本高、运行持续性差等劣势。

1)单位运输能力小

由于道路运输机动性高，车辆自身设计的技术水平、车辆结构以及道路建设的自身承载力，决定了道路运输运量较小，不能与火车、轮船等载运量相比。单车运营即使在美国也只有20吨左右，高档客车也只有50客位左右，即使双层旅客车辆也最多70客位左右。

2)单位运输成本高

由于道路运输运量较小，不能与铁路列车或轮船的庞大载运量相比，单位运输成本比其他运输方式高。道路运输单位运输成本结构包括车辆折旧费、燃油消耗费用、维护维修费用、车辆通行费以及驾驶员工资等。其中，燃油消耗费用占有较大比重。以浙江金华、义乌地区的运价为例，道路运输平均运价约为0.35元/吨公里，而铁路运输平均运价为0.25元/吨公里，水运平均运价为0.15元/吨公里，除了航空运输，道路运输是单位运输成本最高的运输方式。

3)运行持续性差

与其他运输方式特别是与铁路运输相比，道路运输受外界自然条件和其他运行条件影响较大。道路运输的运行持续性较差。综合考虑车辆技术状况、车辆驾驶员因素以及道路运输的技术经济特征，我国的道路运输大部分承担中短途运输，据有关统计资料表明，2006年道路运输平均运距客运为55公里，货运为66公里，而铁路客运为526公里，货运为762公里。

2. 道路运输劣势分析二

除了从技术经济特性角度，还应结合现阶段各种运输方式的发展实践，动态地认识道路运输存在的劣势。

1)长途运输局限性开始显露

长途道路运输始终占据一定份额，“九五”和“十五”期间，由于高速公路快速发展，道路运输的劣势被舒适性、快捷性、灵活性等所掩盖，但随着社会对运输要求的提高，运输成本高、行车时间长、安全性差、单位能耗高等问题逐渐显现。因此，近几年，各省市的长途班线都存在不同程度的萎缩，主动退出市场的业户较多。但在特定区域，由于其他运输方式可达性不高，长途道路运输仍有一定发展，如西安至新疆以商贩客货混装的长距离运输，市场活跃，运营绩效好，满足了商贩随身携带商品、降低进货成本的个性化需求。但从长远发展来看，长途运输中道路运输不占据优势。

2)独立发展区域性甚至全国性道路运输企业困难较大

由于区域保护政策，存在较多地方法规的不统一，造成道路运输运输成本、交易成本增加；公路主枢纽等基础运输设施建设滞后，结点功能单一；道路运输缺乏行业的道路运输信息平台；道路运输组织方式仍不能完全适应经济社会的发展，市场主体过于分散，市场调节作用仍旧薄弱。而相比之下，铁路系统有全国统一的铁路路网体系，有遍布全国的铁路仓储设备，有完善的铁路运输信息系统，以及大运量、低运价、全天候、持续均衡的运输能力，因此，道路运输实现区域性、网络化经营难度较大。

3）铁路跨越式发展对城际中短途运输冲击巨大

2007年我国铁路第六次提速，在客运上，新增动车组列车品种，运输能力提高18%，主要以区域内城际短途为主，以跨区域中心城市间中长途为辅。运行时间主要在白天，新增动车组在环渤海地区、长三角地区、珠三角地区、济南—青岛、西安—宝鸡之间开行。第六次大提速对珠三角、长三角、环渤海地区城际客运产生较大影响，特别是对公路城际短途运输冲击很大，快速、舒适的动车，使得铁路在这些地区城际交通中的优势地位得以显现和巩固，而道路运输却逐渐萎缩。货运上，增加面向铁路大客户的重来重去列车运行路线，货运服务产品品种大大增加，不仅使跨局大宗货物直达及重来重去列车运行线路增加到406条，而且进一步扩大了定点、定线、定时、定车次、定价格的货运“五定”班列运行线开行数量，使其达到121条，基本覆盖了全国90个主要城市及沿海8大港口；新增“一站装、一站卸”的快运直达班列线路45条，煤炭直达运行线路264条，金属矿石运行线路89条，石油运行线路26条，钢铁运行线路11条，覆盖全国主要煤矿、电厂、钢厂、炼油厂及港口等重点企业。其中，“五定”班列具有“货运公交化”的若干特征，结合铁路延伸性服务，对公路运输尤其是中长途运输带来了一定的冲击。但是，由于本次铁路货物运输能力提高幅度为12%，尚未带来显著的冲击，影响面也没有客运大。

截至2008年年底，我国铁路客运专线在建规模已达1万多公里。到2012年，我国将有1.3万公里客运专线及城际铁路投入运营，基本建成以“四纵四横”为骨架的全国快速客运网，并建成长三角、珠三角、环渤海地区及其他城市密集地区的城际铁路系统。届时将对这些地区的城际公路客运形成影响面大、影响程度深的巨大冲击。

四、道路运输在综合运输体系中的定位

（一）综合定位

综合运输是以各种运输方式为要素构成的，并按照各自的经济技术特征和比较优势共同形成布局完善、分工合理、衔接顺畅、服务高效的有机整体，其核心是实现各种运输方式的合理分工、协调发展，从整体上保证各种运输方式优势的充分发挥，以最合适的运输组织方式最大限度满足经济社会对运输的需求。基于道路运输的比较优势和劣势，我们认为，应把道路运输在综合运输体系中的作用定位在道路运输的基础性、衔接性和多样性上。道路运输以其普遍服务功能和实现“门到门”运输的技术经济特征，在综合运输体系中始终占据着基础性地位；道路运输既作为一种独立的运输方式存在，又具有有效衔接其他运输方式的功能。道路运输以其服务产品上具有其他运输方式不可比拟的多样性，满足了不同层次的运输需求，丰富了综合运输体系的服务内容，提升了综合运输体系的服务品质。道路运输在综合运输体系中具有明显的不可替代性。

1. 基础性

基础性是指普遍服务社会功能不可或缺、不可替代，也是道路运输在综合运输体系中的社会服务功能定位。以基础性为核心就是坚定不移地巩固道路运输在国民经济和社会发展中的基础性作用。

道路运输作为综合运输体系中不可或缺的一种运输方式，是由其普遍服务社会的功能决定的。首先，除道路运输外，其他运输方式均难以独立完成整个运输过程，必须通过道路运输来集散客货流(管道运输除外)，即集疏运于一体。其次，道路运输与群众利益密切相关，通过旅客运输和货物运输来实现公共服务功能，通过通达深度和广泛性来发挥比较优势，是交通运输服务经济社会发展的充分体现和落脚点。第三，当其他运输方式发展欠缺时，道路运输通过发展比较优势、加强自身建设进行替代性发展。因此，道路运输应从其基础性出发，重新认清和科学对待与其他运输方式之间的分工合作和市场竞争关系，通过强化与其他运输方式之间的深层次合作，发挥比较优势。坚持以基础性为核心，通过政策指导和管理创新，提升和强化这种普遍服务社会的功能，坚定不移地进行自身建设，巩固道路运输在国民经济和社会发展中的基础性作用，提高发展质量和可持续发展能力。

2. 衔接性

衔接性是指与其他运输方式的有效衔接，主动融入，是道路运输在综合运输体系中的发展途径和功能定位。以衔接性为突破口就是针对当前道路运输所处的发展阶段，强化系统内部人、车、路、基础设施等各种要素的协调发展、强化与其他运输方式的有效衔接，以此作为突破口，促进系统内部的资源整合，提升服务能力，强化服务功能，促进与其他运输方式的协调发展，整体提高综合运输体系的效率和效益。

有机衔接的纽带作用是协调发展的充分必要条件，将其作为道路运输的发展途径和功能定位，以促进道路基础设施建设与道路运输协调发展，促进与其他运输方式的协调发展，这是发挥道路运输在综合运输体系建设中支撑和连接作用的充分体现。衔接性既指宏观层面，即道路运输与其他运输方式在规划、建设与运营管理机制、协调机制方面的有机衔接；还指微观层面在基础设施、运输线路的布局、运输工具数量和比例、场站、运输组织、合作方式、业务流程等方面的有效衔接。因此，以衔接性为突破口，是目前道路运输所处的发展阶段能够有所为、有所不为和有所突破的重要途径之一，也是综合运输体系建设初级阶段的必由之路，不断完善衔接功能，最终使各种运输方式有效衔接，发挥一体化的效率，降低整个社会的物流成本和出行成本。

3. 多样性

多样性是指以运输组织多样性和服务产品多样性的比较优势为特色，创新理念，加快发展，是道路运输在综合运输体系中的发展特色定位。以多样性为先导就是紧紧围绕道路运输的优势特色，提升创新能力，走差异化发展之路，以市场需求为导向，发展各具特色不同层次的专业运输，实现道路运输在未来的市场竞争环境中的优势。

道路运输的六个比较优势中，以多样性为优势特色，通过运输组织多样性和运输服务产品多样性，可以充分发挥道路运输机动灵活、网络经济性、运送速度快等比较优势。因此，多样性可以在道路运输的各种资源优化配置的基础上，创新发展，不仅可在服务时间、服务内容、服务方式、服务对象等方面实现运输服务产品多样性，还可依托路网设施、场站资源、信息平台、车辆等级等，对运输主体、运输装备等进行有效组织，实现运输组织多样性，也可以进行深层次的资本运作，所有权与经营权分离，实现规模经济与核心竞争力。以多样性为先导就是集中力量，紧紧围绕道路运输的优势特色，提升创新能力，引导道路运输适应社会经济发展需要。

道路运输在综合运输体系中的基础性和衔接性，为实现多种运输方式的有效衔接、协调发展，全面满足运输需求起到基础支撑作用。其多样性实现了道路运输服务的个性化、差异化，满足了不同层次的运输需求，丰富了综合运输体系的服务内容，提升了综合运输体系的服务品质。需要指出的是，道路运输在定位时，需要充分考虑其技术经济特性，但静态的技术经济特性依赖于一个重要的前提，即运输方式的使用环境及条件能够保证它们充分发挥自身的技术经济优势。但从实践来看，飞机未必最快、轮船未必最便宜、公路不一定比火车成本高等。定位分析必须秉承因地制宜和适应地区经济承受力的定位原则。应该统筹考虑区域经济社会发展水平、产业结构特征以及资源和环境条件，按照不同区域、不同层次，尝试从服务业和市场的视角进行道路运输业在综合运输体系中的定位分析。并且把道路运输置于区域国民经济与社会发展水平下，以最大限度满足运输需求为目标，在具体的运用条件下体现出技术经济特性，指导道路运输在综合运输中的定位和发展。

（二）发展思路

道路运输在综合运输体系中的发展要坚持科学发展，有所为，有所不为。“有所为”就是要充分发挥比较优势、发展优势领域和新兴特色领域、创新式满足不同层次需求的发展；“有所不为”是放弃粗放式的数量增长方式、避免无谓竞争、逐步退出劣势领域。集中精力做好优势领域，并结合其他运输方式的发展动态，在重视市场力量的同时，实现与其他运输方式的合理竞争和有效合作，提高道路运输的发展质量和可持续发展能力。

(1)坚持以社会需求规划道路运输，以运输需求规划基础设施建设的基本思想，以区域社会经济的适应性为出发点，以提高运输组织化程度为手段，构建统一开放、规范有序、履约诚信、安全节能、畅通高效的道路运输体系。在利用既有各种交通运输资源的基础上，结合社会经济发展需要和运输发展需求，切实加大道路运输基础设施建设力度，强化道路运输比较优势发挥的基础条件，全面提高道路运输的信息化水平和运输装备水平，提高道路运输的科技含量，实现道路运输产业升级。通过全面、深入的结构调整，优化配置资源，逐步消除影响、制约和妨碍道路运输比较优势发挥的矛盾，加大道路运输主体结构、运力结构、运输组织结构、运输服务结构调整工作力度，推进规模化、集约化经营，提高道路运输组织化程度，充分发挥道路运输比较优势，全面提高运输效率和效益，推进综合运输体系建设。

(2)以道路运输在综合运输体系中资源性和功能性缺乏问题作为创新突破口，加强道路运输装备、道路基础设施、道路运输服务保障系统和道路运输管理系统等资源优化配置，重点解决基础设施规划和建设对道路运输发展支撑能力不足的问题。解决好道路基础设施规划和建设与运输需求不适应问题，解决好道路运输服务保障系统不完善问题，解决好场站规划与社会需求不适应问题，从而全面提高道路运输的效率和服务水平，充分发挥道路运输比较优势，实现各种运输方式的合理分工，推进综合运输体系建设，提高综合运输体系的效率和效益。

(3)以枢纽场站等载体建设为突破口，以“零换乘”和“无缝衔接”为目标，有效衔接其他运输方式。坚持“站、运、管、发展”一体化思路，积极推动将枢纽场站的规划纳入到地方政府规划中，与公路客运、城市公共客运、轨道交通等规划统筹考虑，争取对建设项目的建议权和话语权。重点解决“与其他运输方式衔接不畅，影响道路运输比较优势的充分发挥”问题，通过解决体制性矛盾以及市场开放程度、垄断经营等市场问题，强化各种运输方式的衔接，适应社会经济发展和人民出行需要。

(4)不断完善道路运输服务网络，重点增强运输网络微循环系统，拓展中短途运输网络，发挥道路运输比较优势。进一步消除市场壁垒，打破地区封锁，加强各等级各层次公路网络与各枢纽“结点”有机衔接，形成能力充沛的运输网络微循环系统，最大限度地提高道路运输网络覆盖率和通达深度，提高整个系统的运输效率，为综合运输体系提供保障和有力补充。

(5)围绕道路运输的“基础性”“衔接性”定位，走差异化发展道路。道路运输和铁路运输比较而言，当铁路同线、铁路密度大时，道路运输应适度发展，适应运输需求特点而发展，以数量上的发展为基础，兼顾质量发展，发挥其衔接性功能；当铁路同线、铁路密度小，优势劣势相当时，功能互补，共同推进，以合作发展、提高质量为出发点；当铁路不同线、铁路密度小时，即铁路辐射不到的区域，强势发展，发挥比较优势，以形成品牌优势为出发点。

（三）工作重点

以经济社会发展需求为导向，谋求道路运输产业新的发展突破口，坚定不移地抓好自身建设，将数量增长转变为质量提高，加快推进道路运输经营规模化、集约化进程，通过政策引导、市场化运作等方式，加大道路运输市场资源整合和结构调整工作力度，逐步实现由个体经营、承包经营向公司化经营、集团化经营的结构调整与优化，提高产业集中度，培育以网络化为基本特征的、具有明显规模经济效益的大型主导型道路运输企业，构建以现代信息技术、管理技术、运输技术为手段的道路运输体系。

不断完善道路运输服务网络，重点增强运输网络微循环系统，拓展中短途运输网络，最大限度地增加道路运输网络的覆盖率、通达深度，逐步形成“遍布城乡、四通八达、舒适安全、快捷高效”的道路运输服务网络，极大地满足人民群众不同层次的出行需求和经济社会发展不同层次、不同形式的运输需求。

以综合枢纽建设为重点，以“零换乘”为目标，实现各种运输方式的有效衔接。充分发挥道路客运业比较优势，大力推进高速公路客运网络化运输，结合城镇发展规划和连接县城快速干道的建设，在推进城乡一体化方面发挥主导作用，全面形成具有地方特色、满足经济社会发展需要的道路客运市场体系和行业管理体系，实现道路客运业的跨越式发展，力争道路客运业率先基本实现现代化。

以加强货运场站基础设施等“载体”建设为突破口，以“无缝衔接”为目标，重点加快货运场站、集装箱中转站、物流中心、现代物流园区等货运基础设施建设，为货运发展提供良好的组织平台和硬件支撑；以完善道路货运网络为前提，通过干线运输发挥大动脉作用，通过支线运输发挥微循环作用；以提高运输装备水平为手段，以开展货物运输组织技术创新为动力，加速道路货运业整合转型，发展和构建现代物流体系。以道路货运市场需求为导向，充分发挥道路货运业比较优势，提高运输组织化程度，抓住管理的“把手”，加快推动道路货运业增长方式的转变，形成各具特色的道路货运结构模式，实现道路货运业的快速发展。

五、道路运输在综合运输体系中的结构调整

在全面推进综合运输体系建设进程中，大力实施道路运输结构调整是发挥道路运输

比较优势的前提，通过运输主体结构调整，推进规模化、集约化经营；通过运力结构调整，提高道路运输业装备水平；通过运输组织结构调整，提高道路运输组织化程度；通过运输服务结构调整，发挥道路运输多样性的技术经济特征；通过差异化和特色化形成道路运输的核心竞争力。实施结构调整，发挥道路运输比较优势，是提高综合运输体系整体效率和效益的根本途径。

大力实施道路运输结构调整就要坚定不移地抓好道路运输自身建设，从数量增长转到质量提高，夯实“十五”以来道路运输快速发展的成果，提高发展能力，抓住机遇，尽快提升道路运输在综合运输体系中的竞争优势。在国家推进综合运输体系建设的初级阶段，在道路运输业进入深化改革、协调发展的关键阶段，道路运输的结构调整依据道路运输在综合运输体系中的综合定位分析和提出的工作重点，进一步明确结构调整的必要性、调整的重点、调整的原则以及调整的措施。

（一）道路运输业的结构调整必要性

我国全面参与世界经济活动，对交通运输服务提出了更高、更复杂的要求，国民经济的快速发展，要求运输结构进行适应性调整，进一步提高道路运输业运输保障能力；我国处于全面建设小康社会、构建社会主义和谐社会的关键时期，全面建设小康社会，要求调整运输结构，提升道路运输服务品质，注重道路运输安全运行和诚信守法经营；建设资源节约型、环境友好型社会，要求调整运输结构，转变道路运输发展模式；建设社会主义新农村，要求调整运输结构，更加注重道路运输为现代农业、农民、农村服务；加快推进综合运输体系建设，要求调整运输结构，合理配置和优化资源，发挥综合运输整体优势；道路运输的科学、持续发展，要求调整运输结构，解决面临的突出问题，提升道路运输发展能力，充分发挥道路运输比较优势，推动道路运输步入又好又快发展的轨道。综上所述，进行主动、全面的道路运输结构调整十分必要。

（二）道路运输业的结构调整重点

运用经济、法律、行政等手段，加强政策引导，重视市场力量，促进运输主体结构、运输装备结构、运输服务结构等调整和优化。着力推进市场主体规模化，运输经营集约化，提升运输装备技术水平和经营管理的信息化水平，提高道路运输发展质量和可持续发展能力，推进道路运输在综合运输体系中比较优势的发挥。构建安全、便捷、通畅、高效、遍布城乡的道路基础设施网络，着力完善道路运输场站、枢纽服务网络，促进道路基础设施建设和道路运输服务一体化发展，进一步提高道路基础设施网络的覆盖率和通达深度，全面提高道路运输组织化程度和信息化水平，不断强化道路运输在综合运输体系中的基础性作用。大力推进新兴运输服务业的快速发展，为我国全面建设小康社会、为国家参与世界经济流通提供更安全、更便捷、更经济、更通畅、更高效的交通运输服务。

(三)道路运输业的结构调整原则

(1)坚持普遍服务和满足高档次需求相结合原则。依托普遍服务功能，满足人民出行基本要求和经济社会发展运输需求。同时，充分发挥道路运输服务多样化的特色，加快满足不同层次、个性化、差异化的运输需求，适应经济社会快速发展对道路运输服务提出的更高要求。

(2)坚持政府引导，发挥市场作用原则。充分发挥道路运输的基础性作用，重视分工协作和市场竞争的适应性选择。既要与其他运输方式合理分工，加强深层次合作，共同发展；又要坚定不移地进行自身建设，充分发挥比较优势，提高道路运输发展水平，形成市场竞争优势。

(3)坚持协调发展，有所为有所不为的原则。针对道路运输优势劣势并存的特点，坚持“优势领域，强势发展；对峙领域，共同发展；劣势领域，有益补充”的发展策略。

(4)遵循“宜路则路，宜水则水，宜铁则铁，宜空则空”的原则。合力推进便捷、通畅、高效、安全的综合运输体系建设进程，以最小的资源和环境代价满足国民经济社会对运输的总需求，满足整个国民经济物流和出行成本经济适应性的要求。解决好道路运输与其他运输方式之间的协调发展、共同发展的问题。

(5)坚持主动融入，重点突破原则。以衔接性为出发点，以与其他运输方式有机衔接为现阶段发展的突破口，以客运“零换乘”和货运“无缝衔接”为目标，主动融入综合运输体系，发挥道路运输比较优势。抓住综合枢纽以及场站建设机遇，将道路运输发展地位切实提高到与基础设施建设同等甚至更高地位，推进道路运输发展与基础设施建设相匹配，切实发挥基础设施的效率，实现基础设施的建设目的。

(6)坚持以社会需求规划道路运输，以运输需求规划基础设施建设的原则。在利用既有各种交通运输资源的基础上，通过全面结构调整，优化配置资源；以满足经济社会需求为目标，实施结构调整，规划道路运输发展；以满足运输需求，提高运输效率为目标，规划和建设道路运输基础设施；以提升创新能力为目标，引导道路运输走科技创新、管理创新、可持续发展之路，提高道路运输在综合运输体系中的核心竞争力。

(四)道路运输业的结构调整措施

1. 科学制定综合运输体系规划，提升道路运输发展规划的战略地位

适应交通运输发展的新需求，不断推进综合运输体系和现代物流发展，建立部际综合运输体系建设协调机制，开展综合运输体系规划研究，注重布局规划衔接、综合枢纽建设、政策标准统一、信息资源整合，以“中心城市综合交通枢纽场站示范工程建设”为抓手，加快建成一批现代综合交通枢纽场站，促进各种运输方式的有效衔接，妥善解

决道路运输发展规划层次低、作用软的问题，从国家流通安全、战略经济安全和国民经济运行成本等方面确立更高层级、更为科学的发展规划。

着力推进现代物流发展。在现有公路网、航道网、铁路网、港口、机场等基础设施规划的基础上，科学规划，合理布局物流基础设施，形成区域性物流基地。重点规划一批集疏运功能强，辐射面广，兼顾两种以上运输方式，具有口岸通关功能，公共服务型的综合物流枢纽。注重物流基地与各地城乡发展规划、用地计划及产业布局的衔接，充分发挥公路、水路、铁路、空港、港口等交通基础设施的作用，提升集疏运一体化服务功能。场站(物流园区)物流基地建设应有利于促进多种运输方式间的无缝衔接，通过租赁等途径有效利用，整合场站、仓储设施或其他大型设施等物流基础设施资源，鼓励开展包装、流通加工等高附加值的作业，推动向现代物流业转型。重点加强主要港口、国际海运陆运集装箱中转站、多功能国际货运站、国际机场等物流节点的多式联运物流设施建设。

2. 加大科技创新力度，提升道路运输业信息化水平

加强交通科技创新能力建设，大力推进行业重大关键技术研发；积极用信息技术改造道路运输产业，鼓励交通运输企业利用现代信息技术提升企业核心竞争力；大力推广应用新技术、新装备和电话叫车、甩挂运输等，实现运输组织、调度的科学、合理，提高实载率和里程利用率，切实减少能源消耗和环境污染；大力实施科技成果推广示范工程，加快资源节约、环境保护、节能减排等技术的示范和推广，鼓励把先进、适用的科技成果及时纳入标准规范，或通过发布技术指南的方式予以应用。

加快综合交通信息化建设，打破各种运输方式的行业壁垒，大力倡导互联互通、资源共享，合力建设综合运输信息平台。着力建设好面向行业管理的运政信息管理平台、面向公众的公共信息服务平台、面向用户的联网售票系统、面向货运企业的货运信息公共服务平台。

(1)在完善现有的运政信息管理系统、运输经营业户、车辆及相关业务数据库的基础上，以实现对道路运输主要业务统一在线管理为基本目标，建设全国统一标准的交通运输运政管理信息平台。

(2)通过建立“国家制定标准、地方配套支持、企业自主维护”等管理机制，建设适应综合运输发展需要、可实现多种运输方式“共建共享共维共管”的综合性公共信息服务平台，提高交通运输信息开放程度，逐步形成各种运输方式之间的联动协作信息环境。

(3)继续完善和推进客运网上售票和联网售票系统，实现电子商务，即网上查询、网上购票、异地购票和同城多点购票。

(4)着力提升道路货运的信息化管理水平，通过引导性资金投入，开发建设货运信息

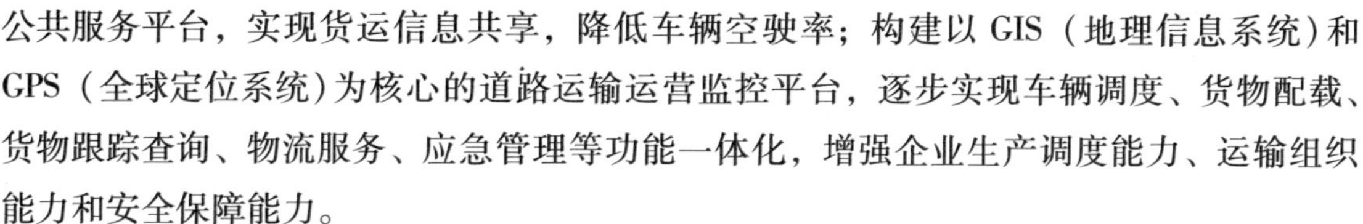

公共服务平台，实现货运信息共享，降低车辆空驶率；构建以GIS（地理信息系统）和GPS（全球定位系统）为核心的道路运输运营监控平台，逐步实现车辆调度、货物配载、货物跟踪查询、物流服务、应急管理等功能一体化，增强企业生产调度能力、运输组织能力和安全保障能力。

3. 加快道路运输基础设施建设，优化道路运输基础设施结构

(1)加大道路基础设施建设投入，加快场站建设。把场站规划建设、道路运输发展战略提高到与公路基础设施建设同等地位，规划与建设包括公路、铁路、民航在内的交通基础设施体系，实现各种运输方式的基础设施互相配套、相互衔接。着力建设道路运输枢纽、场站"结点"服务网络、信息平台，使之与各等级各层次公路网络在"结点"上有机衔接。注重全国性枢纽、区域性枢纽、地区性枢纽以及乡镇客运站点之间的层次和联系，注重长途客运与铁路客运、城市公交客运紧密结合的枢纽站或中心站建设，注重城际客运与城内客运、城市交通与农村客运之间的无缝衔接，减少换乘次数，实现零换乘，促进综合运输体系的发展，形成能力充沛的运输网络循环系统，提高整个系统的运输效率。针对甩挂运输缺乏衔接性基础设施平台支撑这一问题，积极改善甩挂运输的基础设施条件，在重点区域及城市出口规划和建设衔接性货运场站，为甩挂运输提供基础设施衔接平台和发展空间，发挥甩挂运输的高效优势。

(2)切实赋予道路运输管理部门参与公路规划、主导场站规划与建设的职能。道路运输管理部门应充分发挥其了解运输市场发展现状及趋势的优势，从当地经济社会发展的需求出发，加强客流、货源的调查和分析，并据此提出公路建设的意见和建议，参与到公路规划之中，进一步提高公路建设的针对性和科学性。赋予道路运输管理部门道路运输场站规划与建设的职能，使其能根据道路运输发展科学谋划、合理布局场站基础设施，加快构建以场站基础设施为平台的道路运输网络建设步伐。转变场站建设与管理理念，以公用性和公益性为原则，切实突出场站满足人民出行和货物运输需求的功能性，推进站队分设，使其以独立的主体资格为所有经营者和乘客提供公平、高质量的客流、货流组织服务。

(3)完善道路运输服务保障系统，优化资源配置，提高道路运输服务水平。以道路运输在综合运输体系中资源性和功能性缺乏问题作为创新突破口，依托城市道路、高速公路、国省主干道等，逐步建立和完善高效、及时、人性化、智能化的服务保障体系；加快资源优化配置，提高道路运输整体服务水平。依托高速公路、国省干线等公路基础设施网络，逐步配置和完善服务区、通信信息、快速维修、快速装卸、集散运输支持系统、快速救助、安全保障、连接线(包括与客货源地的连接及与其他运输方式的连接)等服务于道路运输的设施和设备，逐步形成功能更加完善的道路运输系统。

(4)建立和完善道路运输发展投、融资制度，加大资金投入和政策支持力度。道路运

输基础设施不完全以盈利为目的，其根本属性是公用性或公益性。要加大对道路运输基础设施建设和运营的政策扶持力度，积极协调发改委、财政、税务等部门，将道路运输场站设施，特别是农村客运基础设施用地，在国家土地用途目录中明确公益设施用地或者公用设施用地，享受土地划拨政策和土地使用税减免政策。投融资渠道应坚持政府主导，在加大政府对道路运输场站建设的投资力度的基础上，探索建立道路运输场站建设投融资机制，制定道路运输场站建设政府投资管理办法，明确政府优先投资、主导投资的原则，并确定投资额度和投资模式的政策依据，指导和规范政府投资行为，逐步实现投融资制度化、投资管理规范化。

加大对基础设施建设薄弱环节的投入，争取各级政府财政性资金进一步向中西部地区，特别是老、少、边、穷地区倾斜，向公益性强的交通基础设施建设倾斜；通过引导性投入资金，提高对基础设施网络、运输装备升级、人员培训等方面的投入。鼓励中心城市综合枢纽建设，充分发挥地方积极性和市场配置资源的基础性作用，广泛吸引社会资金参与道路基础设施建设；加大货运基础设施建设投入力度，安排引导资金，加快货运场站的建设，充分发挥其“结点”功能，着力解决好货运基础设施建设严重滞后的问题，为提高道路货运业组织化程度、运输效率和道路货运产业升级提供良好的基础设施平台；安排适当资金引导网络型运输企业发展，支持传统运输企业改造升级；研究建立政府对运输车辆更新换代的政策引导制度；采取补贴、补助等措施，鼓励公路运输企业将服务延伸至广大农村地区。

尽快出台综合枢纽的分类和建设、分级标准。将铁路、公路、地铁、汽车站、公交站按照综合运输系统的思路统一到基础设施范畴，统一规划实施。修订《汽车客运站级别划分和建设要求》（JT/T 200—2004），对运输场站名称类别予以规范，对目前的城市综合客运枢纽、综合枢纽站、专业站(快速客运站、旅游站)、通用站等尽快出台相应的建设和分级管理标准。

4. 扎实推进规模化、集约化经营，优化道路运输主体结构

以货运场站、信息建设为载体抓住货物运输发展的把手，大力支持道路货物运输企业提升科技水平，运用先进的运输组织方式。引导零担、快运等网络化运输企业进一步延伸网络、扩大规模，形成一批网络广、实力强、规模大、技术水平高的网络型企业，促进区域性物流产业的科学有序发展。提高道路运输的科技含量，推动集约化经营高层次发展；以技术进步为核心，促进道路运输增长方式的转变。着重发展和完善省内大中城市之间和区域主要城市间的集约网络化发展。

通过政策倾斜和引导，切实转变行业管理理念，更新道路运输发展思路，扶持发展龙头道路运输企业，提升道路运输主体的核心竞争力，满足高品质服务的需求。打破道路运输市场地方保护主义，利用产业政策扶持代表增长方式转变方向的企业发展，通过

加强对市场竞争的引导，培育全国性大型主导型企业、品牌企业，特别是积极扶持跨地区、网络覆盖面广、运输效率和服务水平高的企业经营组织，形成极少数大型货运物流企业主导行业发展、中小型货运企业在独立运营的同时为大型企业从事集散配送业务的产业发展格局，提高大型企业对道路货运资源的组织功能，进而提高道路运输组织化程度，提高运输效率。利用产业政策培养道路运输企业的竞争意识和能力，加快企业经营机制转换，改进经营管理，提高服务质量与效率，通过优胜劣汰的市场法则实现强弱企业的正常更替，实现企业集约化发展。

通过政策引导和制度规范，加快推进道路客运企业实现市场主体规模化，运输经营集约化、网络化。通过在运输装备升级、信息化建设、管理创新等方面安排适当资金，加大引导力度，引导公司化程度高、网络型集团运输企业发展，利用线路资源调节调配推进运输企业的公司化改造，逐步实现由个体经营、承包经营向公司化经营、集团化经营(所有权和经营权分离)的结构调整与优化，通过市场化方式整合运输市场资源，规范经营秩序，提高服务质量和经济效益；积极推进大型企业与中小企业之间的自愿业务合作，推动跨省客运集团的组建，出台减轻集约化经营企业的税费负担政策，发挥中小企业的市场补充作用，规范中小企业的发展；指导和引导道路运输企业走网络化发展之路，形成大企业开展网络化经营的自觉行为和必然的经营发展趋势。

集约化经营的规模和程度要符合道路运输发展的基本特征，尤其道路客运发展要与客运线路分层网络相对应，实行分层集约，逐步规模化，对条件成熟地区实现以资产为纽带，企业自愿组合、多元参股、集约经营；对条件尚不成熟地区，可以组建“品牌共享、线路共营”等方式过渡发展；对于道路货运发展主要以货源的本身特性以及场站集散地为出发点，实行集约化、规模化发展，依托商流、信息流与资金流，发展物流，逐层实现道路货物运输的集约化发展。

5. 完善政策、法规和标准体系，加快推进道路运输业规范化、现代化

针对当前道路货运市场的实际和推进综合运输体系建设的要求，建议修改《中华人民共和国道路运输条例》，通过立法的形式，一是提高道路货运业市场准入条件，实施按企业规模、管理水平、安全生产水平、服务质量等因素核定企业的经营范围和经营区域，并对企业核发与其经营范围和经营区域相对应的经营许可证和车辆营运证，规模达到要求的企业方可在全国范围内从事货物运输，重点解决货运市场主体过于分散、一人一车跑全国、超限超载以及市场秩序混乱、低价竞争、经营行为不规范等问题，建立起以运输效率和服务质量为主要内容和手段的货运市场优胜劣汰机制。二是将客货运代理、货运信息配载、货运信息咨询服务、营业性客货停车场等与道路运输经营管理紧密相连、相互支撑、相互影响的运输服务业纳入行业管理，实施统一规划、统一管理，逐步建立起货物运输流程的全过程管理，为实施货运结构调整，发挥道路货运比较优势，提供相

应的政策和服务支撑。

加快道路运输法规完善工作，填补法律法规空白，尽快出台多式联运、城市公交、出租汽车等相关法律法规，梳理、协调和解决法规之间的冲突，研究解决法律、法规存在模糊的现象，消除地方和部门壁垒，消除地区间政策差异所形成的制度障碍和不公平竞争，逐步打破地方保护主义政策，促进道路运输与城市公共交通的衔接，推动道路运输内部的有机衔接。深化规费政策改革，调整影响甩挂运输等先进运输组织方式发展的相关政策；出台与道路运输实载率挂钩的税收政策；利用通行费、税收等杠杆鼓励企业发展高效、环保道路运输。

完善道路客运市场主体准入管理，进一步落实道路客运企业经营资质管理，积极在有条件的区域范围内推行道路客运市场区域经营，改变按线路审批的审批模式，尝试按照运输服务网络审批的模式，加强行政区域间有效沟通；完善道路客运线路资源配置管理，严格落实客运经营权有限期使用制度，推进道路客运线路经营权招投标；深入贯彻客运线路经营权有期限使用制度，明确新批线路和到期线路在有条件的地区禁止承包给个人经营的行为，适当提高市场准入门槛，建立以安全生产、节能减排、管理水平和服务质量等为衡量标准的道路旅客运输企业进入和退出运输市场的制度；变传统的静态市场管理方式为动态管理方式，探索实施客运违章计分考核办法，建立和完善道路运输市场退出机制。

加快协调和推进物流税收综合试点改革，研究使用全国统一的物流业专用发票。逐步实现物流企业享受增值税转型政策；对物流业各环节营业税税率统一进行调整，物流基础设施占地实行优惠的土地使用税税率。积极探索甩挂运输车辆交强险的保险政策，推进甩挂运输的发展。

进一步完善行业标准化和统一化建设，加强交通运输行业在标准化工作中的参与程度，建立适用各种运输方式统一的技术标准，促进集装箱多式联运、滚装运输等先进组织方式的发展，提高作业效率。统一集装箱类型、尺寸与标记的标准，使之能够同船舶、卡车、专用列车的结构有机衔接；规范与集装箱相关的包装物、装卸容器、搬运工具等相关结构尺寸标准，使之能够与集装箱系统相适应。制定物流技术标准、物流装备标准、器具标准，建立以物流信息分类编码和信息技术标准化为主要内容的物流技术标准化体系，保证物流信息平台在高效、统一、有序的环境下正常运行；完善多式联运单证、票据格式、服务等标准；采用先进的运输方式、运输工具和运输设施，改进包装，增大技术装载量，缩短进出口商品的在途时间，促进物流标准化体系建设，逐步缩小与发达国家之间的差距；围绕港区贸易性物流园区、陆路口岸物流园区、航空口岸物流园区的建设，延伸现代物流服务产业链，使我国国际物流系统网络更加合理。

6. 建立道路运输市场诚信体系，完善市场激励机制

全面建立道路运输市场诚信经营体系，将经营信誉考核结果作为行业优惠政策、市

场结构调整、市场准入等重要政策的主要依据，全面提高道路客运、货运、机动车维修、驾驶员和道路运输从业人员培训、场站经营等道路运输各领域诚信经营水平和文明服务水平。积极探索货运企业质量信誉考核办法，完善市场激励机制，建立营运驾驶员、运输企业安全生产、诚信经营档案管理体系，完善考核通报制度，通过运政信息管理系统为社会提供公正、客观、权威的评价信息查询服务，推进运输企业改造升级，为社会提供更便捷、更优质、更高效的运输服务，树立行业形象，促进行业自身可持续发展。

探索通过与银行征信系统对接，将质量信誉考核结果作为商业银行是否为企业贷款融资的信誉考核指标以及作为市场准入与退出的重要依据，强化其对道路运输市场主体经营信誉考核的权威性，推动道路运输业的市场诚信体系建设，通过优胜劣汰来实现政策上的结构调整。进一步做好经营信誉与保险的相互衔接，完善道路运输保险制度，理清风险责任划分，从根本上解决道路货物运输市场的保障机制。

7. 加快运力结构调整，推广应用高效、节能、环保的运输装备

运用经济手段，把节能作为重要的市场信号，通过政策倾斜，引导运输经营者购买和使用节能、环保、标准化的车辆。长途货运鼓励发展甩挂运输车辆、多轴重载车辆、集装箱车辆和专用车辆，城区内短途货运鼓励发展封闭厢式货车。积极协调公安等部门抓紧研究发布城市配送车辆推荐类型，切实提高运输效率。

采取行政手段，完善营运客车等级评定制度和货运汽车推荐车型制度，推广应用先进成熟的节油型车辆，加速淘汰能耗高、性能不符合要求的车辆。积极研发和使用适合交通节能的新产品、新工艺、新技术，完善节能标准体系。通过改善装备和科技进步解决运输装备技术水平低的问题，促进车型结构向更加环保、更加经济的方向发展。

8. 发展先进的运输组织方式，优化道路运输的服务结构

在优化道路运输基础设施结构的基础上，通过建设与完善政策法规体系、标准化体系、信用体系和信息化体系，建立和完善适合先进运输组织方式运行的体制和政策。通过先进的运输组织方式，优化道路运输服务结构，通过服务结构的优化提高道路运输服务水平。

(1)拓展短途客运市场，中长途客运差异化发展。通过政策导向，引导道路运输企业走“差异化发展”道路，鼓励道路运输企业尝试服务方式、服务内容等深层次的经营理念创新，积极应对综合运输环境变化对道路运输行业带来的冲击，找准道路运输发展的合适定位。继续扶持和培育道路运输品牌企业，进一步提高道路运输企业的发展能力。拓展短途客运网络，占领主导市场，强势发展；中距离道路客运，通过市场调整，与快速铁路合理分工，共分市场，利用时间差、空间差、站点级别差异、服务对象差异、出行目的的差异，以及以不同等级的公路和不同层次的车辆配置来满足市场上不同层次的需求等对策，推行差异化发展战略，共同发展；长途客运定位为快速铁路的有益补充，

适应性发展，坚持以市场自行调节为主的原则，沿着快速铁路线路中心城市站，尤其是铁路中途站呈“鱼骨式”发展。

充分发挥道路运输机动性、灵活性、“门到门”等优势，并通过优化经营模式，不断拓展新兴客运服务方式，重点转向精品班线、出租客运、旅游快客、商务快客、机场快线、农村客运公交化等运输效率高、通达度深的特色运输服务，在有条件的地区试点开展农村客运公交化，占领短途客运市场，提高服务质量和效率，巩固短途客运市场优势以及加强客运的前后延伸服务。

(2)大力发展货物运输的新兴运输服务领域。通过重点发展快速货物运输、集装箱运输、生产企业的供应链运输以及危险品运输、大件运输、保鲜或冷链运输等专项或特种运输服务，推进道路货物运输向着专业化、专用化、规范化、特色化方向发展，推进道路运输向现代物流转型。以冷链运输为例，通过以冷冻、冷藏品加工配送中心为核心，向冷冻冷藏供应链的上游延伸，使卖场、连锁超市、便利店等与供应链上游的沟通更加顺畅，商品采购供应更有保障，形成完善的冷链物流系统；通过生鲜加工配送中心的建设和运作，对连锁企业内部的销售能力和库存进行重组，提高对冷藏产品市场的快速反应能力；积极发展适应多品种小批量的冷藏厢式车，满足市场对多品种、小批量货源运送的需要，同时应积极发展机械冷板冷藏车和冷藏集装箱，提高冷藏运输能力。

拓展货运场站功能和管理范围，实现信息化配载，发展配载站和配货站，以发挥场站“蓄水池”的集货和疏货作用。拓展货运场站功能，实现货运场站的信息配载功能和结点功能。

加快流通业态发展模式的创新，增强城市配送物流能力，构建城市配送物流服务体系。以配送业务的发展为切入点，加快城市公共物流信息网络平台的建设，有效整合商流、物流、信息流和资金流，引导城市配送企业改造业务流程，制定、改善适应城市配送发展要求的货运通行政策，提供市区通行和停靠的便利，形成健全的城市配送体系。如针对邮政物流与城市配送抢夺市场的问题，研究给予邮政物流从事城市配送业务以行业许可；推广上海等城市给予推荐使用车型的运输车辆以一定的道路通行权等的做法，强化政策引导的作用；抓紧制定对城市配送有重大影响的物流技术标准、物流信息标准、物流管理标准和物流服务标准。

依托快客运输发展小件零担运输。电子商务的发展促进了依托快客运输的小件货物零担运输的迅速发展，城市间快递业务为城市人的生活、工作提供了极大的便利。“朝发夕至”、“次日送达”，上门服务，方便快捷，运价经济，极大地适应了社会经济发展对道路运输提出的个性化要求，积极探索邮政企业与交通运输企业的合作模式，为小件快运在农村发展创造政策条件。目前，以顺丰、申通等快递品牌企业为主要力量的市场已形成，在南方城市日渐成熟，具有良好的市场前景，与其他运输方式比较而言，道路运输在这个领域具有显著优势。

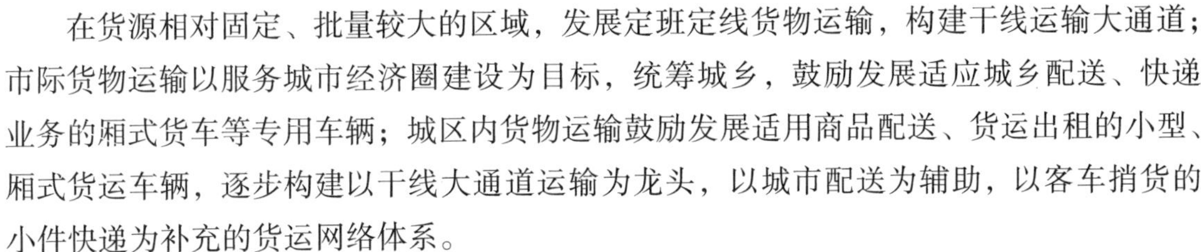

在货源相对固定、批量较大的区域，发展定班定线货物运输，构建干线运输大通道；市际货物运输以服务城市经济圈建设为目标，统筹城乡，鼓励发展适应城乡配送、快递业务的厢式货车等专用车辆；城区内货物运输鼓励发展适用商品配送、货运出租的小型、厢式货运车辆，逐步构建以干线大通道运输为龙头，以城市配送为辅助，以客车捎货的小件快递为补充的货运网络体系。

9. 推进城乡客运一体化建设，促进农村地区发展

对客流量大的地区，通过建立农村客运政策性补贴机制，推进农村客运的发展；通过合理定员、定点、定时，优化班线资源，有条件的地区鼓励向公交化方向转变；对客流量小的地区，如偏远山区，班线开行困难的地区，打破定班、定点原则，发展满足群众零散、随时出行的定线或定区域的农村客运，以满足实际需求，服务广大农村。

充分利用《中共中央国务院关于2009年促进农业稳定发展农民持续增收的若干意见》(2009年第1号文件)中“建立农村客运政策性补贴政策”的规定，争取协调相关部门，深入研究，制定农村客运成本费用评价、政策性亏损评估及政策性补贴制度，设立农村客运发展专项补助资金，使经营者能获得合理利润，连续提供农村客运服务，有能力改善安全设施、服务设施和服务水平，实质性解决农村班线开通难、维持难的问题；在农村客运中推广使用符合《乡村公路营运客车结构和性能通用要求》的经济适用车辆，对拟从事农村客运和更新农村客运车辆的经营者在购置农村客运车辆时予以一定比例的补助；农村客运政府指导票价下调一定比例，下调部分由农村客运发展专项补助资金中予以补助，切实让农民与市民享受同等出行待遇，确保农村客运开得通、留得住、有效益。

10. 加强保障体系建设，为道路运输快速发展提供支撑

加强运管队伍正规化建设。按照“机构精干、职能明确、权责一致、运转协调、办事高效”的原则，科学制定机构编制标准和管理办法，统一机构名称，统一编制核定标准，统一机构规格，统一着装，逐步推行垂直管理。建立健全科学合理的人员选拔、任用、考核、监督制度体系，完善选人用人机制，形成能上能下、能进能出、充满活力的运管队伍用人机制和竞争激励机制，逐步向公务员队伍转化。加强运管队伍教育培训，建立岗前培训和在岗轮训制度，将竞争机制引入到培训工作中，将有效竞争和激励机制相结合。建立统一规范的行政许可、行政处罚、行政强制规范，统一执法程序、执法标准、执法依据和执法标识。加强行政执法监督，建立以内部层级监督为主，社会监督为补充的全方位、多层次的行政执法监督体系。

进一步完善安全保障机制。在严格落实“三关一监督”基础上，细化分解安全生产责任，突出企业的主体责任，并以经营信誉考核为依托，加强企业安全生产的日常考核，对服务质量优良、安全生产有保障、社会信誉良好的大型运输企业在扩大经营范围、延

伸服务区域、增加营运规模等方面优先予以行政许可，扶持其加快发展。

通过政策引导和制度规范，促进培育机动车维修业健康发展。逐步构建以城市为依托，辐射城乡和公路沿线，以一类企业为骨干、二类企业为基础、三类企业为补充，门类齐全、方便及时的机动车维修体系，为社会提供多层次、及时有效的维修服务。重点培植“快修”品牌企业，引导机动车维修企业健康发展。

建立从业人员准入退出机制和人才培养机制，加大培训力度，规范培训行为，推进职业培训的社会化和专业化，加强横向部门的联系沟通，实现网络对接，数据共享。加强道路运输重要领域和关键岗位从业人员的教育和培训，形成完善的从业人员职业技能和素质培训体系，制定和完善标准，以标准为根本，以培训和宣传为手段，全面提升从业人员的职业素质，确保道路运输行业各项法规政策的落实和先进技术的应用，为道路运输的可持续发展提供最基本的人力资源保障。

加强机动车驾驶员培训学校管理和宏观调控，制定驾驶员培训监督的量化考核标准，建立交通、公安及驾驶员培训学校数据共享的驾驶员培训计时管理系统，实现驾驶员培训的全过程监控。大力推进理论培训的电教化和多媒体教学，理论考试的无纸化；实际操作培训和考试大力推广应用模拟器和桩考仪。积极并探索开展职业驾驶员和社会驾驶员分类培训制度，增加职业驾驶员培训的课时、内容。

道路运输在综合运输体系中结构调整重在制定相关政策，落实调整措施。我们认为必须按照“公路建设是手段、发展运输是目的”的基本思路，切实做到“路运并举、和谐发展”，不断提升道路运输发展规划的战略地位，从降低经济社会物流成本、国民出行成本以及提高国际竞争力的战略高度，充分认识道路运输在综合运输体系发展过程中的基础性地位，赋予道路运输管理部门参与公路建设规划、主导道路运输基础设施规划和建设的职能，以经济社会发展需求规划交通运输，以运输需求规划交通基础设施建设。

继续加大道路运输基础设施建设力度，以客运“零距离换乘”和货运“无缝衔接”为目标，搞好综合运输枢纽建设，逐步实现各种运输方式和运输各个环节的有效衔接，充分发挥道路运输的比较优势，推进综合运输体系建设。当前和今后一段时期，在继续做好道路客运基础设施建设的同时，继续加大投资力度，重点解决道路货物运输基础设施严重滞后的问题，加大货运场站、货运枢纽、物流中心和物流园区等不同层次、不同功能的货运基础设施建设力度，注重不同层次货运基础设施的衔接与协调，以市场需求为导向，实现货运基础设施规划、选址、建设、运营的科学、规范、高效，为提升货运的组织水平，提高货运的效率和效益，提供良好的组织平台和硬件支撑系统。

加大道路运输信息化的规划和建设工作力度，形成覆盖全国的道路运输信息网络，投入相应资金加快物流信息平台、货运信息公共服务平台、客运信息公共服务平台、出租车信息呼叫平台、公交车信息服务和调度平台、客运联网售票、道路运输从业人员管理信息平台等信息系统建设，逐步形成各种运输方式相互间的资源共享。

出台鼓励先进运输组织方式的各项税收、保险等优惠政策和发展政策，重点扶持发展甩挂运输、多式联运、定班定线的货物运输、厢式运输、汽车列车运输、集装箱运输、特种货物以及重点物资的散装运输等高效货物运输组织方式，扶持发展农村客运、城际客运、城乡一体化客运以及节点运输等客运组织方式。

扎实推进规模化、集约化经营，不断优化道路运输主体结构和服务结构。大力实施道路运输诚信经营体系建设，加强资质管理，以诚信经营考核和资质管理为手段，创新和丰富道路运输市场监管方法。以市场调节为手段，通过权威的诚信经营考核和及时的信息发布引导道路运输规范、诚信经营；鼓励道路运输企业做大做强，通过客运线路的合理配置，引导客运企业完成由个体经营、承包经营向公司化经营过渡，在公司化经营的基础上，通过资本运作、经营权和所有权分离等形式；逐步培育跨地区、跨区域经营的企业集团，实现道路运输经营的规模化、集约化。通过道路货运场站、货运枢纽、物流中心、物流园区等货运基础设施和信息服务平台等载体的建设，提升道路货运的组织化水平。鼓励发展零担运输、快件运输、城市配送和利用班线客运为依托的小件快递等货物运输；以市场需求为导向，在货源相对固定、批量较大、运输需求稳定的区域，探索发展定点、定班、定线、定时道路货物运输，构建干线道路运输大通道，提高货物运输服务品质。

加快传统道路货物运输业向现代物流业转型，与相关部门共同做好物流业发展战略、规划、政策的制定，通过制定和完善物流标准体系控制物流过程，加大物流基础设施、装备设备、服务标准、行业信息化、管理等方面的标准化工作力度，积极建立不同运输方式之间的装卸设施、设备和信息交换标准，大力推广集装技术和单元装卸技术，推行托盘化单元装载运输，逐步实现货物在各种运输方式进行无缝、连续的门到门运输，构建分工合理、衔接顺畅、技术先进、服务高效的现代物流体系。

加快道路运输立法步伐，填补立法空白，提升立法层次，及时跟进做好法律法规的立、改、废工作，为加快道路运输发展提供强有力的法制保障。加大与有关部门的协调力度，着力解决影响道路运输业发展的土地、税收、融资、通关、保险和管理等方面的问题，进一步优化道路运输发展的政策环境，为发挥道路运输的比较优势，推进综合运输体系建设提供有力的政策支撑。

调研专题二

道路运输经济运行分析机制建设

山东省交通运输厅
河北省交通运输厅
黑龙江省交通运输厅
青海省交通运输厅

调研专题二调研人员名单

调研领导小组

组　长：高洪涛

成　员：相立昌　李洪修　孔卫国　孙　光　杨明祥

调研实施小组

组　长：孔卫国

副组长：孙　光　杨明祥

成　员：闫开伦　金书玉　吴汝明　王范聪

调研联合工作组

组　长：孔卫国

副组长：于志伟　梁　旭　赵连龙

成　员：孙　光　杨明祥　王传伦　卢　劲　袁复玉

调研报告撰写人员

吴培斌　张永杰　杨　铭　林　辉　郑　燚　何志达　梁青龙
陈东光　刘　侠　张玄靖

调研工作概况

根据交通运输部办公厅《关于开展新时期道路运输业发展大调研活动的通知》(厅办字〔2009〕147号)要求，由山东省交通运输厅牵头，河北、黑龙江、青海等省交通运输厅协助，共同承担了《道路运输经济运行分析机制建设》的专题调研任务。2009年7月10日部召开大调研活动动员部署电视电话会议后，山东省交通运输厅高度重视，积极主动，抽调精干人员，借助科研机构力量，成立了专门的调研工作小组，并与河北、黑龙江、青海等三省运管局共同成立了专题调研联合工作组。

为切实完成好专题调研工作，在山东省交通运输厅分管领导的指导下，针对部提出的调研提纲和工作安排，研究制订了初步工作方案。2009年7月20日，在济南召开专题调研工作启动会议，部道路运输司货运与物流管理处，山东、河北、黑龙江、青海等四省运管局有关领导和负责同志，中国道路运输协会、部交通科学研究院、部公路科学研究院有关专家参加了会议。与会代表就专题调研任务进行了深入的讨论，研究通过了《道路运输经济运行分析机制建设》专题调研工作方案。

调研工作小组按照方案要求，并结合工作实际，通过问卷调查、座谈会、现场调研等方式，广泛听取了管理部门、运输企业及社会公众的建议，认真吸收了科研机构专家的意见。2009年8月底，协助省份按照方案要求完成了各自省内调研分报告，调研工作小组完成了专题调研报告初稿。

为提高调研成果的质量，确保所提工作建议及政策措施有针对性、可操作性，调研工作小组先后在西宁、北京征求了交通运输部、部公路科学研究院、部科学研究院、中国道路运输协会、协助省份有关领导及专家的意见，并据此对《道路运输经济运行分析机制建设》专题调研报告进行了修改完善，较好地完成了调研任务。

本调研报告分为四部分，分别对道路运输经济运行分析机制内涵，现状及问题，总体设想，保障措施及工作建议进行了阐述。

一、道路运输经济运行分析机制内涵

(一)概念

借鉴其他行业开展经济运行分析工作的经验，调研工作小组对道路运输经济运行分析及其机制建设的相关内涵进行了初步探讨。

1. 道路运输经济运行分析

道路运输经济运行分析是指对某一时期道路运输经济活动的全过程，通过科学的指标体系，以统计报表和专项调查获得的数据信息为依据，以深入分析和科学加工为手段，旨在研究道路运输行业运行的经济性、动态性，反映外部环境变化对行业的影响、找出行业存在的问题及解决途径、预测行业未来发展趋势的综合性分析判断活动，重点是对道路运输业运行进行反映。

2. 道路运输经济运行分析机制建设

道路运输经济运行分析机制建设是指，为使该项工作达到流程简洁清晰、运转务实高效、手段科学现代，成果富有价值的目的，必须在法规政策、制度规范、组织架构、工作职责、工作程序及专业队伍等方面所进行的系统性建设。

(二)道路运输经济运行分析的必要性

1. 政府部门科学决策的需要

道路运输业是国民经济的基础性产业，其健康发展对保障国民经济的平稳运行意义重大。建立道路运输经济分析机制，及时掌握行业经济运行状态和市场波动，对国家宏观经济决策具有风向标、晴雨表的作用。道路货运的国际集装箱、大宗矿产品等运输量指标可以反映国家外贸进出口状况；钢材、水泥、煤炭等货运量指标可以反映国家投资政策对经济活动的影响；客运量、零担货运量及鲜活农产品运输量指标，可以反映公众出行、旅游及居民生活水平的消费状况。这些都要求交通运输主管部门开展道路运输经济运行分析，为国家宏观经济决策提供真实可靠、及时有效的信息来源。

道路运输是现行体制下交通运输行业的重要组成部分，其自身行业发展与路网建设的规模结构高度相关，通过道路运输经济运行分析，及时掌握其通过路网支撑所提供的服务能力和发展活力变动情况，对国家交通运输主管部门落实科学发展观，调整制定有效政策，统筹协调“路运并举、和谐发展”，加快现代交通运输业发展进程具有深远的

意义。

2. 构建综合运输体系的需要

道路运输是综合运输体系的重要组成部分，在综合运输体系中起着广域覆盖、全能衔接的重要纽带作用。科学的综合运输体系，能充分发挥各种运输方式的技术经济优势，实现各种运输方式的融合与协作，最终达到客运“零换乘”和货运“无缝衔接”的目的。道路运输如何站在综合运输的角度，以其机动灵活的特点在竞争发展的同时，更好地与铁路、民航、水运等进行有效衔接，完善集疏运系统，是非常值得研究的课题。通过道路运输经济运行分析，加强道路运输业自身纵向对比和与其他运输方式的横向比较，可以进一步明确道路运输在综合运输体系中的地位和作用，确定合理的分工范围，促进综合运输体系的科学构建。

3. 引导行业健康发展的需要

道路运输业的健康发展离不开行业管理部门的监管调控，离不开市场主体的理性经营。通过道路运输经济运行分析提供的市场供求、经济效益等动态信息，对行业管理政策调整、市场合理配置资源，都具有积极的引导作用。

应用经济运行分析成果，有利于建立科学的道路运输市场进入退出机制，一是可以判断道路运输市场发展趋势，跟踪经济运行动态，掌握行业发展过程中出现的新情况和新问题，及时调整经营策略；二是可以及时、全面地了解行业发展方向和市场变动规律，在对自身经营状况进行综合评估的基础上，科学制定经营发展战略，在市场竞争中做到“有所为有所不为”；三是可以如实反应道路运输市场容量和竞争激烈程度，为投资决策提供理性判断的参考，遏制道路运输市场的盲目进入和重复建设。

4. 保障行业安全稳定的需要

道路运输市场开放度高、经济成分复杂、生产流动分散、经营相对粗放、利益关系敏感、承受能力脆弱，从业人员素质较低，在安全生产和行业稳定方面属于高危行业。每当宏观政策、资源价格、上游产业等外部环境发生震荡，极易出现因追逐利润忽视安全导致事故或利益冲突化解不力引发群体事件。通过道路运输经济运行分析，及时掌握行业和市场存在的热点、难点，对交通运输主管部门建立预警机制、争取国家政策、出台调控措施，及时化解矛盾，从而为行业安全稳定从经济层面创造有利的环境，都具有重要意义。

5. 实现政务信息公开的需要

为公众提供及时、准确、全面的行业经济运行信息服务，是交通运输主管部门落实《中华人民共和国政府信息公开条例》和《中华人民共和国道路运输条例》（以下简称《道路运输条例》），打造公开透明、运转协调、行为规范、廉洁高效的服务型政府部门的重要举措。发布道路运输经济运行分析信息，可以使社会公众更多了解行业发展动态、政策执行效果、国计民生贡献等情况。对体现交通运输主管部门综合软实力，提升道路运输行业整体形象，争取政府和社会广泛理解支持，从而为交通运输创造良好的舆论环境，都具有重要意义。

6. 开展各类科学研究的需要

道路运输业作为传统产业如何加快向现代服务业转型，如何在经济发展和保障民生方面作出应有贡献，如何在构建综合运输体系中发挥应有作用，如何在交通运输统筹协调发展中得到应有的重视，都需要从多门类、多学科角度加强科学研究。通过道路运输经济运行分析机制建设，可以为上述科学研究提供有价值的动态信息和连续性的历史资料，为破解道路运输发展面临的高层立法、管理体制、产业升级、技术装备、信息化建设、人才队伍培养等方面的难题，提供有力的智力支持。

二、道路运输经济运行分析现状及问题

(一)工作现状

各级交通运输部门在道路运输经济运行分析方面进行了有益探索，开展了一些实质性的工作。

1. 基本奠定了统计制度框架基础

根据国家统计法规和部颁交通运输行业统计制度，各省均建立了道路运输统计分析工作的基础框架。依据行业统计报表并辅以专项调查获得的信息资料，不同程度地开展了经济运行分析。行业统计报表的指标数据来自各级运管机构的运政数据库，该数据库包含经营业户、从业人员、营运客货车辆、客货运场站、维修检测、驾驶员培训等基本信息，通过查询汇总可获得以上各类指标的数量、结构情况。运输量、行业资产、场站投资等指标则通过分月抽样调查或专项调查方式获得。根据上述报表数据，可从物量、规模、速度等方面掌握行业发展的情况，并以撰写统计分析报告的形式，在一定程度上实现经济运行分析的目的。

2. 初步建立了经济运行分析报告制度

按照交通运输部《关于报送交通经济运行分析报告的通知》(交规划发〔2007〕763号)的要求，各省交通运输主管部门对公路建设、港口建设、水运经济、道路运输经济、行业管理政策等情况进行综合分析，形成省级《交通经济运行情况分析报告》(分为季度

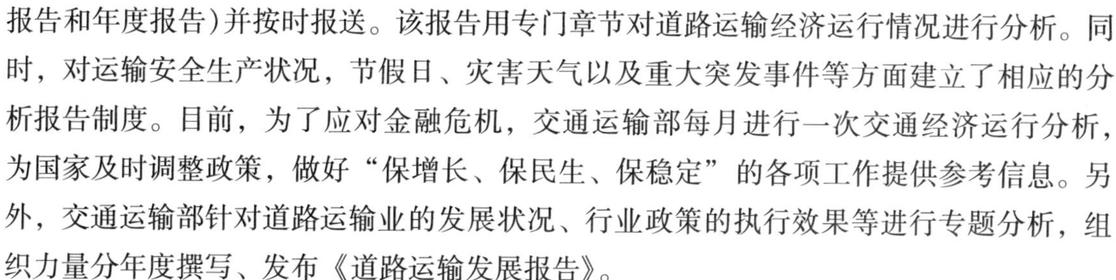

报告和年度报告)并按时报送。该报告用专门章节对道路运输经济运行情况进行分析。同时，对运输安全生产状况，节假日、灾害天气以及重大突发事件等方面建立了相应的分析报告制度。目前，为了应对金融危机，交通运输部每月进行一次交通经济运行分析，为国家及时调整政策，做好“保增长、保民生、保稳定”的各项工作提供参考信息。另外，交通运输部针对道路运输业的发展状况、行业政策的执行效果等进行专题分析，组织力量分年度撰写、发布《道路运输发展报告》。

3. *积极探索经济运行分析的方法形式*

目前，各省在统计分析的基础上，结合道路运输重大政策调整和行业管理的需要，在探索道路运输经济运行分析方面做了有益的工作。

2007 年，山东省针对现行公路运输量统计存在的信息难以采集、指标体系不全等突出问题，开展了以服务业统计为口径，以抽样调查为手段的专项调查，并实现了制度化。完善指标体系，增加了价值量、能耗、带动就业等指标，以运管机构营运车辆年度审验为平台开展了道路运输专项调查，基本摸清了行业发展状况。通过计算，2007 年山东省道路运输业的增加值约为 1000 亿元，占全省 GDP 的近 4%，占服务业增加值的 14%，准确地量化了道路运输业为全省社会经济、服务业发展所作出的贡献，这一结果得到了省统计部门的认可。

2008 年，河北省为了解燃油价格上涨对道路运输市场的影响，及时掌握市场动态，维护行业稳定，制定了《河北省道路运输市场信息监测方案(试行)》。采取定点监测相关企业的样本载货汽车、长途班线客车、农村班线客车与出租汽车的营运情况，包括运输成本的增减、运输价格变动等指标，确保及时掌握了第一手材料，为支持政策调整，应对市场变动，及时采取措施提供了重要参考。

黑龙江省在道路运输统计分析的基础上，自 2007 年起开展道路运输经济运行分析工作。省运管局的统计部门负责汇总数据，形成全省的经济运行分析报告并报送，业务部门负责提供市场动态变化情况。经济运行分析每季度报告一次，重点内容以客、货运输市场发展变化为主。

青海省使用统一的行业统计报表、公路运输量抽样调查、道路运输企业统计报表并获得基础信息，半年和年度各开展一次道路运输统计分析、专题经济运行分析。

4. *注重发挥科研、中介机构的积极作用*

交通运输部委托中国道路运输协会建立了重点联系道路运输企业制度，通过采集全国 109 家重点联系道路运输企业的 60 余项指标，整理编写重点联系道路运输企业经济运行报告；该协会按照交通运输部《关于建立道路旅客运输经济运行动态监测机制的通知》(厅运字〔2009〕178 号)的要求，建立了由百城道路客运监测网单位报送信息的道路旅客运输经济运行动态监测机制，从 2009 年 9 月底正式实施。

自2007年以来，交通运输部委托长安大学调查统计全国高速公路网的运输量，对高速公路网的客货发送量、客货周转量、客货运输密度、货物种类结构、空车走行率、车型结构等指标进行了全面统计与分析，并对综合运输网络建设的进度、重大经济社会事件和自然灾害的发生对全国高速公路运输波动的影响进行对比分析。目前该分析以年度为主，可满足月度分析的需要。

同时，交通运输部安排部属的科学研究院、公路科学研究院、规划研究院等科研机构开展相关道路运输经济运行分析研究工作，取得了相应的研究成果。特别是在电煤等重点物资运输方面，部属相关院所列专项课题开展研究，建立了电煤等重点物资运输的经济运行分析模型。

总之，上述以统计制度、专项调查为基础的道路运输经济运行分析工作，其取得的各项成果，为交通运输行业在决策、管理以及科研等方面起到了很好的作用。

（二）存在的主要问题

1. 法规制度不健全

现行交通运输行业的统计规章制度，还未能对道路运输经济运行分析的内涵、范畴作出源于统计又有别于统计的科学界定，也难以为道路运输经济运行分析的管理机制、工作程序、机构队伍、保障措施等方面提供明确的法规依据和制度安排，导致在认识和实践中以统计简单替代或混同于经济运行分析的倾向普遍存在，影响了道路运输经济运行分析机制建设的进程和工作成果的时效和质量。

现行《道路运输条例》、《道路运输管理工作规范》等行业管理法规、规章，在保证行业统计和经济运行分析规范开展方面，对运管机构和管理相对人的权利、责任、义务，也存在条款含糊、力度不够、罚则缺失、可操作性差的问题。

2. 工作基础不扎实

道路运输行业具有点多面广、流动分散、市场化程度高的特点，管理对象复杂，尤其是货运市场更为散、弱，在统计调查中，业户配合程度差，基础不牢靠，源头信息不易采集。特别是行业统计报表的数据，在全面、真实、及时等方面仍存在较多问题，造成了“可用的数不多、有数不敢用”的局面，也影响了分析结果的正确性。

随着经济体制的改革的不断深入，政府职能的转变，交通运输主管部门废止了《道路旅客运输规则》和《道路货物运输规则》，取消了客运路单和货运运单；特别是成品油税费改革实施后，道路运输管理机构对运输企业和业户缺乏相应的管理和约束手段；与此同时，道路运输统计依然延续原来的方法和模式，采集的数据质量不高，导致统计结果有一定偏差，不能客观反映道路运输经济运行的实际。

从一些规模较大道路运输企业角度分析，目前大多数道路运输企业仍以车辆“挂靠经营”为主，经营管理方式粗放，注重经济效益，轻视统计工作，一些企业认为统计工作可有可无，对自身承担的信息报送义务敷衍了事，甚至胡编乱造。

一些中小运输企业和个体业户，普遍没有开展相应的统计工作，甚至一些管理人员对统计指标的含义都理解不清，所提供信息的可靠性令人担忧。

3. 信息采集不容易

目前基础数据的采集、加工、处理、分析主要依靠人工完成，信息化水平较低，直接影响了数据的质量和时效性。交通运输部和省级运管机构为了提高道路运输统计工作效率，开发了相应的统计软件，但大多是单机版，未能与运政数据库进行对接和逐级联网，无法直接利用运政数据库生成相关报表，在数据汇总、分析、传递等方面还存在诸多不足。

4. 指标体系不完善

目前道路运输经济运行分析所使用的指标体系不健全，分析其原因，主要是由于现行的行业统计制度深受计划经济模式的影响，与市场经济发展环境脱节。目前行业统计指标体系存在微观指标多、宏观指标少，基本指标多、综合指标少，物量指标多、价值量指标少，静态指标多、动态指标少，自身指标多，对比指标少。致使运输经济分析不能及时、全面反映行业运行动态，不能很好体现行业对经济社会的贡献，不能有效引导运输市场资源配置，不能为公众提供应有的信息服务，不能满足国家宏观调控对行业数据的需求。

5. 资金队伍不到位

由于实践经验和重视程度的不足，道路运输经济运行分析在资金投入方面存在经费不足和来源不稳定的问题，在队伍建设方面存在统计内勤人员少，外勤调查没人手和分析专家队伍不健全的问题。尤其在成品油税费改革和大部门制改革新形势下，理顺财政预算、保证经费到位和合理解决专业队伍编制的矛盾更加突出。

三、道路运输经济运行分析机制建设设想

随着新一轮政府机构改革和大部制改革的推进，国家重点产业调整振兴规划的启动，成品油税费改革的实施，综合运输体系建设进程的加快，道路运输行业发展机遇和挑战共存。如何利用好机遇，变挑战为动力，经济运行分析工作尤显重要。

(一)其他行业开展经济运行分析的经验及启示

1. 以编制综合指数反映经济运行案例

自2005年起，中国物流与采购联合会从综合分析的角度出发，每月发布中国制造业采购经理指数(PMI)，这是由5个主要扩散指数加权而成的综合指数。通常采购经理指数在50%以上，反映经济总体扩张；低于50%，反映经济衰退。该会进而发布中国非制造业商务活动指数(PMI)，这一指数反映非制造业经济发展的总体情况，该指数达到50%以上，反映非制造业经济总体上升或增长；低于50%，反映非制造业经济下降或回落。上述指数得到了社会各界的广泛认可，并被国家统计局列为国家经济运行的重点监控数据。随后该会又发布了中国公路货物运输市场价格指数，该指数是2005年12月起由该会联合汇通天下信息技术有限公司，每月对国内几千家物流运输企业的货类及其运价水平进行数据采集，加工处理后对外公布，该指数能及时反映市场货物运价波动和变化趋势，日益受到货主单位和物流经营者的欢迎。

2. 以指数和写实信息反映经济运行案例

农业部中国农业信息网从写实的角度出发，每天发布“全国农产品批发价格日度指数”，包括“农产品批发价格总指数”和“‘菜篮子’产品批发价格指数”两个指标；每月发布“全国农产品批发价格月度指数”，包括“农产品批发价格总指数”和“‘菜篮子’产品批发价格指数”这两个指标的定基指数、同比指数与环比指数。结合对全国农产品批发市场的价格监测，预测各地农产品市场价格变化趋势。同时，每天发布全国主要粮食、油料、棉花、菜果、畜水产品批发市场的当日批发价格。为各方面提供了实时、全面和详细的市场信息。

以上案例说明，只要领导重视、精心组织、投入到位、政策得当、全国联动，并借助先进的科技手段，实现行业经济运行分析及时、连续、有效的目的是完全可以达到的。

(二)道路运输经济运行分析机制建设的总体思路

道路运输经济运行分析是一项依赖于统计而又有别于统计、集行政性和服务性为一体的重要工作。道路运输经济运行分析以统计调查(包括公路运输量分月抽样调查)、专题调查和写实性信息的采集为基础，以综合分析为关键，以成果应用为核心，为政府、企业、公众提供准确、专业的信息服务，在内容上要真实可靠、在形式上要鲜活简约，在反映问题上要有较高的深度与广度。

道路运输经济运行分析机制建设的总体思路是：以巩固完善现有统计调查工作为基础，以创新拓展经济运行分析的功能为方向，完善法规制度，健全指标体系、理顺工作体制、建设专业队伍、强化信息手段、加大经费投入，形成“一个指标体系、两个服务对象、三个运行机制”的道路运输经济运行分析工作总体框架。

“一个指标体系”是指构建满足政府部门、社会公众等各方需求的道路运输经济运行分析指标体系。该指标体系建设坚持微观指标与宏观指标共存、物量指标与价值量指标并重、静态指标与动态指标结合、纵向指标与横向指标统一、自身指标和外部指标衔接的原则，能满足全面掌握、分析深入、容易对比、准确及时的要求。

“两个服务对象”是指道路运输经济运行分析服务于两个方面的群体：一是服务于各级政府及交通运输主管部门，为做好规划、制定政策和监控行业提供有力支持；二是服务于社会公众，包括各类企业、中介协会、科研单位和普通民众，满足其对道路运输相关信息的需求。

“三个运行机制”是指道路运输经济运行分析要建成完善的数据采集机制、信息加工分析机制和成果应用机制。数据采集机制解决道路运输经济运行分析信息与数据的来源、采集方法问题，信息加工分析机制解决分析组织建设和分析标准化建设问题，成果应用机制解决道路运输经济运行分析结果的发布周期、对象和渠道问题。

道路运输经济运行分析机制建设的总体框架见图 2-1。

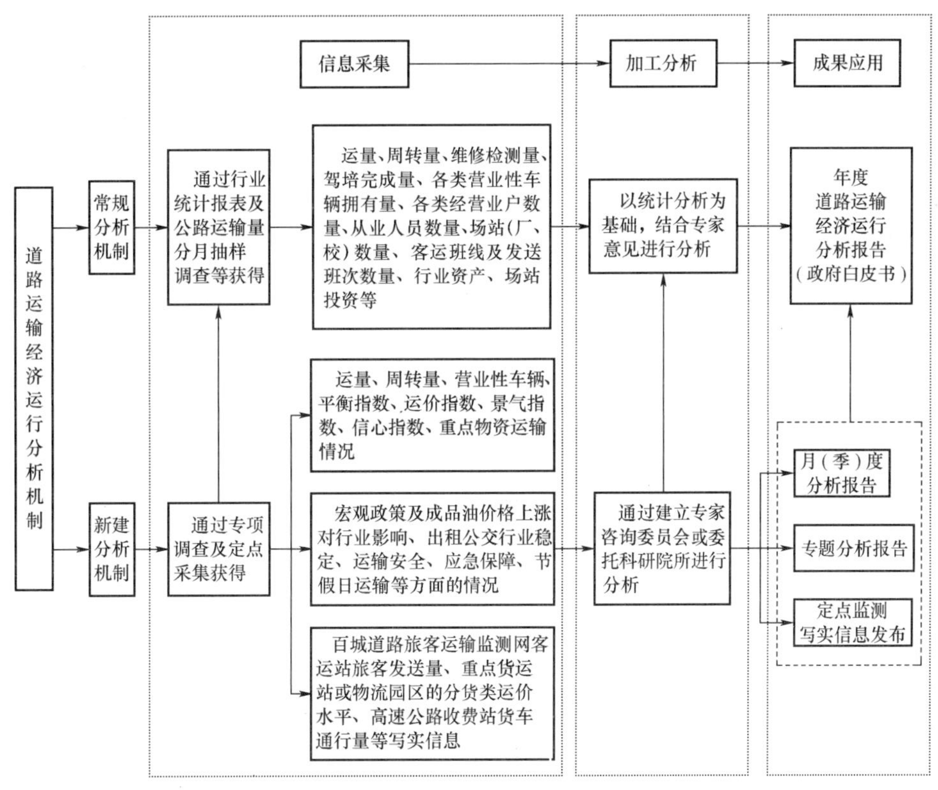

图 2-1　道路运输经济运行分析机制建设的总体框架图

(三)道路运输经济运行分析重点及内容

1. 分析重点

道路运输经济运行分析涉及诸多方面，为增强工作的针对性和有效性，建议分析的重点应包括以下三个方面：

(1)分析宏观经济政策的影响。道路运输经济运行分析要注重国家宏观经济政策的实施效果，例如国家为应对国际金融危机，实施拉动内需政策，道路运输经济运行分析就要对该政策实施前后各项指标数据进行纵向对比和行业间的横向比较，量化影响效果，判断落实情况。

(2)实时反映市场波动。通过定期发布连续性指数和写实信息数据，引导市场主体及时作出相应的调整，为建立公平有序的市场秩序创造良好的条件。

(3)预测行业发展趋势。道路运输经济运行分析不仅要了解过去、把握现状，还要对行业未来发展趋势进行分析判断，研究制定相应的指导意见，确保行业健康、稳定发展。

2. 分析的具体内容

道路运输经济运行分析的具体内容包括以下四个方面：

一是对行业统计报表(包括公路运输量分月抽样调查)指标数据进行分析，反映行业发展的规模和供给能力，衡量行业服务能力和服务水平。

二是对道路运输市场的时效性数据进行分析，反映行业发展动态、活跃程度和景气情况，掌握行业未来发展趋势。

三是对纵向指标和横向指标进行对比分析，反映道路运输业自身的成长性及其在国民经济、综合运输体系中的地位和作用。

四是对国家重点关注的运输安全、节能减排、应急保障等方面的指标进行分析，掌握行业发展的运行质量，满足国家宏观决策的需要。

(四)指标体系构建

1. 指标体系设计建议

指标体系建设是道路运输经济运行分析工作的核心，指标体系的设计应从满足国家宏观调控、政府行业管理、市场主体经营、社会公众关注的需求出发，以行业特点和实际为基础，以指标数据采集的可行性作为约束条件进行构建。完善的指标体系能在反映内容上多样、在数据采集上可行、在时间要求上及时、在分析应用中可比。指标体系设计建议见表2-1。

指标体系设计建议　　表 2-1

一级指标	二级指标	备注
静态指标	行业供给能力指标	包括：运量、周转量、维修检测量、驾培完成量、各类营业性车辆拥有量、各类经营业户数量、从业人员数量、场站(厂、校)数量、客运班线及发送班次数量、行业资产、场站投资等指标
	行业增加值指标	行业增加值及其占 GDP 和服务业的比重
	就业岗位指标	从业人员数及间接带动就业人员推算数
	投入产出指标	投资收益率、投资回收期
	节能减排指标	单位产出燃油消耗(升/百吨公里)
	运输安全指标	事故起数、死亡人数、受伤人数、经济损失等部颁道路运输安全生产四项指标
动态指标	市场景气指标	客运景气指数、货运景气指数
	供求平衡指标	客运平衡指数、货运平衡指数
	市场信心指标	企业家信心指数、中国物流与采购联合会发布的中国制造业采购经理指数(PMI)
	运价变动指标	货物运价指数、中国公路货物运输市场价格指数
	产出波动指标	高速公路货物周转量波动指数(长安大学采集的高速公路运输量)
专项指标	货物种类指标	分货类运量及所占比例、分类货物价值
	运输距离指标	客、货平均运距
	……	根据专题分析需要添加
写实指标	重点客运站旅客发送量指标	百城道路客运信息监测网客运站旅客发送量
	分货类运价水平指标	重点货运站(物流园区)的分货类运价水平
	货车通行量指标	高速公路收费站货车通行量
	……	根据专题分析需要添加

2. 相关指标说明

运量、周转量、维修检测量、驾培完成量、各类营业性车辆拥有量、各类经营业户数量、从业人员数量、场站(厂、校)数量、客运班线及发送班次数量、行业资产、场站投资等行业供给能力指标可依据行业统计报表制度采集，对此不作赘述。

指标体系设计建议新增部分动态、专项及写实指标，具体分类说明如下：

1)有关宏观经济运行方面的指标

(1)行业增加值指标：包括道路运输业增加值、道路运输业增加值占 GDP 及服务业的比重。采取抽样调查方式，一是对于道路客货运输、公交客运和出租客运，抽取样本业户的劳动者报酬、生产税净额、营业收入、营业支出、核算固定资产折旧等指标，确定其收入和各项支出的平均水平，分类核定出各类营业性车辆的平均效益水平，根据各类营业性车辆总数计算道路客货运输业、公交客运及出租客运的增加值。二是对于维修、驾培、场站经营等道路运输相关业务，通过样本数据和产业数量汇总计算增加值。二者之和作为道路运输业增加值。根据政府统计部门发布的 GDP 及服务业增加值数量，计算道路运输业增加值占 GDP 及服务业的比重。

(2)就业岗位指标：包括从业人员数及间接带动就业人员推算数。可根据交通运输部门的行业统计报表及开展的分月公路运输量抽样调查等方式获得，以年度增加部分作为道路运输业每年向社会提供的就业贡献。

(3)投入产出指标：包括投资收益率、投资回收期等指标。可通过抽样调查方法采集样本经营业户的营业收入、营业支出、税收、固定资产折旧等指标进行计算，反映行业生产的效益情况。

(4)节能减排指标：单位产出燃油消耗量(升/百吨公里)。节能减排的效果取决于两个因素，一是车辆技术性能提高，降低了油耗和排放，二是优化运输组织，提高运输效率，节约了油耗，减少了排放。建议选用营业性车辆单位产量的平均燃油消耗(升/百吨公里)作为节能减排指标，采用抽样调查的方法，根据营业性车辆单位产量的平均燃油消耗和车辆总数核算节能减排效果。

(5)运输安全指标：包括事故起数、死亡人数、受伤人数、经济损失等部颁道路运输安全生产四项指标，以此反映道路运输安全生产形势。

2)有关综合运输体系方面的指标

(1)货物种类指标：包括分货类运量及所占比例、承运分类货物价值量。通过公路运输量分月抽样调查或交通运输主管部门物流公共信息平台可获得相关数据，根据其变化及横向对比，用来反映经济增长情况、产业结构调整情况及综合运输各种运输方式分工是否合理等情况。

(2)运输距离指标：包括客、货平均运输距离。平均运距变动代表着经济活动的半径变化，一定程度上也反映了运输市场区域的变化，客、货平均运距的变动是综合运输格局调整的一种体现。

3)有关行业自身发展方面的指标

(1)市场景气指标：包括客运、货运景气指数，用以反映道路客、货运输市场景气状况。客运景气指数可采用典型客运站日发送量的定基变动系数计算；货运景气指数，可采用典型路段货车日通行量的定基变动系数计算。

(2)供求平衡指标：包括客运、货运平衡指数，分别采用客车的实载率定基变动系数(或典型客运站班线客车的上座率定基变动系数)和货运实载率的定基变动系数计算。

(3)市场信心指标：企业家信心指数。建议通过网上调查和抽样调查方式选取一定数量的道路运输经营业户，就企业外部市场经济环境与宏观政策的认识、看法、判断与预期，作出“乐观”、“一般”、“不乐观”的选择，赋予不同的权重和比例，编制相应指数，综合反映企业经营业户对道路运输市场和宏观经济环境的感受与信心。

(4)运价变动指标：包括旅客运价指数和货物运价指数。旅客运价指数，以重点客运站各型级客车实际运价的加权平均值与物价部门核定的各型级客车指导价的加权平均值之比作为旅客运价指数。货物运价指数建议直接采用中国物流与采购联合会发布的中国公路货物运输市场价格指数。用运价指数作为道路运输价格变动的指标，反映市场供求状况及外部竞争关系。

(5)产出波动指标：高速公路货物周转量波动指数。公路货物周转量已经成为反映国民经济运行状况的"晴雨表"。考虑到目前行业统计报表中的货物运量、周转量数据的质量存在问题，建立采用高速公路货物周转量波动指数代替。高速公路货物周转量利用高速公路收费数据库进行统计，具有很高的精度，且总量占到全社会公路货物周转量的30%以上，可以满足月度分析的需要。

(6)重点客运站旅客发送量指标：百城道路客运信息监测网客运站旅客发送量，由中国道路运输协会确定的客运站填报，根据汇总变化反映道路客运市场的波动情况，也可用来计算客运景气指数。

(7)分货类运价水平指标：重点货运站(物流园区)的分货类运价水平。建议在全国选择部分重点货运站(物流园区)，获得不同分类货物的运价水平，通过其波动反映宏观经济运行成本及货运市场供求状况。

(8)货车通行量指标：高速公路收费站货车通行量。在全国选择部分代表性高速公路收费站，获得货车通行量的断面数据，用以反映道路货运市场的活跃度，也可用来计算货运景气指数。

(9)其他指标：根据专项分析及写实性信息发布工作实际，临时增添的一些指标。

(五)机制建设

1. 数据采集机制建设

数据采集机制建设主要是确定各类数据的采集主体、来源渠道和报送制度。

根据指标体系设计建议，道路运输经济运行分析的基础数据主要来源于以下三个方面：

一是运管机构执行的道路运输统计报表和公路运输量分月抽样调查数据。省、市、县运管机构按照交通运输部统一部署，利用运政数据库和对经营业户的抽样调查，及时报送道路运输统计报表及分月公路运输量抽样调查相关数据，包括行业供给能力、运输量、行业增加值、投入产出、运输安全、节能减排、货物种类等方面的报表数据。各个指标的报送周期可改变目前的半年报、年报形式，按照经济运行分析工作的实际需要分为月报、季报和年报。

二是中介组织及科研院所开展的专项统计调查数据。交通运输部可采取委托、协商、购买的方式，获得中介组织及科研院所开展的统计调查数据，作为道路运输经济运行分析信息的重要补充。目前，可引用中国物流与采购联合会公布的中国公路货物运输市场价格指数，中国制造业采购经理指数(PMI)，长安大学采集的高速公路运输量，经过相应的加工后，对道路运输经济运行情况进行更深入的分析。长远来看，随着道路运输经济运行分析工作的开展，交通运输部在充分调研的基础上，可以充分发挥中介组织、科研院所的优势，使其承担更多的专项统计调查任务。

三是重点客、货运场站及高速公路等单位的相关业务数据。客运站的联网售票系统、货运场站(物流园区)的货运交易及物流信息系统、高速公路收费系统、公安交警部门的道路交通事故统计系统等都包含着道路运输经济运行分析所需要的基础数据，并且数据质量较高。交通运输部可通过制定相应的统计报表制度或建立相应的数据共享机制，充分利用这些数据。部、省交通运输主管部门可根据实际工作需要，按照“谁用数、谁采集”的原则，选择部分客运站、货运场站(物流园区)、高速公路收费站，采取人员驻站、包点寻访等办法，采集其旅客发送量、分货类运价水平和货车通行量等数据，进一步丰富完善道路运输经济运行分析工作。经济运行分析数据采集渠道建议见表2-2。

经济运行分析数据采集渠道建议　　表2-2

一级指标	二级指标	数据来源			
		运管机构		中介组织及科研院所	重点客、货运场站及高速公路等单位
		行业统计报表	分月公路运输量抽样调查	专项调查	相关业务数据
静态指标	行业供给能力指标	√	√		
	行业增加值指标	√	√		
	就业岗位指标	√	√		
	投入产出指标	√	√		
	节能减排指标	√	√		
	运输安全指标	√			
动态指标	市场景气指标				√
	供求平衡指标				√
	市场信心指标			√	
	运价变动指标			√	
	产出波动指标			√	
专项指标	货物种类指标		√		
	运输距离指标		√		
	……(根据专题分析需要添加)		√		
写实指标	重点客运站旅客发送量指标				√
	分货类运价水平指标				√
	货车通行量指标				√
	……(根据专题分析需要添加)				√

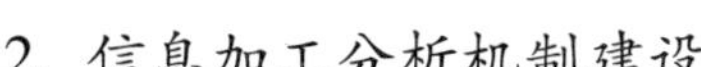

2. 信息加工分析机制建设

信息加工分析机制建设主要解决加工分析组织建设和加工分析标准化建设问题。加工分析组织建设是整个运行分析机制建设的核心，交通运输主管部门重点要加强咨询专家队伍、运管内业统计队伍、运管外业调查队伍和企业专职统计队伍等四支队伍建设，必要时可以利用社会专门的统计调查队伍。加工分析标准化重点要对信息加工分析部门的职责、信息加工的标准、分析报告的格式等方面进行规范，在确保全国统一的基础上，满足各地的个性化需求。

1）队伍建设

（1）咨询专家队伍建设。部、省、市交通运输主管部门成立分析咨询专家委员会，专家可从交通运输主管部门、行业中介组织、交通科研院所、政府统计部门、骨干运输企业中选择，保证具有较高的专业素质和理论水平。交通运输主管部门根据分析周期的需要定期征询分析咨询专家的意见，充分挖掘数据信息，将“死数变活”，分析市场变动原因及趋势，进而提出相应的对策，研究撰写分析报告。

（2）运管内业统计队伍和外业调查队伍建设。开展道路运输经济运行分析工作对运管统计队伍提出了更高的要求，针对目前运管内业统计队伍力量薄弱、外业调查队伍缺失的状况，省、市、县级运管机构要在充实内业统计力量的基础上，创建外业调查队伍，通过定点派驻采集、分片包干调查、监督企业提供数据等方式，为道路运输经济运行分析获取足够的信息。

（3）企业专职统计队伍建设。企业是道路运输市场的重要组成部分，尤其是客运企业，市场集中度相对较高，拥有大量的车辆、从业人员，是统计调查的重要信息源。交通运输主管部门应通过法规、制度、政策，监督企业建立、完善统计工作制度，加强专职统计队伍建设，在服务于企业经营管理的同时，为行业主管部门提供所需的决策数据依据。

2）加工分析标准化建设

信息加工分析的标准化建设要做到“五个统一”，即统一信息加工分析部门职责、统一指标体系、统一指标解释、统一加工分析规范、统一报表报告格式。交通运输部要对道路运输经济运行分析工作职责进行明确，在指标体系论证确定后，省、市、县交通运输主管部门，中介组织及科研院所，重点客、货运场站和高速公路等单位按照职责和分工要求，开展相关的加工分析工作。为保证经济运行分析工作的连续性，要对使用的指标进行统一解释，明确数据来源和加工规范，并对不同的分析报告所涉及的指标、报告内容及报告格式进行规范。各省在满足全国统一要求的基础上，可结合本地经济社会、道路运输发展的实际，丰富完善指标体系和报告内容，满足自身的个性化需求。

3. 成果应用机制建设

成果应用机制建设是指明确道路运输经济运行分析结果的发布主体、发布周期和渠道。

1)成果类型

(1)年度道路运输经济运行分析报告。该报告以道路运输统计数据和采集的经济运行信息为基础，全面总结道路运输行业一年来的发展状况、取得的成绩、对国民经济和社会发展的贡献以及存在的问题，并对下一年的道路运输经济发展形势进行展望。

(2)月(季)度道路运输经济运行动态分析报告。该报告以运输量、营业性车辆数、平衡指数、运价指数、景气指数、经营信心指数等指标的波动情况，电煤、矿石、集装箱等重点物资运输和粮食、农资以及鲜活农产品绿色通道等关注民生的重要物资运输情况，分析本月(季)度道路运输经济运行情况，并对下月(季)度运行情况作出预测。

(3)专题经济运行分析报告。该报告针对国家宏观政策与行业政策重大调整对道路运输业的影响，行业难点、热点问题，不定期地开展相应的经济运行分析，服务于政府部门应急保障、合理配置运输资源和企业运营管理决策。专题分析的重点领域包括：国家金融、环保、土地等政策调整及燃油价格上涨对道路客货运输、公交、出租等行业运输成本和效益的影响；道路客运、出租客运、公交行业的稳定问题；运输安全生产形势；对外贸易变化对道路货运及国际物流的影响；节假日以及灾害条件下道路旅客运输的变化及其应对措施等。

(4)定时发布写实性信息。定点采集百城道路客运信息监测网客运站旅客发送量、高速公路收费站货车通行量和重点物流园区的分货类运价水平，作为定时发布的写实信息。充分利用互联网优势，在行业管理网页的显著位置开辟一定空间，在规定时间不加任何评论地集中发布这些信息，便于政府及行业管理部门、企业、社会公众、科研院所等社会各方对道路运输经济运行信息的处理、挖掘和再加工，最大限度地满足其对道路运输实时信息的需要。

2)成果发布形式

成果发布形式主要涉及发布主体和发布载体两个方面。对以上四类成果的发布形式，提出以下建议供参考，成果发布形式建议见表2-3。

成果发布形式建议 表2-3

成果 部门	年度道路运输经济运行分析报告	月(季)度道路运输经济运行动态分析报告	专题经济运行分析报告	定时发布写实性信息
交通运输部	政府白皮书 网站、报纸发布	月(季)度报告 网站、报纸发布	专题报告 报纸发布	网站发布
省级交通运输主管部门	年度报告 网站、报纸发布	月(季)度报告 网站、报纸发布	专题报告 报纸发布	网站发布

续上表

成果 部门	年度道路运输经济运行分析报告	月(季)度道路运输经济运行动态分析报告	专题经济运行分析报告	定时发布写实性信息
市级交通运输主管部门	年度报告 网站、报纸发布	月(季)度报告 网站、报纸发布	专题报告 报纸发布	
县级交通运输主管部门	年度报告 网站、报纸发布			
中介组织及科研院所			专题报告 报纸、网站发布	
相关企业				网站发布

四、保障措施及工作建议

(一)完善法规制度，规范工作流程

建立长期、有效的道路运输经济运行分析机制，必须有相应的法规制度作为保障。

一是建议交通运输部积极协调政府统计部门，建立道路运输经济运行分析指标体系及相应的采集制度，满足经济运行分析工作需要。

二是修订、完善《道路运输条例》及客运、货运管理配套规章，恢复并颁布规范企业经营活动的“道路旅客运输规则”和“道路货物运输规则”，进一步强化运管机构和市场主体在行业统计、经济运行分析方面的责任和义务，明确其相应的职责和队伍建设以及资金保证的依据，细化相应的监督处罚规定。恢复使用道路客货运输路单(运单)制度并纳入路检路查范围，将路单(运单)作为原始信息渠道。

三是建议交通运输部研究出台《运管机构工作条例》，明确各级运管机构的规格、职责、编制、人员条件等；并将经济运行分析工作纳入运管机构职责，明确各级运管机构及其工作人员在信息采集、加工、分析、报送、发布方面的工作程序及要求；规范运管机构与行业中介、科研院所在经济运行分析工作方面的委托或合同关系，使道路运输经济运行分析工作有法可依、有章可循。

(二)理顺管理体制，强化队伍建设

道路运输经济运行分析是一项创新性工作，必须理顺管理体制、加强队伍建设。

一是在理顺管理体制方面，部级层面要加强交通综合统计部门和道路运输行业管理部门协调，建立责权对等的道路运输经济运行分析工作体制。省、市、县级运管机构在交通运输主管部门的领导下，加强内业统计部门建设，成立外业调查部门挂牌“运输市场督察处(科)”。该部门集经济运行分析外业调查、质量信誉考核、行政执法检查等职责于一体，综合运用行政执法监督手段，负责经济运行分析数据信息的调查采集工作。省、市、县运管机构内业统计部门负责信息的加工整理，组织协调专家咨询，研究撰写经济运行分析报告。两个部门分工明确、责权统一、相互配合，共同做好道路运输经济运行分析工作。

二是在队伍建设方面，重点要加强咨询专家队伍、运管内业统计队伍、运管外业调查队伍和企业专职统计队伍等四支队伍建设。部、省、市级交通运输主管部门成立咨询专家队伍，建设专家库，定期召开专家咨询会议，充分发挥专家的分析、咨询作用；各级运管机构内业统计队伍重点要引进高素质人才，强化基础、充实力量，承担经济运行分析信息加工处理和分析报告的撰写工作；以成品油税费改革人员分流为契机，经过转岗培训后由省、市、县运管机构成立外业调查队伍，按照经济运行分析工作要求采集相关外业数据；要进一步明确企业在经济运行分析工作方面的职责，督促其建立专职统计队伍，将履行义务情况与行政许可、质量信誉考核和相关认定挂钩，确保企业及时、准确报送相关数据信息。各级交通运输主管部门要加大培训力度，定期或不定期对经济运行分析工作人员进行业务培训，不断提高其工作水平，满足经济运行工作要求。

(三)强化信息手段，搞好部门配合

一是加快全国运政数据库系统联网，在此基础上，完善道路运输统计软件，开发经济运行信息采集、加工、分析的标准化软件，统计调查人员按职责录入基础数据后，即可逐级自动生成报表和分析指标并进行校验审核后上报，切实提高工作效率和数据质量。

二是加大工作力度，建立信息共享机制。协调政府统计、公安交警等部门，建立相互配合、信息共享的工作机制；充分利用交通运输主管部门建设的各类业务信息系统，开发接口程序，有效获取相关数据，为经济运行分析提供更丰富、更翔实的信息。

三是充分利用信息化手段发布相关成果。分析成果能够得到政府部门及社会公众的广泛应用，是建立道路运输经济运行分析机制的最终目的和得以持续的条件。重要的经济运行分析成果应通过政务网络及时反馈到各级政府，使领导能够更多地了解道路运输业情况，为道路运输发展创造良好环境。要整合相关信息资源，统一管理，统一口径，在行业管理网站显著位置集中发布，扩大应用群体和影响范围。

(四)领导高度重视，保障经费投入

道路运输经济运行分析工作对提高部门公共服务能力、转变管理职能、提升行业软实力、树立行业良好形象都具有重要意义，各级交通运输主管部门领导要进一步提高重视程度，采取切实措施构建长效工作机制。

同时，道路运输经济运行分析工作创新内容多，具有高频率、连续性的特点，需要占用大量人员、采集大量信息、开发软件系统，必须有连续稳定的专项经费予以保障。建议交通运输部与财政部联合发文，将所需经费全额纳入部门经费预算，在成品油消费税转移支付中，以原运管费基数的一定比例落实专项经费，保证经费来源的稳定性。交通运输部可从车购税中列出专项资金对各省予以补贴或者奖励，同时要求各省筹集专项资金，明确专项资金的使用范围和标准，便于各级单位编报经费预算和支出。

受调研时间和水平所限，本报告仅以粗线条、框架式对道路运输经济运行分析机制建设进行了探讨，在内容、观点等方面难免失于粗浅或有不当之处。建议交通运输部继续开展相关基础性研究和国际交流，使其日臻成熟，最终形成指导全国道路运输经济运行分析机制建设的决策和办法。

调研专题三

统筹城乡道路客运协调发展

江苏省交通运输厅
北京市交通委员会
江西省交通运输厅
重庆市交通委员会

调研专题三调研人员名单

调研领导小组

组　长：游庆仲

副组长：李先友

成　员：汪学君　王春强　唐晓鸣　王　起　王　珺　陶绮宁　周体光

调研办公室

主　任：汪学君

副主任：周体光

成　员：范　健　宋昌娟　刘　飞　朱燕惠　秦进伟

调研联络小组

组　长：范　健

成　员：郑红普　黄　强　唐玉才　宋昌娟　邵洪江　律秀原

调研报告撰写人员

汪学君　刘通亮　龙华明　李方宇　周体光　范　健　王春强
唐晓鸣　王　起　宋昌娟　谭小平　韩东方　刘　飞　朱燕慧
秦进伟　邵洪江　律秀原　郑红普　黄　强　章华平　王　浩
唐玉才　黄宗旭　李　弢

调研工作概况

1. 调研工作背景

当前，我国道路运输业正处于加快结构调整、促进产业升级的关键时期，面临前所未有的机遇和挑战。胡锦涛总书记今年国庆期间考察北京交通工作时发表重要讲话，对新时期道路运输工作提出了新的更高要求，增强了道路运输从业者做好道路运输工作的使命感、责任感和紧迫感。交通运输部党组近期一系列工作部署中，进一步突出了道路运输工作的战略高位。部道路运输司成立半年来，相继推出一系列重大举措，让全行业真切地感受到了道路运输行业站在新起点、谋划新发展的希望。针对当前的新情况、新问题，部组织开展了新时期道路运输业发展大调研活动。做好大调研工作，对于全行业理清思路、明确方向、抓住重点、破解难题，具有十分重要的现实意义，将对未来一段时期道路运输工作产生重大影响。

根据交通运输部对大调研的统一部署，由江苏省交通运输厅牵头，与北京市交通委员会、江西省交通运输厅、重庆市交通委员会共同承担了“统筹城乡道路客运协调发展”专题调研。该专题调研内容主要包括：

(1)城乡客运(包括道路旅客运输、城市公共交通、出租汽车、城市轨道交通)发展与管理现状(管理体制、市场构成与经营规模等)。

(2)城乡客运资源配置、投融资体制、政府财政补贴。

(3)统筹城乡道路客运协调发展中遇到的问题。

(4)统筹城乡道路客运协调发展的整体思路、下一阶段的工作建议和政策措施。

2. 调研工作组织

交通运输部召开大调研活动电视电话会议后，参与本专题调研的两省两市的有关部门高度重视，精心组织。牵头单位江苏省交通运输厅厅务会议作出工作部署，成立了专题调研工作领导小组，由游庆仲厅长担任组长、分管运管工作的李先友副厅长担任副组长，办公室设在厅运管局。游厅长、李副厅长多次听取调研工作汇报，作出了“要全面梳理发展概况和管理现状、认真归纳经验做法和存在问题、积极探索发展思路和对策措施，力求在概念和内涵的把握上、现状和问题的梳理上、思路和对策的谋划上、推进调研成果的转化上取得新的突破，努力提交一份高质量的调研报告。”的批示，要求集中技术力量，调动各方面积极性，做好组织协调，全力搞好调研工作。江苏省交通厅运管局组成了专门工作班子，抽调了一批得力的业务骨干，精心拟订了工作方案和调研大纲。

北京、江西、重庆三省市运管局的局领导亲自参与，调集了精兵强将，给予了积极的配合。

调研工作组根据会议明确的工作方案，在已有相关调研资料和研究成果的基础上，从5个方面制订了12张涉及130个参数的调研表。两省两市运管局共发放968份调研表，召开各种座谈会32次，对近200个县市和相关企业进行了调查摸底，同时按照分工各有侧重地开展本地分专题调研。此外，调研工作组还统一安排走访调研了广东和四川两个典型省的相关部门和有关地市，多方座谈研讨，实地考察，学习借鉴。调研组完成调研报告初稿后，对调研报告作了反复修改完善，进一步征求相关运管部门、有关专家和部道路运输司意见后，本着精益求精、再加担子的原则，又对调研报告进一步补充内容和修改完善，最终形成了《统筹城乡道路客运协调发展专题调研报告》。

一、对统筹城乡道路客运协调发展的基本认识

（一）统筹城乡道路客运协调发展的重要性和紧迫性

1. 统筹城乡道路客运协调发展，是促进城乡经济社会一体化发展的迫切需要

城乡二元结构问题，已经成为制约我国全面建设小康社会的重大障碍。党的十六大以来，统筹城乡成为科学发展观的重要内涵，解决“三农”问题已经上升为国家战略。党的十七大报告强调要“统筹城乡发展，推进社会主义新农村建设”。十七届三中全会通过的《中共中央关于推进农村改革发展若干重大问题的决定》指出，我国已经进入以工促农、以城带乡，着力破除城乡二元结构、形成城乡经济社会发展一体化新格局的重要时期。

胡锦涛总书记在今年国庆期间考察北京交通工作时特别指出，交通问题是关系群众切身利益的重大民生问题，必须充分发挥公共交通的重要作用。交通运输尤其是道路客运，是农村重要的基本公共服务，在统筹城乡经济社会发展中承担重要使命。为解决广大农民群众出行难的问题，交通行业近些年做了两方面重要工作：一是在全国掀起了农村公路建设高潮；二是大力发展农村客运，组织开展了农村客运网络化试点工程。迄今为止，这两项工作在逐步缩小城乡交通运输发展的历史差距方面取得了积极成果，深得人民群众拥护。

长期以来，城乡发展政策的巨大差异，使得当前农村和城市的客运服务呈现明显的发展差距。解决这一突出问题，就必须加快统筹城乡道路客运协调发展步伐，为促进城乡经济社会一体化发展提供有力的支撑。目前，统筹城乡道路客运协调发展，已经成为社会各界关注的焦点，中央不仅高度关注，更是提出一系列明确要求。2008 年中央 1 号文件指出，“要大力发展农村公共交通”，“完善扶持农村公共交通发展的政策措施，改善农村公共交通服务，推进农村客运网络化和线路公交化改造，推动城乡客运协调发展”。《中共中央关于推进农村改革发展若干重大问题的决定》要求“逐步形成城乡公交资源相互衔接、方便快捷的客运网络”。2009 年中央 1 号文件又明确提出要“建立农村客运政策性补贴制度”。

2. 统筹城乡道路客运协调发展，是交通运输部门履行好新职责的根本要求

受城乡二元管理体制的影响，我国历史上形成了城市客运和道路班线客运由建设和交通部门分治的格局，导致城市客运和农村客运发展不平衡、城乡道路客运资源配置不合理、城乡居民出行条件差距大、农村客运发展长期滞后、城乡客运之间难以有效衔接

等诸多问题。解决这些问题，必须首先突破体制束缚。2008年开始的新一轮政府机构改革，国务院层面已将原建设部指导城市客运的职责整合划入新的交通运输部；地方政府层面，按照《中共中央国务院关于地方政府机构改革的意见》中“加快形成城乡一体的综合交通运输体系”的要求，全国省级政府机构改革基本形成了城乡交通运输归口交通运输主管部门实施统一管理的体制格局，市、县级政府机构改革的类似趋势也很明显，原有城乡客运的体制分割障碍有望很大程度地消除。江苏省委、省政府在新一轮市县政府机构改革意见中明确提出：促进各种交通运输方式相互衔接，发挥整体优势和组合效率，加快形成城乡一体的综合交通运输体系。各地组建交通运输局，将建设部门承担的城市客运及出租车行业管理职责划归交通运输局。

解决历史遗留问题不可能一蹴而就，随着新农村建设和城镇化进程不断加速，城乡客运需求快速增长，对服务质量要求不断提升，一方面对改善城乡居民出行条件，促进基本公共服务均等化提出了更高要求，另一方面也对城乡道路客运资源整合和优化配置、促进服务有效衔接、提升整体效率和服务水平提出了更高的要求。统筹城乡道路客运协调发展，是交通运输部门深入贯彻落实科学发展观和践行“三个服务”理念的新要求，成为新时期交通运输部门履行好新职责所必须考虑的首要问题。各级交通运输部门必须尽快转变观念、理清思路，找准工作着力点，大力推进城乡道路客运统筹协调、更好更快发展。

（二）统筹城乡道路客运协调发展的相关概念和内涵

统筹城乡道路客运协调发展是在统筹城乡发展的战略背景下提出的。统筹城乡发展，就是要把城市和农村经济社会发展作为一个整体统一筹划，通盘考虑，通过以工促农、以城带乡，逐步缩小城乡差距，进而使城市和农村形成一个相互渗透、相互融合、高度依赖、共同繁荣的整体系统，以及城乡经济社会发展一体化的新格局。

统筹城乡道路客运协调发展，是我国特定历史阶段下所必然出现的过程。道路客运本无“城”与“乡”之分，包括城市公交、出租车、道路班线客运、旅游客运、包车客运等，都属于道路客运范畴。基于多年城乡二元管理体制和政策，道路客运被人为地分割为两个不同的行业，客观上形成了城市客运和班线客运不同的组织体系和运营模式，并导致城乡道路客运之间发展的不协调、不衔接，不利于基本公共服务均等化和资源的集约利用。伴随着国家统筹城乡一体化发展的战略推进，城乡正呈现不断融合的趋势，现有城乡之间道路客运的“分界线”将越来越模糊。未来需要通过统一规范的道路客运市场细分，逐步取代现行以城乡地域为界的道路客运划分。

但就目前而言，我们仍然既要正视城乡差别，又要做好统筹谋划，“城乡道路客运”现阶段还是一个不得不广泛提及的概念。我们认为，城乡道路客运是指服务城乡居民出行的各种道路公共客运方式的总称，主要涵盖城市内的公交客运、出租车客运以及城际、城市与农村之间、农村地域范围内的班线客运等。

统筹城乡道路客运协调发展，就是根据国家统筹城乡一体化发展的战略要求，将城乡道路客运作为一个整体考虑，加强城市客运与道路班线客运的统筹谋划和协调布局，优化资源配置，促进功能互补，发挥整体优势，提高组合效率，构建安全、便捷、经济、高效的城乡道路客运体系，为城乡居民日常出行提供全方位、多层次的公共客运服务，逐步形成城乡道路客运一体化发展的新格局。

理解统筹城乡道路客运协调发展的内涵，要正确把握三个关键词："发展"是根本目的，强调城乡客运都要发展、共同发展、加快发展。"协调"是目标导向，强调城乡客运之间布局相互协调、功能相互依赖、服务相互衔接、资源相互共享等。"统筹"是基本手段，强调要统筹城乡客运的发展规划、法规政策、标准规范等，缩小城乡客运规制差距，形成以城带乡的发展格局。

统筹城乡道路客运协调发展，推进城乡道路客运一体化发展，应当避免认识上的误区。"统筹"并非绝对统一，"一体化"并非一刀切。城市客运和农村客运因需求特点不同而客观存在差异性，不可能统一成一个模式，将来仍需分类管理。但需要将城乡道路客运作为一个整体系统来统筹，注重协调与衔接。为此，必须抓住三个重点环节：一是要继续推进"公交优先"战略，稳步发展城市客运，进一步夯实"以城带乡"的基础；二是要切实改变当前农村道路客运发展相对滞后的局面，抓住城乡客运矛盾的主要方面，进一步加快农村客运发展，促进基本公共服务均等化；三是要强化城乡客运在布局、功能、服务等方面的一体化衔接，尤其是城乡结合部的公共客运衔接，使之不再成为城乡客运矛盾冲突的焦点。

需要关注的是，近些年各地在积极探索打破城乡客运二元结构的做法中，普遍将城乡公交一体化作为重要抓手，也取得了可喜的成效。所谓城乡公交一体化，是指在一定区域内整合优化城乡客运资源，统筹规划，促进农村客运公交化班线和城市公交实现线网设施一体化、经营主体一体化、运营模式一体化、政策标准一体化等。城乡公交一体化一般针对特定区域(主要是城乡结合部)，目的是解决城乡客运在城乡结合部的矛盾冲突和满足城市周边居民日益旺盛的公交化出行需求。

二、我国城乡道路客运发展与管理现状

(一)我国城乡道路客运发展的总体情况

1. 道路旅客运输加快发展中成就显著

改革开放以来，我国道路运输业率先放开市场，有效缓解了运输市场的供需矛盾，为经济社会持续快速发展提供了有力支撑。党的十六大以来，道路运输以科学发展观为指导，努力做好“三个服务”，围绕党中央、国务院关于构建和谐社会、建设资源节约型和环境友好型社会以及加快发展服务业等一系列战略部署，在不断提升发展、探索科学发展方面取得了卓著成就。

(1)运输能力大幅增长，稳居客运主导地位。改革开放以来，我国道路旅客运输生产和服务能力大幅增长，2008 年完成客运量和旅客周转量分别为 268.2 亿人次和 12476.11 亿人公里，分别是 1978 年的 18 倍和 24 倍，年平均增长率分别为 10.1% 和 11.2%。同时，在全社会各种客运方式中的占比也不断增大，客运量和旅客周转量占比分别从 1978 年的 58.8%、29.9% 增长到 2008 年的 92.1%、53.4%，在综合客运体系中处于基础地位。

(2)装备数量迅速扩展，运力结构不断升级。经过 20 世纪 80 年代的加快发展，到 1993 年年底时，交通运输行业拥有的旅客营运车辆已经达到 12.85 万辆，约为 1978 年的 3.8 倍。20 世纪 90 年代以来，伴随着道路旅客运输市场的进一步繁荣，客运运力有了进一步的增长，运力结构也不断优化，车辆大型化、高级化趋势明显。1999—2008 年，载客营运车辆平均客位从 12.8 客位上升到 15.1 客位。截至 2008 年年底，我国营运客车达 169.64 万辆，客位数达 2560.36 万个，其中高级和中级客车占 40% 以上。

(3)行业结构得到优化，经营理念不断转变。道路运输市场的全面开放，虽然有效缓解了改革开放之初我国运力全面紧张的状况，但也带来运输市场结构不合理、市场组织化程度低等问题。近十年来，各级交通部门采取多种措施促进运输结构调整，道路运输企业组织化、规模化程度明显提升，全国涌现出一大批具有全新经营理念和较高管理水平的规模化客运企业。至 2008 年年末，我国共有从事班线客运的业户 65051 户，开通客运班线 15.6 万条，平均日发班次 176.5 万次。以高等级公路为依托的跨省市长途旅客运输蓬勃发展，道路运输的竞争力大大增强，经济运距明显提高。

(4)农村客运加快发展，通达程度不断加深。在交通运输部的政策引导下，农村客运作为民生工程得到快速发展。农村客运规模不断壮大，2008 年全国农村客运车辆发展到 33.1 万辆、564 万座，客运班线达到 7.8 万条。农村班车覆盖程度不断扩大，全国乡镇、建制村通班车率分别达到 97.3% 和 86.8%，其中，北京、天津、河北等 16 个省(市)实现了全部乡镇通班车，长期以来存在的群众出行乘车难的问题，在大部分地区得到较好解决，深受广大农民群众的好评。农村客运运力以中小型车辆为主，基本适应了农村居民居住分散、出行频率较低的现实需求。

(5)服务设施日趋完善，服务水平不断提升。伴随着道路旅客运输的发展，近年来我国不断加大投资建设力度，完善道路客运场站设施。2008 年，我国拥有等级客运站 15665 个，其中一、二级站约占 17.3%。近年还涌现出了一批以北京六里桥、深圳福田、上海总站、重庆龙头寺等为代表的现代化公路客运枢纽。同时，农村客运站建设也保持

了较大的投资力度，农村道路客运场站数量不断增多，功能布局逐步完善，2008 年年底农村道路客运场站达到 14.2 万个。

2. 城市客运服务体系不断完善和优化

20 世纪 80 年代中期以来，各级政府不断加大对城市公共交通的财政投入，探索公共市场化改革，着力转换企业经营机制、鼓励投资主体多元化等，创造了公共交通发展的良好条件，有效缓解了城市居民出行难的问题。党的十六大以来，随着城镇化进程的进一步加快，城市公共交通在促进城市发展中的地位进一步凸显，国家正式确立“优先发展城市公共交通”这一基本战略，为城市客运发展注入了强劲动力，城市公共交通发展的目标由“被动适应性发展”转为“主动引导型发展”，从解决“乘车难”问题提升至“高品质、高质量”的供给，在运力规模、载客容量和服务水准等方面不断登上新台阶。

(1)城市公交线网覆盖和车辆装备不断完善。在“优先发展城市公共交通”的理念和政策推动下，城市公交服务能力稳步提高，2007 年城市公共汽电车全年共运送乘客 532.5 亿人次，平均每天承担 1.5 亿人次的出行任务，占公共交通全年总客运量的 69.2%，在城市客运体系中居主导。全国 36 个中心城市公交出行分担率平均达到 20%，为城市发展作出了巨大贡献。车辆装备、服务网络和服务范围等不断扩展，2007 年，全国公共汽电车标准运营车辆数共计约 37 万标台，每万人拥有公交车数为 10.2 标台，分别为 1986 年营运车辆数和万人拥有公交车数的 6.7 倍和 4.1 倍。城市公共汽电车营运线网里程约 14 万公里。推广使用清洁能源公交车已成趋势，2007 年全国公共汽车中 CNG 燃料车和 LPG 燃料车分别占比 14.4% 和 4.4%。

(2)城市公交市场结构在探索中不断完善。目前各地城市公交呈现多种市场结构特征。如杭州、济南等城市的公交客运由一家企业垄断；北京、成都等城市以一家国有企业为骨干，辅以少数几家不同性质企业共同经营；沈阳、南京等城市的公交则由数家性质不同、规模不等的企业共同经营。近年来，不少城市公交市场重新走上了由分散到集中、由市场化到国有主导的改革道路，国有化回归成为部分城市公交市场改革的新趋势。如北京、上海、深圳、成都等城市纷纷通过各种形式建立国有主导、有限竞争的公共客运市场。

(3)公交专用车道和 BRT 建设开始起步。保障路权优先对于落实公交优先战略至关重要，大中城市如北京、上海、成都、南京、珠海、武汉、深圳等纷纷设置公交专用道，全国 200 多个城市陆续开设公交专用道达到 3216 公里，不少城市设置了彩色公交专用道。大运量快速公共汽车运营系统(BRT)在北京和杭州率先开通，还有不少城市如济南、昆明、合肥、常州等城市也已经开通了 BRT 线路，目前我国已经开通运营 BRT 的城市达到 10 个，总营运里程达到 283.8 公里。广州、武汉、长沙、西安等城市正在规划建设 BRT 系统。

(4)出租车在城市客运中地位不断增强。出租车客运是城市综合交通体系的重要组成部分，在完善城市功能、方便居民出行等方面发挥着重要作用。2007年，全国共有出租汽车经营企业约15万家，出租车总量约95.9万辆，完成客运量212.6亿人次，年车均完成客运量2.21万人次。目前出租汽车已经遍布城乡，满足了不同阶层特定的出行服务需求，日益成为重要的客运方式。全国所有中心城市及2000多个县、市，以及部分经济发达地区的乡镇，都有出租汽车运营。

(5)轨道交通系统开始快速发展。轨道交通具有速度快、运量大、污染小、能耗低、占地少、准时可靠、舒适安全等特征，近年来越来越多大城市选择发展轨道交通，目标是要形成以大运量快速轨道交通为骨干的城市公共交通体系。北京、上海、天津、重庆、大连、南京、长春、武汉、广州、深圳等城市均形成了由地铁和轻轨组成的轨道交通系统。截至2007年年底，全国城市轨道交通营运线路网长度共计763公里，拥有营运车辆3480辆，约合标准营运车数8636标台，全年共运送乘客22.1亿人次，占城市公共交通全年客运总量的2.9%。

(二)我国城乡道路客运管理的基本现状

由于长期受城乡二元体制的影响，我国道路旅客运输和城市客运在管理体制、法规政策以及资源配置方式等方面都有很大不同。

1. 管理体制

省级层面，新一轮机构改革中，各地已基本将城市客运的管理职能统一纳入到交通运输主管部门。城市(地级和县级)层面，机构改革还没有完成，道路运输主要依托地方交通主管部门下设的道路运输管理机构实施管理；城市客运管理相对复杂，主要根据城市人民政府决定由交通或城建部门负责。新一轮机构改革前，全国范围内的城乡客运管理体制大致呈现三种模式。

(1)模式一：交叉管理型，多部门分治模式。这种模式是长期延续下来的管理模式，也是目前很多城市的交通管理模式。交通局主要负责区域内道路运输的行业管理；由交通、城建、市政、公安等多个部门对城市交通实施交叉管理。如南京、杭州等。

(2)模式二：直线职能型，交通部门为主模式。交通部门除负责道路运输管理职能外，还对城市公交、市域范围内的出租车实行统一管理。这种模式下将城乡客运的管理职能统一到了交通主管部门，整合了道路运输行政资源。如沈阳、哈尔滨、苏州等。

(3)模式三：综合管理型，“一城一交”模式。城市政府交通主管部门对全市各种方式和形态的交通运输实施一体化管理，除负责道路运输、城市客运、出租车等行业管理外，还承担起铁路、民航等其他运输方式的综合协调工作。如北京、上海、重庆以及广州、深圳等。

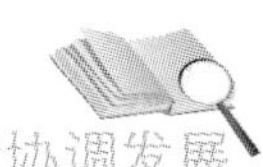

2. 法规制度

(1)国家层面。2004年国务院颁布了《中华人民共和国道路运输条例》(以下简称《道路运输条例》),成为我国道路运输领域第一部行政法规,对道路旅客运输、货物运输以及相关辅助业务的行政许可、监督检查、处罚等予以规范。《道路运输条例》明确,"出租车客运和城市公共汽车客运的管理办法由国务院另行规定。"但是迄今为止国务院尚未出台专门针对城市客运管理的行政法规。

原交通部和原建设部基于自身职能,分别针对各自指导的道路旅客运输和城市客运出台了一系列相关的规章和制度。如交通部相继发布了一系列与《道路运输条例》相配套的部门规章。原建设部发布的城市客运领域的相关规章主要有:《城市公共汽电车客运管理办法》、《城市出租汽车管理办法》、《城市轨道交通运营管理办法》、《市政公用事业特许经营管理办法》等。

针对发展中的突出问题,原交通部和原建设部也依据自身职权出台了相关政策措施。如交通部针对农村客运发展中的一系列重点、难点问题,下发了《关于加快发展农村客运和开展农村客运网络化试点工作的通知》,从公司化经营、市场管理、政策优惠、场站建设等方面明确了相关政策。原建设部针对公交优先、出租车维稳等热点问题,单独或者联合有关部门相继出台了一些专项政策及意见。

(2)地方层面。省级层面大部分颁布了本省(区、市)道路运输条例。相比国家层面城市公共交通立法的缺失,很多城市针对公交、出租车进行了地方立法。据不完全统计,迄今为止上海、天津、重庆及济南、青岛、郑州、珠海等39个城市完成了城市公共交通地方立法,主要涵盖公共汽电车管理条例、出租汽车管理条例、轨道交通管理条例等,此外还有部分城市正在筹备公共交通的立法。

针对交通运输部和原建设部出台的部门规章和相关政策意见,地方各级政府都结合本地实际制定了相关的实施细则和专项意见,落实中央文件精神,促进城乡道路客运健康发展。

3. 准入机制

由于分属不同的法制和管理体系,道路旅客运输和城市客运在市场准入机制上有一定区别。道路旅客运输主要采取班线经营模式,由各级道路运输管理机构依据《道路运输条例》和《道路旅客运输班线经营权招标投标办法》的规定,对跨省、跨市、跨县和部分农村客运线路采用招标投标制度,对投标企业的质量信誉情况、企业规模、运力结构和服务质量承诺等因素进行综合评价,择优确定客运班线经营者。

由于农村客运线路普遍存在实载率低、客源不均匀等特点,运营利润率不高,企业参与的积极性不强。为了促进农村客运发展,地方道路运输管理机构一般采取两种方式确定经营企业:一是将农村班线冷热线搭配、与非农村客运班线捆绑搭配的方式进行公开招标。如江苏省宿迁市，以冷热线互补、划片经营、自主经营、自负盈亏为线路配置原则，通过以服务质量为主要考核内容的经营权招投标来确定经营主体。二是将本地区所有农村客运线路打包交予地方一家大型运输企业，政府在税费方面给予优惠，并给予适当的财政补贴。

全国城市公共交通市场准入主要采取特许经营制，由政府通过法定形式和程序将经营权授予相关经营者，明确其在一定期限和范围内提供城市公共交通服务。经营权的授予有直接授予和招投标确定两种主要形式。一般而言，在大部分由单一国有公交企业从事公交客运的地区都是采取直接授予模式，由政府行政审批许可企业从事公交客运业务。还有一些市场化程度较高的城市采用招投标模式，由政府以服务质量为标的，择优许可。

目前各地出租汽车市场准入的方式大致有行政审批、招投标、拍卖、定额收取经营权使用费四种。在出租汽车客运兴起之初，通过行政审批方式无偿给予公司或个体业主经营权是全国出租汽车市场准入的通行办法。近年来，这种传统的审批制作为行政审批制度改革的对象逐渐为经营权有偿使用政策所替代。在实行有偿使用的三种方式中，定额收取经营权使用费在我国出租汽车市场准入中运用最为广泛。各城市根据自身实际情况，制定了不同的出租汽车有偿使用费政策，经营期限和有偿使用费的数额不尽相同，经营期最长的为50年，短的为3~5年；有偿使用费为2万~30万元不等。而经营权拍卖以及招投标制度使用较少，特别是拍卖制度采用更少。在采取拍卖方式配置经营权的温州等地，由于拍卖易造成非理性竞争氛围，成交价往往较高。目前苏州、厦门等少数城市实行服务质量结合定额有偿有期招投标制，取得了一定效果。

4. 运价机制

在交通运输部和国家发改委2009年发布新的《汽车运价规则》和《道路运输价格管理规定》(交运发〔2009〕275号)之前，道路旅客运输的票价一直是以原交通部和国家计委1998年发布的《汽车运价规则》为基础制订，采取政府根据不同车型确定人公里单价，按行驶里程计算票价。

城市公共汽电车、轨道交通的票价实行政府定价，普遍实行低票价政策或推行换乘优惠，并对特殊群体如老人、学生等实行政策性优惠，降低居民出行成本，提高公共交通分担率。公交企业因此而产生政策性亏损，往往由地方政府进行财政补贴。城市出租车同样是实行政府定价，一般根据当地经济社会发展、居民收入、能源价格等因素综合确定。

5. 扶持政策

道路旅客运输长期以来高度市场化发展，较少享有财政补贴。农村客运因为成本比较高、客流不稳定，经营企业面临较大的经营风险，发展受到制约。为了促进农村客运加快发展，2009年中央1号文件明确提出要“建立农村客运政策性补贴制度”。目前农村客运主要享受中央财政燃油补贴和车辆更新补贴，也有部分地方政府根据本地情况出台了地方性的农村客运补贴政策，如重庆市出台了财政支付农村客运统购保险的政策。

与农村客运相比，城市公共交通更加广泛地受到地方政府的重视。除享受到比农村客运优惠范围更广的燃油补贴、车辆更新补贴外，地方财政往往通过综合补贴以及运营补贴、燃料补贴、利润补贴、土地使用费用减免、环保及科技创新等各种专项补贴(各地专项补贴名目繁多、各不一样)，大力扶持城市公交优先发展。

6. 设施建设

在服务设施建设与投入方面，道路旅客运输和城市客运有一定的相似性，即均由政府统一规划、多种模式建设。根据各地经济水平、客运发展水平差异，场站建设一般可以分为政府主导、部门主导以及企业主导等模式。政府主导型主要是由地方政府投资建设，建好后交由企业运营；部门主导型主要由行业主管部门设立专业的场站经营机构，统一组织规划、建设和运营管理；企业主导模式主要由运输企业投资建设，政府及行业主管部门给予少量补贴或部分政策优惠。

近几年在大力扶持农村客运发展的背景下，农村客运场站建设基本建立了较为完善的国家和地方多级政府投入机制。国家2004年实施农村客运网络化工程以来，农村客运场站纳入原交通部基本建设计划，实行国家专项补贴。对于列入部基本建设计划的客运站，建设资金由国家的补贴资金、省补资金和地方配套资金三部分构成。国家补贴的标准分东、中、西部每客运站分别为10万、15万、20万元的差额补贴，同时要求各省以不低于国家补贴的金额进行配套，余额由地方补足。对未纳入部基本建设计划的农村客运站，实行省和地方政府联合建设的模式，省级补贴部分建设资金，其余由地方补足。

(三)各地推进城乡道路客运发展的探索与实践

推进城乡道路客运统筹协调发展是一项涉及面广、综合性强的工作，各级地方政府结合本地条件和特点，本着以城带乡、共同发展，统筹谋划、协调发展的原则，在促进城市公共交通优先发展、扶持农村客运完善覆盖、推进城乡客运一体化发展方面，开展了积极而有意义的探索，积累了许多宝贵的经验。

1. 积极推进城市公共交通优先发展

2004年，国家确立了优先发展城市公共交通的战略，给城市公共交通发展带来了前所未有的机遇。各级地方政府结合自身实际，出台了一系列落实优先发展城市公共交通的政策措施，有力地推动了城市公共交通较快发展。

1)政府重视，贯彻公交优先发展理念

(1)出台公交优先专项意见。随着国家“公交优先”理念的确立以及推进“公交优先”的战略举措逐渐清晰，各级地方政府纷纷树立“公交优先”发展理念，构建“城市公交优先”体系，制订了落实公交优先发展战略的实施方案以及各项优先保障措施。省级层面，北京、江苏、重庆、湖北等全国多个省市制定了优先发展公共交通的相关意见；城市层面，苏州市政府早在2004年就出台了《关于加快苏州中心城市公共交通发展的实施意见》，大连、沈阳、武汉、西安等全国很多城市陆续发布了优先发展城市公共交通的实施意见。

(2)编制公交优先专项规划。为更好地贯彻优先发展公共交通的相关理念，部分城市如深圳、大连、武汉、广州等编制了发展城市公共交通的专项规划，引导城市公共交通可持续发展。深圳市在优先发展公共交通理念的指导下，加大城市综合交通体系规划以及各层次公交规划的编制力度，组织编制了《深圳市整体交通规划》、《深圳市公共交通规划》等10余项公共交通专项规划，已形成一套自上而下较为完整的公交规划体系。大连市通过实施专项规划，提高了公交线网密度，降低了公交线路重复系数，使公交线网布局日趋合理。近年来，沈阳市政府把公交场站设施和公共交通线网规划纳入城市总体规划中，积极为公交发展提供用地保障。

2)深化改革，理顺城市客运管理体制

(1)以一体化为导向，逐步理顺行政管理体制。为进一步提高管理效能和服务水平，促进公共交通优先发展，各地在实践中积极探索，不断取得新的突破，许多城市政府将城市客运的行政管理职能划归交通运输部门，目标是建立城乡一体的客运管理体系。目前，全国主要形成了“以交通部门为主”模式和“一城一交”模式。“以交通部门为主”模式典型的有沈阳、苏州等，交通主管部门对道路运输、城市公交、市域范围内的出租车实行统一管理。“一城一交”模式典型的有北京和深圳等，交通主管部门对全市各种方式和形态的交通运输实施一体化管理。

(2)以国有化为主导，逐步理顺所有制结构。为进一步落实公交优先发展战略，为合理配置公共资源，改善服务创造必要条件，近年来部分城市如广州、深圳、大连等积极探索，对区域内公交资源进行整合重组。广州市将民营、外资等10多家公交企业重组为三大企业集团，初步形成了国有企业控股的所有制结构；深圳市实施公交特许经营改革，将全市38家公交企业，按区域分别整合成三大公交集团，加快建立“快速、干线、支线”三层次公交服务网络模式，提高了公交线网运行效率和服务质量。为解决城市公交快速发展过程中的经营效益差、服务质量差、群众满意度差等问题，部分城市如无锡、沈阳等城市政府在总结城市公交市场化改革的经验和教训的基础上，通过对外资控股的公交企业进行回购，极大提升了公交服务水平。

3)政府投入，强化公交服务公益属性

(1)加大对城市公共交通财政支持力度。财政支持，是保障城市公交事业健康发展的核心。调研发现，各地普遍实施了公交低票价、特殊群体优惠乘车以及换乘优惠等政策，并通过强有力的财政补贴强化公交的公益性。补贴的形式多种多样，包括综合补贴以及运营补贴、燃料补贴、利润补贴、土地使用费用减免、环保及科技创新等各种专项补贴，大力扶持城市公交企业。采用综合补贴的典型城市是杭州，杭州市政府自2004年确立公交优先政策后，对公交投入和补贴形成了一种长效的综合补贴机制，每年从城市土地出让金、城市维护建设资金、城市公用事业附加费和基础设施配套费等财政收入中提取一定比例，统筹安排，重点扶持公交发展。大连市政府从2005年开始逐步建立了城市公共交通专项资金，确定了3年不变的财政补贴机制，从2006年开始公交企业共得到了26.05亿元财政资金补贴，包括基本建设投资、购车补贴、优惠乘车补贴、燃油补贴、亏损补贴、其他补贴等，有效缓解了公交企业经营困难的局面。

(2)加快城市公共交通的服务设施建设。城市客运服务设施主要包括公交首末站、枢纽站、换乘站、中途站和综合车场等，是城市公交运行最重要的基础设施，也是政府推行“公交优先”的基础工作环节。城市人民政府通过多种途径加大投入，加快公共交通场站等基础设施建设。2005年以来，深圳的公交场站建设逐渐从以往由企业分散建设管理转变为全部由政府投资建设、政府出资维护管理、免费交付企业使用，并由市国土局牵头成立“公交场站建设用地落实工作小组”，确保场站建设用地的落实。大连市政府先后投入56亿元，不断完善城市公交基础设施建设。广州市从2005年开始率先在国内开展公交场站的BOT尝试，政府做好公交场站的规划与方案，然后对外招投标吸引投资，企业按规划图出资建设，并拥有10至15年的经营期限。到2008年，广州市政府吸引了40亿元社会资金对多个公交场站进行了新建、改造。

4)科技引领，提高城市公交服务水平

(1)大力推进公交智能化。为进一步提高公交服务水平，许多城市将推动公交智能化作为提高公交服务质量的突破口，不断加大公交智能化发展的力度。大连、绍兴、广州、深圳等城市均建立了公交智能化管理系统，实现了对公交车辆运营的智能化调度和实时监控，方便了群众乘车。长三角部分城市如无锡和上海等也实现了公交IC卡在区域之间的互通互联，广州市率先推广使用“羊城通”公交IC卡，并实现了与佛山市的互通互联，方便了人民群众的出行。深圳市正在规划实施综合交通运输体系综合智能化系统，全面整合铁路、民航、公路客运、公共汽车、地铁、出租车、海上客运等各种运输资源，实现无处不在的综合交通智能化服务。

(2)积极推广公交清洁化。为打造“绿色交通”，新能源、高标准的环保型车辆受到各级政府部门的关注，许多城市将推广清洁能源公交发展作为落实公交优先战略的重要内容，使城市客运的可持续发展水平得到有力提升。如重庆市公交集团倡导绿色公交，加快淘汰高耗能老旧汽车和高耗能设备的步伐，目前空调发动机“柴改气”改造已达1240台，CNG空调发动机的使用达到1861台，使用天然气为燃料的环保型公交车已达到5680辆。武汉市公交行业通过投入人力、物力和资金，以每年更新500~600辆公交车的速度，实施清洁环保汽车行动，4年来共投入10.686亿，更新车辆3520台。2004年开始，兰州公交集团利用两年时间对公司2000多辆车辆实施了天然气改造，并筹资建设了5座天然气加气站。

2. 大力支持农村道路客运加快发展

近年来，各地交通运输部门在继续加快农村公路建设的基础上，大力发展农村道路客运，启动了农村客运班车通达工程。在地方政府的支持下出台了扶持农村道路客运发展的政策措施，加快了农村客运站建设，促进了农村道路客运稳步发展，为广大农村居民出行提供了安全、便捷、经济的运输服务。

1)政府支持，改善农村客运发展环境

(1)出台农村客运发展意见和规划。各级地方政府出台了许多促进农村客运发展的专项意见，如江苏、重庆、贵州、广东、河南等，从网络布局、场站建设、引导政策、扶持措施、安全监管等多个方面指导农村客运健康发展。很多地区也结合实际制定了农村客运站、候车亭、招呼站的建设规划，农村客运班线发展规划，农村客运车辆的投放规划等一系列专项规划，引导农村客运持续发展。

(2)加大农村客运经营的扶持力度。江苏、重庆、江西、广东等省曾出台了专门针对农村客运的规费优惠政策。江苏曾在《关于加快道路运输业发展的若干意见》中明确提出，对县域内新开的乡镇至行政村和行政村之间的班车，养路费、客票附加费实行两年免收，两年后减半征收，原有班车减半征收。还有一些地方政府根据本地情况出台了地方性的农村客运补贴政策，如重庆市出台了财政支付农村客运统购保险的政策。

2)加大投入，加快农村客运场站建设

(1)加大农村客运场站建设力度。各级交通部门将农村客运场站投入作为推动农村客运发展的重要内容，在不断加快农村公路建设的同时，多方筹资加大农村客运场站的建设投入力度。据统计，2003年初至2006年底，全国交通部门共投入资金63亿元，建设农村等级客运站9040个、停靠站点14.7万个，极大地方便了农村居民出行。河南、江苏、江西、广东等多个省份按照路、站、运一体化的思路，加大农村客运场站的投入和扶持力度，实现了路通车通。

(2)创新农村客运场站建管模式。为解决农村客运站点经济效益差、管理和维护不到位等突出问题，各地纷纷积极探索创新农村客运站点的建设和管理模式。如江西省在部分县(市、区)试行把候车亭建设与线路经营权捆绑，把候车亭广告经营权面向社会招投标，由中标广告公司负责候车亭的日常维护，并提取部分发展基金，这种“候车亭建、管、养模式”取得了成功，并正在逐步全面推广。

3)积极探索，完善农村客运网络覆盖

(1)推进农村客运公司化经营。为解决部分地区农村居民出行难问题，各地都把发展农村客运作为改善民生的重要举措。大力培育农村客运市场，推进公司化经营，实现农村客运企业的规模化、集约化发展是促进农村客运发展的重要内容。江西、湖北、山西等多个省市在开展农村客运网络化工作的过程中，引导和鼓励农村客运车辆采取兼并收购、股份制改造等多种形式实行公司化经营，并根据实际情况，实行一线、一片组成一个公司经营农村客运班线。

(2)增加农村客运经营自主权。为了进一步提高农村客运的覆盖程度，为广大农村居民提供均等化的服务，许多地区如重庆、广东等尝试打破农村客运"定点、定时、定班、定线"的单一运营模式，通过推行农村客运区域经营、定线不定班等，加大农村客运经营企业的自主权，充分调动投资主体开行农村客运的积极性。山西为促进落后地区农村客运发展，积极开展冷热线搭配，规定山区、冷线经营者一定时期内不受运力额度限制，由经营者根据市场需要灵活投放运力。

(3)探索适度下放审批权限。广东和重庆率先将毗邻地市的农村客运审批权限下放，由毗邻地市商议后报备，提高了办事效率，方便了经营者，也便于灵活管理。

4)加强监管，保障农村客运健康发展

(1)规范农村客运市场经营行为。为了提供农村客运发展良好的市场环境，保障合法经营者的利益，很多地方如重庆、江苏、广东、四川等省市的多个城市都先后开展了整顿和打击农村客运市场中无牌无证和货车载客等非法经营行为的专项活动，加大农村客运的市场监管力度，规范农村客运市场经营行为，为发展农村客运创造和谐平安的环境。

(2)强化农村客运安全监管。江苏、浙江、陕西、四川等省份的多个城市通过开展农村客运安全整治与规范活动，完善和落实企业、车辆及驾驶员的安全管理责任体系，加大对农村客运中危及交通安全行为的查处力度等，保障人民群众生命财产安全。

3. 努力探索统筹城乡客运协调发展

从实践来看，各地经济社会发展基础不同，推进城乡客运发展的目标、形式和重点亦有明显的差异。在发达地区，其目标是让城乡居民尽可能享受到均等化的公共交通服务，并做到网络完善、布局合理、经济高效。这些地区经济社会的发展催生了城乡道路客运融合发展的需求，各地在推进城乡客运发展的实践中不断创新，探索出了一些可行的经验模式。

1)鼓励城市公交向农村延伸

随着城镇化进程加快，城市范围不断扩大，城市公共交通的覆盖范围也不断扩大。一些城镇化水平较高特别是已经呈现明显郊区化特征的大城市，通过城市公交新辟、延伸线路及绕道等方式，逐步实现城市公交覆盖市区及周边区县，主要服务于城市郊区居民的公交出行以及远郊区县、重点镇与市区间的通勤。

这种模式强调市域(含市区和郊区)范围内客运资源的融合，其本质上是常规城市公交延伸服务范围和扩大覆盖面，运行模式、车型以及票价等与常规公交一致，典型的如北京市和成都市。北京市“9”字头市郊公交，与市内公交在运营主体、票价优惠、扶持政策等方面完全一致，且不断扩大覆盖范围，基本实现了城乡客运服务的均等化。成都市按照“全域成都、城乡统筹”的理念，通过中心城区公交网络向二圈层(二级城市、乡镇等)延伸，实现了二圈层组团与中心城区的公交便捷互通。

2)推进农村客运公交化改造

随着城市化进程的加快，城市与农村的界限日益模糊。部分经济实力较强、辖区面积较小的城市，极力推进市郊农村客运的公交化改造，统一农村客运与城市公交管理体制，整合优化资源、完善运营模式，构建一体化的城乡公交网络，实现农村公交化客运与城市公交服务的有效融合。此类农村公交化客运往往由当地政府比照城市客运扶持政策，给予经营企业适当的政策性补贴。

农村客运公交化改造是统筹城乡客运协调发展的重要举措，各地、各级政府对此有高度共识，因地制宜做了大量的实践和探索，如浙江嘉兴、江苏苏州和连云港、湖北武汉、广东佛山等。嘉兴市通过实施农村客运与城市公交“六统一”（即统一管理体制、发展规划、税费政策、资源配置、运价标准、服务标准），构筑起市到县、县到镇、镇到村三级公交网络，实现了村村通公交目标。武汉市按照“一级网络公司化，二级网络集约化，三级网络规范化”的公交化改造原则，利用3年时间，对全市农村客运按照“三化、五定、六统一”的总体思路(三化为：经营主体公司化、经营方式公交化、经营行为规范化；五定为：定线、定班、定站、定票价、定经营期限；六统一为：统一管理主体、统一规费政策、统一运营车型、统一运营标识、统一调度排班、统一服务标准)，分步骤实施了农村客运公交化运营模式。佛山市形成了较为成熟的城乡公交一体化模式，域内南海、顺德多个镇街开通了镇内公交。江苏的常熟、溧阳等市都实现了城镇公交、镇村公交网络化，农村居民单次出行直达乡镇，一次换乘到市区。

3)支持城际客运资源整合

在长三角、珠三角、京津冀等高度城镇化区域，城镇发展连绵成片或成带，城乡和区域之间的界限不再明显，区域一体化趋势显著。这种城市区与农村界限日益模糊以及城市之间日益融合的趋势，使得原有的城乡间、城际运输需求呈现出城市公共交通的需求特征。这些地区结合区域和城乡一体化进程，积极探索跨地市的公交运营模式，取得了初步成效。

(1)城市公交彼此渗透覆盖沿途乡镇。珠三角地区的深圳、珠海、佛山、东莞、中山等城市的多条公交网络已突破城乡和市域界限，实现了城际城市公交网络的互联互通，有效解决了城市毗邻地区的居民跨市出行，使珠三角区域内城市间、城乡间的公交资源得到进一步整合。

(2)城际客运“公交化”运营惠及城乡居民。城镇化程度越高，短途、高频率出行的需求越大。部分地区在客流量大、沿途城镇密集的短途班线基础上，开行“公交化”

的城际客运班车，满足城际之间大规模、高密度的客运需求。城际客运“公交化”的实质，是在一定程度上将原有道路班线和公交运行模式进行结合，突破短途班线客运点少的障碍，方便沿线城乡居民就近上下车。典型的有广州—佛山道路客运同城化改革、江苏昆山—上海公交化班线，郑州—开封城际公交等。

4）强化城乡客运的服务衔接

（1）加强场站规划建设，促进城乡客运网络衔接。为实现农村客运与城市公交的有效衔接，部分地区在推进农村客运站点建设的同时，统筹考虑农村客运站点与公交的衔接问题。如苏州市、武汉市等合理规划建设实用性较强的农村客运站点，使其兼具公交首末站功能，实现与城市公交的无缝衔接。

（2）加大财政支持力度，促进城乡客运服务衔接。一是加大财政补贴力度，地方政府安排专项资金补贴，用于场站建设、弥补企业的政策性亏损等，有效促进了公交化农村客运的发展。如江苏启东、浙江海宁等。启东还实行服务质量与补贴标准直接挂钩的措施。二是加大对城乡公交的技术投入，由地方政府针对农村客运发展的运力更新、信息化建设等加大补贴力度。如江苏启东由市财政给予补助，对农村客运投入运力；苏州、无锡市加大政府投入，建设智能化公交；绍兴市对城乡公交推广 IC 卡一卡通实施财政补贴。

三、统筹城乡道路客运协调发展的主要问题

（一）城市客运总体水平不高

尽管近年来我国城市公交发展取得了巨大的成绩，但是城市公交发展落后的局面没有根本改变，城市公交总体服务水平不高，不能满足城镇化加速和居民生活水平提高的要求，仍不同程度存在“行车慢、停车难、等车长、乘车挤”的问题。从城市公交的分担率来看，全国 36 个中心城市公交出行分担率平均达到 20%，中小城市公交分担率平均不到 10%，与欧洲、南美洲某些国家及亚洲的日本等国大城市 40% ~70% 的出行比例相比还有很大的差距。城市公交总体发展水平不高，是导致公交出行分担率较低的直接原因。

1. 城市公交有效供给不足

（1）线网覆盖不完善、结构不合理。全国公交线网存在总体通达深度不够的问题，网络覆盖不完善、公交线网密度偏低；大运量公共交通起步较晚，多数城市还没有形成结

构合理的公交服务网络系统，普遍存在着主要客流走廊公交线路重复，有的道路上重复线路多达几十条，而城市边缘的居民小区、街道却没有公交线路，存在普遍服务不到位的现象。

(2)公交运能不足、服务水平不高。全国多数城市公共交通候车时间长、换乘不方便，以北京为例，地面公交运行速度低，出行耗时长，平均69分钟，车辆运行速度、换乘方便性都有待提高。公交车辆多为普通客车，且车辆普遍存在老化、技术等级低等问题，舒适性不足，直接影响了公交的竞争力和吸引力。许多城市公交车辆都存在超载问题，特别是在客流高峰期，公交车拥挤不堪，严重超员。

2. 公交基础设施有待改善

(1)场站基础设施建设滞后。由于缺少场站用地和建设缺乏配套的资金支持，目前全国多数城市公交基础设施建设都十分滞后，不能满足城市公共交通发展的需要。主要城市公交车辆停车场地不足，公交比较发达的北京市仍有近1/3的公交车辆停放在马路边；武汉市公交场站面积缺口达104.77万平方米，50%的车辆无固定场站停放；广州公交首末站缺口约为60%。

(2)公交专用路权保障不足。公交专用道规模不足，设置不合理，是制约公交服务水平提高的重要因素。深圳是我国最早进行公交专用道建设的城市之一，截至目前，公交专用道规模依然偏小，总长度仅占到公交线网长度的6%，且未形成网络，另一方面，公交专用道受社会车辆干扰严重，路权保障不足，严重影响了其功能发挥。

3. 敏感问题影响行业稳定

(1)城市公交企业经营负担过重。城市公交行业经济效益普遍较差，绝大部分企业经营亏损，企业负担较重，负债率较高。如至2009年4月，嘉兴市公交总公司负债9018万元，负债率达85.2%，现只能通过市高速公路投资公司担保，进行贷款融资，丹东公交公司、葫芦岛公交公司经营负债率甚至高达182%和225%。

(2)职工工作强度大，收入水平低。公交企业职工特别是驾驶员普遍存在劳动强度过高的问题，同时由于城市交通拥堵、行车环境复杂，如厕、餐饮等生活基本需求得不到有效解决，驾驶员承受的生理和心理压力极大，导致公交企业职工精神状态较差、心态不稳定，制约服务质量提高。另一方面，公交企业职工的收入往往低于当地在岗职工的平均收入水平。据了解，兰州、定西、天水三市的公交企业职工年平均收入均低于当地职工平均收入约3000元左右；辽宁公交企业职工平均工资仅相当于社会平均工资的1/2。低收入导致行业优秀人才流失严重，人员素质急需提高。

(3)外资和民营资本的弊端凸显。外资和民营资本进入城市公交行业在一定程度上有力促进了我国城市公交的发展。但是以外资为主流的多种经济成分并存，导致公交行业的公益性地位难以全面体现，其对公交行业的不利影响也逐渐开始显现。受资本逐利性

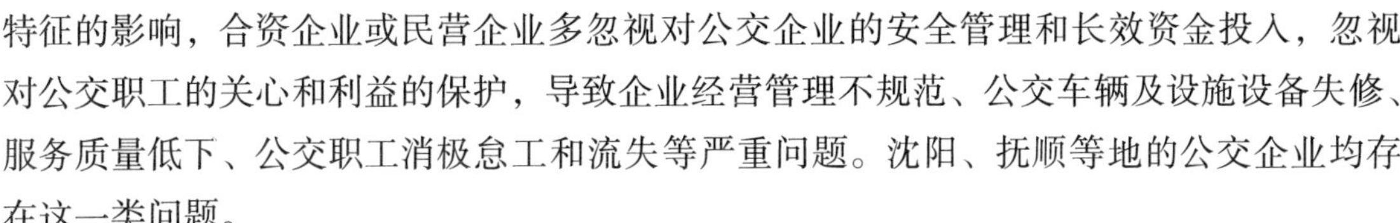

特征的影响，合资企业或民营企业多忽视对公交企业的安全管理和长效资金投入，忽视对公交职工的关心和利益的保护，导致企业经营管理不规范、公交车辆及设施设备失修、服务质量低下、公交职工消极怠工和流失等严重问题。沈阳、抚顺等地的公交企业均存在这一类问题。

(二)农村客运发展相对滞后

随着社会主义新农村建设的逐步深入，农村公路、客运场站建设取得了很大的成绩，但是总体来看，农村客运发展仍然滞后，尤其是与城市客运发展还存在较大差距，不能满足基本公共服务均等化和新农村建设的要求。

1. 农村客运网络有待完善

农村道路客运是农民群众的主要出行方式，在许多地方甚至是唯一的出行方式。我国目前仍有很多地区尤其是中西部的部分地区农村客运网络尚未完善，仍有不少乡镇、行政村未通班车，存在农村群众出行难的问题。据统计，全国有961个乡镇、8.3万个建制村未通班车，主要集中在中、西部地区。

2. 农村客运服务质量不高

(1)运力装备落后。农村客运装备技术水平落后，绝大多数为普通级客车，中、高级客车比重较小，车辆档次和技术水平低，安全状况差且监管薄弱，服务设施不齐全，在中西部地区许多地方农用车、拖拉机载客的情况仍然存在，安全隐患突出。

(2)场站设施滞后。相对农村公路网建设的深入，农村地区场站建设尤显滞后，特别是中、西部地区，农村客运有路、有车、无站的现象普遍存在，大多数农村客运车辆仍处于路旁发车、露天候车的落后状态。以重庆市为例，除地处国道、省道上大型集镇和部分县道上有建制的乡镇建成有等级客运站外，全市70%以上的乡镇没有等级客运站，通客运车辆的行政村90%以上没有招呼站。

3. 提升发展瓶颈问题凸显

(1)经营主体分散。农村客运市场经营主体集约化程度不高的局面仍广泛存在。虽然许多地区对农村客运进行了公司化改造，但是由于企业经营机制转变进展缓慢，公司内部仍以挂靠、承包、租赁等方式经营为主，绝大部分仍为“一车一主”家庭式经营，经营行为不规范，运输效率不高、效益低下和服务质量较差等问题仍将长期存在。

(2)企业经营困难。由于农村点多面广、住所相对分散，客流少，道路条件差，运输成本高，使得绝大多数农村道路客运经营者处于亏损或勉强保本经营状态。特别是乡镇至行政村、行政村至行政村的农村客运班线，普遍亏损，面临停运。近年来，一些地方政府为改善农民群众出行条件，要求农村道路客运经营者新开辟线路、新增车辆、提高发班频次，但由于配套补贴资金和政策没有跟进，使得农村道路客运经营者亏损愈加严重，处于难以为继的局面。

(3)经营模式单一。目前农村客运大多数采取的是“定点、定时、定班、定线”的运行方式，运行模式单一，经营线路分布也是“线型”或“树型”，很少是“网络型”区域化经营。

(4)市场秩序较乱。经营主体不按照核定区域、线路经营，超载等违规行为也普遍存在，特别是部分地区有大量摩托车、农用车、报废车等非法社会车辆充斥农村客运市场，造成市场秩序较乱。

(三)“一体化”进程总体缓慢

尽管很多地方在促进城乡道路客运统筹协调发展方面做了许多有益的探索，但是总体来看，城乡客运一体化进程仍显缓慢，农村和城市客运服务质量和服务水平仍存在较大的差距，不能满足统筹城乡和区域发展的要求。城乡客运网络衔接不畅，资源共享不足的矛盾仍然相当突出。

1. 公交下乡频繁引发经营矛盾

城市公交拓展和延伸线路过程中，客观上与该线路上农村客运班线形成竞争局面。城市公交下乡对该线路上的农村班线经营者造成很大冲击，由此全国各地频繁产生农村客运经营者抵制公交车下乡，甚至拦车、斗殴的现象，严重影响行车安全和群众出行。

2. 农村客运公交化推广受制约

通过农村客运公交化运营实现城乡公交一体化的经验模式，目前主要集中于长三角、珠三角、京津冀、成渝等经济社会发展水平和城镇化水平较高的部分地区。很多其他地区虽然班线公交化需求旺盛，但因受经济发展条件和政府财力的限制，很难大面积推进农村客运班线公交化改造。

3. 农村客运对外衔接有待完善

由于城乡客运基础设施缺乏有效衔接，换乘系统、候车设施建设滞后，线网分布不合理等，干线与支线运输网络、城市客运和农村客运网络衔接不畅问题仍广泛存在。

(四)统筹协调发展存在障碍

在城乡道路客运不断加快发展、融合发展的背景下，原有的城乡道路客运管理体系逐渐开始不适应、不能满足统筹与协调发展的要求，体制机制不完善、法规标准不统一、政府投入不充足仍然是困扰发展的难题。

1. 体制分割障碍影响深远

(1)体制完全理顺尚需时日。随着经济社会的发展，城乡界限越来越模糊，城乡客运

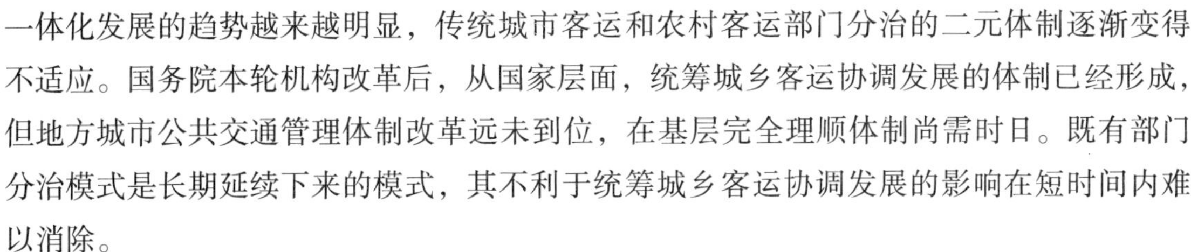

一体化发展的趋势越来越明显，传统城市客运和农村客运部门分治的二元体制逐渐变得不适应。国务院本轮机构改革后，从国家层面，统筹城乡客运协调发展的体制已经形成，但地方城市公共交通管理体制改革远未到位，在基层完全理顺体制尚需时日。既有部门分治模式是长期延续下来的模式，其不利于统筹城乡客运协调发展的影响在短时间内难以消除。

(2)亟须建立部门协调机制。对于已经形成以交通部门为主甚至“一城一交”体制模式的区域而言，虽然减少了部门间的职能交叉，为城乡客运一体化发展创造了有利条件，但多数城市交通运输主管部门的职责范围仅限于公共客运的运营管理，政府其他部门负责城市交通基础设施规划建设、服务定价和财政补贴，如果协调机制不跟进，统筹协调发展依然困难重重。

2. 二元政策矛盾难以消除

城市客运和农村客运的服务需求并无本质差别，只是服务群体有城、乡居民之分。但是目前客观上存在的城乡经济社会基础条件的不同，主观上关于城市客运和农村客运在属性认识上的差别，造成了政府对城乡客运发展的政策差别，很大程度上阻碍了城乡客运统筹协调发展。

(1)城乡客运的政策基点不一致。国家四部委《关于优先发展城市公共交通的若干经济政策的意见》中明确规定：“城市公共交通的投入要坚持以政府投入为主。城市公共交通发展要纳入公共财政体系，建立健全城市公共交通投入、补贴和补偿机制，统筹安排、重点扶持”。“公交优先”已被广泛认同并成为城市客运发展的政策基点。“公交优先”本质上即追求公共客运普惠最大化、效率最大化、服务均等化。但是目前“公交优先”被约定俗成为城市公共交通优先，尚没有明确涵盖其他范围。实际上，农村客运与城市公交具有相似的社会公益性，更能体现公共服务均等化，理应享有优先发展的权利。正是由于目前公交优先是否涵盖农村客运并无国家层面的明文界定，因此在政策基点上农村客运相比城市公交尚有较大的落差。

(2)城乡客运的政策支持有差距。城市公共交通在基础设施建设投入、用地政策、票价优惠和规费税收政策等诸多方面，较农村客运享受更多的优惠。政府投入不足往往是导致农村客运发展相对滞后的一个重要原因，近几年虽然各级政府对农村客运也加大了投入和政策优惠力度，但总体力度明显不及城市公交。2009年成品油税费改革，在客观上也消除了农村客运原来能够享受的部分优惠和政策支持，如江苏、江西等省虽然出台了对农村客运在养路费、客附费方面的征收优惠政策，但是成品油税费改革后，这些扶持政策已经失去功效。在统筹城乡客运协调发展过程中，政策差别一方面不利于迅速改变农村客运相对落后的面貌，另一方面也容易在二者不断融合发展的过程中导致矛盾和冲突。

3. 资源配置规划各自为政

(1)缺少城乡统筹协调规划机制。受长期部门分治的影响，城市公交和道路班线客运各自形成独立的线网和运营体系。由于城市客运与道路客运职责分工不明确，业务交叉严重，公交延伸线路与道路客运班线盲目竞争，经营矛盾突出，不仅易引发两类经营主体的冲突，也对乘客利益造成一定损害。由于缺乏统筹规划的协调机制，资源难以共享，导致城乡客运线路资源综合利用和优化配置存在较大的困难。

(2)跨部门协调和实施机制缺失。虽然部分城市结合自身实践已经出台或正在编制统筹城乡客运一体化发展的相关规划，但是跨部门规划协调和实施协同的机制没有得到足够的重视，规划执行的约束力明显不足，且规划编制和修订的随意性较大，严重影响城乡客运体系整体效率的发挥。此外，由于交通运输部门在城市总体规划中的参与和话语权不够，城市综合交通体系规划没有完全纳入到法定的城市总体规划之中，有的城市甚至没有编制城市综合交通体系规划，也往往容易造成客运线网规划、场站布局规划与城市基础设施规划不同步、不衔接。

4. 法规标准衔接明显不足

(1)城市客运法规缺失。当前，我国城市客运管理缺乏高位阶的行政法规，不仅严重影响了城市客运的健康发展，也使地方立法难以适从，政策不稳定、随意性强，造成城市公交的用地、资金、路权和运营补贴补偿等方面的保障措施难以有效落实，也不利于地方在统筹城乡客运协调发展实践中的制度创新。绝大部分省没有城市客运相关管理法规，例如，湖北省在城市客运方面仅有出租汽车管理的地方性法规，尚未建立保障公交有序、规范、健康发展的法规、制度体系；辽宁省在城市客运方面仅有大连、鞍山、抚顺、本溪等4个有立法权的市出台了地方性法规，沈阳、葫芦岛出台了政府规章。

(2)城乡客运法规不衔接。由于农村客运和城市客运管理属于不同的法制体系。在统筹城乡道路客运协调发展的实践中，城市客运向农村地区延伸以及班线客运“公交化”改造，难以避免会面临法律不衔接甚至摩擦冲突所引致的障碍。如城市公交和道路班线客运在超载方面仍有不同的规定，城市公交可以核定站立乘员，道路班线则不允许乘客站立，否则按超载处罚。

(3)技术标准不够衔接。受长期部门分治的影响，城市客运与道路客运在路网衔接、基础设施建设、车型选择等多个方面的技术标准存在不衔接的问题。目前多数城市的城市道路与城市外的公路分属不同部门管理，城市道路网与公路网规划建设过程中普遍缺乏相互协调，尤其是城乡结合部的城市道路与公路的过渡衔接段技术标准变换，易产生安全隐患。同时，由于公路场站枢纽与城市公交的场站在选址、流线设计等方面存在诸多不同，极易造成场站建设不衔接、旅客换乘不便、资源浪费等问题。传统的城市公交和道路客运的车型在车身外形、底盘、车身骨架以及车门等方面的技术标准有很大区别，在城市公交下乡和道路客运公交化过程中，满足旅客需求与兼顾现行标准规范出现了矛盾，对城乡客运一体化发展形成了制约。

(4)服务标准不衔接。服务标准应与城乡居民的不同需求相适应，但是目前尚未出台推进城乡道路客运一体化的服务标准衔接方面的统一规定。例如，在绍兴县一些偏远山区，许多农民按照城市公交的标准，要求政府提供“超值”的公交服务，对发车间隔、首末班时间、站点覆盖率等方面提出各种要求，使交通主管部门面临两难境地。

5. 投入不足制约服务提升

(1)农村客运发展缺乏投入机制。随着农村客运服务规模的扩大、服务水平的提高，需要更大的持续的资金支持。但是对于经济相对落后的地区，政府对农村客运补贴可能存在一定的困难，包括燃油补贴难于落实到位。尤其是当前城乡客运一体化发展刚刚起步，在推进农村客运公司化经营、公交化运作、降低票价改善服务等方面，需要大量的资金投入，均需要政府建立保障和投入的长效机制。此外，由于农村客运站收益少，难以调动投资者的积极性，农村客运基础设施投入不足，农村客运场站建设总体缓慢。

(2)城市公交政府投入仍显不足。一是各地对城市公交的扶持很不平衡。地方政府按照国家统一要求，逐步对城市公共交通实行了财政补贴和扶持政策，北京、深圳、杭州、西安、宁波等主要城市都实行了公共财政补贴扶持政策。但由于各地经济发展水平不一、对城市公共交通的公益性定位认识不同、对公共交通重视程度不同，各地工作进展不平衡现象较为突出。以江西为例，除南昌市有少量补贴外，其他地市，尤其是县城几乎无任何补助，企业经营困难。二是缺乏政策性亏损的有效补偿机制。出于民生的考虑，各级城市人民政府对城市公交纷纷制定实施了低票价政策，但是由于未形成有效的补偿机制，政策性亏损的补偿以及指令性任务支出的补偿难以到位，“政府请客、企业买单”的现象十分普遍，不利于企业改进服务质量。“政府树了形象，群众得了实惠，企业背了包袱”的怪圈亟须打破。

四、统筹城乡道路客运协调发展的总体思路与对策建议

(一)指导思想

深入实践科学发展观，以广大城乡居民的切身利益为根本出发点，始终坚持公交优先、城乡一体的发展理念，将城乡道路客运发展作为重大民生工程，充分发挥政府主导和部门联动、政策引导和市场互动的机制作用，按照城乡道路客运协同并进的思路，在

分类指导中强调统筹，在共同发展中强化协调，努力形成资源共享、衔接有效、布局合理、结构优化的城乡道路客运一体化发展格局，全方位、多层次地为城乡居民提供快捷、安全、方便、舒适，而且更经济、更高效的出行服务。

（二）基本原则

统筹城乡道路客运协调发展应当树立人本的理念、市场的理念、公平的理念、创新的理念，必须坚持以下基本原则：

(1)以人为本，均等服务。以满足城乡居民不断增长的出行需求为根本出发点，不断完善城乡客运服务的覆盖，促进基本公共服务均等化。

(2)因地制宜，分类指导。从实际出发，根据不同的经济社会发展条件和不同的运输需求特征，探索统筹城乡客运协调发展的合理模式，不搞齐步走和一刀切。

(3)政府主导，多予少取。充分发挥政府的主动性、积极性，强化政府责任，加大公共财政投入力度，统筹城乡公交优先发展政策，引导城乡客运协调发展。

(4)整合资源，规范管理。整合城乡客运企业、场站、线路等资源，提高城乡客运市场集约化、组织化水平。强化市场监管，规范经营行为，维护经营者、乘客的合法权益。

（三）发展愿景

建立一个服务上档次、管理上台阶、财政可支撑、百姓得实惠的城市公共客运系统，让广大群众愿意乘公交、更多乘公交，尽早确立公共交通在城市交通体系中的主体作用。

建立一个开得通、留得住、走得了、走得好的农村公共客运系统，让农民群众能够乘上安全车、便捷车，努力实现村村通，做到路通、车通、站通和民情通。

建立一个以城带乡、统筹协调、相互依赖、相互融合的城乡客运服务系统，形成城乡公交一体化发展新格局，让更多的农民兄弟坐上公交车，努力实现基本公共客运服务均等化。

（四）重点任务

1. 以提升服务为核心，深入推进城市公交优先发展

认真贯彻落实胡锦涛总书记在考察北京交通工作时对城市公共交通发展提出的更高要求，不断丰富城市公交优先发展的内涵，抓好落实，根据各地公交发展的实际情况，积极建立健全全方位、多层次的公交服务网络，深化城市公共交通优先发展的内涵和举措，提高公交服务质量和服务水平。

1)完善公交服务网络

根据群众需求积极拓展延伸公交线网，通过新辟和完善城市服务居住区、工业园区、

高教园区、旅游景区等区域的公交线路，不断拓展覆盖面和服务网络，方便群众的出行。不断优化现有城市公交服务网络，理顺线网功能层次，围绕城市布局的调整，根据城市发展需要和城市交通方式的变化，对现有公交线路进行调整和优化。

2）提高公交服务水平

大力培育城市公交骨干企业，引导有能力的企业按照市场的法则，通过联合、兼并、收购等方式进行资产重组，按照市场统一化、股权多元化、管理一体化的原则，改进城市公交经营模式、整合公交线路资源，逐步形成国有企业为主的城市公交企业经营模式，加快城市公交发展的转型升级步伐。

根据公交发展需要，加大公交车辆的投放力度，提高运能；加大政府支持力度，加快公交运力更新，提高公交服务水平。加强服务质量监管，切实提高公交服务效率，提高公交准点率，延长服务时间，进一步改善公交服务；针对上学、就医、旅游、购物、偏远地区以及行动不便人群等出行需求，发展多种形式的特色公交服务。科技引领，加快推进城市公共交通智能化建设，积极推进公交 IC 卡建设，以信息化为基础，提升公交发展的科技支撑，方便居民出行。

3）改善公交基础设施

将公共交通场站和配套设施纳入城市总体规划，完善公交场站网点布局，在民航、铁路、长途车站等交通节点应建设大型公交枢纽中心，形成市内公交与对外交通的转换，实现“零距离换乘”；公交场站做到与大型居住区、商业区、高教园区、新城区、风景区等主体建设项目同步设计、同步施工、同步交付使用。完善以政府为主的投资建设机制，完善城市公交枢纽站、首末站、停车场、保养场等，改变公交场站严重不足的局面，使公交场站设施建设与公交运力发展相适应。

加快公交专用道的建设与设置，积极创造条件在主干道上逐步辟建公交专用道，形成有效衔接的公交专用道网络体系，通过设置和划定公交专用道来保证公交车辆对道路的专用或优先使用权。

2. 以完善网络为重点，大力促进农村客运加快发展

农村客运发展事关社会主义新农村建设大局，各地应进一步贯彻中央关于农村客运发展的工作要求，按照做好“三个服务”的要求，落实政策措施，加大政策扶持，加快农村客运发展，进一步完善农村客运网络，提高农村客运通达深度，改善农村居民出行条件，确保农村居民出行一次换乘到县城，二次换乘到地市。

1）改善农村客运发展基础

继续加快农村公路网络建设，完善路网布局，提高路网技术标准和安全保障，为农村客运网络化发展提供基础支撑。加快完善农村客运场站布局，继续加强省、市两级的农村客运及场站的统筹规划建设，在继续推进农村公路网络完善的同时，根据各地客运需求特点和实际情况因地制宜规划、建设乡镇客运场站，注重在公路沿线规划建设港湾式停车点，真正实现路、站、运一体化，做到路通车通。

整合资源，鼓励和引导农村客运经营主体进行公司化改造，以资产为纽带，通过兼并、重组、股份制改造等方式组建公司，优化和调整农村客运市场结构。尝试推广农村客运的片区经营模式，将农村客运的经营由线路划定改为区域划定，促进集约化管理，提高经营效率。

2)创新农村客运发展机制

建立以城带乡、干支互补、以热补冷的资源配置机制，在客运线路服务质量招投标中增加冷热线搭配，即对客源充足的快客班线和农村客运热线，在招投标时增加农村冷线的搭配。创新农村客运组织模式，对于偏僻地区的农村班线，采取与地域特点、经济发展水平相适应的灵活运输组织方式，如尝试打破定班、定点、定线的“三定”原则和一辆车只能经营一条客运班线的限制，视情况开行隔日班、周班、赶集班等。

调动农村客运经营企业的积极性，探索区域经营模式，扩大区域化经营的农村客运经营企业在新增车辆和班次、车辆在不同线路上调整等方面的自主权，允许企业实行班车预约等多种形式的运输服务。非区域化经营的企业，可通过采用核准制视情支持增加支线运输车辆和班次等。

3. 以城乡一体为导向，不断优化城乡客运衔接协调

城乡客运发展与经济社会发展水平和群众出行需求密切相关，统筹城乡道路客运协调发展应结合各地需求，以“让更多的农民兄弟坐上公交车”为愿景，大力推进城乡客运一体化，不断优化城乡客运网络的整合和衔接，为城乡居民提供便捷、高效的出行服务。

1)用均等化的理念，鼓励城市公交向周边延伸

稳步拓展城市公交网络，鼓励城市公交“车头向下”，将公交线网延伸至区县县城、重点乡镇以及主要人流集散点等，有效解决城市毗邻地区农村居民的出行问题。充分考虑城市公交与农村客运的服务功能与服务范围，理清与班线经营模式的服务边界，统筹考虑城市公交与道路客运线网资源的整合，避免同一条线路公交和农村短途班线客运并存、两种模式无序竞争的局面。

对于一些经济发展水平和城镇化水平较高、地域面积较小的区域，可以通过整合资源，实现城市公交市域范围内的全覆盖，由政府特许公交企业为城乡居民提供均等化的公共交通服务。

2)用公交化的理念，推进农村客运班线的改造

大力支持城镇化水平和居民出行密度较高的地区持续推进农村客运公交化改造，推广“五定”（定线路、定班次、定时间、定票价、定站点）、“四统一”（统一车型、统一

票价、统一标识、统一服务标准和承诺）的运营模式，促进服务规范化、标准化，通过政策支持，逐步实现农村公交与城市公交服务标准的衔接。鼓励有条件的地区根据城镇、行政村布局形态需求程度以及镇级财力等实际情况，有重点、分阶段逐步推行镇内公交。

积极推进农村公交与城市公交经营主体的统一，通过收购、股份制等方式整合区域内市场经营主体，实现规模化、集约化经营。不断完善农村公交网络，优化布局，积极构建功能、结构合理的城乡公交网络，有序推进城乡公交一体化发展。鼓励研发适合农村基础设施、客流等情况的公交适用车型。

3）用便捷化的理念，支持城际客运资源整合

鼓励初步具备大都市连绵区形态的地区以及同城化发展条件较好的地区城市之间公交线路相互渗透和互联互通，并逐步扩大延伸范围。支持毗邻城市开通公交化班线，服务于城际沿途旅客以及城市毗邻地区农村居民的公交出行。

突破目前区域行政壁垒造成的管理体制和运行机制的束缚，建立跨区域的城际公交发展协调机制，建立统一的市场准入、监管与退出机制，完善产业发展政策，统一运输服务标准。适当下放城际线路的管理权限，更好更快地适应客运需求的变化。

4）用一体化的理念，优化城乡客运的网络衔接

坚持“快速衔接、方便换乘”的原则，打破城乡分割，争取由交通运输部门主导对枢纽场站、城乡道路、沿途公交车停靠站等公共基础设施和线网进行统一规划、建设和管理；在道路基础设施规划建设时应充分考虑客运场站的发展需要，切实做到路、站、运同步规划、同步实施。

充分利用城市公交和农村客运站点设施，根据城市公交和农村客运网络分布，合理布局换乘站点，改善换乘设施，加强农村客运与城市公交之间的衔接，方便旅客出行。加快城乡客运枢纽、换乘场站建设，实现轨道交通、城乡公交等多种方式换乘设施同步规划、建设、运行，促进城乡公交、轨道交通之间的便捷换乘。在综合运输枢纽规划建设中充分考虑各种交通方式功能的发挥，主动衔接其他方式，确保铁路、公路、民航等对外交通方式和城乡道路客运的有效衔接。

（五）对策建议

1. 统一思想认识，强化政府责任

（1）进一步强化对城乡客运公益性的认识。进一步明确对城乡客运的属性认识，尤其是要强化城市客运和农村客运的社会公益性，这是推进城乡道路客运统筹协调发展的政策基点。将农村客运与城市公交放在同等的重视程度，统筹财政投入、设施建设及土地供给等扶持政策，确保城乡居民平等享有基本公共服务的权利。进一步强化城市公交社会公益性的认识，明确城市公交在城市客运中的优先发展地位，按照“投资安排优先、

场站用地优先、路权分配优先、财税扶持优先、换乘衔接优先”等五个优先的指导原则，全面落实公交优先战略，维护城市公交的公益性特征和属性。

(2)进一步强化政府统筹城乡客运的责任。认真贯彻落实胡锦涛总书记在考察北京交通工作时的讲话精神，增强政府在城市公共交通供给中的责任意识。各级交通运输部门要以更高的视野、更新的思路、更实的举措，全面、正确履行好城市客运管理职责。明确地方各级政府在统筹道路客运协调发展中的主体责任，积极争取将发展城乡客运纳入到政府重要议事范畴，将扶持城乡客运发展资金纳入公共财政体系。关于城市客运职责表述中的“指导”和“承担”，我们理解是写法不同，对部、省两个层面无实质差别，部省两级都要有几个具体抓手，体现大部制改革的体制优势。进一步明确各乡镇政府在农村客运管理体系中的职责，逐步建立由县级人民政府领导、交通运输主管部门负责、乡镇政府配合的农村客运行政管理体系。力争将城乡客运发展相关约束性指标纳入文明城市等城市综合考评体系，强化城市人民政府对城乡客运发展的责任意识。

2. 理顺管理体制，完善协调机制

(1)建立统一的城乡客运管理体制。加快探索和完善“一城一交”的综合交通管理体制，深化地方交通运输大部门体制改革，明确当地交通运输部门对城乡公共客运实施统一管理。鼓励条件成熟、基础较好的城市尽可能实现公路和城市道路管理体系的整合，统一纳入交通运输部门的管理范畴。理顺纵向行政组织结构，明确各级交通运输主管部门在促进城乡客运发展中承担的角色和职责。

当前，地方政府机构改革尚在全面推进中，建议交通运输部加强与地方政府的沟通，协调和敦促地方政府按照中央关于“加快形成城乡一体的综合交通运输体系”的要求，建立一体化的城乡客运管理体制。

(2)构建跨部门的协调和联动机制。理顺交通运输部门与相关部门的关系，加强与建设、公安、工商、税务等部门的协调与衔接，明确城乡客运发展所涉及的投资、土地、运营、监管等领域的管理职权，建立协调机制。明确地方政府作为城乡客运发展的第一责任人，在其指导监督下成立由交通运输部门牵头的城乡客运发展联席会议制度，发改、公安、财政、规划、国土、建设、物价、税务等相关部门参加，共同协调城乡客运发展规划和政策。

(3)建立跨区域交通沟通协调机制。建立区域间统筹客运协调发展的定期沟通协商机制，加强区域间的联络与协调。适当下放毗邻地市城乡道路客运的管理权限，由相关地市自主规划、管理短途客运班线、跨市公交线路。

3. 加强统筹规划，优化资源配置

(1)构建一体化的城乡公共交通规划体系。明确城市交通运输部门在城乡公共交通发展规划编制中的责任和地位，建立城乡公共交通发展规划协调机制。建议交通运输部尽快出台城乡客运规划编制指南，指导各地制定城乡客运一体化发展专项规划。地方政府要高度重视城乡交通一体化发展规划编制工作，把城乡道路客运一体化纳入地方各级城镇体系总体规划。各级交通运输主管部门应立足统筹城乡公共交通协调发展的角度，整合公共客运资源，尽快编制涵盖从区域到城市、从城市到卫星城和农村的层次分明、互相衔接、完善配套的城乡客运发展专项规划，注重统筹城市客运和农村客运的协调发展，促进网络有效衔接和融合，统筹城乡客运服务的提供。

城乡客运一体化专项规划的编制与实施过程中，应当由交通运输部门会同国土、财政等相关部门严格按照国家规定的程序做好专项规划的审查、报批工作，并定期对规划的实施情况进行监督检查，确保规划的严肃性和稳定性。

(2)行使交通部门在总体规划中的话语权。考虑到城镇总体规划的制订、审定权掌握在空间统筹综合部门，交通运输主管部门作为承担其中交通规划实施的部门，要大力宣传“城乡规划，交通引领”的理念，主动协调并参与规划全过程，充分行使话语权，避免事后被动。要积极协调把城乡道路客运发展的相关内容纳入城市总体规划及各类综合规划之中，划定城乡客运基础设施用地范围，保证用地需求。

4. 完善法规体系，强化标准衔接

(1)推进法规制度的完善和修订工作。加快建立城市公共交通法规体系，加快出台《城市公共交通条例》，从立法上界定公共交通的适用范围，研究建立一系列配套规章和制度，指导和规范地方城市公共交通立法工作。结合统筹城乡道路客运协调发展中的重大问题，及时修订《道路运输条例》及其配套规章。加紧开展调查研究，梳理原交通部和原建设部以及地方政府出台的有关城市客运、道路客运的相关政策、法规、部门规章，找出相关交叉、矛盾、模糊的问题。

建议在《城市公共交通条例》中丰富城乡公交一体化的相关内容，或在其中明确由国务院交通运输主管部门另行出台统筹城乡公交一体化发展的相关规定。当前有必要就城市客运和道路客运之间存在的制度性冲突问题(如城市公交与班线客运、农村客运的功能特点、经营范围界定等)，出台专门的规章或规范性文件，为过渡阶段统筹城乡道路客运协调发展提供必要的制度支撑。建议出台统筹城乡客运协调发展指导意见，争取由国务院发布，或者由交通运输部联合发改委、财政部、住房和城乡建设部等部委下发，明确城乡公共客运的公益属性是优先发展公共交通的重要内容；明确城乡客运一体化发展的具体目标(尤其是城乡公交一体化推进目标)，建立目标考核体系，以及财政补贴与绩效挂钩的激励机制。

(2)构建协调配套的标准规范体系。建立健全城乡客运有关建设、运营、服务、安全等方面的标准和规范体系，切实解决城乡客运一体化推进过程中遇到的车速、车型、场站等标准的衔接问题。在过渡阶段，各地应根据本地实情，充分考虑交通设施条件，尽力与公安部门协商，解决道路班线客运公交化运作中的站位问题。加快制定包括城乡道路客运营运技术标准、服务质量指标体系及质量信誉考核办法等一系列标准和规范，强化标准化服务、规范化运营的执行和监督机制，引导规范化服务，提高行业文明水平。

5. 强化政策扶持，确保优先发展

(1)建立城乡客运多级公共财政保障体系。建议在坚持城市公交优先发展的同时，确立农村公共客运也要优先保障的意识。关键是要加快建立扶持城市公交和农村客运发展的长期、稳定的资金投入渠道，以及多级公共财政保障体系。逐步形成以制度性公共财政补贴为主，以土地划拨和税费减免等优惠政策为辅，以专项补贴和补偿为补充的财政支持保障机制。要在中央财政的引导下，形成中央、省、城市(包括市、县级城市)三级财政共同投入的长效机制，建议各占1/3的投入比例。

各级政府要把扶持城乡客运发展纳入公共财政体系，每年安排一定比例和数额的财政资金，用于支持城乡客运的发展，对车辆购置更新、场站建设、企业政策性亏损、其他公益性服务进行专项补贴等。中央财政要加大对城乡客运的支持力度，应考虑加大燃油税、车购税对城乡客运的投入比例，如提高车购税中老旧汽车更新改造专项资金的比重，加大城乡客运车辆更新改造的补贴力度。进一步明确和稳定燃油税返还地方资金中用于城乡客运场站及其相关设施建设专项资金比例和规模，对燃油税增量部分要加大对城乡客运的倾斜力度。地方各级政府应积极探索建立城乡客运发展专项资金，由本级财政每年在城市建设维护费、城市公用事业附加费、基础设施配套费、土地出让金等收入中安排与经济发展相适应的提取比例，专款专用。各市、县人民政府在国家和省级专项补助资金基础上，应多方筹资，加大本级财政配套力度，确保城乡客运发展资金投入。

(2)因地制宜积极探索多种补贴扶持政策。探索对城乡客运经营企业采取先征后返等多种形式的税费减免，研究制定城乡公交企业免征营业税等经济政策，规范各地对公交企业的税费征收项目。对城乡客运企业提供贷款贴息、车辆保险金优惠等政策。对于公交车辆及设施装备更新、信息化建设、节能减排，以及政府要求购置的新能源和新技术车辆等方面实施专项补贴政策。

(3)鼓励社会资本投资城乡客运基础设施。开拓多元投资渠道，规范引入社会资金，支持并规范引导企业投资兴建城乡客运场站及服务设施，政府应提供征地拆迁等优惠和便利，享受公益性用地政策。对于已建及待建客运站、招呼站、公交停靠站等可通过赋予特许经营权、商铺经营权、冠名权、广告权等方式盘活存量资产，扩充增量资产，滚动筹集资金，多渠道改善基础条件。

6. 完善配套机制，加强市场监管

(1)完善市场进入和退出机制。加快制定城乡客运服务特许经营制度及其实施细则，规范政府和经营者行为。建立城乡道路客运营运及服务的执行和监管机制。在大力打击非法营运的同时，建立经营主体服务承诺考核制度和区域客运市场退出机制。对客运企业实施安全评价考核，把企业承担安全责任的能力，作为市场准入和退出以及确定许可企业经营范围的重要条件。

(2)完善财政补贴和补偿机制。建立规范的城乡公交成本监测制度、政策性亏损评估及财政补贴制度，即：建立城乡公交补贴评价指标体系，对公交企业的成本和费用进行年度审计与评估，合理界定经营性亏损和政策性亏损，并对政策性亏损给予财政补贴。积极探索城乡客运“线路分级、科学补贴”机制，根据线路分布、客流量、预期经济效益和社会效益等指标，对线路实行分等级管理，按等级给予不同补贴，建立城乡客运服务质量考核评价体系，将服务质量与财政补贴挂钩，促进补贴的科学合理性。

同时，要建立起以公交服务能力、服务水平等为主要考核指标的中央财政补贴体系。倡导由地方政府设定财政补贴应急储备金，确保燃油价格迅速上涨、突发公共事件等导致企业经营困难时，补助补贴资金及时足额到位。

当前建议由交通运输部牵头，会同财政部、国家税务总局等部门，就城乡客运的经营成本、运输价格、效益情况等进行全面深入的调查，研究并提出统筹城乡客运发展的财政补贴政策与具体实施方案，指导和监督各级地方政府加快相关财政改革政策和制度建设。

(3)完善城乡客运的运价机制。在综合考虑政府财力有效利用的前提下，按照城乡道路客运的不同属性，探索建立以适应成本变动为基础、兼顾社会承受力的价格形成机制。完善公交运营成本核定程序，为公交价格管理提供依据。在适当的时候允许经营者在确保普遍服务的前提下，通过举行价格听证，适当调整票价，减轻经营压力，保证公共交通的可持续发展。

(4)完善企业的财务监管机制。定期向社会公示城乡客运企业经营服务状况，鼓励和引导企业将高于设定平均水平的收益用于强化服务管理，提高服务质量。建立有效的公共交通补贴监管机制，使公共交通补贴专款专用，充分发挥公共交通补贴效益。

7. 分类有序推进，试点探索实施

1)分类指导，探索区域客运服务体系构建的模式

各地在统筹城乡道路客运协调发展的实践中，应在学习借鉴先进经验的基础上，因地制宜、因时制宜地分类推进。

(1)类型一：经济实力强的特大城市和大城市。这类城市经济实力强、城镇化水平高、地域面积较大，未来城市内的通勤交通将更多依靠城市轨道交通，将在全市域内形成以轨道交通为骨干、以城市公交为主体、以公交化客运班线为基础、出租车为补充的城市公共客运服务体系。城区内应当加强城市公交与轨道交通的网络衔接，城市公交服务应当不断向有条件的区县和重点镇延伸。由于地域面积较大，城市公交难以完全覆盖

城乡，仍需要强化城市公交与农村客运的衔接。同时，根据公共服务均等化原则，不断提高区县内农村客运班线的公交化率。

(2)类型二：综合实力强地域面积较小的中等城市。这类城市地域面积虽小，但城镇化水平高，政府财力较强。应当推进城乡公交全覆盖，即城市公交覆盖全域或者形成以城市公交为主体、镇内公交为基础的客运服务体系。推进路径上，应当不断强化城市公交向重点镇、人流密集点和居民集中居住点延伸，努力实现城市公交的全覆盖。由于市域内综合实力强的小城镇大量涌现，应当在财政支持下积极发展镇内公交，统筹规划站点，强化与上一级公交网络的衔接。

(3)类型三：大都市连绵区或发展形态较好的城市群。这类区域的主要特点是区域综合实力强，区域间小城镇大量涌现，城市建成区基本连成一片，城乡与区域边界已不再明显，跨市运输需求十分旺盛。这类区域各城市内的公交客运体系已经相对完善，未来发展的重点是构建以城际轨道交通为骨干、跨市公交与市内公交有机衔接的客运服务体系，实现跨区域公共客运资源的整合。措施上，应当合理规划城际公交线网，实现与城际轨道交通的有效衔接；完善轨道交通站点的综合换乘功能，促进一体化发展。

(4)类型四：经济发展水平一般的大中城市。这类城市主要是指部分地域面积较大，但是经济发展水平一般的省会城市、地级城市。这类城市的轨道交通需求并不旺盛(或不具备发展轨道交通的条件)，可以通过城市公交的延伸，覆盖城市周边区域以及部分重点镇。这类城市因财力有限，不具备辖域内农村客运普遍公交化的条件，可有选择地分步推进公交化改造，逐步提高城乡公交覆盖面。发展目标是构建城市公交、农村客运、部分公交化农村客运功能匹配、相辅相成、彼此衔接的公共客运服务体系。

(5)类型五：经济发展水平相对落后的中小城市。主要是中西部地区部分经济发展水平相对落后的地级市以及全国其他欠发达的区县等。这些地区内城市公交还不具备大面积向外延伸服务的能力，且尚未实现农村客运网络的广泛覆盖，故仍需进一步拓展农村客运网络、优化调整结构，首先解决出行难的问题，同时注重强化农村客运网络与其他运输网络的衔接。

2)试点引领，推广统筹城乡客运协调发展的经验

结合大部门体制改革、燃油税费改革、统筹城乡和区域发展战略等新形势、新要求，进一步总结各地统筹城乡客运协调发展的经验，开展新一轮试点或示范工程建设。在总结农村客运网络化试点的基础上，积极依靠各级地方政府，成立专项工作小组，精心制订工作方案，选择不同类型的地区或线路进行不同类型的试点，在试点中鼓励政策创新、制度创新、模式创新，树立典型并予以大力推广，以点带面促进城乡道路客运统筹协调发展。

调研专题四

道路货物运输与现代物流业发展

湖 北 省 交 通 运 输 厅
浙 江 省 交 通 运 输 厅
宁夏回族自治区交通运输厅
上海市交通运输和港口管理局
深 圳 市 交 通 运 输 委 员 会

调研专题四调研人员名单

调研领导小组

组　长：林志慧

副组长：张　云　郑黎明　勾红玉　葛明明　马勇智

成　员：石先平　周　峰　邵　迈　胡树江　张　建　金伟强

调研联合工作组

组　长：石先平

副组长：安金钟　邵　迈　胡　森　陈建路　施　勇　吴晓明

成　员：胡奕军　林建良　江永贝　张　鹏　郑　新　贺敏健

调研实施小组

组　长：石先平

副组长：闵　力　邵　迈　邓其春　王阳红　秦介飞

成　员：黄　波　林　浩　徐　锴　杨培林　胡建明　颜博文

王　泉　王立军　胡万成　邱　涛　邓德军　蔡　莉

调研报告撰写人员

蔡少渠　张进平　郭光旭　熊万清　陈建军　张　威　杨　杰

张　欢　周　丹　白云峰　陈　旭　江永贝　徐玉巧　殷　波

万　菁　姚　伟

调研工作概况

改革开放以来，我国道路运输生产力得到极大发展。道路运输业从小到大，从弱到强，实现由计划经济转入放开搞活，由弱小步入强盛，由整体落后到全面繁荣，为经济社会发展和人民群众安全便捷出行提供了有力支撑和坚强保障。当前，国家大力推进现代物流业的发展，现代物流方兴未艾。道路货物运输作为现代物流的重要环节和综合运输体系的重要方面，其发展机遇前所未有，其问题困难前所未有。如何抓住机遇，促进道路货物运输发展、振兴现代物流业，是摆在交通运输管理部门面前的一项重要而紧迫的课题。

根据交通运输部办公厅《关于开展新时期道路运输业发展大调研活动的通知》（厅运字〔2009〕147号）精神及2009年7月10日交通运输部电视电话会议的有关要求，湖北省交通运输厅会同浙江省交通运输厅、宁夏回族自治区交通运输厅、上海市交通运输和港口管理局、深圳市交通运输委员会，成立领导小组和工作专班，深入开展了大调研活动，并请交通运输部、有关省市交通运管部门、武汉大学、武汉理工大学的领导、专家进行了多次评审，形成了本调研报告。本调研报告剖析了道路货物运输与现代物流发展的现状和存在的问题，研究了道路运输管理部门在促进现代物流业发展中的职能定位，提出了道路货物运输基础设施规划与建设、完善体制机制、制定政策法规和标准、加强公共信息平台建设和诚信体系建设、培育示范园区和龙头企业、培养物流经营管理人才等方面的建议。

本次大调研活动是在交通运输部道路运输司的指导下进行的，得到了兄弟省市的大力支持和指导，得到了许多企业和专家学者的真诚协助。在此对所有参加调研工作的单位、个人表示诚挚的感谢。我们希望调研成果能为促进道路货物运输和现代物流业的发展提供一些思路。

一、道路货物运输与现代物流业发展现状

改革开放以来，我国道路货物运输得到长足发展，道路货物运输基础设施日趋完备，货物运输经济体制由计划经济转入市场经济体制，货畅其流的买方市场已经形成，为经济社会发展提供了有力支撑和坚强保障。当前，国家大力推进现代物流业的振兴与调整，传统货运逐步融入现代物流业，物流社会需求旺盛，物流市场竞争激烈，现代物流方兴未艾，物流业保持平稳快速发展态势。

(一)道路货物运输基础设施日趋完备

1. 道路货物运输通道基本形成

随着经济建设的快速发展，人民生活水平稳步提高，我国道路运输基础设施建设成就世人瞩目，基本形成了以高速公路骨架网为主的快速货运通道、以国省干线公路为主的便捷货运通道、以城市道路和农村公路为主的配送货运通道。路网密度的增加为提高道路货物运输业的通达度和覆盖面提供了广阔空间。多层次路网的全面建设，为道路运输业的发展提供了有力支撑。截至2008年年底，全国公路里程达373.02万公里，路网密度达38.86公里/百平方公里。与2000年相比，公路里程增加232万公里，路网密度增加1.65倍，详见图4-1。其中，2000—2008年高速公路建设发展情况如图4-2所示。截至2008年年底，高速公路通车里程达6.03万公里，高速公路骨架网密度达0.63公里/百平方公里。以中部地区湖北省为例，截至2008年年底，全省公路总里程18.84万公里，路网密度101.33公里/百平方公里，与2000年相比公路里程增加了13万公里，路网密度增加了2.2倍。其中高速公路总里程2719公里，二级以上公路总里程20328公里。

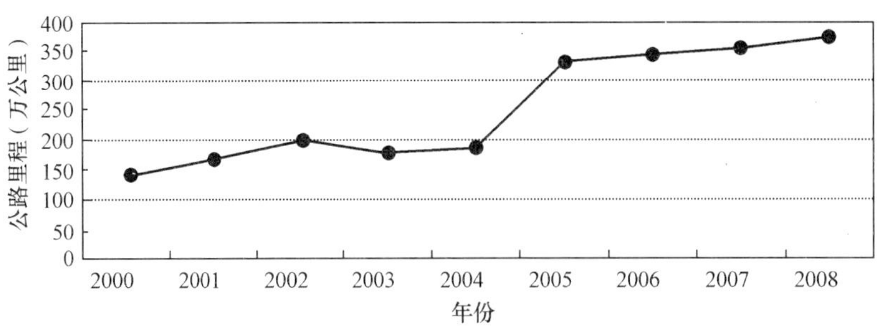

图4-1　2000—2008年全国公路里程变化图

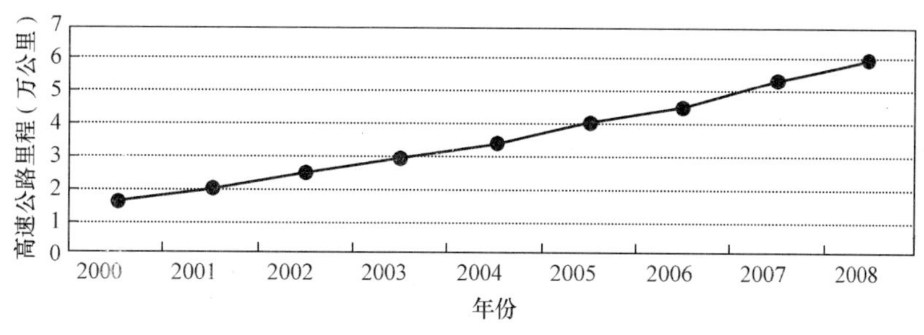

图 4-2　2000—2008 年全国高速公路通车里程变化图

2. 道路货物运输场站得到改善

道路货物运输场站及其网络布局得到改善，促进了道路货运市场资源的合理配置。目前，全国已建道路货物运输场站 3104 个，其中一级货运站 234 个，二级货运站 279 个，三级货运站 822 个，四级货运站 1769 个。一批区域性零担货运站、集装箱中转站、物流园区、物流中心、配送中心正在形成，仓储、配送等设施现代化水平不断提高。以浙江为例，到 2008 年，浙江全省建有公路货物场站 117 个，其中一级货运站 1 个，二级货运站 21 个，三级货运站 60 个，四级站 35 个，其中年运量在 10 万吨以上的场站 37 个，跨省运输线路 1900 条。

与此同时，一些货运场站设施功能不断拓展。“十一五”期间，货运场站建设从以往仅提供停车、住宿等简单服务，发展到现在逐步具备现代仓储、配送、信息交易、修理等综合运输服务功能。如湖北宜昌三峡物流中心在项目建设中吸引宜昌龙头企业宜化集团共同参与，建成了专业化的化工仓库和信息交易平台；武汉舵落口物流中心作为武汉公路主枢纽的重要组成部分，也是湖北省新建的最大货运场站，总投资 2 亿元，先后建成了 6 座大型拆装箱库、后勤综合楼、机械库、大型停车场、修理厂、污水处理站等设施，目前已有以台湾大荣、长郁水泥仓储、长江智能、UPS、FedEx 等为代表的现代物流企业入驻，形成了与传统型的货运市场、配载中心共存的格局。

3. 道路货物运输信息网络建设正在起步

到 2008 年年底，全国已有 17 个省市道路运输管理部门建立了综合信息发布系统，20 个省市建设了道路运输管理系统或运政系统。全国建成 5 个重点运输 GPS 监控系统、6 个客货运输管理系统、2 个交通应急指挥系统和 4 个道路运输综合统计信息管理系统。一批有规模和经济实力的企业已经开发或者正在开发信息管理系统，逐步建成了满足不同市场需求的信息网络和信息系统。如以第三方物流服务为重点的物流企业信息网络，以服务承托双方为基础的货运信息网络，以物流园区为依托的物流园信息网络，以港口疏运为重点的货物信息网络，以城市快递为主要业务的城市快递信息网络和以区域内货物配送为重点的信息网络，以客运班车网络为依托的“小件快运”信息系统。以上海市为例，上海陆上货运交易中心的功能定位，就是为本市货物托运方和运输服务方提供信息交换平台，并对大量成交价格进行分析，形成货运运价指数，为货运发展提供决策指导，提供完善的物流咨询、业务交易、作业管理、支付管理、网上协同办公等系统功能。货运信息网络分类如图4-3所示。

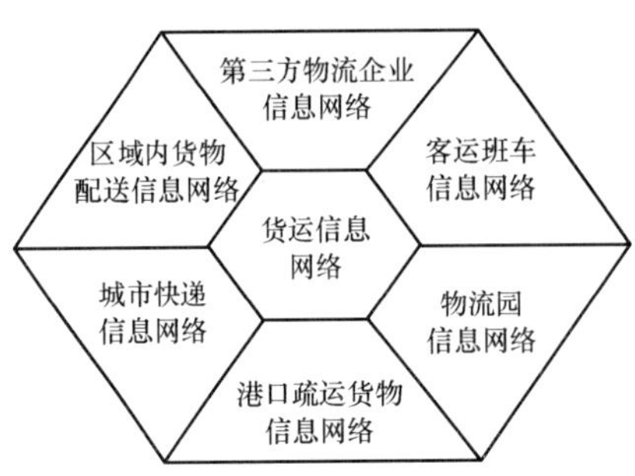

图4-3 货运信息网络分类示意图

(二)道路货物运输市场不断发展

随着道路货运基础设施的改善，从事道路货物运输的经营者越来越多，载货汽车数量逐年攀升，运量稳步增加，道路货物运输服务内容与形式日益多样化，货运市场组织结构正向集约化方向发展。当前，道路货物运输业已经成为我国高度开放、高度市场化的行业。

1. 道路货物运输经营者规模庞大，个体业户所占比例很大

2008年，我国道路货物运输经营业户有535万户，同比增长8%。其中企业62万户、占11.5%，个体业户473万户，占88.5%。

2. 载货汽车拥有量稳步增长

到2008年年底，全国公路载货汽车达到760.97万辆，为2000年的6倍，年均增加34.4万辆，年均递增7%。其中，普通载货汽车720.18万辆，占总数的94.6%；专用载货汽车40.79万辆，占总数的5.4%，专业化运输有待进一步发展。与此同时，部分地区运力结构逐步优化，适应多式联运的集装箱运输车辆和适合城市配送的小型厢式车辆等车型的数量明显增长。如浙江省2008年年底集装箱运输车辆比上年增长13.1%，小型厢式货车比上年增加45.8%。近年公路运营载货车辆拥有量如图4-4所示。

3. 道路货物运输量在综合运输总量中占绝对优势

近年来，我国全社会道路货运量、货物周转量都稳步增加。2008年全国道路货物运输共完成货运量1915864万吨，是2000年货运量的1.8倍，年均增长8%，同比增长16%；周转量32868.19亿吨公里，是2000年周转量的5.4倍，年均增长12%，同比增长189%，详见图4-5、图4-6。从全国货物运输总量看，2008年完成道路货物运输量191.59

亿吨，占5种运输方式总量的73.83%，公路货运量明显高于铁路和水路，体现了公路货物运输在综合运输体系中的比较优势和重要地位。

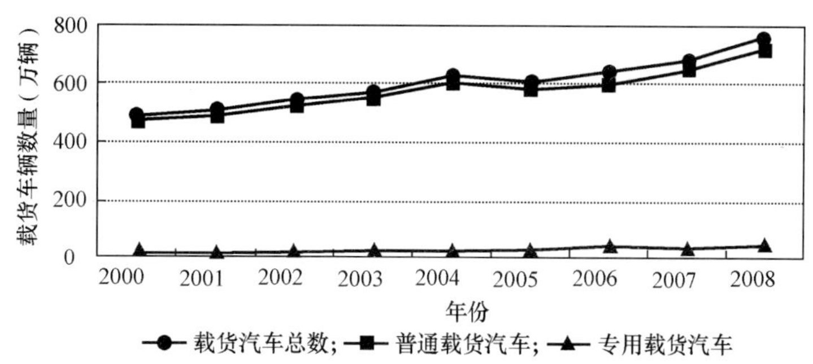

图4-4　2000—2008年公路运营载货车辆拥有量

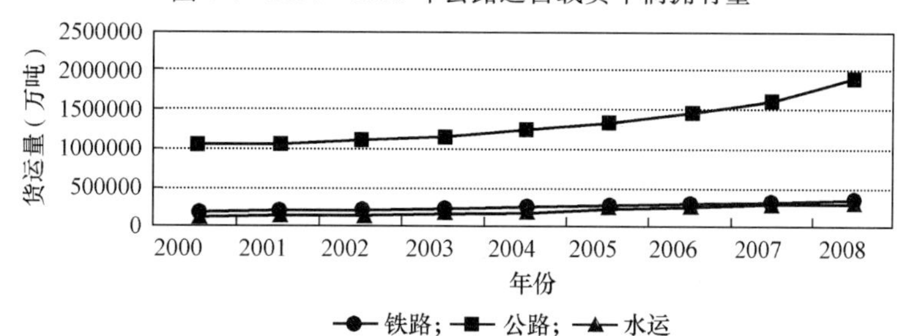

图4-5　2000—2008年全社会货运量变化示意图

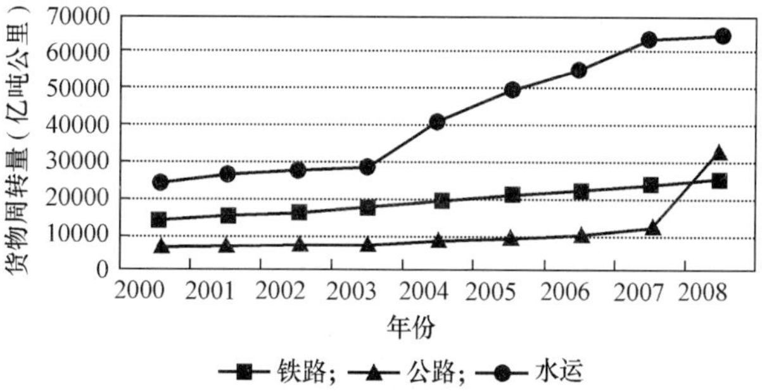

图4-6　2000—2008年全社会货物周转量变化示意图

4. 中部地区道路货物运输发展加速，区位优势突显

从产业发展的空间结构看，目前，道路货物运输已形成了与经济发展水平相适应的东、中、西梯度分布格局。从本次调研的情况看，2008年，东部地区，如上海公路货运量4亿吨；深圳公路货运量1.06亿吨、货物周转量81.12亿吨公里，同比增长分别为14.3%、15.4%；浙江公路货运量10.4亿吨、货物周转量521.7亿吨公里，同比增长5.4%、5.7%。中部地区，如湖北公路货运量52759万吨、货物周转量789.37亿吨公里，同比增长32.9%、161.0%。西部地区，如宁夏公路货运量7006万吨、货物周转量82.87亿吨公里，同比增长6.4%、6.0%，如图4-7所示。值得注意的是，中部地区的湖北公路货运量和周转量同比增长显著高于东部的浙江、上海、深圳和西部的宁夏，反映了随

着国际和沿海产业向内陆转移和中西部地区经济发展加速，中部地区承东启西，贯通南北的区位优势日益突显，道路货物运输业发展强劲。

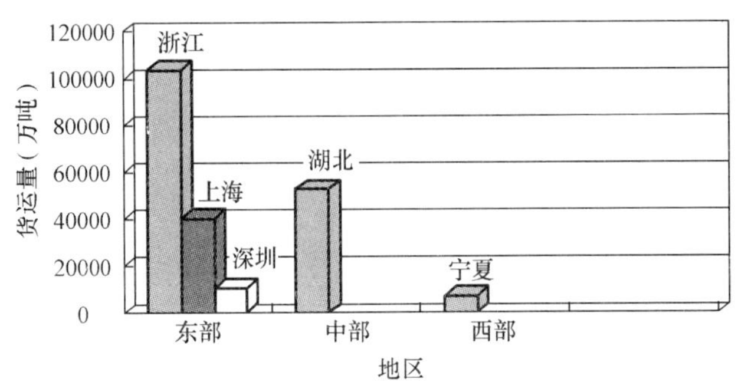

图 4-7　2008 年我国不同地区货运量示意图

5. 道路货物运输服务内容日趋多样

随着道路货物运输市场的快速发展，货运相关业务经营户增长迅速，基本满足了个性服务需求。如以各类业务的经营主体为标准划分看，2008 年，浙江省有货运相关业务经营户 7710 户，其中，货运代办 4996 户，占总数的 64.8%，物流服务业户 1222 户，占总数的 15.8%；信息配载业户 1273 户，占总数的 16.5%，如图 4-8 所示。

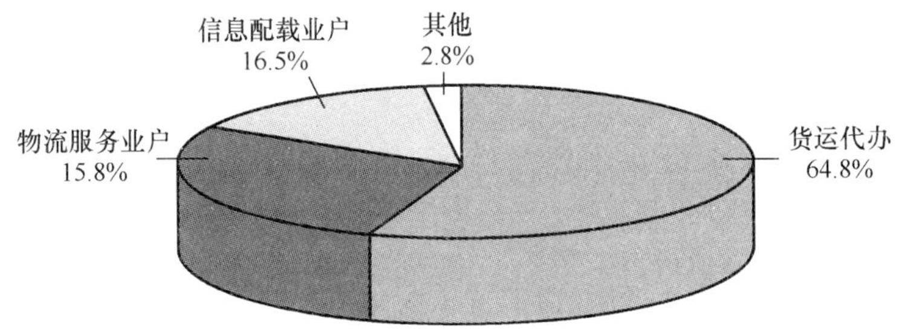

图 4-8　2008 年浙江省不同业务经营户比例图

道路货物运输形式开始向多样化方向发展。整车、零担、小件快运等专项货运发展迅速，甩挂运输开始起步。目前，东南沿海部分港口城市，如上海、广州、深圳、厦门等已开始甩挂运输的实践探索，甩挂车辆主要用于港口集装箱集疏运。城市配送初步发展，上海等省市正在积极探索小型货物运输出租车辆（简称“货的”）的发展工作。农村配送也得到重视。例如：浙江省通过整合货运资源，先后成立了 89 家农村专业配送企业，发展了 4 万余辆厢式货运车辆，形成了覆盖全省 92.3% 的乡镇、19.1% 的建制村的服务网点 7600 余个，开展了“千镇连锁超市万村放心店”等配送服务。

6. 道路货物运输市场组织化程度有所提高

当前，道路货物运输市场的生产组织方式正逐步朝着以货运信息为纽带的联盟型趋势发展，道路货物运输企业户均车辆不断增多，通过掌控货源、总承揽货运服务，货运市场组织结构向集约化方向发展。浙江省的调查表明，从道路货物运输企业构成看，截至2007年年底，浙江省30.5万经营户中，个体运输经营户为262809户，占到所有经营户的86.2%，仍然是道路运输行业的主要构成部分，但相比2006年87.3%的比例有所降低，市场集中度有所提高。同期，在浙江省43.56万辆营业性货物运输汽车中，个体车辆24.4万辆，占车辆总数的56.1%，相比2006年的59.3%下降3.2个百分点，个体车辆比例的下降说明随着道路货运企业的不断发展，其所拥有的运力不断增加，在道路货运行业中的比重也不断加大，运力结构进一步优化。

（三）道路货物运输企业物流服务能力不断增强

社会经济不断发展和企业市场竞争日益加剧，对传统的运输服务提出了多样化、专业化、一体化等新的要求。道路货物运输企业在原有业务基础上，不断拓展物流增值服务，通过不同方式逐步转型，物流服务能力不断增强。

1. *以货物运输为核心，拓展物流增值服务*

一些运输企业抓住物流业快速发展的契机，以原有的货物运输业务为核心，整合或拓展运输、配送、仓储、流通加工、货代、信息服务和物流金融等增值业务，满足现代物流规模化、集约化、信息化的要求。例如，深圳市海格物流有限公司，从最初的单一货运代理逐步发展到如今拥有海运、空运、铁运、汽运、仓储、配送和报关功能在内的较全面的综合物流服务体系。该公司服务网络已覆盖华南、华东及内陆腹地，并辐射到50多个国家。

2. *利用现代先进技术，做精做专物流服务*

一些运输企业通过做精做专主营运输业务，向专业化运输物流方向发展。如利用EDI、条形码、GPS、GIS、网络技术等先进技术，支持专业化运输和特色运输，成为客户物流供应链中具有独特竞争能力的专业运输企业，以精专的运输服务融入现代物流。

本次调研的深圳美泰国际物流有限公司，作为拥有国家一级货运代理牌照的民营企业，物流网络覆盖国内外各主要城市。目前已经发展成为以港口综合国际物流、第三方物流外包服务、物流基础设施投资与运营为主营业务的企业集团。

美泰国际物流通过学习国外先进物流管理技术，逐渐摸索出跨区域采购供应链的物流组织方案，并对传统的跨区域采购物流组织结构进行了流程再造，运用JIT服务，实现了由传统货代业务转型为第三方物流外包服务、物流基础设施投资与运营为主业的现代物流企业。为完成JIT服务，美泰项目团队全天候跟踪订单流，关注物流链的每一个细节，不断与世界的船务公司、航空公司、代理公司沟通协调，根据实际情况适时更改物流组织方案，有时甚至不惜成本动用航空运输。美泰物流目前已构建了强大的物流营运平台，能实施各项现代物流业务。如为客户提供全面的销售物流、采购物流、原材料生产供应物流的解决方案与执行服务，以及客户物流中心建设和物流公共平台建设等。又如湖北交通物流有限公司根据湖北中烟集团需要，有针对性地制订了烟叶供应链解决方案，从而赢得该集团80%的烟叶仓储和运输量。

3. 通过向现代物流企业转型，发展物流服务

随着客户需求的变化，部分传统运输企业通过延伸物流服务，向现代物流企业转型。调查表明，从企业转型探索的实践看可分四种类型。

一是资源整合型，这种类型是指以自身优势资源为平台，不断整合各种物流资源，向具有综合物流服务能力的企业转型。如浙江传化物流基地有限公司，从1986年一个家庭作坊起步，1997年开始探索物流，2000年确定物流平台基本模式，通过不断整合物流资源，变革物流营运模式，发展成为集交易中心、信息中心、运输中心、仓储中心、配送中心、转运中心及配套服务功能于一体的综合物流服务平台。初步形成一种适合我国经济发展阶段、较具特色的物流发展模式。

二是联合发展型，这种类型是指过去依附于大企业的专业运输车队，与有优势的外部物流企业联合，转型为物流企业。如银川长城远通物流公司(原长城轮胎厂的运输车队)有自己的固定货源，但由于其传统的运输方式成本高，难以适应现代运输物流发展的需要，因而与广东宝供物流集团联合，将银川佳通轮胎集团(原长城轮胎厂)的非核心业务承揽过来，为佳通轮胎提供运输、配载、货运代理、包装等第三方物流服务，实现了双赢。

三是借助外力型，这种类型是运输企业通过引进外部战略合作伙伴，开拓物流业务实现转型。如武汉优友国际快递公司管理欠缺、业务有限，业务发展遭遇瓶颈，通过与UPS国际快递、TNT国际快递、FedEx国际快递通力合作、成为武汉市场实力较为雄厚的区域快递企业。

四是自主转型，这种转型分为两种情况：一是从国有大型企业剥离的运输车队转型成的物流公司。如宁夏美利纸业集团的运输车队从公司剥离出来后，从传统单一的运输业务向综合物流服务发展，成为一家现代物流企业。二是中小型运输企业，由于市场竞争激烈，基于市场服务需求自主转型。如上海春风物流有限公司，过去是一家传统的物流企业，它在整合部分社会物流资源的基础上，开始向第三方物流服务转型，开发了个性化的物流服务信息系统，通过与某国际化妆品品牌签订上海市内的货物配送业务，有效地满足了客户的需要，较大地拓展了物流增值业务的利润空间。

(四)现代物流业快速发展

2004年年底，我国开始履行入世承诺，涉及物流的大部分领域全面开放，外资加速涌入中国物流市场，在第三方物流、快递业、物流装备、物流信息平台、物流培训、物

流地产等各个领域全面参与竞争。与此同时，我国物流企业也遵照“引进来、走出去”的发展战略，从为跨国公司提供国内物流服务到提供国际物流服务，进而在世界各地布局物流网络，拓展全球业务，融入全球竞争，经过激烈的角逐与竞争，我国物流市场已经形成国有物流企业、民营物流企业和外资物流企业三足鼎立的格局。为巩固和扩大竞争优势，物流企业之间积极寻求合作与联合，物流企业与工商企业之间也结成战略联盟以实现双赢，这使得我国物流业组织与运作方式与20世纪相比发生了巨大的变革，也使得产业竞争更加激烈和有序。近年来，我国现代物流业取得了长足的发展，正步入全面开放有序发展的新阶段。

1. 中国物流业发展迅速

一是社会物流总额和物流业增加值持续增加，对国民经济的贡献越来越大。2008年，全国社会物流总额89.9万亿元，与2000年相比，平均每年增长24.4%，同比增长19.5%；物流业增加值为19965亿元，与2000年相比平均每年增长14.2%，同比增长15.4%。而物流业增加值占服务业增加值的16.5%，社会物流总额和物流业增加值增长较快。统计数据表明，物流业每增加6.06个百分点，就可以带动服务业增加一个百分点。

二是物流企业业务量增加明显，收入稳步上升，企业实力增强。《2008年全国重点企业物流统计调查报告》数据显示，随着物流服务需求的不断扩大，物流业务量增加明显，其中，货运量增长26.3%，装卸搬运量增长43.9%，配送量增长42.2%，吞吐量增长31.4%。与此同时，物流企业物流业务收入保持较快增长。2007年物流企业物流业务收入同比增长24.3%，其中，运输收入增长12%，包装收入增长5.2%，配送收入、代理收入、信息等具有现代物流特征的业务收入分别增长21%、29.8%和40.8%，明显快于传统物流业务收入的增长速度。调查显示，2007年，全国前50名物流企业主营业务收入共达4178亿元，比2006年增长35%；排名第50位物流企业的主营业务收入达到7.4亿元，比2006年提高19%。

2. 核心物流节点初见雏形

随着物流业发展，在物流系统中，具有组织各种物流活动和提供物流服务重要场所功能的物流节点则显得至关重要。国务院关于物流业调整与振兴规划中提出了建设包括北京、上海、武汉等21个全国性物流节点城市的规划。在此之前，全国不少枢纽城市已加大了对本地物流基础设施的投入。以湖北省武汉市东西湖区为例，该区利用良好的交通区位优势，引进了国内外300多家物流企业，形成了长达十公里的物流长廊。农产品与农业生产资料、机电产品批发、汽车及零部件批发、药品配送等交易市场在此集聚。据统计，湖北省每年八成的农资、七成以上的饮料、六成的汽车或摩托车配件，均在东西湖区分拨配送。快速发展的物流带来了国内外工贸企业的大量涌入。目前，在东西湖区近300家从事物流的企业中，有100余家从事第三方物流，物流服务的门类基本齐全。一是为国内外知名企业在中部地区的物流配送提供外包服务。如长江智能、台湾大荣、捷龙物流公司、香港招商局等企业，为海尔、康佳、格力、松下、易初莲花等客户提供运输、仓储、配送等全过程的区域内物流服务。二是为企业提供水上运输物流服务。如台湾长郁水泥仓储企业为园区内客户提供此类服务。三是为企业提供冷链物流服务，如双汇物流重点为冷鲜肉、奶制品进行配送。四是包裹及邮件快递物流服务，以UPS、FedEx为代表。五是以武汉中百仓储为代表的商业连锁物流。由于这些第三方物流公司拥有现代化的物流基础设施，运用国际先进的物流技术和专业化的物流管理，其业务覆盖华东、华南、华北、华中四大区域。近年来，该区物流及运输增加值年均增长近四成，年物流处理能力约500万吨。铁道部也在此投资55亿元人民币兴建全国集装箱节点站。目前，该区以海关批准设立的保税仓库和出口监管仓库为基础，致力于为用户提供具备国际包装、国际配送、国际采购和国际贸易四大功能的新型物流平台。同时，规划以信息化提升物流业的档次，积极推进第三方、第四方物流发展，建设中部物流服务外包基地，并加快电子、公路、铁路与航空等口岸的建设步伐，为物流业大发展创造更广阔的空间。武汉东西湖区已初步成为集交易中心、信息中心、运输中心、仓储中心、零担快运中心及配套服务于一体的物流节点。

（五）促进物流发展的体制和政策环境不断改善

在物流业高速发展的同时，物流业发展的体制和政策环境也不断改善。车辆超限超载治理工作取得初步成效，道路货物运输和物流市场诚信体系也正在建设。

1. 管理政策相继出台

早在2001年3月2日，国家发改委等六部门就颁布了《关于加快我国现代物流发展的若干意见》，这是我国现代物流发展的纲领性文件。此后，国家九部委出台《关于促进我国现代物流业发展的意见》（发改运行〔2004〕1617号），该意见分析了我国现代物流业的发展现状和面临的形势，提出了我国现代物流业发展的指导思想、基本原则、发展目标、主要任务、重点工程和保障措施。2005年，《国务院关于促进流通业发展的若干意见》（国发〔2005〕19号），是流通业建设大市场，发展大贸易，搞活大流通，加快推进内外贸一体化的行动纲领。《国务院关于加快发展服务业的若干意见》（国发〔2007〕7号），明确指出了要通过发展服务业实现物尽其用、货畅其流、人尽其才，降低社会交易成本，提高资源配置效率，加快走上新型工业化发展道路。2008年，商务部颁布《关于加快我国流通领域现代物流发展的指导意见》，该意见对加快我国流通领域现代物流发展，提高流通效率，降低流通成本，促进城乡和地区间商品流通，更好地发挥现代流通业在国民经济社会发展中的先导性作用提出了很好的指导性意见。

特别是2008年国际金融危机爆发后，国务院将振兴物流业作为“保增长，扩内需，调结构”的重要举措，于2009年3月10日颁布了《物流业调整和振兴规划》（国发〔2009〕8号），明确指出物流业的调整和振兴是促进物流业自身平稳较快发展和产业升级的需要，也是服务和支撑其他产业发展的需要，为物流业下一步的发展提供了纲领性指导意见。国家发改委2009年5月12日颁布了《落实物流业调整和振兴规划部门分工方案》。各省市地方政府也相继制定了本地物流业调整和振兴规划，物流业发展的政策环境得到进一步改善。

2. 部分省市在促进物流业发展上进行了体制创新的探索

为了适应现代物流业发展的需要，一些省市成立了相应的物流管理机构。

浙江省成立了“交通大物流建设领导小组”，将领导小组办公室设在省交通运输厅，省运管局具体承担日常工作，负责指导和协调全省“交通物流”发展工作。

湖北省将综合交通协调小组办公室和物流通关领导小组办公室设在省交通运输厅，并专门成立了湖北省交通运输厅物流发展局，统筹推进全省交通物流基础设施建设和信息化建设，推进各种运输方式的有效衔接。

宁夏回族自治区和深圳市政府将物流发展的职责统一归口到交通运输管理部门，并设立了专门管理机构。

3. 全国车辆超限超载治理工作取得初步成效

由交通部等七部委组成的全国治理车辆超限超载工作领导小组，决定从2004年6月20日开始统一在全国开展“治超”专项治理工作。交通部等七部委联合制订印发了《关于在全国开展车辆超载治理工作的实施方案》，进一步明确长效治理的工作目标、各部门的职责分工和治理措施等。经过三年的集中治理和两年的长效治理，全国治超工作初见成效。

4. 道路货物运输和物流市场诚信体系正在建立

2006年以来，国家下发了《国务院办公厅关于社会信用体系建设的若干意见》以及中央《关于在治理商业贿赂专项工作中推进市场诚信体系建设的意见》，交通运输部先后颁布了《道路运输企业质量信誉考核办法(试行)》、《机动车维修企业质量信誉考核办法(试行)》、《道路运输驾驶员诚信考核办法(试行)》等文件。各省、市、自治区在认真贯彻落实国家及交通运输部有关工作要求的基础上，围绕交通运输部制定的质量信誉考核办法，通过对从业人员的诚信考核和企业的质量信誉考核，强化了运输物流企业和广大从业人员的诚信意识，提高了运输与物流市场的服务质量和诚信经营水平，企业诚信自律的主动性有所增强。

二、道路货物运输在适应现代物流业发展过程中存在的问题

当前，随着国民经济的快速发展，道路货物运输在促进现代物流业发展的同时，也逐渐暴露出一些问题。

(一)货运场站规划建设与现代物流业发展不适应

场站设施是货运企业赖以生存的基础，是运输组织的中心。虽然全国各地开始重视货运场站的规划建设，场站网络也在逐步形成，但仍然难以适应现代物流业的快速发展。

1. 投入不足，规划不够科学

一是投入不足。道路货运场站建设目前最大的制约因素是资金问题。“十一五”以来国家对公路货运枢纽场站建设投入大大减少，严重制约了货运场站网络的发展，中西部地区及农村地区尤为明显，特别是农村物流场站非常缺乏，不能适应建设社会主义新农村的需要。

二是规划不够科学。由于历史原因，货运场站一直作为道路货运企业的附属设施存在，建设规模偏小，大量的货运车辆无法进站经营，以路代站现象严重。特别是危险货物运输车辆以路代站的情况，增加了拥堵的机会，增大了危险货物事故发生的几率和事故后果的严重程度，已经成为道路货物运输的安全隐患。部分货运场站的规划选址也不尽合理，缺乏对物流服务需求的前瞻性考虑，容易造成场站远离货源、远离市场，货运服务供给与市场需求在空间上不匹配；没有很好地与周边集疏运网络相衔接，没有与城市的长期发展规划相协调，场站的经济效益和社会效益没有得到充分发挥。

2. 服务功能较单一，有效供给能力不足

大多公路货运场站建成时间较早，多数规模较小，设施能力有限，而长期以来“重客轻货”的做法使这些设施投入不足，无法改善设备。大部分道路货运场站仅提供临时的储存服务，储存设施简陋，难以保证货物的储存质量。由于无法满足现代物流对道路货运配载市场规模化、集约化的需求，多数小规模道路货运站经营惨淡，场站利用率很低，站内仓储设施闲置。以浙江为例，类似传化物流基地的一些大型货运场站基本能够提供从仓储、装卸搬运到配载、装箱、包装乃至汽车检修和商检等一站式服务。但绝大多数是小型货运场站，装卸基本都通过人力来完成，缺乏现代物流所需的装卸设备、装卸平台。绝大多数货运场站对于运输市场所需要的货运交易信息只能通过电话或者传真

来完成，很少使用计算机、条形码的技术，信息化水平很低，本身数量不足的货运场站无法形成有效的网络。

3. 货运场站空间布局不合理

全国许多地区的货运场站网络系统尚未建立，货运场站总体处于独立、分散经营状态，抗风险能力差。货运场站的布局不适应社会经济发展的需求，也无法适应现代物流业发展的需要。同时，随着城市的发展，现有的大部分货运站分布在城市的主城区，大量货物运输和市内交通管制的矛盾，必然要求道路货运场站搬迁到城郊结合部。但是，现有货运场站运营效益普遍低下，使得新的货运场站建设的投资与融资出现瓶颈，货运场站空间布局的改善过程缓慢。

（二）管理体制和政策法规不适应

现代物流相对于过去传统的运输、仓储而言，涉及从原料采购到产品配送的全过程，客观上要求打破地区和部门间在管理上相互分割的局面，以实现资源在更大范围进行整合和优化配置，来为企业和社会降低交易成本，提高效率。但目前国内的物流管理体制，以及伴随现行体制而存在的一些政策法规，在一定程度上限制了现代物流业的快速发展，也不利于道路运输企业更好地服务于现代物流或向现代物流转型。

1. 现行物流管理体制不顺

物流领域“多头管理”普遍存在，物流在不同的省有不同的归口，这是由于各地物流发展的不同状况，以及各地政府对物流行业的认识不同形成的。2005 年，国家发改委启动全国现代物流工作部际联席会议制度，要求各地政府建立物流联席办制度，由发改委统筹管理物流行业。实行大部制改革后，交通运输部开始承担“参与拟定物流业发展战略和规划，提出有关政策和标准、按规定承担物流市场有关管理工作”的职能，交通运输部在道路运输司专门成立了货运与物流管理处。

但是，目前的体制机制仍然存在一些与现代物流发展不相适应的地方，发改委、商务部、交通运输部等多个部门均有各自的物流管理权限，从中央到地方都有相应的管理部门，各部门之间权力和责任存在交叉和重复，缺乏沟通协调。从部门协调看，虽然存在部际联席会议制度，但是部际协调会议次数有限，有些问题无法得到及时解决。在履行促进物流业发展的有关职能上，交通运输部也涉及综合规划司、道路运输司、科技司等多个部门，部门之间对于道路货物运输促进物流业发展的一些政策措施上存在差异。

2. 道路货物运输赔偿制度不健全

由于货主单位一般为货物投保了财产险，在托运时便不再单独投保货运险，根据《汽车货物运输规则》规定“货物保险由托运人向保险公司投保，也可以委托承运人代办”。而运输公司为了降低成本，一般不会去投保承运人责任险(占运费比例较大)，在运输过程中一旦出现因承运人责任造成的货损、货差时，保险公司按财产险向托运人进行赔偿后，会向承运人进行全额索赔。

道路货物运输赔偿责任限额制度主要来自于相关的国际便利运输公约。主要有《1975年国际公路运输公约》（TIR）、《1956年国际道路货物运输合同公约》（CMR）、《道路标识和信号公约》、《道路交通公约》（CRT）、《关于临时进口商用道路车辆的海关公约》、《关于统一边境货物管理的国际公约》。而中国政府尚未加入这些公约。

道路货物运输缺乏相应的赔偿责任限额制度，不利于国内道路货物运输的发展，一旦发生重大责任事故，企业便可能面临破产，不利于物流业的持续发展，同时也不利于道路货物运输承运人以多式联运分段承运人的身份参与国际物流活动，和其他运输方式的分段承运人相比，缺乏赔偿限额制度的保护，严重阻碍了道路货物运输融入国际物流链条。

3. 城市配送车辆在城区运行存在障碍

由于各城市政府或交通管理部门根据当地交通特点对货运车辆实行交通管制，货运车辆在城市内通行受到诸多限制，法律依据来源于《中华人民共和国道路交通安全法》。货车一般被限定在夜间通行，即使允许白天通行，也要求具备货车进城通行证并严格限定时段、路段。为了规避交通限制，及时将货物配送到指定地点，承运人经常通过类似金杯面包车或微型面包车等客车运输货物。但是按照《道路旅客运输及客运站管理规定》第四十九条规定，这些车辆既不能办理客车营运手续，又不能办理货物运输营运手续，使得承运人陷入进退两难的境地。

从另一方面看，即便允许客车载货，面包车和近似尺寸的厢式货车相比，载货空间非常有限，一台厢式货车的配送能力是面包车的好几倍，这也是目前国内一些客车生产商推出高顶车型的原因，其目的就是为了增加车内载货空间，提高承载数量。业内人士认为，如果允许小型厢式车辆作为城市配送车辆合法入城进行货物配送，将可大量减少城市普通商品所需车辆，减少道路资源和停车资源的占用，缓解城市道路交通压力，减少能源消耗和污染物排放，道路货物运输企业或物流企业的配送成本也会因此大幅度下降。

4. 现行税收政策不利于第三方物流的发展

物流企业在现行的税收政策下，容易出现重复征税的情况。现代物流企业是为客户提供一体化供应链管理服务的，涉及的环节很多，物流企业为了发挥自己的核心优势，培育核心竞争力，专注于核心业务，对非核心业务进行外包，物流企业要支付给其他如运输企业和仓储企业较大比例的分包费用，自己只赚取差价，而税务机关对于物流企业收入全额进行征税，这将导致重复纳税，不利于第三方物流业的发展。

国税总局将运输主体区分为自开发票纳税人和代开发票纳税人，但对自开发票纳

税人认定比较苛刻，增加了企业的成本，不利于道路货物运输企业以专业化细分方式切入现代物流业。根据国家税务总局规定，只有拥有货运车辆的道路货物运输企业才可以领取运输发票，运输发票可以抵扣7%的增值税款，因此货主都要求承运方开具运输发票。在上海，企业必须拥有5辆及以上货运车辆才能领取运输发票，拥有车辆数在1~4辆的企业需凭运输合同开具定额的运输发票。因此，如果物流企业试图发展第三方物流，不再自己购置车辆，而是以整合社会车辆方式提供物流服务时，企业便不能开具具有抵扣功能的运输发票。据统计，全国约有70万家物流企业，而税收优惠试点企业只有400家左右，有3万家左右具有持自开发票纳税人资质的物流企业并未享受到应有待遇。

这些税收政策不利于道路货物运输企业推动物流业发展，也不利于现代物流业的专业化和网络化，对制造业和商业零售业都带来了负面影响。

5. 车辆更新缺乏政策支持

由于回收报废拆解行业现状结构不良、经营秩序混乱，报废拆解企业数量少，降低了报废行为的便利性，现行“以旧换新”政策也存在一定问题。不少企业反映报废更新车辆的补偿和收购价格还不及车辆作为废铁处理的价格，导致企业不愿报废更新车辆，影响了运力结构的调整和道路运输行业的发展。据了解，目前报废车标准的收购价仍是10多年前的350元/吨，远低于废品回收公司回收废旧钢铁的价格(2000元/吨左右)，非法拆解厂收购自重4吨的中型货车，报价为3000~5000元/辆，在二手车市场上报价可能近万元。

6. 货运代理、货运配载等道路运输相关业务缺乏管理规定

目前，缺乏统一的货运代理、货物配载等市场准入条件。货运代理市场主体多、小、散、弱，竞争无序，造成了市场秩序混乱、诚信意识差等诸多问题，导致货损货差、货物灭失等商务纠纷时有发生。现行法律、法规又没有明确的经营行为规范，缺乏有力监管，致使相关辅助行业无序竞争，“卷款”、“丢货”事件也就无法避免。统一的市场准入条件缺失，如国内对货代业中数量最大的信息服务业者的市场准入没有任何规范制度。道路货物运输管理部门试图改变市场秩序混乱的局面，对市场进行制约和监管，但权威性行业规定的缺失使运管部门显得力不从心。

(三)道路货物运输标准体系建设与现代物流业发展不适应

虽然我国已经建立了物流标识标准体系，并制定了一些重要的国家标准，但这些标准的应用还存在着一些问题，各种标准之间缺乏有效的衔接。道路货物运输体系标准化建设滞后主要体现在以下几个方面。

1. 不同运输方式的标准化体系未能有效统一

尽管国家标准的行政主管部门是国家质量监督检验检疫总局，但从综合运输体系看，公路、铁路、水运、航空、管道等不同运输方式分属不同职能部门管理，各部门都有各自的运输标准，部门之间标准的制定存在各自为政的情况，缺乏协调和统一，不利于不同运输方式的无缝衔接，不能实现有效的“多式联运”。物流包装标准与设施标准之间难以协调，使得整合运输、包装、装卸、搬运、仓储、流通加工、配送、回收加工及物流信息处理等各种功能而形成的综合性物流活动失去系统性和协调性。

2. 物流信息的标准化工作滞后

目前，我国许多部门和单位都在建立自己的商品信息数据库，但数据库的字段、类型和长度都不一致，数据格式、接口各自为政，形成了一个个“信息孤岛”。中国物品编码中心所做的调查显示：在被调查的234家工商企业中，仅有6家与贸易伙伴的数据一致，占2.6%，编码规则不一致的数据无法实现交换和共享，严重影响了物流管理和电子商务的运作。

3. 货物运输过程中的基本设备缺乏统一标准

货物运输过程中的各种基本设备缺乏统一标准，而且物流包装标准与物流装备标准、物流设施标准之间又缺乏有效的衔接，降低了整个物流过程的通用性与连贯性，在一定程度上延缓了货物运输、储存、搬运等过程的机械化和自动化水平的提高。以托盘为例，根据中国物流与采购联合会托盘专业委员会的调查，我国目前流通中的托盘规格有几十种，并且还有增多之势。有的采用欧美标准，有的采用澳大利亚标准，有的采用日韩标准，还有的干脆自己定义，由于与产品包装箱尺寸、国际标准集装箱及运输配送车辆规格不匹配，严重影响了物流配送系统的运作效率，不利于货物的中转联运，也难以与国际规格接轨，增加了物流成本，降低了企业竞争力。

另外，虽然目前我国对商品包装已有初步的国家和行业标准，但在与各种运输装备、装卸设施、仓储设施相衔接的物流单元化包装标准方面还不配套，对各种运输工具的装载率、装卸设备的荷载率、仓储设施空间利用率方面的影响较大。

（四）信息化建设与现代物流业发展不适应

1. 道路货运企业信息化发展滞后

目前，我国大部分道路运输企业的信息化水平仍然较低，现有的道路货物运输信息系统多限于车辆配载，真正应用信息化整体规划，建立信息管理系统、专业网站的不多。企业信息化整体规划能力较低，对信息化的理解不深，对自身的信息化未来发展也缺乏规划，缺乏覆盖整个企业的全面集成的信息系统。如浙江省26万家道路货运经营业户中使用计算机软件管理的不足5000家，拥有自主开发物流信息系统的企业更少；有的道路货物运输企业还没有信息系统，仍停留在手工操作阶段，沿用黑板公告、简报、短信、面对面交流方式；虽然很多道路货运企业对安装GPS的长途干线车辆实现了动态监控功能，却无法通过掌控大量货源信息实现车辆动态调度和管理，从而提高实载率，为企业创造更大的经济效益；部分道路货运企业信息系统功能全、技术水平高，但没有物流需求，造成信息系统不实用；软件开发商不熟悉道路货运企业的业务模式，与企业业务人员在沟通和理解上存在障碍，也是造成信息系统缺乏实用性的原因之一。

2. 物流公共信息平台有待完善

公共信息平台建设存在的主要问题在于对建设模式和运行机制尚处在探索阶段。从国内已建立起来的物流公共信息平台的实际情况来看，还没有一个平台能够整合物流供应链各环节的物流资源(信息、技术、物流设备等)，使得产品供应链各环节企业以及交通、港口、海关、银行等各行业不能协同工作。尽管一些地区在物流公共信息平台上取得了进步，但其发展模式在其他省份的推广应用可能缺乏足够条件。由于物流业务经营业户的综合信用认证体系尚未建立，物流公共信息平台还无法为用户提供全面的资质认证、信用查询等服务功能，导致平台的网上交易功能建设滞后。除货运信息平台外，针对中小货运企业服务的业务资源平台建设始终没有找到较好的切入点和运营模式，其效果和影响力都较小。

3. 信息系统互联互通滞后

信息系统由各行业、企业根据自身业务发展需要建设，主要解决行业、企业车辆货物信息交换问题，功能局限，应用范围窄。一是现有行业、企业的信息平台之间没有有效连接，往往形成相互独立、互不共享的信息孤岛，难以形成有效的信息网络。二是缺乏统一的信息编码和数据交换标准，电子运输单据无法传递，储运条码也应用不起来，目前企业的货物最多只能在内部进行跟踪，无法在物流链上进行管理和跟踪。三是道路运输管理部门的信息还仅限于本地区、本系统应用，无法实现更大范围与其他部门的交换和共享，面向社会的信息服务能力也有待进一步提高。尤其是货运营运车辆和驾驶员的资质认证信息无法实现全国范围的共享，造成货运市场中承托双方在货运交易过程中出现各类问题，直接影响了道路货运行业的声誉。

4. 道路货物运输市场现代物流技术有待推广

现代物流技术是指在现代物流活动中对货物进行配送和储存，为社会提供无形服务的技术。它可分为硬技术和软技术：硬技术包括基础设施、机械技术、材料技术、信息通信技术等；软技术包括规划技术、运用技术、评价技术等。道路运输领域应用较多的物流技术中，主要涉及两类。一类是与运输工具有关的硬技术，另一类则涉及与信息通信有关的软技术。

而国内道路货物运输企业无论是在运输工具还是信息技术方面，与国外的同行都存在很大差距。即使有些企业已经开始应用GIS、GPS等先进技术，但应用的层次低，提供的功能少，还有很大的发展空间。

（五）运输组织化水平与现代物流业发展不适应

道路货运行业是一个对资金规模、技术水平、人员素质等要求较低的行业，其提供的产品——运输服务生产的同时即被消费，资金回收快，经营周期短。因此，一旦调低门槛，大量社会资本便会进入道路货运行业，涌现出许多规模小、技术装备和管理水平低的货运企业。

1. 市场主体“小、散、弱”，竞争力不强

我国道路货物运输目前仍以个体经营为主（占88.5%），缺乏有效组织，资金欠缺、技术落后，服务质量不高，一户一车的现象占相当比重，上规模的企业较少。缺少区域内或跨区域、具有强大组织功能、集团化、网络化经营的品牌主导型企业。车辆挂靠现象十分普遍，以挂靠方式组织的运输企业表面上拥有较多车辆，但只能提供统一交纳管理费、汽车年审、办理保险等简单业务，没有建立强大的车货信息网络，没有整合车货匹配技术，缺乏统一服务标准，不能统一调配，车辆游离于企业有效管理范围之外，企业运输安全和货物保险能力低，经营信誉度较差。

2. 新型的运输组织方式应用不够

道路货物运输以普通载货车运输为主，网络化运输、集装箱多式联运、甩挂运输等先进运输组织方式发展不够，使得道路货物运输企业和国外同行相比，存在很大差距。如美国公路货运车辆基本采用拖挂运输并以厢式半挂车为主，厢式半挂车的保有量、销量占到所有挂车的70%左右。

国内第三方物流产业发展滞后，道路货物运输企业受专业化分工影响，企业规模大都偏小，规模化经营、网络化经营有一定困难。甩挂运输缺乏大型场站或综合运输枢纽等衔接性基础设施平台支撑，缺乏有效的扶持政策，特别是现行税费征收政策、交强险的保险政策等与发展甩挂运输不协调。

除此以外，甩挂运输方式在企业的应用也受到企业具体业务情况的制约。目前，甩挂运输只能在东南沿海港口城市小范围实行，其他地方仍无法实现大面积推广。如湖北捷龙物流公司曾经做过尝试，但未能坚持下来。该公司在试运行中发现，开展甩挂运输必须有三个前提，一是货源充足，线路流量相对平衡，否则，容易出现回程空载现象，影响了企业经济效益的提高；二是进行点到点运输，如果车辆到站后还需要送货到客户的，则失去甩挂运输的意义；三是企业的各项管理必须严格到位。由于甩挂运输需要多

个车厢和多个车头间衔接配合，对车辆管理、证件管理和轮胎管理等提出了新的挑战，如果管理跟不上，势必造成车辆运营成本增加。最终，捷龙物流选择了放弃甩挂运输，其原因有：一是承揽的货物中有相当部分是大票货物，用主车直接送货上门比较经济；二是流量不均衡，以固定不变的运作模式应对流量流向不均衡的货流，达不到理想的甩挂运输效果。

3. 道路货物运输高端增值服务供给不足

道路货物运输服务内容单一，高附加值的物流增值服务供给能力薄弱，不能充分满足日益增长的个性化运输服务需求。个性化运输服务需求是指在需求种类、性质、批量、安全、速度、形态等方面的非同一般性的运输服务要求。如针对汽车市场需要提供整车运输服务，针对散装货物运输提供分装服务，将运输和保安职能结合起来提供保安客货运输服务，全时空电话要约运输服务等。多数企业无法为客户提供报关、市场调查分析、物流系统规划、成本控制、企业流程再造、物流咨询、物流管理与运作技术指导等相关增值服务。由于无法提供高附加值的增值服务或个性化运输服务，道路货物运输企业之间服务内容同质化程度严重，市场竞争只能采取削减价格或降低服务质量等方式进行恶性竞争。

综上所述，道路货运行业整体以小规模经营为主，整个行业盈利水平偏低，抗风险能力差，竞争力不强，难以适应现代物流业的发展。

（六）道路货物运输诚信体系建设与现代物流业发展不适应

道路货物运输市场诚信体系应是一个综合、全面、多层次的系统工程，且由众多子系统构成，主要包括6个方面：法律法规系统、诚信征集系统、诚信评价系统、信息披露系统、诚信奖惩系统和培育货运诚信文化。调研发现，当前道路货物运输市场主要存在以下几种不诚信行为：一是事前非诚信行为，即货运业务交易双方在确立交易以前发生的非诚信行为，如夸大自我能力、资质造假，甚至骗取货物。二是事中非诚信行为，可称为合同履行中的非诚信行为，如偷货盗货、中途加价、因非客观原因导致的时间延误给货主造成损失。三是事后非诚信行为，主要是指运输过程发生后，对于运输过程中发生的一些问题，事后并未担当相应责任，或者并未按照合同相关条款履行责任。如拒绝事后赔偿、不按时支付货款等。

现有类似于诚信评价系统的道路运输企业质量信誉考核办法覆盖面不全，缺乏地区、部门之间的联动机制。质量信誉考核未能调动经营者与从业人员的积极性和参与意识，行业管理机构、经营者、从业人员三者在考核工作中脱节。考核与日常监管脱节，事前发现和防范效果不明显，事后监督的诚信奖惩处罚不力，导致不诚信行为的成本过低，屡禁不止。

(七)从业人员素质与现代物流业发展不适应

现代物流要求从业人员应该是管理类和技术类相结合的复合型人才，既要掌握物流业务操作、优化管理的理论和方法，同时又应具备计算机和网络自动化技术方面的知识，更重要的是更新思想观念，改善服务态度，提高服务技能和水平。目前，从事道路货运的人员缺乏长远规划和做大做强的信心，大多没有经过严格的培训，缺乏物流方面的专业知识，运用现代物流理念经营企业的能力不足，服务意识不强，经营行为不规范，尤其是高级物流人才的匮乏给现代物流的组织方式和运输流程的优化带来困难，已严重制约了道路货物运输的现代化和现代物流业的发展。

虽然我国已经对道路货物运输从业人员实行了从业资格证制度，但从近几年发生的事故调查来看，大多从业人员素质不高，对事故处理的知识了解甚少，甚至当场逃匿的现象时有发生。道路货物运输中无证上岗的情况也屡见不鲜。从调研情况看，多数从业人员除在取得从业资格证前进行过基本的职业知识、技能和职业道德培训外，上岗从业后大都没经过岗位技能、专业知识的再培训。

三、道路货物运输在现代物流业中的地位和作用

改革开放以来，我国道路货物运输的发展取得了显著成就。实行大部门体制改革，发展综合运输体系，赋予了道路货物运输管理部门新的职责。当前，站在新的历史起点，充分认识道路货物运输在现代物流业中的地位和作用，对于道路货物运输业增强改革创新的紧迫感，加快发展具有重要意义。

(一)道路货物运输在我国现代物流业中居重要地位

物流业是融合运输业、仓储业、货代业、信息业的复合型服务产业，其中，道路货物运输在我国综合运输体系中，运输量最大，服务面最广，占运输费用的比重最大，因而在现代物流业中居重要地位。

从全国货物运输总量看，2008 年完成道路货物运输量 191.59 亿吨，占 5 种运输方式总量的 73.83%，详见表 4-1、图 4-9。同年，道路货物运输完成货物运输周转量 32868.2 亿吨公里，占 5 种运输方式总量的 26.21%，详见表 4-2。道路运输在短途运输中占绝对优势。

从社会物流总费用看，2008 年，全国社会物流总费用为 54542 亿元，其中运输费用为 28669 亿元，占全社会物流总费用的比重为 52.6%，而道路运输费用又占运输费用的

60%以上。可见，我国道路货物运输是现代物流产业实现核心功能、左右社会物流成本的重要力量。

2008年各种运输方式完成货物运输总量及其增长速度　　表4-1

指　标	绝对数(亿吨)	比例(%)	比上年增长(%)
货物运输总量	258.7	100.00	9.4
铁路	33.1	12.79	4.7
公路	191.0	73.83	10.9
水运	29.7	11.48	5.7
民航	407.6	0.16	1.4
管道	4.5	1.74	15.4

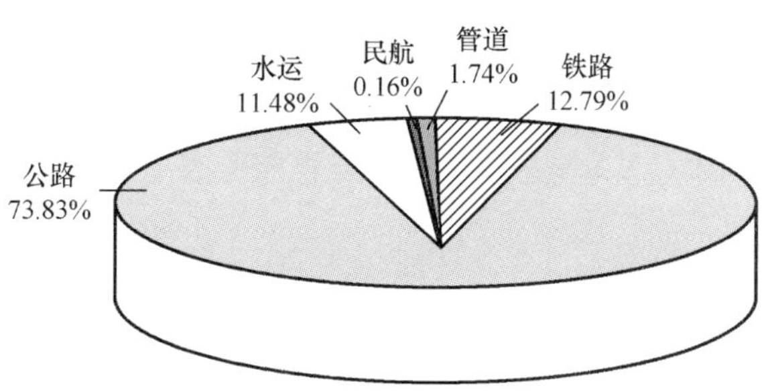

图4-9　2008年各种运输方式完成货物运输总量比例

2008年各种运输方式完成货物运输周转量及其增长速度　　表4-2

指　标	绝对数(亿吨公里)	比例(%)	比上年增长(%)
货物运输周转量	125382.5	100.00	3.8
铁路	25111.8	20.03	3.7
公路	32868.2	26.21	14.5
水运	65218.2	52.01	1.5
民航	119.6	0.10	2.8
管道	2064.7	1.65	19.5

(二)道路货物运输是现代物流系统的基础和支撑

物流系统是包括运输、存储、装卸、包装、流通加工、配送、信息处理活动等7种功能要素的有特定服务功能的有机整体。道路货物运输通过在特定时间内实现物品的空间转移，创造了物流的时间价值和空间价值，是物流系统最核心的功能要素。在2008年全国营业额排名前十的物流企业中，由运输企业发展而来的约占70%。

同时，道路运输基础设施是实现物流空间转移的载体，是推进现代物流发展的重要支撑，特别是货物配送、货物集散都离不开道路运输。因为物流与供应链管理要实现物品在空间上的位移，都离不开线路和节点。物流的运输功能必须在线路上进行，包括集货运输、干线运输、配送运输等，而物流系统其他功能如包装、装卸、保管、分货、配货、流通加工等物流活动，则需在节点上完成。

（三）道路货物运输是现代物流活动的重要环节和纽带

在物流供应链的运行过程中，道路货物运输因其在综合运输体系中具有通达度高、覆盖面广、运输组织灵活、运输品种多样的比较优势，成为物流不可或缺的重要环节。同时，道路货物运输是连接并贯穿于整个物流供应链的一条主线，将现代物流涉及的储存、装卸、搬运、包装、流通加工、配送等各个环节有机地串联起来，道路货物运输也是衔接其他运输方式的纽带。它通过完成物流供应链中各种运输方式的有效衔接以及起点和末端的运输和配送，使“门到门”的物流服务得以实现，促进了各种运输方式的良性互动。

（四）道路货物运输信息网络是现代物流信息网络的组成部分

现代物流的信息网络主要由道路、铁路、水路、航空货运、货运场站、设备、物流供需信息网络组成。目前，道路货物运输过程中的货源组织、运力调度、车辆运行等运输组织信息与道路客运网络中小件快运信息构成了道路货物运输信息网络的基础，成为现代物流信息网络的重要组成部分。现有的道路货物运输信息网络在构建现代物流信息网络中，发挥了积极的作用。在有的地方，货运信息网络通过升级正在向现代物流信息网络转化。

四、道路运输管理机构在推动现代物流业发展中的职能定位

道路运输管理机构要以现代物流理念为指导，发展道路货物运输，促进现代物流发展。根据交通运输部有关道路货物运输和物流管理职能的定位，结合广大基层从业者、管理者和有关专家的建议、意见，概括起来，道路交通运管机构在推进现代物流发展中主要有以下五个方面的职能。

（一）参与制定物流业发展战略和规划

道路运输管理机构应当立足道路货运业，以构建综合交通运输体系、促进现代物流发展为目标，制定与现代物流紧密关联的货运场站及集疏运通道。道路货运及相关业务包括运输车辆等物流设施设备的发展战略和建设规划，并与国民经济和社会发展相关规

划、现代物流业发展规划、综合交通运输发展规划有效衔接。

(二)负责和协调有关物流基础设施建设

在交通运输主管部门的领导下，协调相关职能部门，争取落实有关建设资金补助政策，负责物流园区、物流中心、配送中心、物流节点、道路货物运输场站、农村货运场站等物流场站基础设施建设。

协调相关部门，配套完善高速公路、普通公路、农村公路以及物流专用通道建设。整合资源，促进道路货物运输与其他运输方式的有效衔接与互动发展。

鼓励社会、企业、个体、外商投资建站。按照国家规定，根据投资额度、投资主体的不同，分别实施审批、核准与备案工作。尤其对于吞吐量大、效益好、回收有保障的货运场站，要积极吸引社会资金投入。

(三)承担物流市场有关管理工作

负责起草、协调和完善道路货物运输方面的法律、法规、规章，维护道路货物运输和物流市场秩序，规范市场经营行为，建立公平竞争、规范有序的道路运输市场，促进物流市场的持续、健康发展。

主持和参与行业发展政策和标准的制定。根据物流发展的客观规律及实际情况，引导行业发展。制定运输、仓储、装卸、搬运等道路货物运输服务标准和相关物流技术标准。

加强道路危险货物运输管理，继续深化道路运输安全专项整治。

承担机动车辆维修与综合性能检测、机动车驾驶员培训机构和驾驶员培训管理。

建立道路运输与物流数据的采集体系，统计、分析、发布道路运输市场公共信息。

负责道路运输市场行业诚信体系建设。

(四)指导道路货物运输企业发展现代物流

指导道路货物运输企业增加服务内容、拓展服务领域、延伸服务链条、提供高附加值的增值服务，大力发展第三方物流，提升道路货物运输企业的现代物流服务能力。

培育道路货物运输骨干企业，鼓励、引导道路货物运输企业发展农村现代物流。依托道路客运网络和邮政物流系统发展小件快运等物流业务。

(五)推广现代物流先进技术

组织促进现代物流业发展的道路货物运输关键技术的攻关。鼓励道路货物运输企业建设物流管理信息系统。依托对物流发展具有重要影响力的大型物流园区和物流中心，开发、建设公共物流信息平台。推广应用全球定位系统(GPS)、地理信息系统(GIS)、射频识别技术(RFID)等先进技术，促进运输、仓储设备和信息系统升级换代，提高道路货物运输的现代化水平。

五、立足道路货物运输促进现代物流业发展的总体思路、主要目标和对策建议

(一)总体思路

通过营造现代物流发展政策环境，运用现代物流理念和信息技术改造传统道路货运，推动产业结构优化升级，提高道路货物运输组织化水平、运输效率和服务能力，努力降低物流成本，为经济社会提供先进、高效的物流服务。

(二)主要目标

到2015年，初步形成由物流园区、物流中心、配送中心、公路货运场站、农村物流站点组成的布局合理、层次分明的物流节点体系，初步形成与其他运输方式无缝衔接、便捷高效的道路货物运输网络，培育一批服务国际物流、区域物流、配送物流的道路货物运输骨干企业，基本建成与相关职能部门和企业互联互通的物流公共信息平台，基本形成法制健全、标准统一、技术先进、竞争有序、诚实守信的道路货物运输市场体系，实现运力结构明显优化、运输成本明显降低、服务能力明显增强、运输效率明显提升，夯实现代物流业发展的基础。

(三)对策建议

1. 以道路货运场站建设为抓手，完善全国物流节点体系

道路货运场站是保障公路运输便捷、安全、经济、可靠的重要基础设施，是综合运输体系和物流网络的重要节点，具有较强的基础性和公益性，对提高运输效率和促进经济发展具有重要作用。作为现代物流网络的重要组成部分，道路货运场站网络化、布局合理化、功能综合化、信息标准化，可为现代物流业快速发展提供可靠平台。应以《公路运输枢纽总体规划》中道路货运场站的规划建设为切入点，推动全国物流基础设施实体网络建设，形成覆盖全国的共用型物流基础设施网络，并推动全国快速货物运输网络和综合交通运输体系的建立与完善。

(1)建议交通运输部将道路货运场站、物流园区等基础设施建设纳入交通发展规划和年度投资计划。各省市地方交通运输主管部门也应将其纳入地方交通发展规划和年度投

资计划，同时与地方中长期经济发展规划等保持一致。

(2)建议交通运输部出台新的道路货物运输场站和物流中心(园区)建设指导性意见。明确建设主体、建设和评审标准、布局原则、投资范围、管理模式。

(3)加大对道路货运场站建设的资金投入。建议通过国家和省共建、省市共建，形成共同推进道路货运场站、配送中心及物流园区建设的投资机制。在建设中，地方政府负责包括土地征用、三通一平在内的相关工作，交通运输管理部门的资金，主要支持园区内道路的建设、园区到高速公路、转运设施设备、主干道之间的连接通道、场站建设以及节能减排的设施设备。建议交通运输部出台鼓励社会、企业、个体、外商投资建站的相关政策。重点支持中西部地区及其农村建设，包括县市物流分拨中心、乡镇物流场站及农村物流网点在内的农村物流网络。

2. *以完善管理体制机制为保障，营造良好的政策环境*

梳理和完善道路运输促进现代物流业发展的政策法规，完善适应新形势要求、符合综合运输及现代物流发展规律的体制机制，是实现道路运输促进物流业平稳较快发展的重要基础性保障。以地方交通运输大部门体制改革为切入点，通过深化改革，理顺各方关系，强化行业管理和公共服务职能，为促进道路货物运输发展和振兴现代物流业创造良好的体制机制环境，为道路货物运输企业向现代物流业转型、参与全球竞争创造条件。

(1)建议交通运输部强化部相关司局物流管理职能，实现部内物流发展的归口管理，并指导全国各省市自治区交通运输部门设立物流发展专门机构，形成地方政府综合协调，交通运输部门主管，促进物流发展的自上而下、相互贯通的工作机制和工作网络。

(2)积极争取促进道路货物运输与物流业发展的政策措施。积极争取项目立项、资金扶持、土地供给、税收、信贷、保险、车辆管理等方面的支持政策和措施。积极与发改委、税务部门协调，继续扩大物流企业营业税差额征收试点范围。加强与保监会之间的沟通，促使开展甩挂运输的牵引车和半挂车的保险费率标准享受集装箱车辆待遇。与车辆牌证管理机构及海关协调，调整目前半挂车的相关管理政策，为甩挂运输创造一个合理的制度环境及宽松的发展空间。

(3)推进道路货运与现代物流业发展的相关立法工作。推动《道路运输条例》、《道路货物运输及站场管理规定》的修订，充实规范道路货物运输管理的相关条款，制定加强货运代理、货运配载管理等方面的办法，完善道路货物运输事故赔偿限额制度，制定货运出租汽车行业服务规范。完善道路货物运输条例，减小执法随意性的空间，加强道路运输执法监督，减少道路货物运输业者的不合理成本。适当延长收费公路、桥梁等设施的资金回收期，降低货物运输成本。

3. *以提高行业整体绩效为目标，完善道路货物运输和现代物流标准体系*

按照国务院《物流业调整和振兴规划》的要求，把推进物流标准化作为促进我国现代物流业发展的一项重大措施。道路货物运输体系标准化建设的目标是提升道路货物运输行业的整体绩效，打造更安全、更环保节能的道路运输体系，推动现代物流更好更快发展。通过努力，逐步建立完善与综合运输标准体系一致，与现代物流各流程、环节、设施、设备标准统一，实现不同环节无缝衔接，数据共享的道路货物运输标准体系。

制定和完善全国统一的物流园区和道路货物运输场站的建设标准；制定国际物流和多式联运的全国统一的公路干线运输工具标准；制定适应城市不同类型商品配送和服务要求的车辆设备的选型标准；加快实施燃料消耗量准入标准，推进《营运货车燃料消耗量限值及测量方法》相关配套政策及标准的制定与实施；推动制定现代物流信息的标准数据传输格式和标准接口交换标准；制定全国统一的道路货物运输服务企业的成本核算标准、服务质量评价标准及市场诚信评价标准；制定全国统一的道路货物运输和现代物流业的关键作业标准；制定全国统一的道路货物运输和现代物流业的统计标准。

4. 以公共信息平台建设为切入点，推进道路货运和现代物流的信息化

物流信息化是现代物流发展的基础和标志。发展公共物流信息平台，是国家物流业调整振兴规划确定的九大重点工程之一。利用信息化实现差异化的服务竞争，已成为道路货物运输业和物流业面对挑战、提升实力的最有效的手段。信息化程度低、缺乏适合企业需求的物流信息系统和物流基础信息，以及公共信息服务平台发展缓慢是制约国内现代物流发展的信息瓶颈。政府应着重于基础信息生成和公共信息平台的建设，制定科学的物流信息化战略，解决物流公共信息平台发展存在的关键问题。整合GPS技术、GIS技术、EDI技术及3G通信等先进技术，最终建成开放、高效、便捷的物流公共信息交换平台。

(1)建议交通运输部加快全国物流公共信息平台建设，制定资金扶持政策，鼓励各省市建立区域性物流公共信息平台。

(2)建议交通运输部完善和推广浙江省(1+3N)物流公共信息平台建设模式。开发一批货运与物流应用软件，如小件快运、普通运输通用、集装箱通用、物流园区管理、诚信评价体系等软件，部可委托有关省市进行专项软件开发，并免费提供给道路货运和物流企业使用。

(3)鼓励和支持物流园区信息平台建设，形成互联互通的区域信息平台，最后形成具备信息交换、决策咨询、资讯验证等功能齐备的地域性物流公共信息平台。

(4)整合交通运输系统现有资源，如燃油税改革后将征稽征费系统改造成物流公共信息平台，并与道路运政管理系统、通行费收费系统等对接，实现互联互通。

5. 以实施示范工程为重点，引导物流园区和道路运输骨干企业的发展

物流园区是社会物流系统中的重要节点，具有基础性、公共性和服务性的特点。物

流园区前期投资规模大、资金占用周期长、投资回收期长。因此，政府的规划、引导和支持是物流园区健康有序发展的保证。针对我国道路货物运输行业整体国际竞争力不足的现状，各级政府有必要采取扶持政策，支持道路货物运输企业做大做强，实施示范园区和骨干企业工程，形成规模效益，使物流园区真正成为适应区域经济发展，具有多种服务功能的新型物流服务载体，使国内一批道路货物运输企业业务精细化，经营规模化、集约化。

建议制定培育道路货物运输与物流示范企业的办法，设立全国道路货物运输与物流业发展专项资金，重点培育不同层次的具有示范效应的物流园区、物流企业、道路货物运输企业和农村物流企业，重点支持物流技术改造与应用、物流企业节能减排。重点扶持传统运输企业向现代物流企业转型、多种运输方式联运、甩挂运输、物流信息管理、应用先进物流技术服务于制造业的生产物流、服务于商业流通的商贸物流、农村物流、专线运输、小件快运和多元化投资等示范性新技术。

应制订标准清晰、可操作性强的重点物流园区、重点物流企业的认定办法，组织专家学者，确定一批规模企业进行扶持。建立物流企业扶持资金管理办法，严格专项资金的筹集、投放对象和使用范围。建立扶持资金使用后评价办法，确保资金的使用效果。

6. 以道路货物运输与物流市场诚信体系建设为突破口，加强市场监管

随着道路货物运输和现代物流发展进入新的阶段，政府部门需要不断强化在市场准入、运行监管、安全管理和公共服务等方面的职能，使道路货物运输更好地服务于现代物流发展的需要。道路货物运输和物流市场诚信体系是市场准入的标准，监管的依据，安全管理的保障及公共服务的重要内容。健全诚信体系建设，应整合资源、制订标准、完善法规、强化监管、倡导自律、提升服务，从以下 3 个方面狠抓落实。

(1)健全诚信体系。建立道路货物运输和物流业的诚信标准，促进物流市场主体开展诚信化服务；建立道路货物运输和物流市场的监管体系，维护公平竞争、规范有序的道路货物运输市场秩序；细化质量信誉考核标准，严格企业和从业人员的质量信誉考核，建立考核档案，并公开企业和从业人员诚信等级的情况；争取相关部门的支持，建立货运经营车辆营运证和驾驶员身份证数据交换共享机制。

(2)建立“诚信”信息库。物流市场诚信体系建设可从道路货物运输业户服务质量及服务信誉“诚信”信息库的建立开始。各地运管部门可以尝试利用已有的运政管理网络或费收网络作为平台，结合各道路货物运输场站管理者所积累的场站内经营业户信息、往来场站的经营车辆及驾驶员信息，整合运管部门所掌握的费收执行信息和执法信息等，设计合适的数据格式，对上述信息进行归档，建立“诚信”数据库，并在各道路运输场站设立查询窗口，提供免费业户信息查询验证功能。

(3)加强相关部门信息对接。在适当时候与工商、税务部门的政务系统进行对接，扩大信息查询范围，在道路货物运输业户自愿前提下，尝试与其银行交易信息进行对接，进一步提升“诚信”数据库质量，更好地服务于市场秩序维护和监管。下一步则是不同地区的“诚信”数据库实现互联互通，扩大查询地域范围，并最终实现全国联网。以“诚信”数据库为基础，建立道路运输市场准入、行业监管考核、奖励惩戒的标准；明确道路运输市场诚信体系内容、规范、要求；运用价格、税收、信贷等经济杠杆，鼓励道路运输市场诚信经营。

7. 以建立健全道路货物运输和物流从业资格制度为着力点，培育高素质人才

逐步建立健全道路货物运输和物流从业人员从业资格制度，对从业人员加强培训考核，形成制度，实施动态监管，做到从业人员持证上岗。制订道路货物运输和物流经营管理人才培训计划，通过大专院校专业培养和在职培训相结合等手段，培育一批业务精、素质高的行业管理队伍；充分发挥行业协会等中介组织作用，采取技术认证、岗位再教育等方法，输送一批诚实守信、服务优质的技术人才。

根据调研情况和上述主要对策意见，建议交通运输部要重点抓好道路货物运输和现代物流业发展的“十二五”规划编制工作，尽快出台道路货物运输和现代物流业发展的指导意见，抓紧启动全国物流公共信息平台建设工作，力争道路货物运输在促进现代物流业发展工作中发挥更重要的作用。

调研专题五

运输枢纽、场站及轨道交通（规划）建设与运营管理

广 东 省 交 通 运 输 厅
天津市交通运输和港口管理局
上海市交通运输和港口管理局
广 西 壮 族 自 治 区 交 通 厅

调研专题五调研人员名单

调研领导小组

组　长：何忠友

副组长：杨洪峰　葛明明　周一农　杨细平

成　员：李时锋　李　中　李　鸣　黄天国

调研工作小组

组　长：杨细平

副组长：李时锋　黄天国　孙玉栋　陈建路　朱海燕

成　员：徐元穗　龙东升　陈凌青　朱鸿国　邹普尚　魏广奇
张林建　李大洲　侯自昶　蔡志鹏　倪定浩　鲍　敏
肖三亮

调研工作小组办公室

主　任：李时锋

副主任：徐元穗

成　员：龙东升　陈凌青　朱鸿国　万　众　梁雪玲

调研报告撰写人员

杨细平　李时锋　杨洪峰　李　中　葛明明　陈建路　陆晓明
黄天国　朱海燕　徐元穗　龙东升　陈凌青　朱鸿国　魏广奇
张林建　邹普尚　万　众　李大洲　杨思和　梁雪玲　孙玉栋
侯自昶　蔡志鹏　倪定浩　方国富　鲍　敏　周一农　姜继红
肖三亮

调研工作概况

(一)背景

随着新一轮政府机构改革的推进，国家重点产业调整振兴规划的启动，成品油价格与税费改革的实施，综合运输体系建设进程的加快，道路运输管理工作面临许多新情况、新问题，道路运输行业的发展战略、管理理念和工作重心需要重新调整。根据以上新形势、新要求，交通运输部及时组织开展了新时期道路运输业发展大调研活动。广东省交通运输厅牵头，天津市交通运输和港口管理局、上海市交通运输和港口管理局、广西壮族自治区交通厅协助(以下简称四省(市、区))，开展专题五——运输枢纽、场站及轨道交通(规划)建设与运营管理调研工作。

(二)调研任务

本专题的调研任务主要有四个方面：

一是运输枢纽、场站及轨道交通(规划)建设与运营的现行管理体制；

二是近年来政府在运输枢纽、场站及轨道交通建设方面的投入情况(土地政策、资金来源、建设主体、经营主体、投融资体制等)；

三是运输枢纽、场站及轨道交通运营管理情况及存在的问题；

四是理清运输枢纽、场站及轨道交通(规划)建设与运营管理的整体思路，提出下一阶段的工作建议和政策措施。

(三)调研对象

1. 运输枢纽、场站

本报告所研究的“运输枢纽、场站”均指“与道路运输相关的枢纽、场站”，包括公交场站和物流园区。

2. 轨道交通

本报告所指轨道交通主要指城市轨道交通，也包括部分城际轨道交通。

城市轨道交通：是指在城市范围内修建的便捷、快速、大运量的轨道交通客运系统。

城际轨道交通：是指主要城镇间修建的便捷、快速、大运量的区域轨道交通客运系统。

(四)调研方法

为完成好本次调研任务，四省(市、区)交通厅(局)领导高度重视，联合成立了专题调研领导小组和工作小组，制订了详细的调研实施方案，采取了问卷调研、实地走访、文献查阅、专家咨询等多种方法开展了调研工作。调研组在四省(市、区)和北京市进行了实地调研和交流考察，全面了解客货运输枢纽、场站、公交站、物流园区、轨道交通等方面的情况。同时发函到全国省级交通运输主管部门进行问卷调研，为调研工作积累了丰富、宝贵的第一手资料。

在此基础上，广东省交通运输厅组织撰写了总报告，并邀请了交通运输部道路运输司、部规划院、部公路院、南开大学、华南理工大学、深圳大学及广东省交通咨询服务中心等专家，进行咨询修改。

(五)调研成果

本次调研顺利完成了《运输枢纽、场站及轨道交通(规划)建设与运营管理调研报告》。

运输枢纽、场站部分

一、运输枢纽、场站发展现状

在运输过程中，运输枢纽、场站始终起着组织、协调、指挥、服务的重要作用，集客货运输组织与管理、多式联运、装卸仓储、信息网络、综合服务与道路运输市场管理于一体，把车主、旅客、货主和运输管理部门的利益有机地结合起来，促使道路运输健康有序地发展。近年来，我国运输枢纽、场站在总体规模与连通程度、覆盖范围等方面均发生了较大的变化，满足了持续旺盛的运输需求，降低了经济运行成本，增加了社会就业，为促进我国国民经济持续、健康、快速发展提供了强有力的交通运输保障。

(一)两轮规划很好地指导和促进了全国运输枢纽建设

1. 全国公路主枢纽布局规划(1992 年)

1989 年 2 月 27 日，全国交通工作会议上正式提出了交通基础设施建设长远规划，即“三主一支持”长远发展规划，要求解决道路运输场站设施落后、功能单一、组织化程度低、信息不灵、联运能力差、运输效率低等问题。在此基础上，交通部于 1992 年编制了全国公路主枢纽布局规划，确定了在全国建设 45 个公路主枢纽的布局方案，涉及全国所有省会城市和 80% 的 100 万以上人口的特大城市。经过 15 年的努力，全国公路主枢纽布局规划已基本实现，全国公路主枢纽建设取得了重要进展，有效缓解了道路运输场站设施严重落后的状况，显著提升了道路运输能力和服务水平，有效促进了综合运输体系的建设。以广东省为例，1998 年组织并完成了《广东省公路运输枢纽及客货运输场站总体布局规划》，将全省公路运输枢纽划分为四个层次，共规划了广州、深圳、汕头和湛江 4 个国家公路主枢纽，另外还规划了 8 个省一级公路运输枢纽，14 个省二级公路运输枢纽，其他 61 个县级市或县作为县级枢纽。

2. 国家公路运输枢纽布局规划(2007 年)

2004 年 12 月，国务院审议通过了《国家高速公路网规划》。为适应新时期公路交通发展的要求，与国家高速公路网相协调，加快与铁路、港口等其他运输方式紧密衔接，建设布局合理、运转高效的国家公路运输枢纽体系，交通运输部在《全国公路主枢纽布局规划》的基础上，于2007年4月出台了《国家公路运输枢纽布局规划》，确立国家公路运输枢纽179个（见表5-1）。

国家公路运输枢纽布局方案　　表5-1

地区	省份	城　市	数量
东部	北京	北京	1
	上海	上海	1
	天津	天津	1
	河北	石家庄、唐山、邯郸、秦皇岛、保定、张家口、承德	7
	辽宁	沈(阳)抚(顺)铁(岭)、大连、锦州、鞍山、营口、丹东	6
	江苏	南京、苏(州)锡(无锡)常(州)、徐州、连云港、南通、镇江、淮安	7
	浙江	杭州、宁(波)舟(山)、温州、嘉兴、金华、台州、绍兴、衢州	9
	福建	福州、厦(门)漳(州)泉(州)、龙岩、三明、南平	5
	山东	济(南)泰(安)、青岛、淄博、烟(台)威(海)、济宁、潍坊、临沂、菏泽、德州、聊城、滨州、日照	12
	广东	广(州)佛(山)、深(圳)莞(东莞)、汕头、湛江、珠海、江门、茂名、梅州、韶关、肇庆	10
	海南	海口、三亚	2
东部合计			61
中部	山西	太原、大同、临汾、长治、吕梁	5
	吉林	长春、吉林、延吉、四平、通化、松原	6
	黑龙江	哈尔滨、齐齐哈尔、佳木斯、牡丹江、绥芬河、大庆、黑河、绥化	8
	安徽	合肥、芜湖、蚌埠、安庆、阜阳、六安、黄山	7
	江西	南昌、鹰潭、赣州、伊春、九江、吉安	6
	河南	郑州、洛阳、新乡、南阳、商丘、信阳、开封、漯河、周口	9
	湖北	武汉、襄樊、宜昌、荆州、黄石、十堰、恩施	7
	湖南	长(沙)株(洲)潭(湘潭)、衡阳、岳阳、常德、邵阳、郴州、吉首、怀化	8
中部合计			56
西部	内蒙古	呼和浩特、包头、赤峰、通辽、呼伦贝尔、满洲里、巴彦淖尔、二连浩特、鄂尔多斯	9
	广西	南宁、柳州、桂林、梧州、北(海)钦(州)防(城港)、白色、崇左	7
	重庆	重庆、万州	2
	四川	成都、宜宾、内江、南充、绵阳、泸州、达州、广元、攀枝花、雅安	10
	贵州	贵阳、遵义、六盘水、都匀、毕节	5
	云南	昆明、曲靖、大理、景洪、河口、瑞丽	6
	西藏	拉萨、昌都	2
	陕西	西安、咸阳、宝鸡、榆林、汉中、延安	5
	甘肃	兰州、泉(州)嘉(峪关)、天水、张掖	4

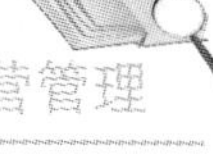

续上表

地区	省份	城　　市	数量
西部	青海	西宁、格尔木	2
	宁夏	银川、固原、石嘴山	3
	新疆	乌鲁木齐、哈密、库尔勒、喀什、石河子、奎屯、伊宁	7
西部合计			62
全国合计			179

布局规划中组合枢纽12个，国家公路运输枢纽城市共计196个。原45个公路主枢纽已全部纳入布局规划方案，是国家公路运输枢纽的重要组成部分，并居主导地位。部在将“公路主枢纽”修改为“公路运输枢纽”的同时，将公路运输枢纽定义为“公路运输网络的节点上形成的货物流、旅客流及客货信息流的转换中心”。国家公路运输枢纽分布见图5-1。

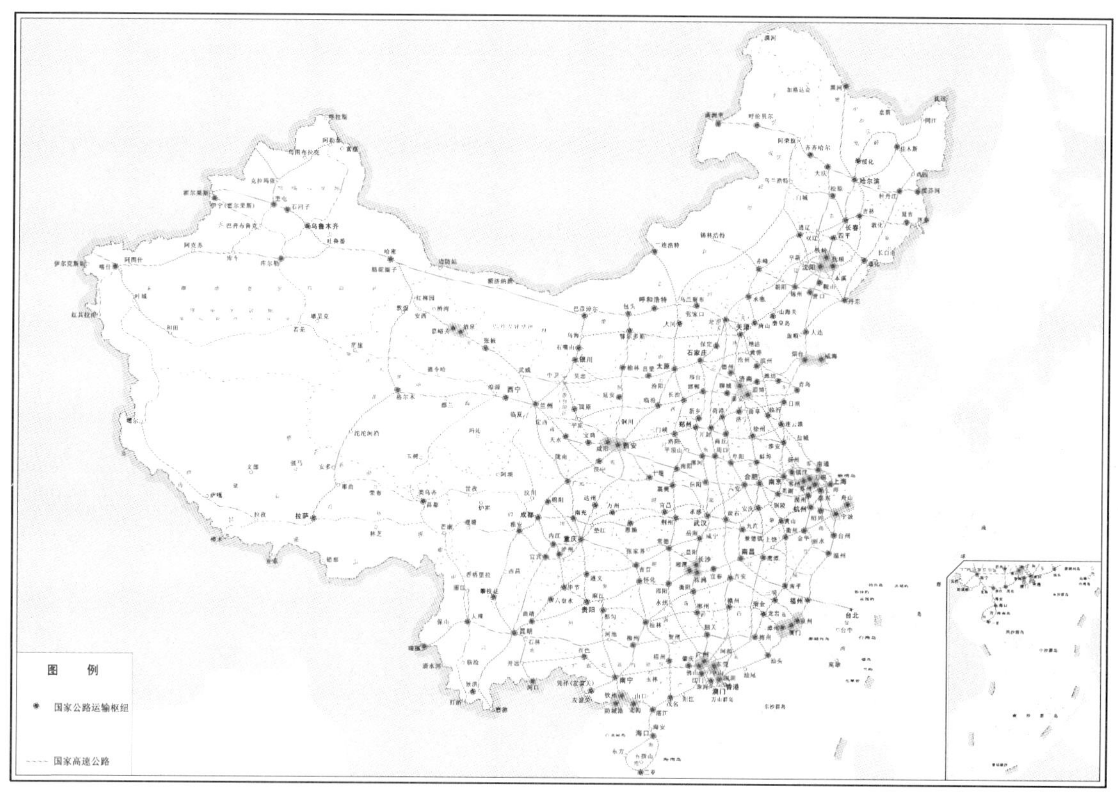

图5-1　国家公路运输枢纽布局图

在国家公路运输枢纽布局规划的基础上，各省(直辖市、自治区)按照交通部2007年9月下发的《公路运输枢纽总体规划编制办法》，陆续开展了辖内公路运输枢纽及客货场站布局规划等工作。如广东省于2007年年底编制了《广东省公路运输枢纽及客货场站总体布局规划(2006—2020年)》，将全省公路运输枢纽分为国家级、省级和县级三个层次共76个运输枢纽，其中国家级10个(其中两个是组合枢纽，共12个城市)，省级23个，县级 43 个。广东省省级公路运输枢纽布局规划见图 5-2。

上海市也特别强调政府对货运枢纽的统一规划(图 5-3)，着重建设上海外高桥保税物流园区、西北综合物流园区、浦东空港物流园区、洋山港物流园区四个园区。

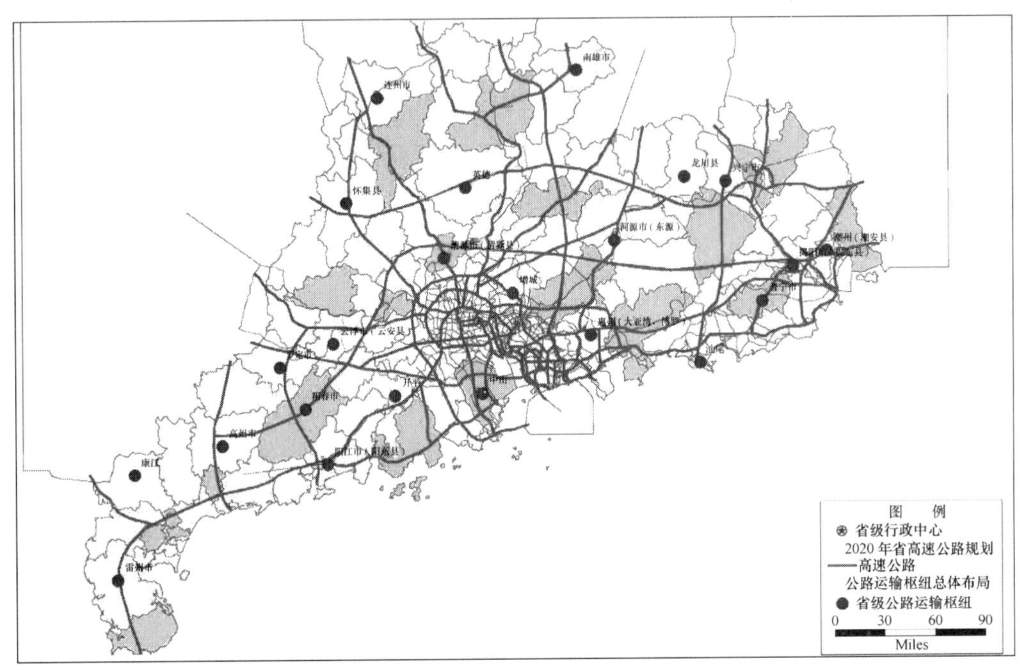

图 5-2　广东省省级公路运输枢纽布局规划图

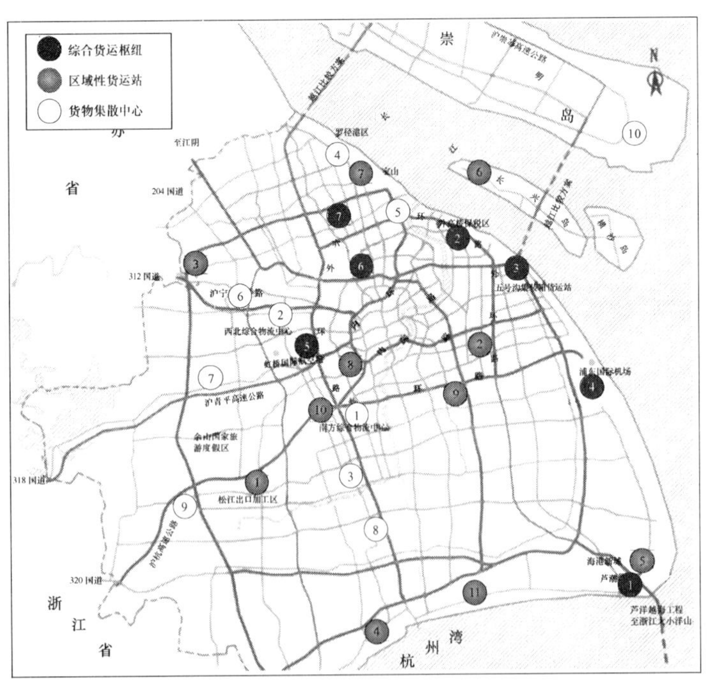

图 5-3　上海市货运场站规划布局图

(二)运输枢纽和客货场站建设速度加快、水平进一步提高

1. 新建和改造了大量道路客运场站

近年来，各级交通运输主管部门高度重视道路运输基础设施建设，加大了对道路客运场站的投入力度。特别是交通部2005年印发的《关于落实农村客运站点项目计划加快农村客运站点建设的通知》，将乡镇农村客运站纳入交通部基本建设计划，掀起了全国农村客运站(亭)建设的高潮。到2008年年底，全国共有道路客运站156294个，其中一级站548个、二级站2165个、三级站1966个、四级站4572个、五级以下(含招呼站、候车亭)147043个。一级站和四级以上站数量分别比2000年增加了53%和30%。全国客运站年平均日客运发送量为1920万人次，已构建起较为完善的道路客运场站体系。2000—2008年全国四级以上汽车客运场站建设情况见表5-2。

2000—2008年全国四级以上汽车客运场站建设情况(个)　　表5-2

年　份	客　运　站				
	合计	其中			
		一级	二级	三级	四级
2000	7099	357	1984	2148	2610
2001	7055	357	2008	2303	2387
2002	6465	383	2064	1931	2087
2003	6390	361	2111	1922	1996
2004	6598	395	2135	1889	2179
2005	6824	447	2123	1940	2314
2006	7719	497	2177	1900	3145
2007	8506	521	2133	1960	3892
2008	9251	548	2165	1966	4572

2004年交通部颁布了《汽车客运站级别划分与建设要求》(JT/T 200—2004)，将客运场站划分为一级站、二级站、三级站、四级站、五级站、简易站和招呼站，节能环保、以人为本等概念逐步引入到场站建设中，信息技术普遍应用，建设水平不断提高，各地在推进等级客运站建设过程中，涌现出很多亮点工程：如广州市海珠客运站、番禺客运站(图5-4)，天津市的塘沽客运总站，上海市南站长途客运站(图5-5)，以其新颖独特的建筑造型、以人为本的设计和功能布局、生态环保技术应用、全程智能化的管理与服务，代表了行业发展的新高度。

图 5-4　广州市番禺客运站

图 5-5　上海南站长途客运站

2. 综合客运枢纽发展促进了运输的一体化衔接

近年来，轨道交通、航空、道路运输、国际航运等多种运输方式同步发展，为进一步构建协调、合理、便捷、高效的综合运输体系，更好地为旅客提供一体化无缝衔接的运输服务，部分大城市在吸收国外发达国家相关经验的基础上，开始了探索建设综合客运枢纽的工作。已建成的有广东的广州火车东站、深圳福田枢纽、罗湖枢纽站，北京的火车南站综合枢纽、上海的火车南站枢纽等；在建的有广州新客站枢纽、上海虹桥枢纽及天津西站枢纽等。

深圳市福田枢纽是目前广东省最大的“立体式”交通综合换乘站(图 5-6)。该中心是集城市公共交通、地下轨道交通、长途客运、出租汽车及社会车辆于一体的立体式交通换乘枢纽。该中心共 6 层(地下 2 层，地上 4 层)：地下二层为社会停车场，有 712 个车位；地下一层为公交与地铁换乘区，日换乘量达 25 万人次；首层主要为公交车辆发车区，设 22 条公交线路；二层、三层主要为长途班车发车区，规划车位 68 个；四层为辅助功能区。总体设计日均旅客通过能力为 35 万人次，长途旅客发送量最高可达 10 万人次。

图 5-6　深圳市福田枢纽

3. 道路货运场站和物流园区的建设促进了物流业发展

按照政府统一规划、适当补助，企业为投资、建设和经营主体的模式，各级交通运输主管部门全力推进货运场站建设，逐步形成了以货运场站、配载中心和交易市场为主的道路货运有形市场，提高了道路货运专业化程度。到2008年年底，全国共有道路货运站3104个，其中一级站234个、二级站279个、三级站822个、四级站1769个。一级站和四级以上站数量分别比2000年增加了68%和343%。全国货运站平均日货物吞吐量为130154万吨，已构建起较为完善的道路货运场站体系。2000—2008年全国汽车货运站建设情况见表5-3。

2000—2008年全国汽车货运站建设情况(单位：个)　　表5-3

年　份	货　运　站				
	合计	其中			
		一级	二级	三级	四级
2000	906	139	228	442	97
2001	1388	94	251	404	639
2002	1562	173	252	483	654
2003	1654	98	264	524	768
2004	1802	102	285	509	906
2005	1840	137	332	478	893
2006	2132	186	343	552	1051
2007	2585	224	271	894	1196
2008	3104	234	279	822	1769

近年来，全国有多个省份先后将商贸流通业作为当地的支柱产业，通过税收、贴息贷款等多种优惠政策予以扶持，为传统货运业向物流业转型提供了有力的政策保障，先后涌现了顺丰速运、中远物流、申通物流、宅急送、招商物流、宝供物流等一批具有竞争力、逐步与国际接轨的大型物流企业，已初步具备了与国际品牌物流企业竞争的能力。本次调查到的207个物流园区中，已经运营的物流园区50个，在建的65个，规划中的92个，具体地理区位和类型分布见表5-4、表5-5。

物流园区地理区位分布表　　表5-4

序　号	经济区域名称	物流园区数量(个)	占总体比例(%)
1	东部沿海经济区	52	26
2	南部沿海经济区	36	17
3	北部沿海经济区	28	14
4	东北经济区	21	10
5	黄河中游经济区	21	10
6	西南经济区	19	9
7	长江中游经济区	17	8
8	西北经济区	13	6

物流园区按类型分布表　　表 5-5

<table>
<tr><th>序　号</th><th colspan="2">物流园区类型</th><th>物流园区数量(个)</th><th>占总体比例(%)</th></tr>
<tr><td>1</td><td colspan="2">配送中心型</td><td>17</td><td>8.2</td></tr>
<tr><td>2</td><td colspan="2">仓储型</td><td>9</td><td>4.3</td></tr>
<tr><td>3</td><td rowspan="3">货运枢纽型</td><td>港口物流园区</td><td>34</td><td rowspan="3">37.2</td></tr>
<tr><td>4</td><td>航空物流园区</td><td>10</td></tr>
<tr><td>5</td><td>陆路物流园区</td><td>33</td></tr>
<tr><td>6</td><td colspan="2">综合物流园区</td><td>104</td><td>50.3</td></tr>
</table>

(三)规范运营管理，服务质量和运输组织能力得到进一步提升

在确保数量增长的同时，各级交通运输主管部门认真贯彻落实科学发展观，坚持以人为本，不断提高枢纽、场站的设施水平和服务质量，充分发挥其在运输过程中的组织、协调、指挥和服务等重要作用，不断提高道路运输“三个服务”的能力和水平。

1. 运输服务质量得到进一步提高

交通部先后颁布实施了《汽车客运站管理办法》、《汽车客运站收费规则》等规章。2004 年，《中华人民共和国道路运输条例》颁布实施，《道路旅客运输和客运站管理规定》、《汽车客运站安全生产规范》等相关配套规定也相继出台，“三优三化”的经营服务理念和“三不进站”和“五不出站”的基本要求逐步得到落实，汽车客运场站的运营管理进一步规范。

目前按照部颁标准，二级以上客运站均已实现微机售票，有宽敞明亮的候车大厅和空调候车室，饮水设施、便民设施等一应齐全(图 5-7)；同时在交通部创建全国文明客运站等评比工作的推动下，各大客运站均将以人为本，提升服务水平，创建服务品牌作为

a)

b)

图 5-7　客运站的各种人性化服务

一项重要的工作抓手。到2008年年底，全国客运站站务人员为291727人，对解决社会就业问题，确保旅客走得了、走得好、走得安全作出了巨大贡献。江苏省已实现全省客运站联网售票，广东省的广州、深圳两市已实现全市客运站联网售票。这些先进管理手段的应用，为实现科学决策、科学管理、优质服务奠定了基础。

良好的候车环境和温馨的人性化服务，确保了二级以上客运站的聚客能力：2008年，全国一、二级站日发841855班次，日发送1261万人次，为发展高速、直达班车提供了必要条件。据统计，广东省目前省内直达班车6270台、普通班车6976台。随着航空式服务、中途不停靠的直达运输的不断发展，全面提升了道路运输的服务质量，发挥了道路运输的比较优势。图5-8所示为道路客运航空式直达运输服务。

图5-8　道路客运航空式直达运输服务

2. 运输组织能力得到进一步提升

运输枢纽、场站的运输组织功能主要表现为：为道路运输市场服务，全面组织客货源，合理调配运输线路，提高运输效率。利于实现运力和客货源的最佳配置，减少运输混乱，做到有序化、组织化。

2008年，全国公路客运总量为220.7亿人，其中从客运站始发的有70亿人，约占1/3。平均日发147万班次、日发送量1920万人，因此全国客运站在运输过程中发挥了良好的组织作用。尤其是春运、黄金周等运输繁忙时期，客运站的运输组织工作显得更加重要。如广东省2008年春运，广州省汽车站最高峰日发2625班，运送90273人。

随着城市公共交通职能逐步划转交通运输部门，中、长途运输和短途接驳的联运能力将更加顺畅和合理，客运站的运输组织能力将得到进一步提高，全面实现“门到门”的便捷服务。

同样，货运场站通过其货物仓储、包装、搬运装卸和配送等专业化服务，实现了货物的专线、专项的运输组织；另外通过建立货物信息平台，搭建了货主、车主间的沟通桥梁，进一步提高了运输的实载率，降低了运输的成本。图5-9所示为货运信息平台。

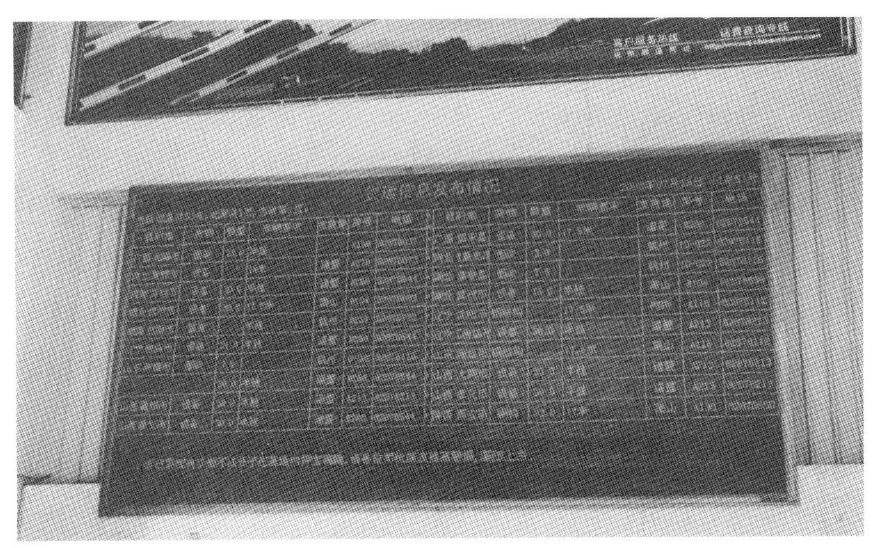

图 5-9　货运信息平台

3. 运输安全和市场源头监管作用得到进一步加强

目前，道路客货运输枢纽、场站严格按照交通运输部“三不进站”、“五不出站”的要求，不断完善和强化道路运输市场源头管理。

(1)强化危险品查堵工作。在二级以上客运站推广安装使用行包安全检查设备(图 5-10)，提高危险品查堵效率和质量。到 2008 年年底，全国 548 个一级客运站有 528 个配备了大型安检机，2165 个二级站有 1078 个配备了大型安检机。加上手持式安检设备，全国客运站的行包安检能力进一步提高。

图 5-10　客运站安检机

(2)建立车辆安全例行检查制度。在五级以上汽车客运站按照国家标准配备汽车安全检验台，并根据《汽车客运站安全生产规范》督促汽车客运站经营者建立车辆安全例行检查制度，对进站营运客车进行安全例行检查，防止不检或漏检的车辆出站运行，进一步加强了客运站的源头安全监管职责。

(3)强化车辆进出站管理。绝大多数客货运输场站能按照要求严把车辆报班和出站关，部分车站还利用IC卡电子证件及站务安全管理信息系统，将例检的情况及时电子存档，确保事后的检查和溯源。

二、存在问题

我国运输枢纽、场站虽然已有了较大的发展，但与社会经济发展和人民群众的出行需求相比，与发达国家的先进水平相比，还存在不少问题；与做好“三个服务”，实现“三个转变”等要求还不相适应。主要体现在“五个不足”：

(1)规划层次不高，未能与其他运输方式有效衔接、综合协调发展的能力不足。

(2)未能很好体现道路运输枢纽、场站的公益性和公共基础设施定位，可持续发展能力不足。

(3)政府投入不足，融资渠道不通畅，快速发展和提升的能力不足。

(4)道路客运场站体系不完善，布局不合理，导致行业竞争能力不足。

(5)行业标准滞后，技术进步不快，规范发展和优质服务的能力不足。

(一)规划层次不高，未能与其他运输方式有效衔接、综合协调发展的能力不足

1. 规划层次低，主动协调能力有限

目前国家铁路、民航、高速公路和港口的规划均由国务院批准发布，甚至部分区域交通发展规划都由国务院审批；但道路运输枢纽、场站的布局规划仍是由交通运输部制定发布，地位相对较低，影响其在构建现代综合运输系统中重要作用的发挥，难以主动实现与其他运输方式的有效衔接、综合协调发展。如广州市的流花地区，是全国春运期间客流最大的地区之一。在彼此不到500米的距离内，集中了3个大型车站，即：广州火车站、广州省汽车客运站、广州市客运站（图5-11）。春运期间，每天数十万旅客在3个站之间来回穿梭换乘，苦不堪言，极不安全。究其原因，就是没有综合运输枢纽，没能科学解决各种运输方式的有效衔接。

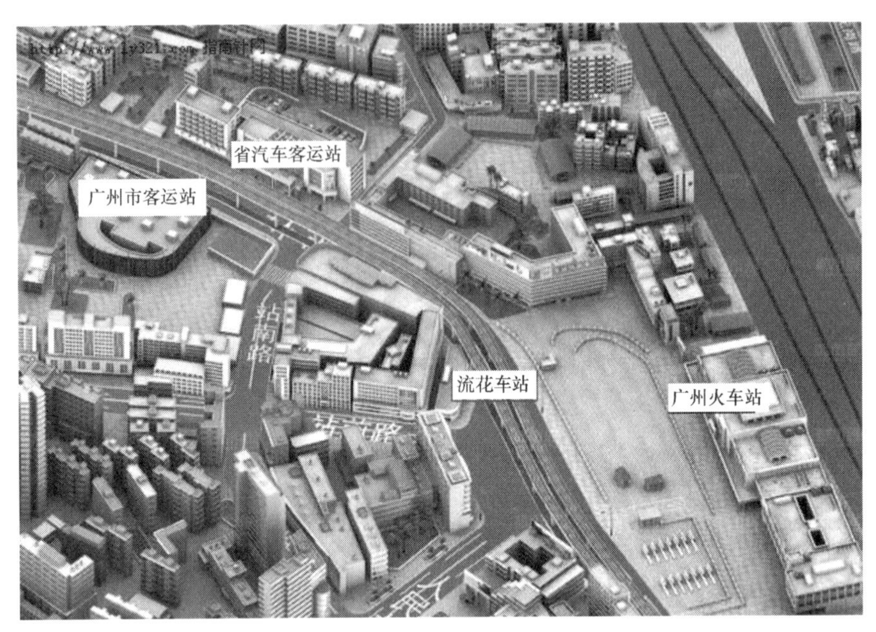

图 5-11　广州火车站地区车站分布图

2. 规划自成体系，规划落地难

由于管理体制等原因，造成大多汽车客货运输场站、城市公交场站和物流园区规划各成体系，各取所需，缺乏统筹考虑、综合布局。

城市规划中预留枢纽、场站建设用地严重不足，很大程度上限制了枢纽、场站的建设和发展；随着城市一体化的发展，特别近年有些城市行政区划经过了新的调整，原有道路场站严重不足。运输枢纽、场站规划与城市发展总体规划不协调，导致规划只是纸上谈兵，不能征地或土地被挪作他用，规划难以落地，其引导、调控和统筹交通流的作用难以发挥。

3. 货运场站、物流园区规划缺乏整体考虑

长期以来，货运场站、物流园区的规划参照客运场站、枢纽的规划模式，主要按照行政区划，由地方政府为主进行规划、建设。如广东珠三角的不少地市甚至区镇都根据自身的情况，规划了若干个物流园区。但由于货运场站、物流园区的布局更多需要考虑产业园区与交通节点衔接，需要从更大区域进行统筹考虑，现有的规划模式容易造成重复规划、建设问题，因此有必要将货运场站、物流园区的规划上升到更高层面。

4. 规划选址偏僻，远离客源和货源

部分大中型城市随着城区的不断扩大，市区用地日趋紧张和宝贵，交通日趋拥堵，因此城市整体发展规划中多数将原城区的客货运场站迁移到偏僻的城郊，远离客源和货源。如广州市在 20 世纪 90 年代末撤销了市区很多三级以下客货运场站，并在城区外围规划建设了芳村、海珠、黄埔、夏茅、永泰等客运站。目前夏茅、永泰两站客流还很少，

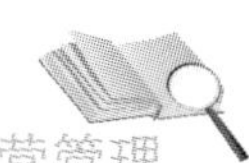

永泰货运站货流也不饱和。

(二)未能很好体现道路运输枢纽、场站的公益性和公共基础设施的定位，可持续发展能力不足

1. 定位不准确

运输枢纽、场站是我国城乡基础设施的重要组成部分。但目前除公交场站、农村客运站(亭)属公益性设施的定位比较明确以外，客货运输枢纽、场站及物流园区的部分公益性特征和公共基础设施定位并未完全得到认可，到底应由政府主导建设还是以企业为主建设，一直争论不息，导致优惠政策少，从根本上影响了道路客货运输枢纽、场站和物流园区的可持续发展。其中，道路客运枢纽、场站被广泛认为具有部分公益性，但同时对其是否具有完全公益性、是否需要市场化运作、民营投资主体是否能享受政府财政补贴等问题各方长期存在争论，定位的不明确对客运枢纽、场站的建设和发展带来一定的负面影响。同时，国家发改委和建设、规划部门均将货运场站和物流园区定位为以盈利为目的的纯经营性项目，对其公共服务基础设施的特性和带动地方经济发展的巨大作用认识不足。由于行业定位不准带来的用地政策和财政政策不合理已成为制约货运场站、物流园区发展的主要因素之一。

2. 土地政策不利于行业发展

目前运输枢纽、场站的建设用地性质不明确，政策复杂，来源多种多样：一是部分城市道路客运站通过划拨土地建设，如上海市长途客运南站、吴淞站等；二是发展历史较长的道路运输企业，利用自有土地开发建设道路客货运站，或者通过置换土地进行场站建设，如天津市市区内长途客运站多为这种模式，广东省江门市汽车客运站也是采用这种模式；三是部分省(市)道路客运站建设用地，采用企业自己租赁或协议出让土地开发建设的模式，如珠三角地区的客运站、公交站多数采用这种模式；四是大多数货运场站、部分客运场站土地获得是通过“招拍挂”的方式。以上的土地获得方式虽然多种多样，但总体来说因没有倾斜政策，投入成本大，不利于道路运输枢纽、场站的建设发展。

国土资源部2001年第9号部令《划拨用地目录》中明确指出：对国家重点扶持的能源、交通、水利等基础设施用地项目，可以以划拨方式提供土地使用权。对以营利为目的，非国家重点扶持的能源、交通、水利等基础设施用地项目，应当以有偿方式提供土地使用权。但在重点扶持的交通基础设施中，只明确规定城市轻轨、地下铁路线路、公共交通车辆停车场、首末站(总站)、调度中心、整流站、车辆保养场等公共交通设施属于城市基础设施用地，可通过划拨方式取得土地使用权，并没有将运输枢纽、场站用地列入上述重点扶持范围，使得大多数场站只能通过“招拍挂”方式或租赁方式高成本获取建设用地，从而导致场站建设投资过大，企业往往难以承受。本次调研的广东省72个二级以上客运站，总投资304408.05万元，征地费用就占33.3%。广州市芳村客运站前几年扩建征地的价格高达每亩80万元，其他场站的价格也在50万元/亩左右，严重制约了运输枢纽、场站的发展。

（三）政府投入少，融资渠道不通畅，快速发展和提升的能力不足

在我国道路运输行业，无论是城市公交场站，还是道路客运场站，物流货运场站，都存在资金严重不足的问题。主要是财政资金投入少，且缺少有效的融资平台，企业自筹+政府补贴是运输枢纽、场站的主要投资方式。全国的客运场站基本都是采用“几个一点”方式，即以企业自筹为主，中央补一点、地方交通运输部门支持一点。社会资金投入有限，道路运输场站建设资金严重短缺，建设大型的客货运输枢纽将更加困难。

1. 财政支持比例低

本次调研的广东省72个二级以上客运站：总投资30.4亿元，政府补贴5.2亿元，政府补贴占总投资的17.1%。上海、天津、广西等省市情况基本相似。因此政府补贴在场站建设的资金，与空港、海港和铁路等运输枢纽以政府投入为主相比，投入严重不足，与目前实现城乡客运一体化，实现公共服务均等化等目标不相符合。

2. 主枢纽场站投资巨大，筹资难度大

主枢纽场站建设的规模和标准较一般运输场站大，所需资金投入也大。如果建设项目财务效益不太理想，对于企业和社会资金投入缺乏吸引力的话，资金落实尤其困难。如本次调研的广州市5个客运枢纽投资总额20.08亿元，其中政府投资6487万元，政府投资只占总投资的3.23%，比场站平均水平还低很多。

3. 公共场站和农村客运站（亭）的政府投入严重不足

广东省公交场站1065个，其中：枢纽站131个、有停车场的一般首末站286个、占道首末站648个。131个枢纽站总投资8.13亿元，其中政府补贴2.98亿元，占投资总额的36.68%；上海市浦西交投国有公交场站资产17.46亿元，其中建委和城投下拨1.86亿元，交投自筹15.6亿元，政府投入约占总资产10.6%。但农村客运场站投入很少，2008年广东省乡镇客运站补贴仅为850万元、候车亭补贴4770万元。全省共有乡镇1245个（含林、农场），待建站的乡镇895个（其中中心镇157个）。全省共19366个行政村，已建9905个候车亭，待建候车亭9461个。

4. 各地政府在投资场站建设方面存在很大差异

在经济相对发达的地区，地方政府财力雄厚，能够保证有一定的财政资金投入到运输场站的建设，甚至全部投资均由政府投入，如广东中山市中山客运站和小榄客运站，都是由市政府或镇政府投资建设的，有些村委会也投资建设运输场站；但在经济欠发达

地区或山区贫困地区，政府的财政支持力度极为有限。

5. 重客轻货，货运场站投入严重不足

在道路运输基础设施建设过程中，尤其是“十五”计划以来，各级交通运输主管部门注重客运枢纽、场站建设，在保障公共出行能力供给的同时，忽略了货运业在国民经济领域中的竞争地位，放松了对货运枢纽、场站建设的指导和支持，存在“重客轻货”、布局不合理的问题。由于长期以来各级交通运输主管部门和地方政府基本没有对货运枢纽、场站进行资金投入，完全由企业按市场化模式进行操作，如此次重点调研的广东、上海、天津等省市近年来基本没有对货运场站进行过资金补助，因此目前在全国范围，货运站无论在总量上，还是在同等级站数量上，都远远少于客运站，不能适应现代货运、物流业发展的需要。

(四)道路客运场站体系不完善，布局不合理，服务质量不高，导致行业竞争能力不足

随着城乡客运一体化的推进和轨道交通大发展，以及全国各地城市群的快速兴起，道路客运结构与需求特征正在发生明显变化，即从城间客运特征逐步向都市圈内客运特征转换。这些变化对以“车进站，人归点”为组织模式的道路客运站提出了新的挑战与要求，主要存在以下问题：

1. 场站功能定位不清晰

在长途客运中，道路客运难与铁路匹敌，在城市内的短途运输中，受管理模式、营运模式和服务范围等约束无法与公共汽车竞争，决定了道路客运更适合提供中短途的城际和城乡客运服务，承担对铁路旅客的集散服务，中小客流集散点的联线运输。场站的功能定位应该服从于道路客运的功能定位，在规划、建设和改造时，必须考虑与铁路、城市轨道、公共汽车、水上客运、航空客运等客运方式的协调，分工合作，合理布局，充分发挥道路客运的“门到门”优势。

2. 集疏运系统薄弱

现代化的客运站倾向于一体化、多元化的发展模式，以实现多种运输方式的无缝换乘。场站建设除了要考虑客流特点，还要考虑与城市公交的衔接，在道路客运站配套建设公交场站。目前，各城市配套建设公交场站的道路客运站不多，大部分客运站只能通过设在客运站外的公交线路(一般非始发站)接驳，增加了道路客运与城市公交之间的换乘难度，也影响客运站周边的道路交通，容易造成堵塞，降低了道路客运的吸引力。

3. 场站布局不够合理

完整的客运站体系应该包括分工合理、协调配套的多种级别的客运站，如枢纽站、

卫星站、配客点、落客点、招呼站、商务客站等，而且有各自的服务半径。但目前部分场站布局存在没有形成有机整体，层次不清，分工不明，恶性竞争的问题。一些地方将两个大型客运站建在同一条道路对面，或者在3～5公里的半径内出现多个三级以上客运站，根本没有按客流特点与需要进行布局，导致一些客运站严重饱和，超负荷营运；另一些客运站则能力过剩，相互之间竞争惨烈。

4. 高等级场站数量少，服务质量有待提高

到2008年年底，全国156294个道路客运站中，四级以上等级站才9251个，只占总数的5.9%，一、二级站只占1.7%。农村地区大量简易站、招呼站的快速建设解决了广大农民群众的出行问题，但也带来了今后如何维护和管理的问题。由于农村客运候车亭全部是政府投资建设和维护，不能自身产生经济效益，运营维护也完全靠政府；简易以上客运站多数采用“所有权、经营权、使用权”分离的经营管理体制，大部分场站经营中收取的进站管理服务费用难以满足日常运营成本，反过来又影响场站提供的运输服务质量。

一、二级货运场站只占四级以上货运站总量的16.5%，大部分低等级的货运场站提供的服务局限于档口、库房、货场出租和相关设备租赁，与传统仓储业的区别不大，不能满足客户差异化的需求。

5. “站、运”一家

目前，全国大多数三级以上的客运场站“站、运”一家，在售票、排班、运力加班等方面享尽优势，形成不公平竞争。

(五)行业标准滞后，技术进步不快，规范发展和优质服务的能力不足

1. 目前已有的场站建设标准与发展不相适应

道路运输场站基本按照交通部颁布实施的《汽车客运站级别划分与建设要求(JT/T 200—2004)》、《汽车货运站(场)级别划分和建设要求(JT/T 402—1999)》进行设计建设。但随着国民经济的高速发展，城市运营理念的日臻成熟，这两个标准与当前的发展需求已不相适应。一方面在城市用地日趋紧张的情况下，客运场站级别划分对占地面积的要求显得过于苛刻，如一级A类站要36000平方米，这在大中型城市是非常困难的。目前实际有些地方已在尝试立体发展，即将售票大厅、候车大厅、停车场、待班和发班卡位等区域分层立体建设，节约占地面积，又可确保实际功能面积达到相应标准；另一方面，现有货运场站级别划分和建设标准中的占地面积主要按照各种作业人员人数所需的工作场所和最大货物吞吐量仓储、装卸等面积计算，因此一级站占地面积一般不超过10万平方米，但一些大型的综合货运枢纽和物流园区具有综合服务功能，需要大面积用地，由于没有标准支撑，用地难以审批。

2. 新增职能缺少行业管理标准和法规支持

目前国家和省(直辖市、自治区)的交通大部门制改革基本完成，解决了多年遗留的一些体制问题，但新增的职能缺少行业管理标准，急需出台公交场站、物流园区的建设标准和管理规定等。

3. 新技术应用水平还不高

运输枢纽和大型场站、物流园区，基本应用了计算机售票、视频监控和电子显示屏等；但低等级(四级以下)和小型场站，基本没有应用科技信息技术。因此无法形成有效的信息流，行业统计分析困难。

目前枢纽、场站和物流园区，多数是将科技信息技术应用在生产的某些环节，没有整合为一套综合的管理信息系统，大型数据库、中间件等技术应用甚少，智能化管理的潜力还有待挖掘。

4. 管理水平不高，优质服务能力不足

由于科技信息化技术应用层次较低，与现代化管理要求差距较大。如部分一、二级客运站评定等级时间已较久，设施逐步陈旧。由于场站经营效益一般，只能满足日常的管理成本，难以投入更新和再生产，政府一次性补贴后基本再没有投入，因此设备设施难以更新、服务能力逐年下降，如部分二级站还没有配备安检机。三级以下客运站数量多，多数位于乡镇农村，内部管理更不到位（图 5-12）。公交场站的科技信息化应用更少，设备设施等条件也很简陋。客运场站满足旅客安全、便捷、舒适出行需求的能力还不足。同时运输组织化水平还不够高，与发达国家相比差距较大，目前我国客车实载率不到 50%，货车空驶率 40%。

图 5-12　简易的乡镇客运站

三、运输枢纽、场站发展方向

道路运输既是城际间的主要运输方式之一，也往往是各种运输服务的最终完成者，是铁路、水运和航空运输的重要集散手段，是开展综合运输的基础。因此，道路运输枢纽、场站通常是运输服务的起点和终点，是运输安全和市场监管的源头，在综合运输体系中有自身明确的定位和作用。

（一）构建现代综合运输体系对枢纽、场站的“五个基本要求”

基于以上认识分析，今后枢纽、场站应进一步发挥自身的特点和优势，不断开拓创新，满足构建现代综合运输体系对其的“五个基本要求”，为人民群众出行和国民经济的发展作出应有的贡献。

(1)要充分发挥道路运输机动灵活、门到门的比较优势。

(2)要有效满足安全便捷舒适的出行需求。

(3)要优化枢纽和场站结构，形成分工明确、布局合理的有机整体。

(4)要求运输服务实现无缝衔接，零距离换乘。

(5)提高运行效率，用最小的资源消耗和成本实现人员和货物的流动。

（二）枢纽、场站向“五方面”发展

根据我国现有枢纽、场站建设发展的最新情况，按照现代综合运输体系对枢纽、场站的“五个基本要求”，结合国外相关先进经验，我们认为今后运输枢纽、场站应向以下五个方面发展。

1. 枢纽、场站成为综合运输体系建设的关键

枢纽和场站是交通网络的中枢和重要节点，也是运输网络的客货集散地，还是运输组织的基础。尤其是综合运输枢纽为改善公众出行条件，提高货运市场组织化水平均发挥了巨大作用。

从我国目前已投入运营的综合客运枢纽情况看，对于有效衔接各种不同运输方式和运输网络，实现各种运输方式运力的合理配置，真正实现旅客的无缝换乘，改善公众出行条件发挥了巨大的作用。目前，北京南站试运行的日均客流量达到8万人次，年客流量达3000万次；上海南站由于营运时间较早，已进入运营成熟期，年客流量更高达上亿

人次；深圳福田枢纽的总设计旅客年通过能力为1.27亿人次，充分体现了综合运输枢纽在整个综合运输体系中的核心作用。在货运物流方面，深圳市盐田港物流园区2007年集装箱吞吐量达到1002万标准箱，上海市洋山港物流园区设计年吞吐能力1300万标准箱以上，已成为我国进出口物流的核心环节，广州白云国际机场物流中心投入使用后，随着FedEx落户将其作为亚太转运中心，也极大地带动了广州地区快递物流的发展，因此大型货运枢纽在货运市场组织中也起着龙头的作用。

2. 枢纽、场站成为提高道路运输“三个服务”能力和水平，实现“三个转变”的重要抓手

今后应进一步优化客运枢纽、场站功能，实现服务人性化、管理智能化，做好“三个服务”，实现“三个转变”。

(1)强化以人为本和节能环保理念。客运站是人流、车流密集的公共场所，必须强调降低能耗、减少污染、保护生态、不断增进人与自然的和谐。如以广州市海珠客运站为代表的一批新建客运站，在建设中充分体现了“生态环保”、“以人为本”等理念，广泛应用现代建筑工艺和高新技术，使得客运站的乘车环境大为改观，旅客出行的方便舒适程度大大增强。

(2)不断强化“门到门”服务理念。大交通管理体制下，今后道路客运等多种运输方式将进一步统筹发展，延伸“门到门”的运输服务理念，城市对外交通与城市内部交通的组织和网络体系日趋成熟，客运枢纽、场站的衔接作用进一步凸显。而复杂的运输组织和衔接，对运输枢纽、场站管理提出了更高的要求。不但要求提供一目了然的诱导标识等人性化的服务，更要实现设备设施和调度管理标准化和规范化，因此必须不断加强信息化等智能化管理手段的应用，在安全保障、电子诱导、购票检票、快速换乘等各环节实现信息共享，简化环节手续，方可实现科学组织，真正做好“以人为本”。

3. 综合运输枢纽呈现立体化发展趋势

立体化主要是指运输枢纽、场站空间组合的立体化。随着经济社会的不断发展，人民生活水平的不断提高，人们对出行的质量、出行的效率要求越来越高；同时为了节约土地，顺应创造节约型社会的时代要求，落实环境友好型、资源节约型的交通行业发展战略，客运枢纽、场站的建设积极推行并逐步实现“以人为本，零距离换乘”的服务理念，向立体化、综合客运枢纽方向发展。在功能上，传统的单元联结模式也被多种功能的复合结构所代替，即功能和管理一体化。如北京东直门交通枢纽就是立体化设计的典范（图5-13）。

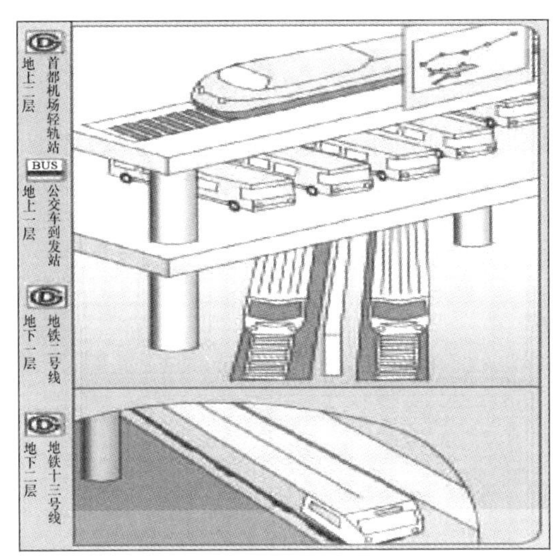

图 5-13　北京东直门交通枢纽图

4. 枢纽、场站注重功能定位与层次划分，客运站向多元化、专业化方向发展

随着人民生活水平的日益提高以及高速公路的飞速发展，人们的出行要求更加多样化和个性化，在发展综合性主枢纽客运站的同时，还需要建设大量的卫星站，并大力发展高速公路专线客运站、旅游客运站等，更加注重客运站的功能定位与层次划分，不断向多元化、专业化方向发展。

如桂林琴潭客运站（图 5-14）即以旅游集散服务为主要功能，该站的建成为游客出行提供了很大的便利。

图 5-14　桂林琴潭客运站

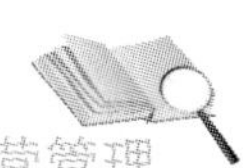

5. 物流中心、物流园区是道路货运枢纽、场站未来的发展重点

部分有条件的货运站通过整合现有场站资源，开展收货、配送、加工、包装、金融等货运上下游延伸服务，或以现有场站为核心，将其作为物流园区的核心和启动项目，整合其他资源或与规划的物流园区一起开发，实现向物流园区的转变；部分货运站结合当地物流市场需求，改造为专业性强、规模相对较小的物流中心，如配送中心、集货中心、分货中心、转运中心、加工中心等；部分货运站通过联合、兼并、重组等方式，并入大型物流企业，完成整个企业物流链中诸如配送、转运、仓储等部分环节的作业。也可作为大型物流企业的外协单位，成为其专业物流服务提供商，成为大型物流企业整个物流体系的一个环节。

物流园区将进一步朝专业化方向发展。今后物流园区将围绕建设“加工中心”来引进加工增值型物流企业；围绕建设“分销中心”和“跨国采购中心”来引进跨国的、区域性的采购、分销型物流企业；围绕建设“结算中心”来引进区域性总部型物流企业；另外在物流园区建设中将更重视功能分区，把园区功能综合化与分区功能专业化有机结合起来，形成“一园多区、一区一专”的特色、高效发展模式。

四、政策建议

为了进一步促进运输枢纽、场站良性发展，适应新时期综合运输的发展趋势，满足人们对交通运输日益增长的需求，提高交通运输业对国民经济发展的支持和贡献，结合我国运输枢纽、场站基本情况和未来发展方向，现提出以下五个方面政策建议。

（一）进一步提升规划层次，加强规划协调，确保规划落实

1. 提升道路运输主枢纽规划的法律地位

目前，港口、机场、铁路枢纽规划都是由国务院批准实施的，其地位较高，规划落实相对较为容易。而道路运输枢纽、场站规划都是由各级交通运输主管部门制定，层次较低，建议交通运输部根据加强综合运输体系的规划协调职责，尽快修编国家道路运输枢纽布局规划，提交国务院批准实施，确保道路运输枢纽规划与其他运输方式的枢纽规划具有同等法律地位，进而促使地方政府将道路运输枢纽、场站规划纳入当地城乡总体规划，确保规划的落地。

2. 实现与相关规划的有效衔接

（1）交通运输部门在制订道路运输枢纽、场站规划时，要加强与铁路等部门的协调。

根据高速铁路和城际轻轨的快速发展等新情况，与铁路、城乡建设等部门联合编制综合运输枢纽规划，实现不同运输方式的场站和枢纽建设的统一规划，协调开发，加快运输一体化进程，从根本上促进综合运输的发展。

(2)要加大工作协调力度。上海虹桥枢纽的经验表明，只要方向正确，不断努力，总能成功。

3. 改革货运场站、物流园区规划模式

货运场站、物流园区与客运场站、枢纽不同，主要服务于社会经济的发展，需更多地从大区域角度考虑与产业园区和重要交通节点的衔接，因此不宜由市、县级政府按照行政区划独立规划其发展，应由国家和省级交通运输主管部门主导，地方政府配合，大型物流企业参与，在充分考虑各地区经济发展特点和物流需求的情况下，共同制定区域性货运场站、物流园区规划，实现各物流网络之间，产业园区与交通枢纽之间无缝衔接，从而达到减少货物转运次数，提高运输效率，降低物流成本的目的。

(二)明确道路运输枢纽和场站的公益属性

道路客货运输场站的属性和定位是至关关键的问题，它直接关系到政府在道路客货运输场站规划、建设、运营全过程中所扮演的角色，以及道路客货运输场站用地、投融资、财政支持和运营模式等一系列问题。目前的认识中，多数将道路客货运输场站定性为准公共物品的范畴，既有公益性，又有经营性，而客运场站的公益性成分要强于货运场站。实际道路客货运输场站的经营性是依附在公益性的基础上的，与机场、港口、码头和火车站的属性并无实质区别，它们都依靠收取一定服务费用以确保其自身的可持续发展，为社会提供优质的公共服务。建议交通运输部着力加强两方面的工作：

1. 进一步突出道路客运场站、枢纽的公益性

随着城乡客运一体化的推进和全国各地城市群的快速兴起，道路客运结构与需求特征正在发生明显变化，即从城际间客运特征逐步向都市圈内客运特征转换，特别是一些短途公交化班车已具备了公交的职能。近年来新建的主枢纽客运站和综合客运枢纽大多都配套建设了公交场站，北京、上海、广州、深圳等大城市更是实现了道路客运场站与轨道交通站的有效衔接，这些都使得道路客运场站、枢纽的公益性特征更加明显。建议尽快明确道路客运场站、枢纽的公益属性。

2. 进一步突出道路货运场站和物流园区的公共服务基础设施属性

国务院《物流业调整和振兴规划》指出：“物流业是融合运输、仓储、货运代理和信息等行业的复合型服务产业，涉及领域广，吸纳就业人数多，促进生产、拉动消费作用大。但是我国物流业总体水平落后，严重制约国民经济效益的提高。必须加快发展现代物流，建立现代物流服务体系，以物流服务促进其他产业发展”，并明确提出要加强物流

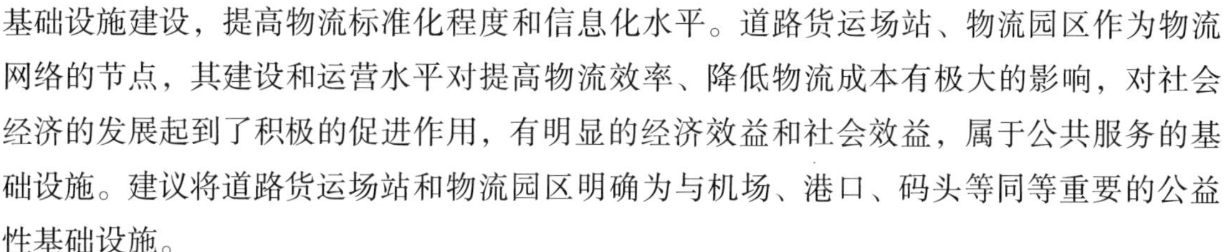

基础设施建设，提高物流标准化程度和信息化水平。道路货运场站、物流园区作为物流网络的节点，其建设和运营水平对提高物流效率、降低物流成本有极大的影响，对社会经济的发展起到了积极的促进作用，有明显的经济效益和社会效益，属于公共服务的基础设施。建议将道路货运场站和物流园区明确为与机场、港口、码头等同等重要的公益性基础设施。

(三)调整政策导向，加大场站建设资金扶持力度

从对经济社会发展作用来讲，客运站解决的是人民群众出行的问题，具有较强的公共服务功能，凸显的是道路运输在公众心目中的地位和作用；货运站解决的是经贸物流等方面的问题，具有较强的经济促进作用，凸显的是道路运输在国民经济发展的地位和作用。因此，要在调整道路客货运输场站、枢纽定位的基础上，积极争取相关部门优惠扶持政策，使两者齐头并举，均衡发展。

1. 完善土地供给机制

建议进一步协调国家发改委和国土资源部等部门，力争在相关法规和目录修订中，明确运输枢纽、场站为我国城乡基础设施的重要组成部分，为重点扶持的交通基础设施项目，明确综合运输枢纽是促进各种运输方式有效衔接，实现城乡运输一体化的关键节点，是未来综合运输体系发展的重点，其相关用地应由地方政府统筹优先安排。在国家层面尽快出台有关客货运输场站、枢纽和物流园区用地的相关优惠政策，明确要求地方政府将其用地纳入城市土地利用总体规划，在土地利用年度计划内优先安排。并针对目前土地“招拍挂”制度，出台相应的固定土地性质为客货运输场站、枢纽和物流园区的专项“招拍挂”制度或土地优惠划拨的政策，以减轻开发的土地成本压力。同时要力争税收优惠。降低土地使用税、营业税等。

2. 加大对货运场站和物流园区的扶持力度

道路货运场站和物流园区作为公共服务基础设施，需要政府统一规划，加大投入，以降低全社会的物流总成本。发达国家在这方面已有良好的经验，如：德国物流园区一般采取联邦政府统筹规划，由州政府、市政府扶持建设，公司化经营管理，入驻企业自主经营的发展模式。其资金来源由各级政府直接出资为主，信用贷款和企业投资为补充；日本物流园区由政府牵头确定市政规划、决定物流园区的选址、收购土地、将园区内的地块以生地价格出售给各物流行业协会，由协会以股份制的形式在其内部会员中招募资金用于土地购买和基础设施建设，政府对已确定的物流园积极加快交通设施的配套发展，在促进物流企业发展的同时，促使物流园区的地价和房产的升值，使投资者得到回报。

因此，对列入国家和省规划和扶持的货运场站、物流园区、物流配送中心、物流信息平台等，无论其投资主体，均应给予信贷资金扶持，并争取列入国债贴息项目。建议交通运输部从燃油税替代客货运附加费收入中使用部分资金设立物流发展专项扶持基金，对重点项目加大支持力度，提高补贴标准，以引导地方政府加大对物流业的投入，并争取吸引更多的社会资金投向现代物流业。各级交通运输主管部门的场站建设专项资金、技术创新资金、信息化改造资金等应积极支持物流企业的货运场站建设、物流企业信息化改造。

其中，对政府主导开发模式的物流园区，其规划、土地征用、基础设施建设和经营管理主要由地方政府承担，交通运输主管部门可在各种资金补贴方面加大扶持力度。该种模式的补贴资金以无偿方式进行，作为政府资本金投入；对政企联合开发模式的物流园区，由政府进行物流园区的总体规划及道路、通信、水电等基础设施建设，入驻园区企业负责具体项目的开发和经营。该种模式的物流园区交通运输主管部门主要对其基础设施建设提供相应的补贴资金；对大型物流企业主导开发模式的物流园区，地方政府应在统一规划的前提下，在企业土地征用方面给予一定的优惠措施，交通运输主管部门应为企业争取信贷资金扶持或列入国债贴息项目，并对企业技术创新和物流信息系统建设方面给予一定的资金支持。

3. 进一步增加道路客运枢纽、场站的补助资金

目前，虽然部和省级交通运输主管部门对客运枢纽、场站建设均安排了一定的建设补助资金，但随着农村客运站(亭)建设的推进和公交场站纳入行业管理，现有的补助总额显得杯水车薪。因此，有必要在现有补助资金的基础上，进一步提高资金总额，并专门设立公交场站和农村客运站(亭)补助专项资金，将其纳入客运枢纽、场站总体建设和规划，迅速改变目前公交场站和农村客运站(亭)建设落后的局面。

(1)应协调国家发改委等部门，确保不因体制变化影响公交场站原有资金渠道：维护税、市政基础配套费、出让金。

(2)加大枢纽、场站建设补助资金在现有渠道中的比例。根据《关于促进道路运输业又好又快发展的若干意见》的有关规定：要保证70%以上的客货运附加费用于道路运输发展……在资金使用上，重点投放在道路运输场站、农村客运……另外根据《国务院关于实施成品油价格和税费改革的通知》(国发〔2008〕37号)的精神，燃油税替代公路养路费等六项收费，改革后形成的交通资金属性不变、资金用途不变。因此建议交通运输部进一步制定燃油税替代客货运附加费收入中用于道路运输场站、农村客货站(亭)的具体比例，加大该项投入，各省参照该比例执行。

(3)改革补助方式。可借鉴广西区将补助资金作为投资回收、滚动基金的方式，引导

地方政府投资建设枢纽和场站。

(四)制定完善有关标准和法规，规范建设与行业管理

1. 修改相关标准

修改完善《汽车客运站级别划分与建设要求(JT/T 200—2004)》、《汽车货运站(场)级别划分和建设要求(JT/T 402—1999)》两个标准。以适应各地经济发展水平的差异，重视功能的完整性，弱化土地面积等刚性指标，强调与公交、出租等方式的配套和无缝换乘等。

2. 制定新的标准

制定运输枢纽、公交场站及物流园区的建设及等级划分标准，制定运输枢纽信息化建设标准及指示标牌规范。

(五)加快信息化建设，促进行业进步，提高服务水平

运输枢纽、场站是客货集散的重要场所，是为旅客、货主提供安全、高效、便捷和人性化的服务的基地。要跳出传统客、货场站的建设运营模式，逐渐向信息化、系统化、网络化方向发展。应用现代信息化技术，建设设施先进、功能完备、信息灵通、管理科学的运输枢纽，实现管理现代化、智能化，提供优质的公共服务，强化安全监管。

1. 制定信息共享标准

建议交通运输部从全局出发，打破条块分割及地方保护主义，多部门合作，以枢纽、场站为节点，实现运输信息的有效交流和共享，提高运输组织化程度。应制定全国统一的港口、码头、机场、客货运输场站和物流园区信息化标准，确保今后各个运输节点的信息系统之间的联通和数据互换，以便全面实现运输信息的有效交流和共享，从而推动运输信息化的整体发展。

2. 构建两大信息系统，提高管理和服务水平

(1)以道路客运场站信息平台为基础的联网售票系统，尽快实现全国联网站外售票，改变道路运输的服务方式，实现“三个转变”。

(2)以场站信息化数据为核心的政府管理决策和公共服务信息系统，加强交通运输部门对枢纽、场站的管理和监控，为公众提供便捷、高效的出行信息服务。

3. 加大信息化建设资金投入

建议交通运输部加大道路运输信息化建设资金投入，推进行业信息化发展。如设立道路运输信息化建设专项补助资金，组织建立全国性的运输枢纽、场站及物流公共信息平台，做好政府部门之间、企业之间以及政府与企业间的数据交换等。

轨道交通部分

一、轨道交通发展现状

(一)城市轨道交通的发展

自1965年北京地铁一期工程建设以来，经过40多年发展，我国城市轨道交通建设取得了显著成绩，截至2008年年底，我国先后有北京、天津、上海、广州、大连、长春、武汉、深圳、重庆、南京10个城市建成了轨道交通，有29条线路在运营，里程达849.41公里。北京、上海、广州三个特大城市轨道交通网络已经初步形成。我国已投入运营的城市轨道线路见表5-6。

根据不完全统计，全国轨道近期建设规划中，规划轨道线路72条，长度2232公里。同时，全国48个100万人口以上的特大城市中有25个城市正在进行轨道交通的前期工作。今后20年，城市轨道交通将高速发展。我国轨道交通近期规划情况见表5-7。

我国已建成运营的城市轨道线路 表5-6

序号	城市	线路名称	运营里程(公里)
1	北京	1、2、4、5号线、八通线、13、10号线、机场线、奥运支线、4号线	230.00
2	上海	1、2、3、4、5、6号线，8号线路一期、9号线一期、磁悬浮线	268.40
3	广州	1、2、3、4号线	116.00
4	天津	津滨轻轨、1号线	71.60
5	深圳	一期工程	21.80
6	长春	轻轨一、二期	31.96
7	大连	3号线、现代有轨电车	58.50
8	武汉	1号线一期	10.23
9	重庆	2号线	19.15
10	南京	1号线一期	21.77
合计		29条	849.41

我国轨道交通近期建设规划情况统计表 表5-7

序号	城市	规划年度(年)	线路数(条)	建设长度(公里)
1	上海	2005—2012	10	389.0
2	北京	2006—2015	15	447.4
3	广州	2005—2012	9	290.5

续上表

序　　号	城　　市	规划年度(年)	线路数(条)	建设长度(公里)
4	深圳	2003—2010	5	155. 2
5	南京	2004—2015	3	97. 6
6	杭州	2004—2010	2	82. 2
7	重庆	2004—2014	3	163. 9
8	武汉	2004—2010	3	59. 7
9	成都	2004—2013	2	54. 2
10	天津	2003—2010	2	51. 1
11	西安	2006—2015	2	50. 3
12	苏州	2003—2010	2	47. 4
13	哈尔滨	2004—2013	2	45. 5
14	沈阳	2004—2010	2	40. 9
15	长春	2003—2010	2	37. 5
16	宁波	2008—2015	2	72. 1
17	无锡	2008—2015	2	56. 1
18	长沙	2008—2015	2	45. 9
19	郑州	2008—2015	2	45. 4
合计			72	2231. 9

注：许多城市对规划进行了调整，上表不包括规划调整数据。

北京市在2009年地铁4号线开通运营以后，运营总里程将达到230公里，2010年达到300公里，2015年将形成三环、四横、五纵、七放射，总长561公里的轨道交通网络(图5-15)。届时，北京轨道交通每天的运送量将超过1000万人次。

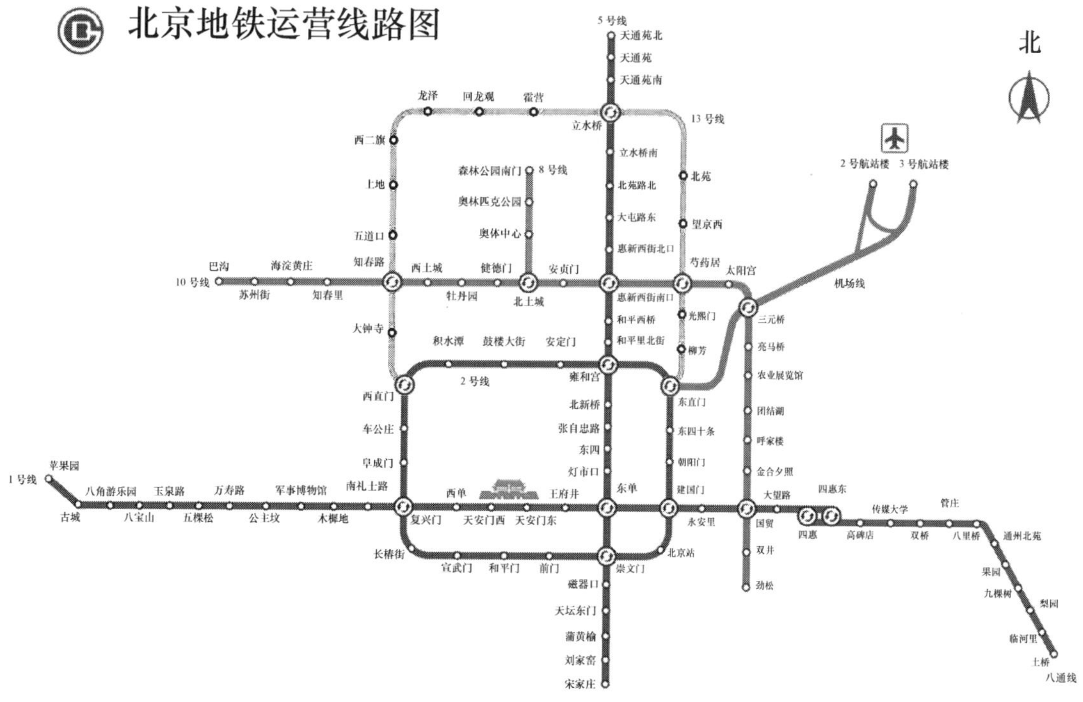

图5-15　北京地铁运营线路图

上海轨道交通目前开通运营的线路总长 230 公里。在建线路总长 193 公里，到 2010 年将建成 400 公里的轨道交通网络（图 5-16），为成功举办上海世博会提供便捷的交通服务。

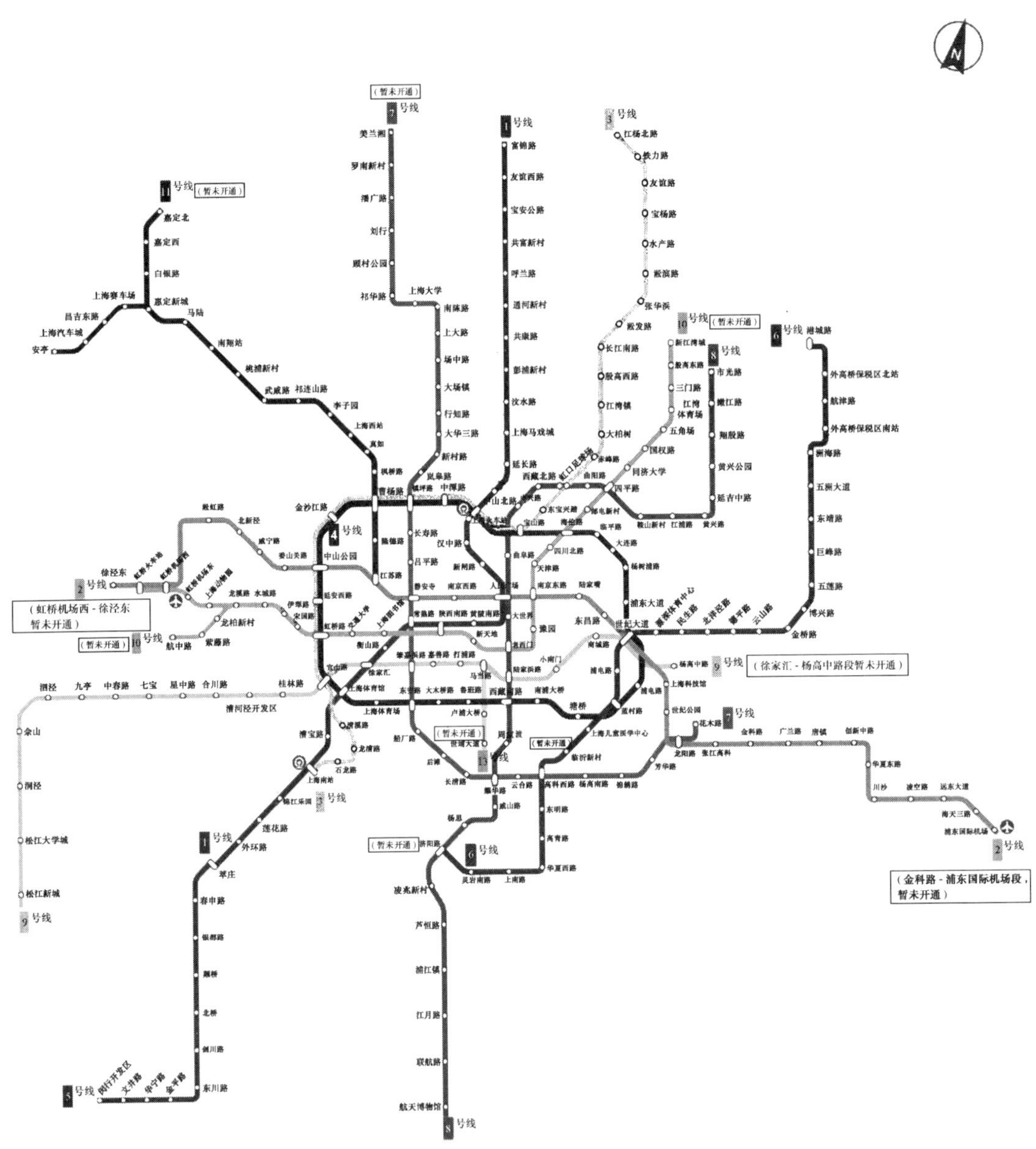

图 5-16　上海轨道交通网络示意图

广州目前运营线路总长 116 公里，在建 129 公里，2010 年将达到 211 公里（图 5-17）。

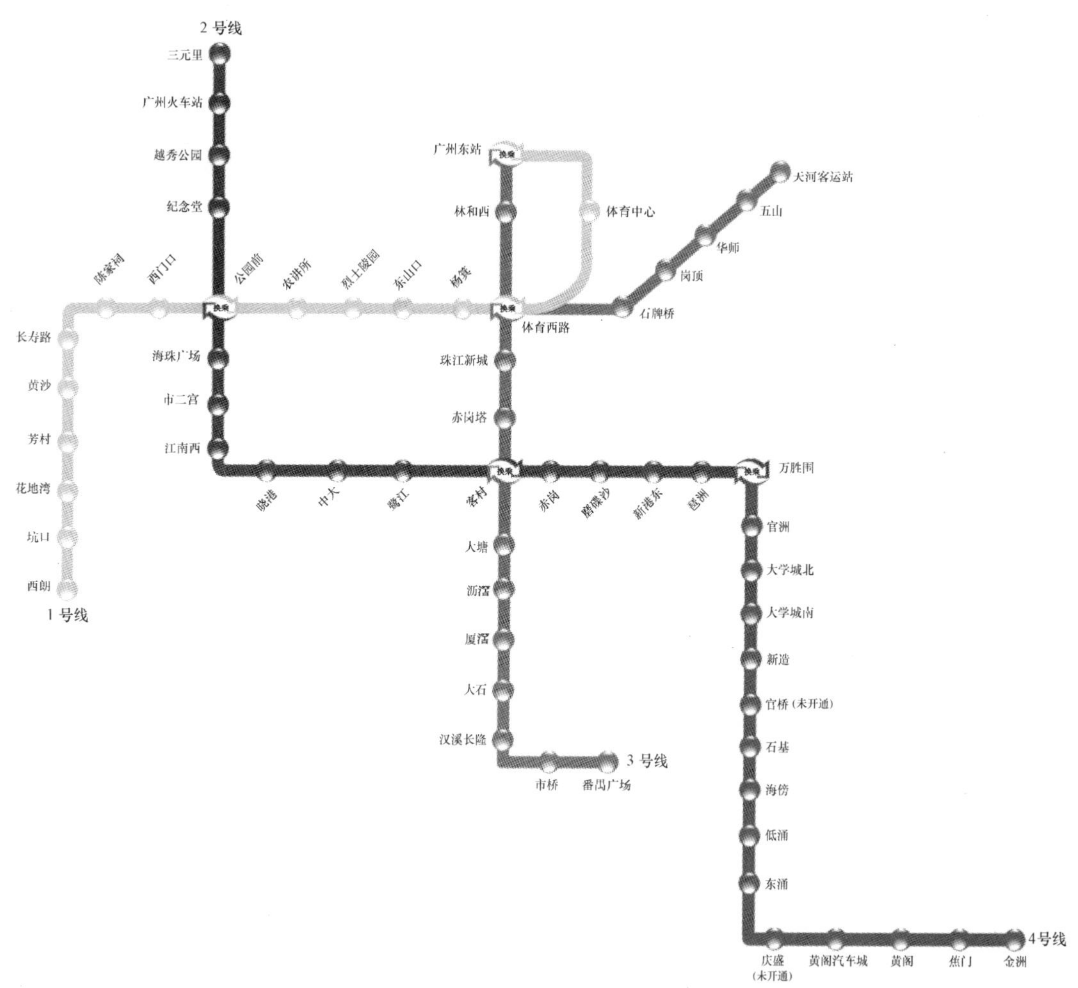

图 5-17　广州地铁网络示意图

(二)城际轨道交通的发展

2005 年，国务院已批准了《环渤海京津冀地区、长江三角洲地区、珠江三角洲地区城际轨道交通网规划》，致力于构建区域内“1～2 小时交通圈”。该规划旨在充分发挥环渤海京津冀、长江三角洲和珠江三角洲地区在我国经济发展的龙头作用，适应三地区城际旅客运输需求快速增长的需要，缓解区域交通运输紧张状况，推进城镇化和经济一体化的进程。目前，珠三角城际轨道交通网（图 5-18）主轴广珠城际线(含中山至江门段)和穗莞深项目均已动工；穗莞深城际线已于2008 年12 月开工，成为首个省里主导建设的城际轨道交通项目；莞惠城际线已于 2009 年 5 月开工；广佛城际线已由广州市与佛山市共同出资以广州地铁模式进行建设，预计明年建成。

根据经济和社会发展需要，武汉都市区、辽宁中部城市群、长株潭城市群、成渝城市圈、中原城市群、关中城镇群、海峡西岸城镇群、辽宁中部城市群、山东半岛城市群城际等地区也将建设城际轨道交通。

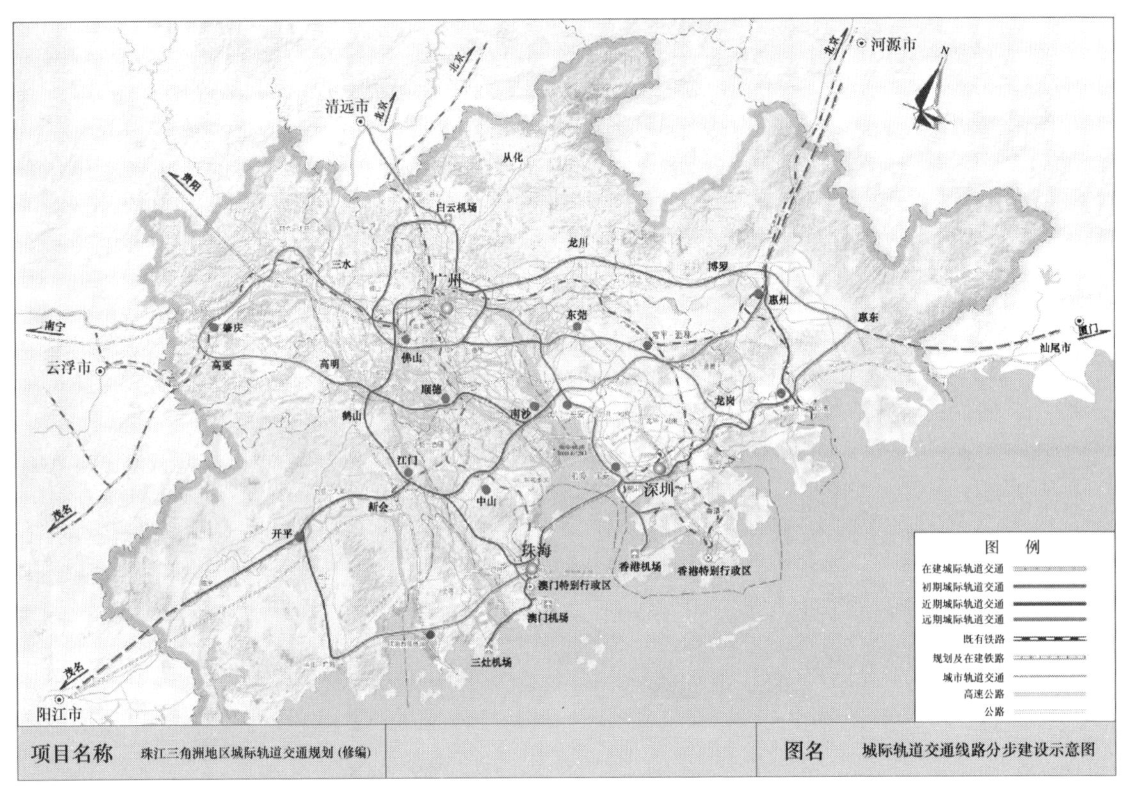

图 5-18 珠三角城际轨道交通规划示意图

(三)轨道交通投资及运营管理

40 多年来，我国轨道管理体制走过了一条漫长而曲折的道路，吸取国外先进经验和教训，经过不断探索和实践，创造性地建立了一套基本符合中国具体实践和充满地域特色的管理经营模式。

1. 北京模式

北京模式的形成和发展在很大程度上是中国地铁建设的缩影。自 1965 年开始建设 1 号线以来，北京地铁体制不断改革，现形成了以北京市国有资产管理委员会负责对三大公司(正局级)的监管：北京市城市设施投资公司负责规划和投资，北京市轨道交通建设管理有限公司负责建设管理，北京地铁营运有限公司负责营运。北京市交通委员会负责运营行业管理，规划、建设由相关部门进行行业管理。

2. 上海模式

上海地铁经过不断地改革和发展，管理模式从传统逐步形成了投资、建设、营运、监管“四分开”模式，上海申通集团公司负责投资、多家建设单位如上海地铁建设管理公司等负责建设、多家营运机构如上海地铁营运公司等负责营运。上海城市交通运输与港口管理局负责运营行业管理，规划、建设由相关部门进行行业管理。

3. 广州模式

广州地铁不断探索体制改革，实现事业部制的一体化管理，在地铁总公司内设建设事业总部、营运总部、财务总部、企业管理总部、资源开发总部等，以及附属公司和设计院，实现规划、建设、营运和资源开发一体化管理。

4. 国内其他城市模式

其他城市由于处于建设初期，往往只有建成一条线，没有形成网络，大都采用类似广州模式或指挥部形式，如南京、重庆、武汉、长春、大连、沈阳、杭州、成都、哈尔滨等。天津有地铁公司(负责地铁建设与营运)及滨海线轨道交通公司(负责滨海轻轨线建设与营运)。深圳现有深圳地铁公司、3 号线建设投资管理公司、深港 4 号线项目公司等。深圳市交通运输委员会负责轨道交通的规划、建设、运营一体化行业管理。

二、轨道交通发展主要成效和存在问题

(一)轨道交通发展初具规模，在特大城市交通中发挥骨干作用

建设城市轨道交通系统，是贯彻落实科学发展观和建设节约型社会，实施优先发展城市公共交通的战略部署的重要举措。在各级政府的高度重视下，轨道交通建设得到了大量的资金和政策扶持，轨道交通快速发展。

1. 运营线路初具规模

目前，我国多个城市、多条线同步加快建设，北京等 10 城市共计 20 多条线路建成并投入营运。

2. 行业发展初具规模

通过引进和消化，初步实现了城市轨道交通车辆、设备制造本地化，使城市轨道交通建设造价大大降低。经过近 8 年的不懈努力，轨道交通设备国产化取得了显著成效：城市轨道交通设施设备综合国产化率达到了 70% 以上，设备价格和运行维护费用大幅度

降低，减轻了各城市的投资压力，促进了城市轨道交通设施的建设。同时，也培育成长了一批城市轨道交通设备生产企业和科研院所，使我国形成了比较完备的轨道交通设备制造体系，壮大了我国装备制造业的规模和综合实力。如江苏省城市轨道交通产业基地基本形成，除满足国内市场需求外，还逐步拓展到海外市场。重庆将花 5 年时间打造轻轨设备产业链，上海的城市轨道交通产业也初具规模。

3. 人才积累初具规模

40 多年的发展、近 20 多年的建设积累以及近 10 年的高速发展进程，形成了一批专家和技术骨干。

4. 技术积累初具规模

40 多年的发展，城市轨道在设计、施工、运营等方面积累了很多经验，地铁设计、安全远程监控预警技术、土建施工技术等都已达到国际先进水平。在新型交通系统方面，由单一的传统轮轨模式发展成多种制式并存，形成了建设和运营的自有技术体系。

5. 营运管理逐步智能化

北京、上海、广州、深圳等地推广使用了“一卡通”城市公共交通卡，提高了旅客服务水平和工作效率。北京市轨道交通指挥中心于 2008 年 12 月 26 日全面投入使用，这标志着北京市轨道交通发展进入网络化运营管理新时代，结束了北京轨道交通一条线路一个调度控制中心的历史，提高了整体运营效率和综合调度指挥能力。北京轨道交通指挥中心是目前世界上集指挥调度和票务清算两大功能于一体，包括轨道交通路网指挥调度中心、路网票务清算管理中心、14 条轨道交通线路的控制中心及相应配套设施，是规模最大、接入线路最多、智能化水平最高的轨道交通调度指挥中枢。依托指挥中心可以在不同运营主体之间建立起快速、高效、可靠的协调机制和快速反应机制，不断完善紧急突发事件快速处置。

6. 轨道交通在城市交通的骨干作用日益显现

城市轨道交通对解决大城市居民出行发挥了越来越重要的作用，改善了城市交通，促进了沿线特别是城市轨道交通车站周边的土地开发。

(二)存在问题

我国城市轨道交通建设在快速发展的同时，因发展历史短，经验不足，仍存在许多问题。

1. 管理法规、行业标准比较欠缺

国家先后制定了轨道交通建设技术规范、标准以及轨道行业技术标准，规范轨道交通建设。2005 年，建设部制订了《城市轨道交通运营管理办法》（建设部 2005 年 140 号

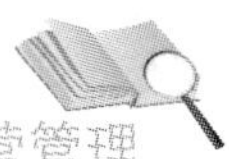

令)、《国家处置城市轨道交通应急预案》等，北京、上海、深圳等地出台了地方性法规，强化轨道交通营运和安全管理。但国家层面缺乏城市轨道交通营运的法规和标准体系，缺乏轨道交通的服务、经营管理规范和从业人员岗位资格规定。

2. 与其他交通运输方式衔接不畅

轨道交通系统与城市常规公共交通系统缺乏整体协调，衔接不顺，换乘节点、换乘枢纽的规划建设脱节，忽略了与公路、铁路、民航等大交通的协调与配合，换乘不方便。

3. 行业管理有待进一步加强

目前我国城市轨道交通在规划、设计、建设、运营各个环节上相互脱节，城市轨道交通管理体系有待进一步理顺。

一是我国现有城市轨道交通的运营技术、运营管理和市场营销战略等严重滞后，很大程度上依然停留在计划经济时期的内部管理模式上，不适应现代市场经济发展的大环境。二是营运行业管理缺位，大都由轨道交通企业自主监管，没有完善的公共服务质量监督。三是缺乏运营服务设施设备的规划建设准入制度，规划建设与运营脱节，导致建成之后的服务设施设备难以适应运营要求，而建成之后的服务设施设备难于通过改造等途径予以解决。四是新线试运营的准入制度有待完善。目前，新线投入试运营主要由专家对各系统的技术水平和条件进行认定和评估，试运营评估缺乏科学严谨的规范与标准。驾驶员、调度员等特殊岗位员工尚未统一规范的培训制度和准入制度。五是缺乏运营线路的后评估制度。轨道交通技术性强，系统集成度高，后评估工作尤为重要，对改革管理和今后轨道交通发展具有十分重要的意义。

4. 安全应急管理薄弱环节多

一是虽然大多数轨道运营企业都制订了一些应急预案，但不够细化，缺乏救援、抢险、消防、突发事件等不同类型的应急演练。二是安全的投入不够，安全设施设备有待完善。三是安全评估制度不规范，尚未建立科学有效的安全评估体系，缺乏统一、规范的安全评估标准。

三、国外部分城市及我国香港地区轨道交通运营情况

1. 纽约

作为美国公共交通规模最大的城市，美国纽约首段地铁 1904 年 10 月开通，现有 27 条总长 371 公里地铁线路，468 个车站，年客运量 14 亿多人次，是世界最大的城市地铁

网之一，也是世界上唯一日夜不间断运营的地铁。地方政府都市运输局下属的纽约市交通局负责纽约市的全部公共交通(含地铁)。纽约市交通局的地铁处负责地铁日常运营。纽约地铁运营亏损全部由政府补贴，2005 财政年度亏损 34.7 亿美元。

2. 伦敦

英国伦敦于1863 年开始运营世界上第一条地铁。伦敦地铁目前共有 12 条线路，总长 408 公里，275 个车站，年客运量9.72 亿人次，由伦敦运输局的全资子公司——伦敦地铁公司运营。2002 年以后，伦敦地铁公司将地铁系统的维护和基础设施供应工作以 30 年特许经营权转给了 3 个基础设施公司。基础设施公司的回报由固定支付和业绩支付两部分组成。如 2005 财政年度，完成 12.682 亿英镑总投资中，伦敦地铁公司(代表政府)直接投资 3.578 亿英镑，基础设施公司投资 9.104 亿英镑。伦敦地铁公司运营亏损全部由英国政府拨款弥补，2005 财年运营亏损 6.73 亿英镑，由伦敦交通局拨款弥补。

3. 东京

日本东京目前有 12 条总长 292.2 公里的地铁线路，由东京地下铁株式会社和东京都交通局运营。其中，东京地下铁株式会社运营 8 条总长 183.2 公里的线路，共 168 个车站，首通时间为 1927 年，目前年客运量达 20 多亿人次；2005 财政年度，整体盈利 734 亿日元，除去政府补贴收入、运营外收入和不完全折旧后，运营仍亏损。

4. 新加坡

新加坡目前有 3 条总长 109.4 公里的地铁线路，由新加坡地铁有限公司和 SBS 有轨交通运营。其中新加坡地铁有限公司作为政府控股的上市公司，运营 2 条共 89 公里线路，车站 51 个，首通时间为 1987 年，目前年客运量近 4 亿人次。新加坡地铁有限公司实行地铁和公共巴士一体化经营，整体运营有盈利，但除去巴士等业务的地铁运营是亏损的；2005 财政年度整体盈利 0.6 亿新元，其中巴士业务盈利约 3 亿新元，地铁运营亏损约 2.4 亿新元。

5. 首尔

首尔目前有 8 条总长 286.9 公里的地铁线路，由首尔市地铁公司和首尔市捷运公司运营。其中首尔地铁公司运营 4 条共 134.9 公里线路，车站 115 个，首通时间为 1974 年，目前年客运量达 10 多亿人次，运营仍然亏损；2005 财政年度首尔地铁公司亏损 817 亿韩元，由政府补贴。

6. 香港

香港地铁被公认为全球首屈一指的铁路系统，以其安全、可靠程度、卓越顾客服务

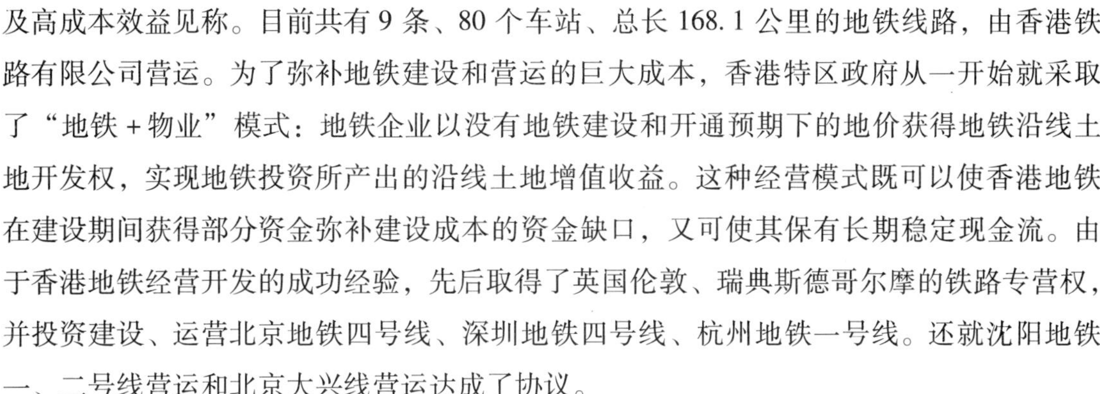
及高成本效益见称。目前共有 9 条、80 个车站、总长 168.1 公里的地铁线路，由香港铁路有限公司营运。为了弥补地铁建设和营运的巨大成本，香港特区政府从一开始就采取了“地铁 + 物业”模式：地铁企业以没有地铁建设和开通预期下的地价获得地铁沿线土地开发权，实现地铁投资所产出的沿线土地增值收益。这种经营模式既可以使香港地铁在建设期间获得部分资金弥补建设成本的资金缺口，又可使其保有长期稳定现金流。由于香港地铁经营开发的成功经验，先后取得了英国伦敦、瑞典斯德哥尔摩的铁路专营权，并投资建设、运营北京地铁四号线、深圳地铁四号线、杭州地铁一号线。还就沈阳地铁一、二号线营运和北京大兴线营运达成了协议。

四、政策建议

(一)理顺管理体制，明确责任

(1)推广深圳经验，鼓励城市政府将轨道交通规划、建设、营运统一归口城市交通运输主管部门管理，负责公共交通的规划、投资、建设、运营监管，实现一体化行业管理。

(2)在目前体制现状下，交通运输部门和城乡建设部门应建立联席会议制度，加强沟通协调，共同做好轨道交通的行业管理。

(3)以轨道交通竣工验收为界线，理清交通运输部门与城乡建设部门的职责，在竣工验收前，交通运输部门主要参与轨道交通的规划、建设、试运行和竣工验收工作。在竣工验收后，交通运输部门负责组织新线试运营的准入评估以及营运管理。

(二)建章立制，强化营运管理

(1)国家层面应制定轨道交通管理法规体系，规范轨道交通的规划、立项、建设、营运管理。

(2)制定轨道交通营运管理规定，建立新线试运营准入制度，明确轨道交通运营准入标准、条件以及经营年限，强化行业主管部门的营运监督管理。

(3)建立驾驶员、调度员等特殊岗位员工的培训制度和准入制度，提高从业人员的素质。

(4)制定服务质量、安全生产标准及其考核办法，不断提高服务水平。

(5)建立健全安全应急保障机制，提高应对突发事件的能力。

(6)参与制定轨道交通的规划、建设标准和规范，推动轨道交通标准化、规范化、网络化、智能化发展。

(三)学习借鉴香港经验，提高运营管理水平

香港铁路有限公司运营211.6公里地铁、轻轨和机场铁路，2009上半年运送量5.87亿人次，占利用公共交通工具出行人次的42%，平均车费6.53港元。上半年总收入86.3亿港元，其中车费55.3亿港元，车站商务和铁路相关收入16.5亿港元，物业租赁和管理收入13.6亿港元，开支38.3亿港元，收支相抵获利48亿港元；另加物业开发利润21.5多亿港元，总利润约69.5亿港元，在金融危机的冲击下仍比去年同期增长35%。香港铁路公司获得了北京地铁4号线(公私合营模式)，深圳4号线(现金补助模式)、沈阳1、2线(营运和维修特许经营模式)的经营权；今年1月和6月又分别获得斯德哥尔摩地铁专营权、墨尔本铁路首选承办商(占60%权益)。

我国轨道交通将以超常的速度发展，据现有规划统计，2020年运营里程将达到5500多公里。因此，我们应认真学习借鉴香港经验，建立全国统一的运营模式。一是按照现代企业制度要求，完善轨道交通企业法人治理机构，不断提高企业管理水平。二是打破地域封锁，培育几个高水平的轨道交通运营商。三是以企业和相关院校为主体，建立轨道交通运营人才培训基地。

调研专题六

车辆技术和机动车维修市场管理

河南省交通运输厅
陕西省交通运输厅
内蒙古自治区交通厅
福建省交通厅
青岛市交通委员会
杭州市机动车服务管理局

调研专题六调研人员名单

调研领导小组

组　长：董永安

副组长：李和平　宋海滨　李永民　姜革锋　张洪训　汪雪祥

调研协调小组

组　长：李和平

副组长：吕全德　郑仲莘　吕东昌　苏　辉　杨效林　汪雪祥

调研工作小组

组　长：吕全德

副组长：王新宪　杜玉清　李书勤　李　擎　张兴东　王学明
王春华　寿益民

调研报告撰写人员

李书勤　王新宪　徐彩琴　齐　林　陈玉华　段文堂　杨安科
魏治国　赵安方　张武奎　张守全　杨　兵　祝可人　陈文兰
黄文辉　林宝光　庄锡平　林朝阳　张爱菊　李　京　郭　莹
鲍　江　关兴群　曹慧武　周红戟　衣力钢　徐　栋　王玉新
郭广沛　于为民　张　懋　吴　峻　吴向红　朱益军　俞凌枫
盛艳波　罗家明　陈水明　范　健　蔡建华　佟澮州

调研工作概况

为了应对新时期道路运输管理工作中出现的诸多新情况、新问题，交通运输部于2009年7月至9月，在全国范围内开展了新时期道路运输业发展大调研活动。此次活动是全国交通运输行业的一件大事，是道路运输行业落实科学发展观，体现路运并举，实现“三个服务”的重要举措，也是对道路运输发展方向的重新确定和道路运输管理理念的巨大调整，它对道路运输业健康有序和可持续发展，不但具有战略意义，而且具有重要的现实意义，对行业管理将产生深远的影响。按照交通运输部的部署，大调研活动共设10个专题，其中由河南省交通运输厅牵头，福建、陕西、内蒙古自治区交通厅、青岛市交通委员会、杭州市机动车服务管理局协助，共同负责专题六——“车辆技术和机动车维修市场管理”的调研任务。

调研组各成员单位对调研工作高度重视，主要领导亲自挂帅，抽调精兵强将，拨付专项资金，成立了专题调研领导、协调和工作三个小组，做到思想认识、组织领导、目标责任、工作措施、人员配备“五到位”，并制订了大调研活动实施方案，采取团结协作，倒排工作日程、全面启动、突出重点、交叉进行、分步实施等措施，力求高质量、高效率完成调研任务。

在调研过程中，专题调研组紧密围绕“查实情、找问题、理思路、转观念、提措施、谋发展”的调研工作方针，坚持本着行业的事情大家办，发展的大事大家研，管理的政策大家献，遇到的矛盾大家解的原则，认真组织，积极负责，密切配合，细致深入地开展调研工作。

本次调研我们始终遵循宏观与微观、务虚与务实、当前与长远并重的思路，紧紧抓住“两条主线”开展工作：一是抓住车辆技术管理如何为道路运输业提供安全有效的技术保障这条主线；二是抓住维修市场管理如何为国民经济发展和社会大众提供专业、便捷、高效、优质的服务这条主线。在调研方法主要采取“三个结合”：一是管理人员和院、校专家相结合的方式。在调研中我们积极邀请交通部公路研究院、规划研究院、河南农业大学等科研机构和大专院校专家全过程参与调研活动，既确保调研情况来源于基层的真实性，又保证了调研报告在技术理论上具有一定的前沿性。二是现场调研与问卷调查相结合的方式。在调研中对部分管理部门、运输企业、维修企业、综合性能检测站、汽车制造厂以及消费者进行了深入调研，共召开座谈会61次，走访道路运输和维修企业200余家，发放、收回调查问卷11213份，调查表2118份，通过互联网调查1521人。三是省内与省外调研相结合的方式。从2009年7月15日起专题调研组各成员单位同步开展对本地区车辆技术和维修市场管理调研工作，并于8月下旬提交各省、市的专项调研报告。调研组根据前期省、市调研结果，有针对性地组织对河南、内蒙古、福建、陕西4个省、自治区进行了实地专题调研，进一步摸清了行业现状，为撰写报告打下了坚实基础。

另外，为使调研结果具有广泛性和代表性，调研组还采取向有关省(市)发调研函，组织召开全国性专家座谈会等方式，分别征求了北京、上海、浙江、江苏、吉林、辽宁、黑龙江、云南等省、市，以及交通部规划研究院、科学研究院等科研院所和汽车维修业管理杂志社的意见和建议，力求多角度了解业内情况。

调研报告形成初稿后，又征求了山东、江苏、北京、吉林以及广东佛山市运管局、交通局意见，吸纳了许多建设性建议，使调研报告更具有全面性、可行性，并请专家对报告进行了评审。在整个调研工作中，调研组深深感受到领导的重视和行业人员的支持。本次调研的成功，不仅是专题调研组的成绩，更是全国道路运输行业集体智慧的结晶。

由于本次专题调研工作时间紧、任务重、要求高，本调研报告难免存在不足之处，望各位领导、专家不吝指正。

车辆技术管理部分

车辆技术管理是道路运输管理体系的重要组成部分，其主要任务是为道路运输车辆提供技术支持和保障。车辆技术管理工作，不仅关系到国家节能减排等有关政策的落实，关系到运输效率的提高，更关系到经济的发展和人民生命财产的安全。

车辆技术管理是要素管理，其对象是营运车辆，不包括非营运车辆(社会车辆)。车辆技术管理是道路运输管理工作的诸多要素(驾驶员、车辆、场站枢纽、班线等)之一。从这个意义上来说，车辆技术管理不构成一个完整的管理体系，而只是道路运输管理体系中的一个支撑性和保障性的要素，其目的是更好地为道路运输管理服务，促进道路运输发展目标的实现。

一、车辆技术管理的主要做法与成效

(一)基本情况

道路运输业车辆技术管理是道路运输管理的重要组成部分，贯穿于运输经济活动的始终，是道路运输业的支撑与保证。在我国由计划经济向市场经济转变的过程中，车辆管理的内容、对象和方式都发生了深刻变化。1983 年，交通部提出“有路大家行车”，开放搞活了道路运输市场，道路运输生产力突破所有制束缚，得到了极大解放。1990 年，交通部依据我国改革开放以来的有关法规、政策，吸取国内外技术管理的科研成果，总结了新中国成立以来历次发布的技术管理制度，制定了以《汽车运输业车辆技术管理规定》为龙头的一系列的政策法规、技术标准和规范，形成了较完善的车辆技术管理体系，规范了汽车运输业的技术管理行为，明确了政府职能由部门管理向行业管理的转变，提出了“择优选配、正确使用、定期检测、强制维护、视情修理、合理改造、适时更新和报废”的管理方针，体现了坚持预防为主和技术与经济相结合的原则，界定了全过程与全方位管理的范围，突出了以车辆为管理的主要对象。据此确立的车辆技术管理指导思想和目标是：以提高道路运输车辆技术状况、促进车辆结构合理调整为主线，以科技进步和技术创新为动力，充分运用技术的、经济的、法律的和必要的行政手段，建立道路运输车辆进退市场管理机制，优化车型结构，加强对车辆维修、检测的监督管理，提高车辆使用的可靠性和安全性，有效节约资源，全面推动行业技术进步，促进我国道路运输运力结构水平的不断升级，为提高道路运输竞争能力和可持续发展提供技术支持和运力保障。

（二）主要做法

多年来，道路运输车辆技术管理工作紧紧围绕交通工作大局，以法规标准建设为基础，以监管体系建设为中心，以管理理念创新为突破，牢牢把握车辆准入、运行、退出关键环节，积极参与运输生产全过程管理，为道路运输发展提供支持和保障。

进入21世纪以来，道路运输管理机构坚持以科学发展观为指导，认真贯彻落实党中央、国务院的方针政策和决策部署，思路明确，措施有力，从经济社会发展的实际出发，从适应人民群众出行需要入手，切实履行“三关一监督”（即把住运输企业的市场准入关、营运车辆的技术状况关、营运驾驶员的从业资格关，搞好“汽车客运场站安全监督”）职责，全面开展车辆技术管理工作，保证了道路运输业持续快速发展。

1. 建立了车辆技术管理法规标准体系

道路运输管理机构重视用法规体系建设把握车辆技术管理方向，用标准规范体系建设奠定车辆技术管理基础。

1）加强了法规体系建设

加强法规体系建设是车辆技术管理工作的前提。改革开放之后，交通部于1990年适时出台了《汽车运输业车辆技术管理规定》（第13号令），该规定作为车辆技术管理的核心法规，指导制定了一系列的制度、标准、规范；指导道路运输管理机构全面开展车辆技术管理工作。

2002年，《交通部关于进一步加强道路运输车辆管理的若干意见》（交公路发〔2002〕57号）进一步细化了道路运输车辆市场准入制度。各地道路运输管理机构严格按照交通部“三关一监督”的工作要求，把好营运车辆准入关。对符合道路运输车辆结构调整和运输市场需要的先进适用车型进入道路运输市场，施行优先和鼓励发展的措施。

随着我国法治化进程的加快，2004年《中华人民共和国道路运输条例》（以下简称《道路运输条例》）正式颁布实施后，与其配套的交通行政规章相继出台，从而以《道路运输条例》为龙头，以部颁规章为基础，以地方性法规、规章为补充的道路运输管理法规体系基本形成。对于严格运输市场车辆准入，促进道路运输发展，发挥了非常重要的作用。

2）完善了标准规范体系

车辆技术管理需要标准和规范支撑。为了配合《汽车运输业车辆技术管理规定》的

施行，提高车辆技术状况，保证运输安全，交通部及时制定了交通行业标准《汽车技术等级评定标准》（JT/T 198—95），对于运输车辆技术等级的划分与评定方法作出规定，为20世纪90年代初期开展车辆技术等级评定创造了必要条件。随着运输环境的变化，2004年，修订出台了《营运车辆技术等级划分和评定要求》（JT/T 198—2004），更新了车辆等级的含义，增加了评定检测项目，提高了检测技术要求，较好地满足了现实条件下的需要。

为了加强车辆技术管理现代化手段，2001年交通部组织起草了强制性国家标准《营运车辆综合性能要求和检验方法》（GB 18565—2001），明确了营运车辆综合性能技术要求和检验方法，与车辆技术等级划分和评定相配套，促进了车辆技术技术等级评定工作的开展。

为了充分发挥道路运输车辆检测手段，加强检测行业管理，1999年交通部组织制定了《汽车综合性能检测站通用技术条件》（GB/T 17993—1999），对综合性能检测站分类及其检测项目、设备条件、人员条件、厂房与场地条件、管理制度等作出规定，为综合性能检测站的设立提供了依据。为适应经济发展与社会进步，该标准修订为《汽车综合性能检测站能力的通用要求》（GB/T 17993—2005），为新形势下实施检测站升级改造和道路运输管理机构转变管理方式，创造了条件。配合综合性能检测站升级改造，交通部也适时提出了《汽车检测站计算机控制系统技术规范》（JT/T 478—2002），为强化检测站管理，保证检测结果客观、公正，提供了技术支持。

为了落实道路运输车辆维护制度，1995年交通部出台了行业标准《汽车维护工艺规范》（JT/T 201—95）。1997年5月，中国道路运输协会汽车维修分会组织编写了包括44种车型的《汽车维护规范》，作为JT/T 201—95的补充，扩大了应用范围。1999年初，交通部组织公路科学研究所等单位对JT/T 201—95进行修改，升格为国家标准《汽车维护、检测、诊断技术规范》（GB/T 18344—2001），并且增加了配套性文件附录A（主要车型维护工艺规程），它对各类车型汽车维护、检测、诊断技术规范以导则的形式作出提示。分轿车、货车、客车三部分，涵盖47个车系，基本解决了原行业标准适用面过窄问题。该技术规范作为原则性很强的通用性、指导性标准，适用于所有在用汽车，是汽车维修企业进行二级维护作业的重要技术依据，也是道路运输管理机构监管汽车维护市场的管理依据。

2. 建立了车辆技术管理监督体系

按照交通部《汽车运输业车辆技术管理规定》、《道路运输车辆维护管理规定》、《营运客车类型划分及等级评定规则》、《道路旅客运输及客运站管理规定》、《道路货物运输及站场管理规定》等规定精神，各级道路运输管理机构建立了各项管理制度，形成了以车辆技术档案为基础，以强制维护和技术等级评定为手段，以综合性能检测为保证的一套车辆技术管理监督体系，保持了车辆技术状况良好，促进了道路运输业健康发展。

1)落实了道路运输车辆综合性能检测制度

汽车综合性能检测是一种先进的实用技术，道路运输管理机构坚持把车辆综合性能检测作为车辆等级评定乃至整个技术管理的主要手段，委托检测站开展检测活动，不仅保证了道路运输车辆经常处于安全、经济、可靠的状况下运行，增加经营者的经济效益，而且保证营运汽车技术状况始终在法律法规的监管之下，为交通部门落实“三关一监督”提供技术支持。

(1)认真抓好车辆综合性能检测站建设，促进检测制度落实。

车辆综合性能检测有利于提高车辆技术状况，降低运行消耗，保证运输安全，增加经济效益、社会效益和环境效益。全面落实道路运输车辆综合性能检测制度，是道路运输管理机构对营运车辆实施技术管理的重点工作，是监督营运车辆技术状况好坏的重要手段。为此交通主管部门坚持科学发展理念，始终高度重视汽车综合性能检测站的规划和管理。1991 年，随着《汽车运输业车辆综合性能检测站管理办法》的出台，各地的车辆综合性能检测工作开始起步，一是充分考虑当地车辆保有量和实际运行状况，遵循统一规划、合理布局的原则，确保检测行业健康有序发展，避免社会资源浪费及其引发的恶意竞争；二是道路运输管理机构充分调动社会各方面建设检测站的积极性，严格按照有关管理规章和国家标准进行审批，要求其领取《道路运输经营许可证》，并依法登记和取得计量认证后，才能接受委托开展营运车辆综合性能检测、汽车检测诊断技术服务经营活动；三是加强对汽车检测设备生产行业的引导，实行了检测设备型式认定制度，要求设备生产企业注重提高产品质量，优化产品结构，增加产品技术含量，健全市场竞争机制，为检测行业提供质优价廉的检测设备。经调查，全国已建成汽车综合性能检测站近 1600 座。

(2)实施综合性能检测站升级改造，提升综合检测能力和水平。

车辆技术管理工作坚持把汽车综合性能检测站的检测能力建设，作为管理工作的重点。随着经济发展与社会进步，车辆技术管理对综合性能检测的要求越来越高。2002 年以来，《汽车检测站计算机控制系统技术规范》(JT/T 478—2002)与《汽车综合性能检测站能力的通用要求》(GB/T 17993—2005)两项标准相继出台。各地有计划地组织综合性能检测站大规模升级改造，以高科技的现代化计算机网络，智能化的系统功能，来保证车辆综合性能检测的准确性和真实性。检测站升级改造之后，在节省人力，提高效率，防止漏洞，完善档案，服务跟踪等方面进步明显，推动了检测能力和水平的进一步提高。据调查，至今各省 90% 的综合检测站都在原来的基础上进行了升级改造。

(3)强化车辆综合性能检测管理，保证检测结果客观准确可靠。

车辆综合性能检测是业内外的敏感话题，其检测的规范性、公正性受到道路运输行业与社会各界的广泛关注。道路运输管理机构历来高度重视检测站管理工作，从增强服务观念入手，指导、规范车辆综合性能检测经营行为，要求检测机构全面公开检测工作程序、检测项目、收费标准、举报电话，提高检测工作透明度，接受社会和车主监督，保证检测服务质量，切实把检测服务工作做好，真正让用户放心。

道路运输管理机构积极采取一系列措施，加大对检测机构的监管力度。一是依据《安全生产法》、《国务院关于特大安全事故行政责任追究的规定》和交通部门规章，对检测机构实施监督管理，确保检测工作规范、公正、透明。在日常管理工作中采取不定期明察暗访方式监督检测机构设备联网、检测报告签发、档案管理、检测经营行为各方面情况，严肃处置检测缺项漏项、未经检测出具虚假检测报告、不按技术标准进行检测、检测操作不规范等违章行为。二是合理调整检测项目，修订完善检测报告单格式。三是采用全自动联网系统，实现检测信号采集、数据分析处理、检测结果判定和技术等级评定全部由计算机自动完成，并生成《检测评定报告》，提高了检测结果的科学性、公正性和权威性。四是推行服务承诺制，检测机构公开承诺事项、公正性声明、检测标准、收费标准、办事程序、监督举报电话等内容，自觉接受社会和用户的监督。

2)加强了道路运输车辆强制维护工作

汽车在使用过程中，随着行驶里程的增加，技术状况不断发生变化，使用性能也逐渐变坏。为了最大限度地发挥汽车使用性能，保证汽车在安全、环保、节能的状态下运行，需要定期地检查、诊断汽车技术状况，进行必要的维护和修理。认真抓好道路运输车辆强制维护工作，保证车辆安全节能环保高效运行，是车辆技术管理的根本目的。

(1)健全营运车辆维护管理制度，开展车辆定期强制维护工作。

车辆强制维护制度是在理论与实践反复证明的基础上提出并由行政法规确立的。交通部1990年发布13号令，确立了营运汽车强制维护的法律地位。2004年4月14日，国务院颁布《道路运输条例》，以行政法规的形式明确规定，“客运经营者、货运经营者应当加强对车辆的维护和检测，确保车辆符合国家规定的技术标准”。此项制度强调了预防为主和强制执行的原则，目的在于保持车容整洁，及时发现和消除隐患，防止车辆早期损坏，从而保证车辆经常处于良好的技术状况，延长其使用寿命，保证交通运输生产安全，降低车辆的运行消耗与维修费用，减少车辆的噪声与排气对环境的污染。在运输市场快速发展且不够完善的情况下，实施强制维护，遏制短期行为，对于提高经济效益、社会效益和环境效益，有着十分重要的意义，是一项利国、利民、利己的好事。

(2)加强营运车辆维护管理工作，全面落实车辆强制维护。

各级道路运输管理机构本着对人民、对社会负责的精神，一贯重视营运车辆维护管理，多年来做了大量的工作。推行营运车辆强制维护的初期，主要沿袭计划经济时期的传统管理办法，从维护作业过程与质量检验入手，督促维护工作落实。在维护作业方面，要求维护企业严格执行维护工艺规范，不得随意漏项、减项。在质量检验方面，一是坚持人工检查，以紧固件为主，把好转向系、行驶系、车身的安全关口；二是坚持路试检验，把好发动机工况、制动系、转向系、传动系及滑行性能的关口，确保维护质量。随着车辆综合性能检测技术的进步，道路运输管理机构注重发挥汽车综合性能检测站的作用，要求营运车辆二级维护作业完成后，必须严格按照规定的竣工检测项目和技术要求进行检测，出具汽车二级维护竣工检测报告。检测不合格的车辆，由承修企业无偿返修后复检，直至检测合格。检测合格的车辆由承修企业的质量检验员审验后，签发出厂合格证。未经竣工检测或检测不合格的车辆，不得签发出厂合格证，不能交付使用。同时要求出厂合格证作为车辆技术档案的附件留存备查。一些地方为解决营运车辆二级维护竣工检测难的问题，鼓励二类以上维修企业配置检测设备，承担车辆二级维护竣工检测业务，提高了检测设备使用率，较好地满足了营运车辆就近二级维护竣工检测需要，进一步把好维护质量关。

在车辆技术管理工作中，道路运输管理机构始终把道路班车客运、旅游客运、危险货物运输车辆作为管理重点，做好车辆技术管理规范化工作。危险货物运输车辆的维护又是整个车辆技术管理的重中之重，要求更为严格。所有危险货物运输车辆必须按时到具备危险货物运输车辆维修资质的一类维修企业进行二级维护，必须到经认定的车辆综合性能检测站检测，达到二级维护竣工检测合格，并对危险货物运输车辆实施全程信息跟踪。

(3)探索车辆维护管理有效途径，促进维护管理更加科学。

随着经济发展和社会进步，车辆强制维护工作持续深入，道路运输管理机构逐步增强公共服务意识，积极探索车辆技术管理的有效手段，采取多种方式，不断深化管理，获取了许多新的管理经验，取得了预期效果。在维护管理工作中实施了六项制度：一是维护企业资质申报制度。通过对企业设备设施、技术人员、服务质量、社会信誉的全面考核，遴选维护厂家，符合资质条件的企业，利用新闻媒体向社会公告。二是维护作业远程可视化监控制度。通过互联网构建维护企业与管理部门联系的平台，实施了一点对一点、一点对多点的远程可视监控，从而实现了管理部门足不出户即可了解维护作业现场状态，提高了管理效能；而系统的信息储存功能为记录现场作业和处理质量纠纷，提供了切实可信的依据，增加了管理透明度，加大了纵向与横向的监督力度；现场的可视监控功能增加了维护企业自身的责任感和使命感，为企业进步和行业发展注入了动力和活力。三是质量检验员制度。从严掌握质量检测员的从业资格，每年组织不少于两次的新设备、新技术、新工艺的职业再教育，增强检验人员开展维护前检验、过程检验、配件质量检查和竣工检验的实际工作能力，有效地保证了检验质量。四是二级维护竣工送检员制度。车辆在二级维护竣工后，由经过道路运输管理机构考核合格的送检员组织上线检测，防止部分企业只收费不维护的现象发生，维护了二级维护备案的严肃性。五是竣工出厂合格证发放登记制度。车辆维护并经检测合格后，由维护检验员签发竣工出厂合格证，提高了二级维护作业车辆的合格率。六是异地经营委托维护、检测制度。随着国内货运行业的市场化，道路货运车辆异地经营现象普遍存在。道路运输管理机构经过摸索，普遍采取了更加人性化的管理措施，实行车主申请、管理机构委托、车籍地备案、驻在地管理的方式，即异地经营车辆需要在外地进行二级维护及综合性能检测的，由所属公司向道路运输管理机构申报，经核准，签发维护、检测委托书，并将在驻地检测与维护的结果反馈到所在地道路运输管理机构备案，从而大大方便了车主，减少了车主不必要的负担。

3)完善了道路运输车辆档案管理工作

车辆档案是车辆技术管理的基石，是车辆维修、改造、更新和配件储备提供信息的重要依据，也是评价技术管理质量的依据之一，还是道路运输管理机构对运输车辆实施技术管理的主要内容。车辆档案已从单纯的信息记录转化为加强车辆技术管理的工具和手段，是发放、审核营运证的主要依据之一，在车辆技术管理工作中发挥越来越大的作用。

在车辆技术管理实践中，车辆管理档案成为发放、审核营运证的依据之一。车辆从购置到报废全过程的技术管理信息，需要全面系统地载入档案。新车入户或车辆过户时，需要在建立技术档案或技术档案移交后，方可办理营运手续。一些地方逐步完善车辆档案管理，构建一体化车辆档案管理系统。从车辆登记、车辆维修全过程的数据记录，到与车辆相关的变更、行车违章及事故记录，以及技术等级评定记录、车辆所有人的诚信记录载于一体，既可以向专业管理机构提供车辆的详细技术信息，又可以向其他相关行业提供简单查询服务。

随着道路运输业车辆技术管理的不断深化，车辆技术档案逐步实行分置管理。针对各个环节实际工作需要，道路运输经营者、机动车维修企业、综合性能检测机构和道路运输管理机构按照交通部和地方的相关规定，分别建立车辆技术档案、机动车维修档案、车辆检测档案和车辆管理档案，基本做到一车一档，妥善保管，对相关内容的记载及时、完整和准确，档案的使用管理逐步规范。通过调研了解到，车辆管理档案、机动车维修档案和车辆检测档案建档率基本达到100%。

随着车辆技术管理的深入，一些地方开始采用实物档案和电子档案相结合的方式进行管理，逐步实现以电子档案为主，实物档案为辅。一些省份地正在向车辆技术档案的电子化迈进，利用计算机先进性能，设计了信息查询、更新、统计等功能，实现了对新增车辆档案的自动编号，可以在上万余套档案中准确定位，迅速找到指定车辆的实物档案，随时掌握档案的增减变化情况；实现多项条件下的数据统计；可以及时清理报废、转出车辆信息，不但增强了检查工作的针对性，而且减少了稽查人员的工作量，结束了跨地区车辆不便管理的混乱局面。

3. 初步建立了车辆能耗检测管理制度

节约能源是关系我国经济长远发展、造福子孙后代的全局性、战略性问题。交通运输业是仅次于制造业的油品消费行业，道路运输业既是能源消耗强度高、能源消耗规模大的领域，也是能源使用效率偏低、能源供需矛盾突出的领域，更是建设资源节约型、环境友好型社会的重要领域之一。交通运输的石油消费总量约占全社会石油消费总量的1/3，其中道路运输石油消费量在各种运输方式中的比例超过50%。当今，我国正处于全面建设小康社会的历史时期，经济社会快速发展，客货运输需求旺盛，交通运输能源需求增长迅速，道路运输汽、柴油消耗量在我国石油能源消费量中的比重逐年增加。另一方面，我国道路运输车辆能源利用效率与世界先进水平相比明显偏低，机动车油耗水平比欧洲高25%、比日本高20%、比美国高10%，货车百吨公里油耗比国外先进水平高1倍以上，道路运输车辆技术节能大有潜力可挖。

多年来，交通运输部积极推进节能减排工作，努力实现节约发展、清洁发展，组织开展了营运车辆能源消耗准入与退出制度的研究、驾驶员节能操作规范的研究、制定了甩挂运输政策，同时，还加快了营运车辆结构调整步伐、实施了道路运输节能示范工程，道路运输节能水平正在得到逐步改善，营运车辆百吨公里油耗水平呈逐年下降趋势。交通部制定的《公路水路交通节能中长期规划纲要》（交规划发〔2008〕331号），进一步提出了2015年和2020年道路运输的节能减排目标。为了贯彻落实《中华人民共和国节约能源法》和国家节能减排战略，实现道路运输业节能减排工作目标，既需要从结构性、管理性节能入手，提升道路运输能源的利用效率，也需要从技术性节能入手，立足源头，完善道路运输车辆燃料消耗量检测和监督管理机制，把好车辆准入关口，禁止高耗能车辆进入道路运输市场。交通运输部于2008年制定发布了《营运客车燃料消耗量限值及测量方法》（JT 711—2008）和《营运货车燃料消耗量限值及测量方法》（JT 719—2008）两项技术标准，今年，又以部门规章的形式正式出台《道路运输车辆燃料消耗量检测和监督管理办法》，并于2009年11月1日起施行。为燃料消耗量准入制度的实施，奠定了坚实基础。

4. 开展了客车类型划分及等级评定工作

改革开放以后，道路基础设施的改善尤其是高速公路里程的提高，给发展道路运输提供了更为广阔的空间，高等级客车的优势得到了前所未有的发挥。为维护旅客合法权益，提高客运服务标准，满足人们出行安全化、舒适化的要求。引导客车生产厂家生产符合道路运输市场需要的车型，1997年，交通部决定开展营运客车类型划分及等级评定工作，并制定了交通行业标准《营运客车类型划分及等级评定》（JT/T 325—2004），经过宣贯试点后，2000年全面推开，并委托中国公路学会客车学会承担营运客车类型划分及等级评定具体工作。2002年，交通部印发《关于发布〈营运客车类型划分及等级评定规则〉的通知》。客车类型划分及等级评定工作步伐更加稳健，作用更加突出。随着客车类型划分及等级评定作用的逐步显现和客车技术进步、客运市场需求提高，《营运客车类型划分及等级评定》标准已经2002年、2004年、2006年数次修改。2007年5月，交通部以交公路发〔2007〕248号文件下达了《关于加强营运客车类型划分及等级评定管理工作的通知》，进一步明确了营运客车等级评定工作的相关规定，要求严格营运客车等级审查和复核工作。客车学会网站(中国商用车辆网)自2007年年底开始向全社会公布中、高级客车等级评定表和相关信息，并提供免费查询服务，极大地方便了道路客运经营者购车前对车辆的选择。至今，交通运输部共发布高级客车类型划分及等级评定表31批次，申报高级客车的企业累计达到130多家，共发布了4489个高级客车车型，其中21～31批有效车型数为1526个，22个省中级客车137批，涉及108家企业，共有1391个车型(均为等级有效的中级客车)。

各省级道路运输管理机构依据交通部《营运客车类型划分及等级评定规则》、《道路旅客运输及客运站管理规定》等有关精神，制定实施细则，组织中级营运客车等级评定，市、县两级道路运输管理机构严格按照规定，对照交通行业标准《营运客车类型划分及等级评定》，对新客车进行类型及等级评定，对在用客车实施等级复核，严把客车类型等级关，为客运许可和制定运价提供依据。

5. 推行了货运汽车推荐车型制度

为加快道路货运车辆结构调整和技术进步，促进道路运输装备的现代化，鼓励节能降耗，保障货物运输安全、高效，根据国家有关法律法规和治理车辆超限超载工作要求，2005年，交通部印发《关于发布货运汽车及汽车列车推荐车型工作规则的通知》(交公路发〔2005〕170号)。这是认真借鉴开展营运客车类型划分及等级评定工作的成功经验，在道路货运领域提出的引导性技术政策。《货运汽车及汽车列车推荐车型工作规则》确立了货运汽车及汽车列车车型推荐制度，原则是引导道路货运车辆结构调整和技术进步，引导的方向是加快发展大吨位及多轴运输车辆、专用运输车辆(含集散用小型专用车辆)和厢式运输车辆等现代化运输装备。该制度还规定了货运汽车及汽车列车推荐车型的操作方法，具体推荐车型主要针对集装箱运输车、厢式车、煤炭运输车和散装水泥运输车，要求其列入产品公告及通过3C认证，并符合《道路车辆外廓尺寸、轴荷及质量限值》(GB 1589—2004)、《营运车辆综合性能要求和检验方法》(GB 18565—2001)、《机动车运行安全技术条件》(GB 7258—2004)和《货运挂车系列型谱》(GB/T 6420—2004)等国家标准的规定。接着，2006年和2007年，连续下发了第一批、第二批道路货运汽车及汽车列车推荐车型表，共推荐国内货车生产特别是中重型货车生产主流企业生产的具有标准化程度高、自重轻、承载量大、安全性能好和能耗低的40个车型，在货运汽车及汽车列车车型的多轴化、重型化和厢式化方向，迈出可喜的一步。

(三)工作成效

道路运输管理机构在车辆技术管理工作中，努力克服诸多困难，在法规制度与标准规范上打基础，在全过程管理上下功夫，开展了大量卓有成效的工作，有力地支持和保障了道路运输业持续快速发展。

1. 有力保障了车辆技术状况

经过多年的车辆技术管理实践，各地大多采取了定点强制维护、委托竣工检测、严格二级维护备案、规范技术等级评定的管理模式，对运输车辆实行全程监管，即：道路运输车辆定期在具有二级维护资质的维修企业进行强制维护，并经由道路运输管理机构委托的汽车综检站进行竣工检测，合格后由维修企业签发二维竣工出厂合格证并到道路运输管理机构备案，同时，每年进行一次技术等级评定并由道路运输管理机构把技术信息录入运政管理信息系统；另外，每辆道路运输车分别建有维修档案、检测档案、技术档案及管理档案，对车辆技术状况进行全程记录跟踪管理。

全面实施车辆技术管理，通过强制二级维护、技术等级评定、综合性能检测等措施，不仅从源头把住了营运车辆准入关，而且保持营运车辆经常处在良好的技术状态下运行，不仅保证了车辆技术安全，而且减少了车辆的噪声与尾气对环境的污染，延长了车辆使用寿命。车辆整体技术状况显著提高，使道路运输安全保障能力明显增强，据调查，机动车完好率由21世纪初的63%提升到现在的87%，在车辆行驶中因机械故障而抛锚的事件已大幅减少，因机件原因造成的交通事故亦明显下降，由21世纪初的不到10%下降为现在的不到3%。

2. 显著优化了车辆运力结构

在长期的道路运输车辆技术管理工作中，道路运输管理机构加紧探索与实践，边试点边总结，在客、货运运力结构调整方面，分别推出了营运客车类型划分及等级评定和货运汽车及汽车列车推荐车型两大制度，引导高等级营运客车、符合现代物流业发展的货车分别进入客、货运市场，对道路运输业运力结构调整产生了积极而深远的影响。

(1)客车结构类型的优化，满足了人民群众安全舒适的乘车需求。

近年来，客车类型划分及等级评定工作扎实推进，积极作用日益凸显，不但取得了明显的社会效益，而且极大地提升了交通运输行业形象。

一是规范了营运客车的技术要求。在行业标准《营运客车类型划分及等级评定》出台前，对营运客车没有明确、统一的技术要求，自称“豪华客车、高级客车、空调客车、超豪华客车”比比皆是，更有甚者为追求经济效益，任意增加边座、缩小座间距、改变卧铺排列方式等违规现象屡禁不止，严重损害旅客权益；贯彻上述标准后，对营运客车类型及等级有了统一明确的技术要求，粘贴了相应等级标识，方便旅客选择，接受社会监督，提升了客运服务质量，维护了广大旅客的合法权益。

二是加快了运力结构的调整步伐。行业标准《营运客车类型划分及等级评定》不仅为客运线路审批、客运企业资质评定和核定运价提供依据，更重要的是对于不断加强道路客运车辆技术管理，持续推动营运客车结构调整和技术进步，产生了明显的引导作用，高速公路客运运力向高档次、高性能、高效益、智能化迈进。城市间高速公路和国省干线客运以及旅游客运，纷纷采用高级客车进行经营。自标准实施以来，高级客车在营运客车中所占的比例逐年增加。据客车学会关于营运客车的销售数据统计，2008 年，全国营运客车达到 169.64 万辆，其中中高级客车达到 77.8 万辆，占营运客车总数的 45.8%，比 2001 年增长近 1 倍；2007 年高级客车销售 33540 辆，占营运客车销量的 27.5%；2008 年高级客车销售 46629 辆，占营运客车销量的 38.26%（见表 6-1、表 6-2）。逐步提高了营运客车装备水平，进一步优化了客运市场运力结构，促进了我国客运市场的繁荣。

2007 年客车销量统计表（单位：辆）　　表 6-1

		合　计	特 大 型	大　型	中　型	小　型
销量总计		160197	1272	54826	52439	51660
座位客车		118003	222	28849	38995	49937
其中	高三级	585	18	567		
	高二级	2930	86	2511	333	
	高一级	27025	93	13202	12151	1579
	中　级	46054	21	9984	20194	15855
	普通级	41409	4	2585	6317	32503
卧铺客车		3989	201	3788		
其中	高三级	11	6	5		
	高二级	960	92	868		
	高一级	2029	100	1929		
	中　级	970	2	968		
	普通级	19	1	18		
公交客车		35654	849	22005	12316	484
其他客车		2551		184	1128	1239
销售收入总计		3952967 万元				

2008 年客车销量统计表（单位：辆）　　表 6-2

		合　计	特 大 型	大　型	中　型	小　型
销量总计		161147	2203	47184	51370	60390
座位客车		118352	822	23582	35782	58166
其中	高三级	294	125	169		
	高二级	2081	58	1870	153	
	高一级	41489	636	12849	12303	15701
	中　级	37402	2	7551	17130	12719
	普通级	37086	1	1143	6196	29746
卧铺客车		3520	250	2954	316	
其中	高三级	12	6	6		
	高二级	1913	134	1779		
	高一级	840	109	731		
	中　级	340	1	339		
	普通级	415		99	316	
公交客车		36428	1099	20091	15192	46
其他客车		2847	32	557	80	2178
销售收入总计		3455838 万元				

三是促进了客车产品的水平提升。由于政策对路，《营运客车类型划分及等级评定》标准中的要求已成为客车技术水平提升的源动力，得到客车生产企业、客运企业及广大旅客的一致认同。目前，制动防抱死装置、子午线轮胎、制动间隙调整装置和电控制动系统得到推广，座椅(卧铺)尺寸及间距、通道宽度、下置行李舱、卫生间设施、空调成为高等级客车的必要条件，较先进的客车装置，如大功率低转速和大扭矩的发动机、盘式制动、缓速器、空气悬架、车用空调、CAN总线技术、底盘集中润滑系统、车用卫生间等，在高级客车中得到普遍应用，乘车环境和舒适性能显著改善，国产客车产品基本性能达到了国际先进水平。通过近十年来的努力，我国客车产品整体水平迅速提升，客车行业完全依靠自主创新发展成为世界第一大客车制造国。

四是推动了客车产品的升级换代。《营运客车类型划分及等级评定》标准推动着客车行业的技术进步，引导客车生产积极采用国际标准，实现产品的升级换代，推动相关产业的繁荣和发展。客车生产企业加快了采用新技术、新结构的步伐，积极开发适销对路的客车产品。在评级前我国生产的公路客车中仅有2~3种车型可选装ABS及缓行器，装空气悬架的高级大客车仅有10余车型，没有国产空气悬架底盘供应。通过客车评级，现在有几百种高级客车装上了ABS，有几十家客车企业生产近百种装空气悬架的高二、高三级大客车，有数家客车底盘企业可提供装有空气悬架的国产底盘，有力地推动了客车行业的技术进步与产品升级，使我国客车技术档次逐渐向世界先进水平靠拢，而且拉动了ABS、缓速器、空气悬架、高档客车座椅等客车配套产品市场开发。

(2)货车车型推荐制度的实施，为货运车辆运力结构调整起了积极引导作用。

车辆技术管理不断加强政策理论研究，在分析总结营运客车类型划分及等级评定工作的基础上，及时启动货运汽车及汽车列车推荐车型工作，充分发挥技术政策的引导作用，鼓励节能减排，保障货物运输安全、高效的车辆进入道路货运市场，从源头上遏制车辆超限超载，及时引导营运货车向大型化、专业化方向发展，推动运力结构调整和运输技术进步，促进道路运输装备的现代化，适应未来现代物流业发展需要。

尽管推荐道路货运汽车及列车车型工作时间不长，相关政策也没有跟上，致使未能全面有效的推进，但是产生的引导作用已开始显现。自《货运汽车及汽车列车推荐车型工作规则》以及第一批、第二批道路货运汽车及汽车列车推荐车型表颁布以来，对生产企业生产标准化程度高、自重轻、承载量大、安全性能好和能耗低的车型发挥了引导作用，为运输企业在运力配置、车型选购上发挥了指导作用。

3. 促进了道路运输向安全、节能、环保、高效方向发展

全面实施车辆技术管理，包含道路运输市场准入、退出和过程监管的全过程，既包括定期检测与强制维护，又包括营运客车类型划分及等级评定制度、货运汽车车型推荐制度等政策规定的执行。一是在市场准入的源头上严格把关，引导高性能、低能耗、低

排放的车辆进入市场，限制不符合要求的车辆进入市场。二是加强车辆使用环节的监管。组织运输车辆定期检测，不仅有力地保障了车辆的制动、转向、灯光照明等安全性能良好，而且实现了最大限度地降低在用车辆的能源消耗和排气污染物排放。三是组织运输车辆强制二级维护，及时地发现和消除隐患，防止车辆早期损坏，保持车辆经常处于良好技术状况。总之，技术管理工作为运输车辆安全、节能、环保、高效运行提供了可靠保障。

针对车辆非法改装的集中整治与日常监管，对道路运输安全、节能、环保、高效同样发挥了积极影响，并保证了治理超载工作的深入开展。世纪之交，积淀下来的卧铺客车违规现象严重，直接影响运行安全。2001 年，原国家经济贸易委员会与公安部、交通部联合发布《关于进一步规范卧铺客车生产、使用和管理有关工作的通知》，开展违规卧铺客车整改工作。交通系统干部职工高度重视营运客车使用领域整改工作，积极组织，主动协调，保证整改工作顺利进行，98.5% 的客车按期完成整改任务，其余待更新、报废，而未进行整改的违规卧铺客车，则坚决停止营运。在监管车辆整改工作中，发现大型中级以上客车擅自设置顶行李架；营运客车通道内设置供乘客使用的折叠式座椅；乘客座椅间距采用沿滑道纵向调整结构；卧铺客车卧具非纵向布置或非单独排列；营运载货车辆超标加装利于超载的货厢增容装置和底盘承载部件；车辆外廓尺寸、轴荷和载质量不符合国家标准《道路车辆外廓尺寸、轴荷及质量限值》的要求；专用运输车辆不符合规定条件；使用报废的、擅自改装的、拼装的、检测不合格的客车以及其他不符合国家规定的车辆从事道路客运经营的，一律逐出运输市场。

二、车辆技术管理存在的问题

改革开放特别是进入 21 世纪以来，我国经济形势发生举世瞩目的变化。随着时代的发展、科技的进步，汽车工业日新月异，新技术、新材料、新结构、新能源在汽车上广泛应用。纵观车辆技术管理工作，虽取得了很多成绩，但在法规体系建设、标准规范建设、管理体制、管理理念、管理手段、队伍素质等方面还存在一些问题。

(一)车辆技术管理法制体系建设滞后

调查中，大家普遍认为涉及车辆技术管理方面的法规尚有一定不足，影响了工作的开展。如《道路运输条例》方面，一是条例缺少车辆技术管理的相应条款；二是对车辆技术管理与道路运营条件，特别是在退市方面没有作出规定；三是罚则设置没有与车辆用途、违规情节相结合，罚款的自由裁量权过大。如：对不按期进行车辆维护的处罚，只有一个标准(1000元以上5000元以下的罚款)，对营运货车和客车没有分别设立处罚标准，对累计两次以上(含两次)与一次未加区别，对货车罚款最低限额制定过高，缺乏可行性。

在部门规章上，《汽车运输业车辆技术管理规定》是道路运输技术管理的重要法规，对改革开放初期的道路运输车辆技术管理发挥了积极作用，但是近20年来一直未作修订，造成部分条款已明显滞后于运输市场发展的新形势。交通部虽于2002年下发《关于进一步加强道路运输车辆管理的若干意见》，来弥补当时车辆技术管理法规的不足。各地也结合本地实际推出了一部分技术管理措施。可是，由于层次低且分散，缺乏权威性，贯彻执行不利。《道路运输条例》出台之后，交通部虽及时制定了一系列实施性部门规章，但没有专门设立车辆技术管理的规章，只是将车辆技术管理的有关内容分散在旅客运输、货物运输等有关管理规章的章节中，由于车辆技术管理的规定不系统、不连贯、不全面，形不成完整配套的技术管理体系，出现了运输管理机构内部业务职能部门各自为政的管理局面，难以形成技术管理的合力，造成法治建设与管理实际不适应，削弱了车辆技术管理效果。

(二)车辆维护制度基础性问题没有得到有效解决

1. 部分营运业户对强制维护制度认识存在偏差

据调查，目前少数运输经营者和驾驶员对车辆技术管理的重要性、必要性认识不到位，没有把维护、修理、检测与运行安全相关联，在思想上把车辆强制维护和检测看成是道路运输管理机构强加给他们的一种额外负担，影响了他们的正常经营，特别是货运经营者尤为突出，从而造成对强制维护和定期检测制度产生抵触情绪，影响了车辆维护制度的落实，加大了车辆技术管理难度。

2. 二级维护周期规定不符合管理实际

从对17个省、直辖市调研中，85%的营运业户认为，不同的车辆运营的情况、技术状况不同，其维护的项目、周期具有一定的差别，固定设置二级维护周期不符合车辆技术要求。主要体现一是车辆的设计、装备、技术含量已大幅提高，甚至一些航空技术、材料、工艺都已应用于汽车上，使车辆的动力性、安全性、操作性、舒适性、稳定性明显增强，强制性要求车主按照规定时间维护显然不符合实际；二是全国各地执行二维周期标准不一致，有的按里程执行，有的按日期执行，一年内执行维护次数从1次到4次的都有，造成同一车型在不同地区出现不同的维护周期，使车主无所适从，管理部门形象受到严重损坏。

3. 二级维护形式化现象较为突出

近年来，管理部门加强了车辆维护管理工作，对未进行维护的车辆加大了处罚力度，

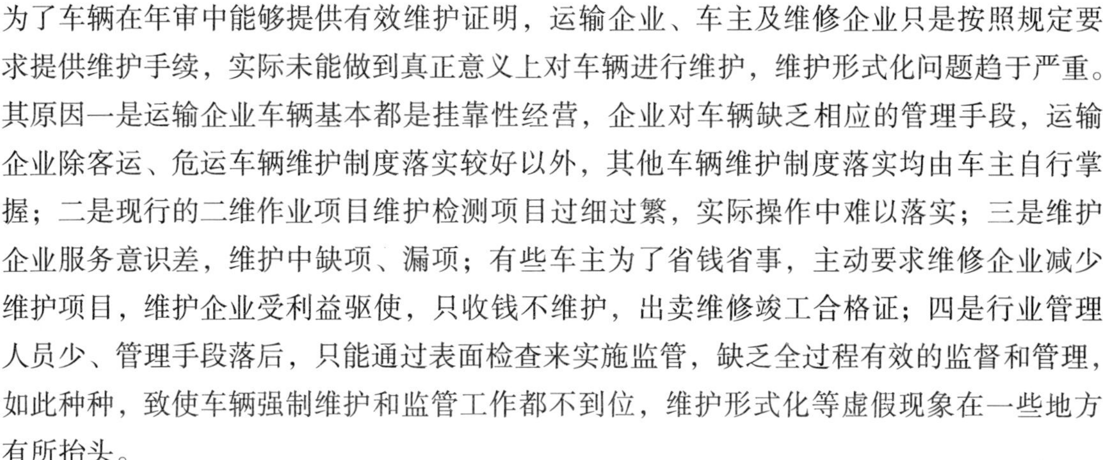

为了车辆在年审中能够提供有效维护证明，运输企业、车主及维修企业只是按照规定要求提供维护手续，实际未能做到真正意义上对车辆进行维护，维护形式化问题趋于严重。其原因一是运输企业车辆基本都是挂靠性经营，企业对车辆缺乏相应的管理手段，运输企业除客运、危运车辆维护制度落实较好以外，其他车辆维护制度落实均由车主自行掌握；二是现行的二维作业项目维护检测项目过细过繁，实际操作中难以落实；三是维护企业服务意识差，维护中缺项、漏项；有些车主为了省钱省事，主动要求维修企业减少维护项目，维护企业受利益驱使，只收钱不维护，出卖维修竣工合格证；四是行业管理人员少、管理手段落后，只能通过表面检查来实施监管，缺乏全过程有效的监督和管理，如此种种，致使车辆强制维护和监管工作都不到位，维护形式化等虚假现象在一些地方有所抬头。

4. 维护竣工检验机制不完善

按照相关规定，车辆维修竣工后应经检验，凭检验(测)合格报告单才能签发竣工出厂合格证。按照这一要求，维修企业必须配备相应的检测设备，而从调研的情况来看，承担营运车辆维护的企业普遍认为竣工检验所需的检测设备过多、投资过大、且无任何经济效益，致使90%以上维修企业没有配备检测设备。一些地方由于检测站少，竣工送检十分不便，甚至有的地方根本就没有检测站，委托检测制度根本无法执行，造成在实际工作中，往往是车主拿着已签发的竣工出厂合格证，到检测站进行“补”检或者不经检验就签发竣工出厂合格证现象。另外，加之部分管理机构管理不到位，以致出现维修企业、检测站、车主、管理机构共同走过场，竣工检测流于形式的情况。

5. 《道路运输车辆维护管理规定》部分条款不适用

《道路运输车辆维护管理规定》作为车辆技术管理的重要法规，自2001年颁布实施以来，对保持在用运输车辆技术状况良好，保证运输安全，降低运行消耗，减少环境污染发挥了积极作用。但是，目前管理方式、监督检查等一些条款已不适用，不可避免在执行中出现了一系列的问题和偏差，影响到车辆技术管理的有效开展。

(三)车辆检测监督管理制度不够完善

1. 综合性能检测管理方式不统一

据调查，原交通部29号令废止后，全国各地对综合性能检测站实行的有许可、委托、备案、确认等多种管理模式，在监督管理有年度服务能力评价、年度审验、信誉考核等方式，各省基本上根据本地情况开展不同的管理模式，缺少全国统一管理监督管理模式，致使检测站管理各自为政，管理力度参差不齐。

2. 检测报告全国不统一

据调查，目前大部分省(直辖市)采用的是省级统一检测报告单，还有一些省(直辖市）仍沿用交通部所统一的检测报告单，也有个别市自行制定报告单，造成了检测报告单内容、检测项目、评定标准不一致，而且检测报告单区域性较强，在其他省、市得不到认可，给车主，特别是长期在外地营运的货运车辆带来了极大的不便和负担。另外，交通部门的综合性能检测站与公安部门的安检站、环保部门的环保检测站等之间缺乏协调沟通，对检测结果也互不认可，据了解，一台车一年内经公安、交通、环保等各部门检测最多达6次之多，加上不合格的复检数量则年检测次数更多，给车主增加许多了经济负担，对此车主普遍意见很大。

3. 不正当竞争现象较为突出

由于检测站建设缺乏规划，有些地市检测站建设失控，处于过饱和状态，造成检测能力过剩，检测站为了追求经营效益，往往采取弄虚作假，任意减少检测项目、出具虚假检测报告单；更有甚者，由于市、县经济发展水平的差异，对检测项目、收费标准、检测周期等要求也不统一，致使一定范围内车辆大量涌入检测少、收费低的地市检测站检测，从而引发了检测站之间为了争夺车源，相互减项、压价、造假等不正当竞争现象出现，造成了恶劣的社会影响。

4. 缺乏统一完整的技术参数数据库

由于目前汽车生产企业技术壁垒和信息不公开、不对称，检测站没有权威、便捷的收集车辆技术参数渠道，基本上靠检测设备生产厂家提供，但设备厂家所提供的参数不全面，有的甚至不准确，加之检测站不重视日常数据的收集，技术参数数据库更新速度满足不了车辆检测需要，根据调查80%以上检测站没有完整的车型库资料，检测结果准确性、重复性、对比性经不起验证，往往出现在某地检测合格的车辆到了另外一个地方检测却不合格事情，引发了各种争议、纠纷，严重损害了检测结果的权威性、科学性。

5. 检测技术与检测标准不衔接

综合性能检测漏项检测现象一直没有根本性解决，一些检测项目标准上要求检测，而检测设备却无法执行。最典型的油耗、发动机及底牌测功等检测项目无法检测或检测结果失真，轴重超过10吨的车辆检测设备承载力不够、制动设备对轮胎的损害严重等问题多年来得不到有效解决。个别项目的检测方法缺乏可操性，例如，国家标准《营运车辆综合性能要求和检验方法》（GB 18565—2001）、交通行业标准《营运车辆技术等级划分和评定要求》（JT/T 198—2004）与《机动车运行安全技术条件》（GB 7258—2004）的部分规定不相一致，灯光、制动、车速等项目存在满足《营运车辆综合性能要求和检验方法》而不符合《机动车运行安全技术条件》的情况；对挂车制动性能的技术要求和检验方法没有作出具体规定，底盘输出功率、燃料消耗量、工况法尾气检测等检验方法可操作性较差，基本没有执行。

造成这些现象的主要原因一方面是标准制定理论化太强，一方面是检测设备、检测

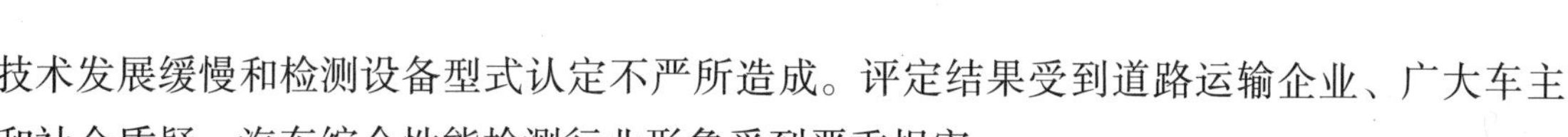

技术发展缓慢和检测设备型式认定不严所造成。评定结果受到道路运输企业、广大车主和社会质疑，汽车综合性能检测行业形象受到严重损害。

(四)运力结构源头性调整不力

1. 管理部门在优选车辆方面较为被动

我国的汽车管理涉及工业和信息化部、环保部、国家质量监督检验检疫总局、商务部、公安部、交通运输部等多个职能部门，道路运输属于下游，处于被动境地。从源头上讲，基本上是生产环节制造什么，道路运输使用什么，交通部门无法根据运输业发展要求，选择适合现代物流业发展的多轴化、重型化、厢式化、专业化、高档化车辆进入运输市场，一定程度上影响了运输结构的调整。

2. 标准化车型推荐制度尚不完善

车型推荐制度对调整运力结构发挥了一定的推动作用。据调查，在客车推荐方面，目前还存在部分标准不尽合理的问题，如：对下置行李舱高度与低驾驶区尺寸缺少具体规定。对城市公交、出租汽车在车容车貌、安全配置、环保节能等方面缺少相应的标准，不利于城市公交车和出租汽车的优化配置，不利于引导其向节能环保、安全运行方向发展；在货车推荐方面，目前仅发布过一批28个车型的公告目录，而且缺乏相应的配套政策，不利于货车专业化的发展。

(五)车辆技术管理权责不一致

1. 车辆技术管理主体错位

一方面，道路运输管理机构在日常监管中，往往对车辆技术管理存在误区，很少对运输企业进行有效监管，而是直接管到人和车，没有发挥运输企业在车辆技术管理中的功能和作用，往往出现管理部门直接面对车辆进行管理的局面。在基层执法过程中，92.7%处罚主要针对是车主或驾驶员，对其负有管理职责的运输企业则没有受到任何经济和名誉上的处罚，对企业经营、信誉等方面没有任何触动。实际管理中由于管理部门人员少，营运车辆数量多，从业人员复杂，也导致了管理部门管不住，也管不好的现象。另一方面，部分道路运输企业把车辆技术管理责任推给管理部门，由管理部门代为实际管理者，只注重收取管理费，放松管理职能，更谈不上健全制度、配备人员、保障经费，加大了车辆技术管理的难度。

2. 车辆技术管理与运管业务不结合

据调查分析，由于运输管理部门与运输企业在车辆技术管理方面的责任不清，加之企业违规行为得不到相应的处罚，相关政策也没有关于车辆技术与企业资质相关联的奖惩规定，使车辆技术管理好的运输企业得不到奖励扶持，差的企业也没有任何损失，不能对企业的运营资质产生影响，如有的运输企业在短期内连续发生重大交通事故，而企业不从制度、措施上找原因，堵漏洞，仅是想尽办法处理事故，管理部门也只限于了解事故处理结果，而没有进一步对企业运营资质进行调整或采取停业整顿等更有力的措施，督促其加强车辆技术管理工作，造成企业落实车辆技术管理各项制度的积极性、主动性不高，甚至有的还故意逃避、推卸管理责任。

(六)管理体制、理念、手段不适应新形势要求

1. 管理体制不健全，影响了车辆技术管理的效果

据调查，全国各地车辆技术管理的机构名称、行政级别、管理职能、范围及方式都存在明显差异。如地市级的车辆技术管理机构设置上有的单列，有归属运政管理部门，级别上有的是正县级，有的是副县级，还有的是科级，名称上有的称管理局，有的称技术服务局，业务上有的只管维修和车辆技术、也有管维修、驾培两项业务的。另外，各地管理人员编制及配备数量也极不均衡，形成一人多职的局面，如河南2.1万名运输管理人员队伍中，车辆技术管理(含维修管理)人员不足500人，仅占管理人员总数的2%，平均每人管理1000台道路运输车辆和60余家维修业户，其他各省人员编制更少，其工作量、工作难度可想而知。1997年国务院取消维修行业管理费之后，地方各级道路运输管理机构更是逐渐忽视技术管理，大多撤并机构，减少人员配备，造成车辆技术管理人员思想波动，管理队伍出现了不稳定，车辆技术管理工作受到严重冲击。

2. 管理理念的落后，影响了车辆技术管理的规范开展

道路运输管理工作中，至今或多或少地带有传统管理的痕迹。管理理念上重许可轻服务，管理方式上重车辆管理轻企业管理，管理工作中事无巨细地直接参与车辆具体工作，造成了技术管理责任主体错位，企业在车辆技术管理工作中的主导作用没有充分发挥。

3. 信息化建设不适应运输市场管理的要求

目前，道路运输管理信息化建设和管理缺乏规范，信息化程度不高。据调查，目前85%的省(直辖市)已初步建立了运政信息网络系统，但是大多尚只是满足运管部门管理需要的内部网络，部分地市初步建立了对营运车辆二级维护企业的监控系统，但由于缺乏资金投入、功能设计缺陷等原因，也没有发挥有效作用。道路运输车辆(客车、危险品运输车)安装使用汽车行驶记录仪和全球卫星定位系统，由于信息网络化缺乏规范，也暴露出一定问题：一是终端安装品牌多、监控平台分散，数据接口互不兼容。经对700辆车抽样调查，共有7个品牌的GPS车载终端和监控平台。二是管理部门监管难度大。由于终端产品复杂，质量难以保障，造成平台标准不统一，无法正常监控，达不到信息资

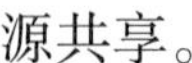

源共享。

4. 行业管理队伍素质不适应行业现代管理与服务的要求

近年来，随着社会经济的不断发展，汽车保有量迅猛增长，汽车新车型、新技术、新工艺、新材料不断增多，对机动车维修行业和管理人员的要求相应的越来越高，从事车辆技术管理工作更需要具有一定专业知识水平。据调查，培养一名称职的车辆技术管理人员至少需要一年多时间。由于受到内外环境的诸多影响，在地方道路运输管理机构中，具有汽车运用及相关专业基础、有一定业务水平的管理人员很少。据对调研的六省(直辖市)所辖部分市、县抽样调查，具有汽车专业大专以上学历的只占总人员的0.3%，直接影响了车辆技术管理工作的有效开展。

三、车辆技术管理发展思路与建议

道路运输车辆技术管理不是单纯的技术问题，也是促进道路运输业持续、快速、健康发展的技术保障，更是维护人民生命和财产安全，构建和谐社会的重要环节。要解决好影响和制约车辆技术管理的突出矛盾和关键问题，以及新时期、新形势下出现的车辆技术管理难点问题和热点问题，我们必须面对车辆技术管理新形势、新的要求。

(1)道路运输安全需要车辆技术管理提供支持。安全生产是道路运输永恒的主题。道路交通作为大众化的出行方式，安全状况涉及千家万户，关乎社会和谐与稳定。按照国务院确定的道路交通安全的职责分工，交通部门负责道路运输的行业管理。各级交通主管部门的工作重点是从技术管理入手，抓好对道路运输企业、营运车辆、营运驾驶员和汽车客运场站的源头管理，就是“把住三个关口，搞好一个监督”。做好道路交通事故预防工作，道路运输技术管理必须坚定不移地坚持“安全第一，预防为主”的方针，明确道路运输安全责任主体，认真抓好预防，把住关口，搞好事前监督，有效防止安全事故的发生。

(2)汽车工业进步拉动车辆技术管理提升水平。汽车产业已经成为我国的支柱产业之一。我国汽车产量已跃居世界前列，汽车技术也在发生着翻天覆地的变化，尤其是进入21世纪以来，节能、环保与安全成为新的主题。新技术、新材料、新结构、新能源在汽车上广泛应用，电子化、智能化、网络化技术在汽车上逐步推广。

(3)道路运输发展要求车辆技术管理提高保障能力。我国道路运输业迅速发展，长足进步，自改革开放以来的30年，实现了从计划安排向市场运作、从能力短缺向基本适应的根本转变，公路客货运量与周转量分别增长十几倍到几十倍，特别是物流业调整和振兴规划的启动，亟需转变发展模式，向以信息技术和供应链管理为核心的现代物流业发展，通过提供低成本、高效率、多样化、专业化的物流服务，适应复杂多变的市场环境，提高自身竞争力，这一切都对道路运输业技术管理保障能力都提出了新要求。

(4)成品油价税费改革促进车辆技术管理重视节能减排。为建立完善的成品油价格形成机制和规范的交通税费制度，促进节能减排和结构调整。国务院决定从2009年起取消公路养路费。随着成品油价税费改革的实施，运输企业原有的管理方式和管理手段将有所变化，管理效果将有所减弱，对道路运输业的安全、环保、节能提出了新挑战。规模以上客运企业原来享受的优惠不复存在，客观上增加了企业的运营成本，需要企业加大资金和技术方面的投入，大力降低燃油消耗，降低成本，促进节能减排措施的落实。

(5)经济社会发展需要转变车辆技术管理观念。随着改革的逐步深入，人们生活水平普遍提高，人民群众对道路出行的要求由“走得了”向“走得安全、走得便捷、走得舒适”转变。人们的消费观念和消费水平呈现出明显的差异，对出行及运输需求呈明显的层次化和个性化趋势。政府部门的公共服务职能日益凸显。道路运输行业要更新思想观念，转变管理职能，调整工作思路，创新工作方式。一是实现由微观管理向宏观管理的转变。二是实现由单纯行政管理向市场化管理的转变。综合运用经济、法律和行政手段，管理调控道路运输市场。三是要树立科学的管理思想，下大气力抓好现代化管理设施和手段建设，拓展信息技术、网络技术等在运输管理中的应用领域，建立以提高车辆技术状况为中心，以强制维护、定期检测和应急救援为重点的车辆技术保障体系，营造安全、和谐、协调发展的道路运输市场环境。

(一)管理思路

随着道路运输业发展和目前运输行业结构现状，我们认为，原计划体制下制订的车辆技术管理思路，已不能适应目前市场经济条件下车辆技术管理要求，建议重新确定新时期车辆技术管理思路。

1. 指导思想

以服务现代道路运输业发展为目标，以安全、节能、环保、高效为核心，以提高车辆技术状况、优化车辆结构为手段，以科技进步和技术创新为动力，坚持全过程管理，加强源头管理，为实现道路运输业安全发展、绿色发展、高效发展提供有力的技术支持和运力保障。

2. 工作原则

一要坚持实施车辆准入、运行监督、退出的全过程管理原则；二要坚持车辆源头管理原则；三要坚持分类管理原则；四要坚持技术管理与行业管理相结合的原则。

3. 工作方针

优化配置，节能环保，安全高效，正确使用，权责明确，分类管理，综合检测，定期维护，适时更新。

（二）工作建议

紧紧围绕新时期车辆技术管理工作的指导思想，以促进道路运输车辆安全、节能、环保、高效为目标，以车辆技术始终服务于道路运输业发展为主线，“把好两关一环节”，即：道路运输车辆市场准入关、退出关和运营环节的监督管理。进一步理顺车辆技术管理体系，确定管理职责，着重强化市场准入，加强车辆维护监督，加大违规处罚力度，调整相应技术标准，推动运力结构调整。

1. 完善车辆技术管理法规体系，增强其系统性和有效性

制定或修订适应社会经济快速发展和技术进步而且可操作性强的车辆技术管理法规、规章，来指导和规范运输车辆技术管理工作，推进道路运输改革和运输法规体系建设，努力提高技术管理对道路的运输服务保障能力。

整合分散在《道路旅客运输及客运站管理规定》、《道路货物运输及站场管理规定》、《道路危险货物运输管理规定》等现有交通部门规章及部分规范性文件的运输车辆技术管理职责，体现技术管理贯穿运输经济活动全过程的原则；适时修订《汽车运输业车辆技术管理规定》，明确车辆技术管理的内容、范围、职责、机构等；确立道路运输车辆准入制度，以综合性能检测为主要载体，实施分类管理；明确道路运输经营者的车辆技术管理主体地位与责任；彻底纠正行业管理部门不管企业只管车辆现象；加强对企业开展技术管理的宣传和指导，保证企业技术管理责任到位；建立运输车辆退出市场制度，依据车辆技术状况，参照运行年限与里程，确定合理的经营期限；结合实际修改档案内容，进一步完善档案管理制度。

2. 调整维护制度，适应车辆技术管理发展需求

1）加大对车辆技术管理的社会宣传力度

坚持正确舆论导向，让运输经营者、维修企业、检测机构、驾驶员、乘客和货主普遍了解车辆技术管理工作的重要意义，澄清对车辆技术管理工作的模糊认识，增强广大运输经营者和驾驶员参与车辆维护、检测的自觉性，为做好车辆技术管理工作创造良好的社会氛围。充分利用现有的政府信息网络，及时发布车辆技术管理的政策法规、技术标准及客货车辆技术等级等信息，形成信息透明、舆论制约和道路运输管理机构车辆技术管理的权威性。

2）合理确定维护周期

由运输企业分车型根据车辆使用保养手册有关技术要求和车辆实际使用情况自行确

定车辆的维护周期，适时对车辆进行定期维护；同时，要求运输企业把车辆维护周期及制定依据报运输管理部门备案。对个体运输车辆引导其逐步向公司化经营方向发展，由公司实行统一管理；对未纳入公司管理的车辆，可参照运输企业同类情况车辆进行维护。

3）合理调整二维作业项目和维护标准

根据现代汽车结构特性和维修理念，并经过充分的调研和验证，进一步科学合理地调整维护周期、作业项目和内容，并对维护周期、作业内容作详细、具体的规定，删减不必要的项目，增强标准的可操作性。在标准和标准附录的修订过程中，建议对各类汽车的维护规范，应分别征求车辆制造企业和车辆使用企业有关技术人员的意见，在科学理论的基础上，汲取来自实际的客观经验，使标准及附录的分类车型维护工艺规范具有较好的实用性。建议进一步完善标准的附录，完善增补石油天然气汽车、压缩天然气汽车的内容，拓宽标准的覆盖面，提高标准的完整性和实用性。增加公交车、挂车、低速载货汽车、三轮汽车的维护要求。同时加大对维修企业的监管力度，促使维修企业严格按照维护作业项目、作业内容、作业流程、作业标准进行车辆二级维护，切实保证车辆维护的质量。

3. 强化检测监督管理，提高其规范性、科学性和可操作性

1）建立车辆综合性能检测机构监督管理体系

依据交通运输部工作职责，制定综合性能检测站管理监督管理制度，统一全国监管内容、监管方式，明确市场定位，强化运行监管，有效发挥车辆综合性能检测机构的技术服务功能。

建议在对综合性能检测机构监督管理中实行检测委托或备案制度、专家评审制度；对检测机构的规划和布点原则、许可程序和方式、监管职责等提出具体规定；依据《汽车综合性能检测站能力的通用要求》对营运车辆检测每年进行一次技术服务的能力认定。

2）确定合理车辆等级评定制度，实行车辆分类管理

确立新的车辆技术等级评定制度。依法运用综合性能检测手段，对车辆市场准入、运行，直至退市实施全过程管理。以车辆定期等级评定监督制度评价企业车辆管理工作和维护制度落实情况，管理部门定期根据等级评定监督情况，检查、考核企业车辆技术管理工作，按照检查、考核结果，实行考核结果与企业质量信誉、经营业务相挂钩等措施，督促企业搞好车辆技术管理工作。并结合城乡客运（含旅游客运）、危险货物运输、普通货物运输、城市物流配送、城市公交、出租的不同特点，实行分类技术管理。对不同的车型、用途、年限实行不同的检测频率和标准，如高速公路客运、危运等车辆每年进行3次评定，省内运输车辆每年2次，货运车辆每年1次。在全国范围内对等级评定的周期、频率和运输证的签章、监督检查予以规范统一。

3）调整全国统一检测报告单

由交通运输部牵头，组织管理部门、科研单位、检测机构、运输企业等多方面参加

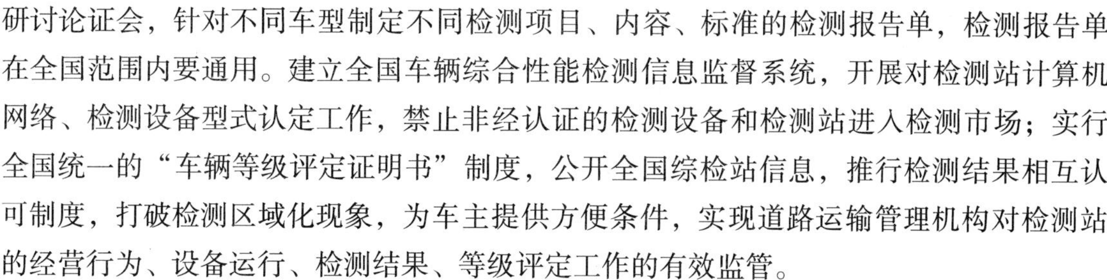

研讨论证会，针对不同车型制定不同检测项目、内容、标准的检测报告单，检测报告单在全国范围内要通用。建立全国车辆综合性能检测信息监督系统，开展对检测站计算机网络、检测设备型式认定工作，禁止非经认证的检测设备和检测站进入检测市场；实行全国统一的“车辆等级评定证明书”制度，公开全国综检站信息，推行检测结果相互认可制度，打破检测区域化现象，为车主提供方便条件，实现道路运输管理机构对检测站的经营行为、设备运行、检测结果、等级评定工作的有效监管。

4)加快对检测项目标准的修订完善工作

目前，涉及车辆技术的标准有几十个，其中常用标准有《营运车辆综合性能要求和检验方法》、《汽车维护、检测、诊断技术规范》、《营运客车类型划分及等级评定》、《营运车辆技术等级划分和评定要求》等。在调研过程中，管理部门和检测站普遍反映标准过多、条件过高，且标准之间互相重复，可操作性较差。我们认为应对现行标准进一步梳理、合并，重新对各标准进行定位。提议建立以《营运车辆综合性能要求和检验方法》为车辆基本准入条件，结合《机动车运行安全技术条件》、《道路车辆外廓尺寸、轴荷及质量限值》、《道路运输车辆燃料消耗量检测和监督管理办法》以及道路运输业发展要求，制定出客运、货运、出租、公交等车辆的技术标准，即明确何种类型的车，具备何种配置、何种参数才符合营运需要，才能进入道路运输市场。将《营运客车类型划分及等级评定》、《营运车辆技术等级划分和评定要求》进行整合，并分别制定出各类型车辆的评定标准，作为企业经营资质及退市标准。目前急需对部分标准进行修订。

一是国家标准《营运车辆综合性能要求和检验方法》修订工作。尽快解决目前与《机动车运行安全技术条件》等标准不一致的问题，在标准修订中应增加挂车制动性能、客车结构与底盘配置等技术要求和检验方法。增加公交车、挂车、低速载货汽车、三轮汽车的内容，满足检测实际工作需要。建议将《营运车辆综合性能要求和检验方法》标准，分解为“营运客运车辆综合性能要求和检验方法”与“营运货运车辆综合性能要求和检验方法”两个标准或分成两个部分，区别提出客车、货车准入条件，引导汽车生产企业研究、开发、生产适合道路运输发展需求的车辆。例如客运方面，为进一步满足广大人民安全出行的需要，对客运车辆增加如客车防撞、侧翻、车辆自燃等安全方面的要求，增加 GPS 等设施设备的配置；货运方面，为适应现代物流业发展的需要，对货运车辆要求以安全、环保、节能为主，其余为辅，引导发展适合甩挂运输、集装箱运输、封闭运输的车型。

二是修订《营运车辆技术等级划分和评定要求》。建议对技术等级划分原则和条件进行调整，将评定项目分为强制项和参考项，强制项主要以安全、环保为主，其他项为参考项。参考项不合格不影响评级，并将车速表示值误差、轮胎胎冠花纹深度、左右轴距差、车体左右对称部位高度差、前风窗玻璃等分级项目改为参考评定项目，提高可操作性和通过率。建议客车技术等级分三级，货车技术等级可分二级，去掉不切实际、检测可操作性差的项目。

5)建立完善统一的技术参数数据库

由交通运输部或者维修行业协会牵头，收集全国主要车型的技术参数，建立统一的数据库，每三个月更新一次，综合性能检测机构应同步更新。交通部门应及时向社会公布有关技术参数和检测标准，接受社会监督。同时，建议交通运输部与发改委、机械、车辆制造业相关主管部门协调工作关系，凡新出厂车辆必须要上网公告其车辆技术参数等资料，打破目前存在的技术垄断现象，并使之制度化。提议可以采用类似出台客货运输车辆燃料消耗标准及相关管理监督规章的方式，要求汽车制造企业对客货运输车辆出具车辆技术参数、配置证明，明确所生产投放市场的具体车辆的技术参数、配置并承诺属实。这样，道路运输管理机构在进行客车类型等级评定和货车油耗标准及其他分类管理要求的审查时，通过检测、实车核查和对照车辆车辆技术参数、配置证明，使车辆技术管理执行有据，对车辆购买方的运输企业权益也是一种保障。

6)加大对检测设备、技术的研发力度

一是鼓励检测设备制造企业加大对检测设备研发的技术、资金投入，提高检测设备的技术含量，提升检测设备的实用性、操作简便性、经济性、准确性。二是委托相关机构对设备实行评价推荐制度，对使用未经评价推荐设备的检测站，管理部门不能委托其检测业务。三是由维修行业牵头，在检测设备制造企业和使用单位之间建立一个设备使用、技术、经济等情况的信息反馈机制，及时更新、改造检测设备，使之更适应检测工作的实际需求。

4. 严格源头管理，实行标准车型推荐制度

推行标准车型制度一是能够解决道路运输车辆结构问题。从调研情况看，虽然近年来大型货车、节能型车辆发展较快，但从总量上看，小吨位车辆仍占货车总数的50%以上。小吨位、高能耗运输车辆大量存在，不仅消耗国家大量资源，而且，增加了环境污染，阻碍了现代物流业发展；二是解决了运输车型过多、过滥现象。目前，按照现行规定和各地实际做法，只要是车能办理牌照就能从事道路运输，并且车型过多、过滥，单河南、陕西车型就达几千种。杂乱的车型，对市场管理、后市场服务带来了许多不利影响。如管理部门无法确定车辆标准，汽车维修配件价高量少，检测技术参数无法收集，甚至，造成技术壁垒和垄断经营；三是引导汽车生产企业规模化生产，实行标准车型推荐制度，可使汽车生产企业重视研究、开发、生产出适合道路运输发展要求的车辆，实现规模化生产，降低经营成本，增加企业效益。四是从源头上解决超限的问题，目前，部分汽车生产厂家，迎合个体车主多拉快跑的市场需要，不考虑路桥的承受能力，不考虑道路运输市场正常运营秩序，不考虑车辆运输安全，更不考虑其应承担的社会责任，不负责任的生产、标注货运车辆，甚至帮助少数车主作弊。只有全面推行标准车型推荐

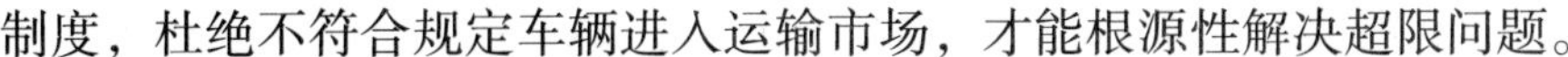

制度，杜绝不符合规定车辆进入运输市场，才能根源性解决超限问题。

结合客车类型划分工作经验，按照道路运输业发展规划和营运车辆特殊要求，建议对货运、出租、公交等车辆实行标准车型推荐制度，制定出标准运输车辆管理办法和技术标准，鼓励发展大吨位多轴货车、集装箱运输车辆、箱式小型车辆、低油耗、低排量、环保型出租车、公交车。禁止能耗高、污染重车辆进入市场，限制农用车、低速车及小吨位货车经营范围。

推行标准车型推荐制度政府必须予以引导和支持。建议一是要在法规上明确将推荐制度法制化，将标准车型推荐目录中规定的技术要求纳入到国家汽车产品目录之中，两个目录也可以合并由一个权威政府部门发布，对未进入目录的或者经测试评价不符合目录要求的车辆，行业管理部门不予办理营运手续。二是出台相关配套政策和扶持措施，政府要在政府补贴、经营许可、诚信考核、政府采购等方面出台些鼓励扶持政策，推动标准车型推荐制度顺利进行。

5. 贯彻落实车辆燃油消耗管理制度，强化车辆节能减排工作力度

《道路运输车辆燃油消耗量检测和监督管理办法》(部11号令)出台，是道路运输管理工作的重大制度性创新。它的实施，对提高道路运输装备水平，促进道路运输节能降耗，保障交通行业节能减排总体目标的实现，推动交通行业向“资源节约、环境友好”型发展转变具有重要意义。

建议以11号令为基础，调整完善道路运输车辆燃料消耗量检测方法及标准，达到由绝对能耗向相对能耗转变，并根据行业节能减排目标，分阶段提高油耗限值，逐步提高限值标准，提高入市门槛，引导营运车辆向轻型化、节能化发展。

6. 强化主体责任，实行企业负责制度

加大运输企业在车辆技术管理工作中的主导责任，调整客规、货规的有关企业车辆技术管理的条款，明确道路运输企业落实车辆技术管理制度的主体责任，对企业车辆管理体制、内容、方法提出明确要求，将企业车辆技术管理情况与企业的质量信誉考核、经营资质挂钩，对执行不到位的进行相应处罚，牢固树立企业技术管理的主体地位。道路运输管理机构指导并帮助企业建立组织机构，配备管理人员，制定规章制度，加强基础工作，有效开展技术管理工作，提高企业的经济效益和社会效益。指导企业建立实施车辆维护制度，健全车辆维修档案，定期把有关执行情况向管理部门报备。

7. 理顺管理体制，更新管理观念，完善管理手段

1)改革管理体制，理顺各级职责，提高管理效能

按照大部门制改革要求进一步转变政府职能、理顺职责关系，加强社会管理和公共服务。各地各级道路运输管理机构要牢牢把握深化交通行政管理体制改革的新契机，结合新一轮机构改革，理顺车辆技术管理体制，实行定岗位、定职责、定人员，确定职能

机构，明确岗位职责，选拔具有一定专业知识的人员从事车辆技术管理工作，有效发挥车辆技术管理对道路运输的保障和支持作用。

建议部、省两级每年至少一次举办车辆技术管理人员管理及技术标准培训。各级道路运输管理机构必须制订培训计划，保障培训经费。

2)加强基层工作指导，实行统一管理制度

建议出台车辆技术“两关一环节”全过程管理的指导性工作意见，通过工作意见的出台，在近一阶段内解决道路运输管理机构在执行车辆技术管理工作中出现的理解管理政策不一致、执行政策的方式不一致、执行政策的效果不一致的问题，使车辆技术管理工作再上一个新台阶。

3)充分利用科技手段，建立“三网一规范”，提升车辆技术管理水平

利用科技手段，实施信息化管理，提升管理效率，确保车辆技术结论和业务许可、资质管理、招投标、信誉管理、年度审验等所有运管业务有效衔接，促进车辆技术管理体系的不断完善并形成良性互动。

(1)建立全国道路运输车辆管理网络系统。逐步建立各级道路运输车辆技术管理和公共信息服务平台。及时采集道路运输车辆违规记录、运行状态等信息，加强对道路运输车辆(包括异地营运)的实时、动态监管；逐步解决道路运输管理机构与企业联网问题，实现道路运输管理机构、运输经营者、机动车维修企业和综合性能检测机构信息资源共享。

(2)建立省、市级应急车辆调度网络系统。在以往发生重大突发应急事件时，常常出现对营运车辆层层调度，层层指挥现象；在客运高峰时期，也经常出现某些地方客流巨大，运力无法保障，而某些地区则客流稀疏，运力资源闲置的现象。在科技迅速发展的今天，极有必要利用地理信息系统、全球定位系统、现代通信技术等高科技手段，建立应急车辆指挥调度系统，对日常应急车辆进行管理，及时了解车辆动向，对道路运输车辆科学、合理的储备、调度、使用，实现对抢险救灾、处置突发事件、客货运高峰等特殊情况下的运力保障。

(3)建立全国综合性能检测信息网络系统，加强对检测工作的监管，并发挥检测信息在车辆技术管理中的作用。

(4)建议出台“营运车辆卫星定位监控系统和终端技术要求”技术标准。统一全国卫星定位系统功能、接口、参数，以便形成全国性车辆监控网络。

维修市场管理部分

机动车维修市场既是现代道路运输业的重要组成部分，又是面向全社会服务的窗口行业，其主要任务是为道路运输业提供技术支撑，为汽车生产厂家提供后市场服务，为广大消费者提供优质、高效、便捷、放心的维修服务。通过有效的管理，能够使市场更加规范，质量更有保障，服务更加周到，收费更加合理，节能减排得到落实。机动车维修市场管理工作，不仅是展示交通运输行业服务于社会的形象窗口，也是保障交通运输安全的重要基础，将直接影响到维修行业自身的健康发展，影响到行业管理部门的社会形象，影响到广大消费者的切身利益，影响到行车安全和人民生命财产安全。

机动车维修管理是市场管理，其对象是全社会车辆(营运和非营运车辆)。机动车维修业(汽车修理业)是一个完整的产业，它既从属于道路运输业、也从属于汽车产业，但管理权限纳入交通运输管理部门。因此，对机动车维修业的管理是一项独立的市场管理工作。

一、机动车维修市场发展历程与现状

(一)机动车维修市场发展历程

我国的机动车维修从靠修理外国车蹒跚起步，发展为具有一定规模的现代服务行业，大体经历了三个阶段。

1. 第一阶段

从新中国成立到改革开放之初(1986 年)为第一个阶段。新中国成立之初，国民经济处于恢复阶段，百业待举，各条生产建设战线急切需要汽车。解决汽车供需矛盾的有效途径就是通过维修，使车辆保持良好状况、延长汽车使用期限。1954 年，交通部发布了《汽车运输企业技术标准与技术经济定额》，成为我国汽车运输行业的第一部技术法规。1956 年，我国完成了对私营汽车维修业的社会主义改造，由国营专业汽车运输部门设立的维修场站开始出现。运输车辆按行驶里程(或日期)实行计划性保养和修理，汽车维修活动仍然处于封闭式自我服务状态，主要为道路运输服务，不向社会提供维修服务。

2. 第二阶段

我国实行改革开放到20世纪末(1986—2000年)为第二个阶段。党的改革开放政策，极大地解放了生产力。1983年，交通部提出“有路大家行车”，开放了道路运输市场，机动车维修生产力随之迸发出来，各种经济形式的汽车修理厂急剧增多，从专业运输企业内部修理厂派生出了社会维修站点，承担社会运输车辆的维修工作。企业经济结构从以国营、集体为主向国营、私营、个体、中外合资合作、股份制并存发展演变，个体汽车修理业发展迅猛，机动车维修行业迅速崛起。1986年，交通部会同原国家经委、国家工商行政管理局，并经财政部、公安部、国家物价局、国家标准局、财政部税务总局、中汽公司会签，联合颁发了《汽车维修行业管理暂行办法》，明确了汽车维修的审批制度和各级交通主管部门的管理职责，规范了行业的准入原则和经营者的行为，在全国范围内实施了汽车维修行业管理，标志着行业管理时代的到来。

3. 第三阶段

中国正式加入WTO之后(2001年以后)至今为第三阶段。随着中国汽车工业的生产规模与市场规模迅速扩大，机动车维修市场发生深刻变革，社会维修企业增长迅速，合资、独资、私营、个体各种经济形式并存，自由建厂、自主择厂的市场化趋势日益明显。经营业态不断丰富，呈现出三位/四位一体(3S/4S特约维修)店、连锁维修企业、综合类维修企业互为补充、各自发展的市场格局，行业整体素质明显提高。为更好地加强道路运输市场管理，引导道路运输发展，2004年国务院颁布《道路运输条例》，2005年交通部颁发了《机动车维修管理规定》(交通部2005年第7号令)，从经营许可、维修经营、质量管理、监管检查、法律责任等方面对机动车维修市场管理作出规定，各级道路运输管理机构依法实施机动车维修市场管理。

(二)机动车维修市场现状

机动车维修业是一个新兴的朝阳行业，已由道路运输业附属部分转化为社会主义市场经济的重要组成部分，由纯劳动技术性行业转化为具有专业技术性、劳动密集性、作业分散性、市场调节性、服务延伸性五大特性的，为道路运输业、汽车产业和广大社会消费者提供全方位服务的产业，其市场发展潜力巨大。截至2008年年底，我国机动车维修经营业户数为359622户，从业人员2458100人，年维修产值达到300亿元。

从经济发展对维修市场的影响分析，据《2008年道路运输统计资料汇编》数据显示：全国机动车维修经营业户分布最多的分别是广东、浙江，总数分别为43890户、27152户；河南、四川的业户数分别是18372户和23337户；维修业户数量最少的西藏、青海的维修业户数量分别为1435户、1595户。数据说明，我国维修市场的发展受市场开

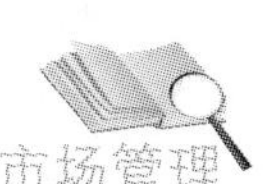

放程度以及经济发展的影响，表现出明显的地域发展不平衡。从维修企业结构比例分析，在全国维修业户中，一类汽车维修业户10565户，占总数的3%；二类汽车维修业户52712户，占总数的15%；三类汽车维修业户212755户，占总数的59%；摩托车维修业户80723户，占总数的22%。目前，我国已形成了以一类维修企业为骨干、二类维修企业为基础、三类维修业户为补充，综合性能检测站为技术支撑，多种经济成分协调发展的机动车维修服务网络格局。从维修经营模式分析，维修经营模式和服务方式愈发多元化。从过去的大而全、单一的综合性维修模式，发展为目前的汽车特约维修、3S/4S店、综合类、快修、连锁、一站式服务等多种经营模式并存的局面。从维修服务网点布局分析，绝大部分一类企业和部分优秀的二类企业已转型为4S店，分布于大中型城市内；二类企业和大部分三类企业分布在公路沿线(服务区)和城乡结合部。

近年来，在市场推动和管理部门的引导下，我国机动车维修行业总体运行良好，初步扭转了过去维修企业结构、布局不合理的局面，解决了供需发展不平衡的矛盾，实现维修量、营业收入、上缴利税逐年增长，维修行业正朝着更加健康、和谐、有序的方向发展。

二、机动车维修市场管理主要做法与成效

(一)管理状况

据调查，现在全国基本实行的是部、省、市、县四级管理体制。从管理部门的职能、隶属关系、机构编制等情况看，全国可分为专业管理模式和综合管理模式。专业管理模式是指成立专门的管理机构，直接隶属交委(交通局)，具有独立的机构编制、配备专业技术人员、行政管理人员，专门负责车辆技术管理、机动车维修市场管理、配件管理、驾驶员培训学校管理等业务的行业管理模式。其优点是职责明确，科学专业，管理高效；难点是机构编制不易批准，人员配备要求较高。综合管理模式是指在道路运政管理机构内编设科室，由科室来承担车辆技术管理、机动车维修市场管理等职能的管理模式。其优点是各业务科室衔接紧密，便于相互协调；缺点是力量薄弱，一岗多职，管理中易存在不到位、不规范现象。

目前，道路运输管理机构对机动车维修市场的管理主要是通过行政许可、维修质量、维修经营行为监管以及人员培训等方式进行。行政许可、市场监督管理工作主要由市、县级道路运输管理机构负责组织实施，道路运输管理机构采取一是引导扶持符合经济社会发展趋势的经营模式和新技术应用；二是打击违法违规经营行为；三是加

强行业的学习交流等措施，达到保护正常市场经营秩序，促进管理理念转变，提高管理水平的目标。但是，受多种因素的制约，部分管理部门的管理措施和手段、管理理念和服务观念比较落后，仍沿用重点检查与巡查的监管方式，无法实现对维修市场的科学、有效管理。

从调研的整体情况看，在市场经济推动和行业管理部门引导的共同作用下，我国机动车维修行业总体运行良好，逐步扭转了行业成长初期企业发展过快、总量供过于求、结构不合理的局面，行业整体素质有了较大提升，而维修质量、企业信誉、用户满意度也均有明显提高。

（二）主要做法

各级管理机构坚持落实科学发展观，紧紧围绕抓质量、促服务的核心，以规范市场秩序，保证修车质量，维护消费者的合法权益为目标，依据国务院《道路运输条例》、交通部《机动车维修管理规定》、国家标准《汽车维修业开业条件》和维修质量标准等，重点做了以下几项工作。

1. 严格市场准入，确保健康发展

据调研，各地都能依据许可的程序、条件、时限等严把市场准入关，坚决杜绝弄虚作假，以权谋私等违法违纪情况发生，并建立健全了许可实效制和责任追究制。如河南省郑州市在行政许可工作中执行“三关一监督一追究”制度，很好地解决了行政许可随意性大的问题。“三关”是指行政大厅受理关、实地勘验核查关、责任人签名批准关；“一监督”是指实施许可后，由质量管理和市场管理部门实施跟踪管理和监督；“一追究”是指凡是不按程序、不按标准、以权谋私乱许可、不许可等行为被发现查实的，一律依据相关规定对责任人进行严肃处理。通过“三关一监督一追究”制度的落实，保证了行政许可的质量和效率。

2. 建立质保体系，确保维修质量

维修市场管理的重中之重就是确保维修质量。各地始终将维修质量作为一项重要工作来抓，严格按照《机动车维修管理规定》实施监督和管理，从制度建设入手，督促维修企业建立健全质量保障体系。部分省市还出台了《机动车维修质量实施意见》、《机动车维修企业日常动态管理规定》等维修质量管理规定；目前二类以上企业大多数都按要求建立了岗位责任制度、安全生产制度、质量管理制度、配件管理制度、质量“三检”制度、质量保证期制度、设备管理制度、人员培训制度、技术档案管理制度、投诉服务制度等，并且全面认真落实各项制度，确保了维修质量。

配件管理、检验制度、人员素质、质量保证期制度的落实，为维修质量的逐步提升，起到了积极的促进和保障作用。质量保证期制度则是各项质量保障制度的重中之重，主

要体现在两个方面：一是质量保证期制度是各项制度落实情况的综合体现，表明了维修企业对其维修质量负责任的自信、义务和承诺，在质量保证期期内出现质量问题不能举证就要承担无偿返修的责任，会进一步促进维修企业严格落实各项质量管理制度，确保其维修质量。二是为广大消费者提供了一个维权的救济渠道，由于消费者在汽车知识、维修技术等方面处于弱势，出现问题往往不能及时获得解决，质量保证期制度的制定和落实，从根本上体现了以人为本的观念，为社会服务的理念，消除了广大消费者的顾虑和担心。据调查，绝大部分省市都把质量保证期制度作为主要工作之一来抓，目前，一、二类维修企业质量保证期制度落实较好，4S 店和规模较大的企业的质量保证期都超过国家规定的里程和时间要求。受到社会的高度好评。

3. 积极调解纠纷，构建和谐社会

由于配件、技术、责任心等种种原因，维修企业难免会出现部分车辆维修质量不达标的现象。出现质量问题后，由于信息不对称，车主往往处于被动局面，不能有效的维权。对于因汽车维修质量出现的纠纷，各级机动车维修管理部门依据 1998 年交通部颁发的《汽车维修质量调解办法》、《机动车维修管理规定》、《合同法》等有关规定，按程序受理，根据双方提供证明材料及与当事人座谈了解情况，必要时采取组织专家组或委托检测机构进行技术分析与鉴定的形式分清事故原因及责任，依据事实公开、公平、公正的进行调解。经调解达成一致的，协议结案，协调不成的，终止调解，由双方当事人通过法律途径解决。通过调查问卷分析，在近年来的机动车维修质量投诉纠纷处理工作中，平均结案率 100%，满意率达到 93.6%，受到消费者广泛好评。

4. 推行阳光作业，维护合法权益

20 多年来，机动车维修收费价格经历了由政府定价到政府指导价，再到现在的市场化收费机制的变化过程。根据《机动车维修管理规定》，工时收费标准可以执行汽车生产商公布标准、省维修行业协会指导标准，以及向运管机构备案过的企业自定标准。目前，4S 店主要是执行汽车生产厂的标准，质优价高；综合企业或私营、个体企业(业户)等都是自主定价，价格适中；路边无证经营户质低价低；配件的仓储、保管、检验等的加价率原为 15%，现已全部放开。《机动车维修管理规定》要求无论执行何种收费标准，都应到管理部门备案。为了防止维修企业不维修只收费、虚列作业项目、乱收费的情况出现，有效解决阳光作业，透明消费的问题，真正的维护消费者的知情权、选择权和公平消费权，各省采取的普遍做法是：一是大修、总成修理、二级维护以及 1000 元以上的维修作业必须修前检验并签订维修合同书(或委托书)；二是在维修经营场所的醒目位置明示收费标准，实行明码标价，提高收费的透明度，接受社会监督；三是实行竣工结算清单，详列作业内容、配件型号、数量及价格。通过以上措施，有效推进阳光作业、明白消费，切实维护了消费者合法权益。

5. 加强人员培训，提升人员素质

机动车维修从业人员的职业道德、技术水平、专业技能和责任心的高低，都直接影响着维修质量和维修行业的形象。

各省从2003年起，按照有关规定对机动车维修从业人员进行了上岗培训，并对培训合格者颁发了维修从业人员上岗证。从2007年开始，又按照交通部9号令《道路运输从业人员管理规定》及《中华人民共和国机动车维修技术人员从业资格考试大纲》的要求，全面启动了机动车维修行业企业负责人、技术负责人、质量检验员、从业人员(机修工、电工、钣金工、涂漆工)等从业资格培训工作，对行业从业人员开展了职业道德、法律法规、安全管理、专业技术知识等方面的培训、考核，考核合格的颁发全国统一的《从业资格证书》，据调查，全国从业人员持证率现已达到56%。通过严格的考核把关，有效地提高了维修行业从业人员的技术水平和职业服务能力。

另外，道路运输管理部门还采取邀请知名专家讲课等多种形式，组织企业相关人员开展技术、管理培训，以有效提高企业的技术水平和管理水平，不断推动维修行业的整体进步。

同时，鼓励维修企业采取“走出去、请进来，产学相结合”的模式，积极培训懂技术、有经验的机电一体化高级技术人才，建立长效学习培训机制，不断更新维修技术人员的观念、知识及技术水平，以适应现代汽车维修技术和管理的需要。

6. 开展信誉考核，建设诚信体系

依据《机动车维修管理规定》和《机动车维修企业质量信誉考核办法(试行)》，各级运政管理部门对机动车维修企业的从业人员素质、安全生产、维修质量、服务质量、环境保护、遵章守纪和企业管理等方面采取实地核查的办法进行综合评价，并建立机动车维修企业质量信誉档案，及时将相关内容和材料记入质量信誉档案。通过质量信誉考核这一行业管理的抓手，引导维修企业建立诚信经营理念，打造诚信行业。

7. 强化市场监督，规范市场秩序

各级运政管理部门根据《道路运输条例》、《机动车维修管理规定》及有关规定对机动车维修市场开展监督检查。2003年根据国家统一部署和安排，对维修市场进行了一次全面整顿，2005年结合类别重新划分工作，又对维修市场进行了一次梳理和规范，开展了不同形式的监督检查活动：一是采取与公安、工商、城管等多部门联合执法，重点解决无证、占道等违法经营行为；二是采取集中力量执法，重点查处超范围经营违法行为；三是采取媒体曝光、公示等舆论监督形式，警示引导企业合法规范经营；四是对无证经营、拒不接受管理并造成恶劣社会影响的严重违法业户，采取证据保全，申请法院强制执行的措施。重点打击无证、超类别、超范围、擅自改(拼)装经营活动，主要查处不执行质量检验制度，配件管理制度、不按标准操作规范维修车辆，不签发或签发虚假合格证，乱收费等违法行为。同时，实行检查、处罚、收缴相分离制度。通过以上措施，有力地保障了该市维修行业健康有序发展。

8. 建立救援网络，满足应急需求

原有的机动车维修救援行为大都是维修企业为了企业形象和创收自我实行的延伸服务措施，虽部分解决了车主因故障停驶无助的难题，但受车型、地域、时间、收费等因素制约，在救援的方便、快捷、保障、纠纷处理等方面，还不能满足受困车主的需要。据调研，2004 年部分省市(如河北、辽宁)已经探索建立了当地的维修救援网络，从 2008 年开始，全国大部分省市制订了救援制度和方案，统一了救援服务电话呼号，基本形成以优质维修企业为依托的机动车维修救援网络，让广大车主真正享受到快速、便利、优质的服务。

9. 扶持快修连锁，优化市场结构

虽然《机动车维修管理规定》和《汽车维修业开业条件》对汽车快修、连锁行政许可未做明确规定，缺乏统一的标准，但部分省、市已采取一些积极的措施来扶持、引导、推动快修、连锁经营发展。据调查，全国 37% 的 4S 店都成立了自己的快修店或快修区，部分汽车装饰装潢或车身清洁维护等企业品牌基本形成了加盟连锁(实际是只加盟不连锁)经营的雏形。上海市城市交通管理局于 2001 年 12 月制订发布了《上海市汽车快修站开业条件(试行)》，2003 年又对该规定作出修订，降低了场地、人员、站点规模的门槛要求，将快修站的作业项目从 78 项扩充到 208 项，基本上容纳了两个小时内完成修理的汽车快修作业项目，使本市的汽车快修业发展迅速；浙江省 2006 年制定出台了地方标准《机动车维修业开业条件》，其中将汽车快修单独设立了开业条件。同时设计制作了“浙江快修”标志灯箱，对符合汽车快修经营条件的业户准予悬挂。江西省于 2008 年发布了地方标准《汽车快修业开业条件》(DB36/T 540—2008)，标准规定了汽车快修业户必须具备的人员、组织管理、设施、设备等条件及主要作业项目。随着维修市场的发展、服务水平的提升，各省市对快修、连锁等新模式还将顺势推出一些引导政策，市场格局将进一步调整。

10. 探索配件管理，保障维修质量

据调查，各省市运政管理部门能够按照《机动车维修管理规定》，对维修企业安装使用配件进行有效的监督管理，一、二类企业均能够做到采购、检验、入库、保管、出库进行明细登记，安装使用比较规范，但流通领域大多不涉及。杭州市在配件管理工作中进行了大胆、有益的探索和实践，于 2007 年制订出台了《杭州市机动车维修业管理条例》，明确了汽车配件经销、使用由运政管理部门主管负责。为保证维修中配件的质量，规定了配件经销实行质量保证和追溯制度、配件经销者建立仓储管理等制度，对配件经营管理及使用进行规范。杭州运管部门也采取了多项措施：一是控制配件源头，采用数码防伪技术，对每个配件设置一个唯一的电子编码；二是规范配件使用，维修经营者采购、使用的配件应当附有产品质量检验合格证明和配件经销质保凭证；三是实行全程责任追溯，一旦发生因配件引发的纠纷，可以通过防伪编码迅速准确锁定配件来源，从而确定机动车配件经销者、维修企业各自的责任。杭州市全面实施“机动车配件质量保证和追溯系统”，对汽车维修、配件经销、配件生产等行业产生深远的影响。

（三）工作成效

近年来，各级道路运输管理机构积极采取有效措施，使机动车维修业的服务能力和水平明显提升，市场机制明显完善，行业管理水平明显提高。

1. 维修质量明显提高

多年来，道路运输管理机构引导和督促企业建立健全了“岗位责任制度、质量管理制度、三检制度、质量保证期制度、出厂合格证制度”等质量保证体系，提高了维修质量保障能力，从采购、入库、出库各个环节规范了配件使用管理，明显提高了行业整体维修质量。据抽样调查，车辆维修返修率已经由三年前的8%下降到目前的2%以下。

2. 服务水平明显提升

机动车维修企业普遍落实了服务公示制度，全面公开了维修工作流程、收费标准、服务承诺、技术操作规程、监督举报电话，增强维修服务工作的透明度；实行了用户跟踪回访制度，服务态度更加人性化，更有亲和力；行业整体服务能力和水平显著提升，适应国内外各种车型的维修需求；许多地方建立省级维修救援网络，满足了用户的救援需求；近年涌现的快修服务，进一步迎合了方便、快捷的服务要求。

据在河南、福建、内蒙古、陕西等省、市调查，各新闻媒体曝光数近年来已由三年前平均27起/年下降到9起/年。

3. 诚信体系初步建立

道路运输管理机构加强对企业诚信体系建设的政策宣传和引导，扎实开展维修企业信誉考核，由从业人员素质、安全生产、维修质量、服务质量、遵章守纪、环境保护以及企业管理七个方面提高企业诚信度。目前，诚信服务深入人心，以往服务意识差，维修作业不规范，偷工减料，使用假冒伪劣配件现象有所减少，维修中弄虚作假、偷梁换柱、以假乱真逐步消除。据在河南、福建等省、市调查，消费者投诉率（含诉讼、12315）已由三年前的年均5.7%下降为现在的年均1.6%。

4. 市场秩序明显好转

机动车维修作为一个新兴行业，经过数次全国范围大规模整顿，在依法取缔无证经营，严厉打击欺诈行为，整治经营条件不达标和经营不规范企业等方面，取得了明显实效。《道路运输条例》的颁布，进一步加大了行政执法力度，建立了行规行约，推动了行业诚信机制建设，提升人员素质，机动车维修市场秩序明显好转。据不完全统计，三年前，无证经营约占市场的16%，擅自改装车辆占1.7%，现在已分别下降为5%和0.1%。

5. 管理理念明显转变

道路运输管理机构逐步转变管理理念，增强服务意识，提升管理工作水平。随着计算机技术的快速发展和电子政务建设的推进，各地普遍建立了道路运输政务网站，使机动车维修管理水平明显提高。一是通过网站开展政策宣传，提升了行业形象，扩大了社会影响。二是逐步推行管理机构与企业联网，利用电子技术，采集行业信息，为行业统计分析和领导决策提供服务。三是档案管理更加全面、系统、科学，由传统的文字书写转向电子打印，不仅提高了管理效率，而且增强了准确性。四是大大提升了社会服务功能，受理用户投诉，接受群众意见与建议，满足用户网上咨询管理、政策法规、技术标准、维修信息的需要。

6. 行业形象明显改善

机动车维修行业在提升维修质量和服务能力的同时，政治意识、大局意识明显增强。在国家重大突发事件发生时，冲得上，保障能力强。在抗洪、抗震中，义务为运输车辆提供后勤保障以及紧急救援服务，赢得了社会的高度赞誉。机动车维修社会认知度明显提升，曝光事件大大减少，社会满意度不断提高。据调查，社会满意度已由三年前的45%提高到现在的78%左右。

三、机动车维修市场管理存在的问题

自对维修行业实施管理以来，国家适时制定出台了一系列相关政策、法规、标准，推动了维修业不断快速、全面地发展。但是，随着我国汽车工业和经济的发展，汽车保有量大幅增加，维修业与人们的日常生活的联系日益密切，由于车辆技术含量不断提高，人们维权意识不断增强，社会对维修行业的关注程度以及对其服务保障能力的要求越来越高。维修业在由过去传统的经营模式向市场经济运营模式转变过程中，在市场自我约束、自我调整和市场管理等方面，还存在一些深层次的问题。通过调研、讨论、分析、归纳，我们认为在维修市场发展中主要还存在三大制约因素和六个方面的问题。

(一)维修市场存在三大制约因素及成因

1. 行业缺少长远发展规划

我国1995年制订了《汽车维修行业发展规划》(1996—2000年，后又延期到2005年)，明确规定了行业发展方向和目标，提出了包括总量指标、服务性指标、维修质量指标、效益指标、技术进步指标、人员素质指标组成的指标体系，对汽车维修业的发展发挥了较好的指导作用，基层道路运输管理机构依据规划组织开展工作，管理工作取得一定实效。进入21世纪，我国经济社会形势发生巨大变化，维修业户的数量成倍增长，维修市场运行机制初步建立，急需国家出台具有指导意义的、符合现代服务业发展要求的、统一的维修行业发展规划，但原1995年的行业发展规划未进行过修订，后续的行业规划也出现断档。各地在制定经济、社会和城市发展规划时，由于政府对机动车维修业的重要性和对经济社会发展的作用认识不足，重视不够，没有把城市综合发展规划和维修行业发展规划有机衔接，维修业发展规划通常被忽略，对机动车维修行业长远发展和现时开展工作都不够有利。具体工作中，由于行业发展规划缺失或者行业发展规划与城市发展规划脱节，致使维修业无发展方向、无发展目标、无技术进步指标、无网点布局指标、无质量服务指标等，维修行业盲目发展，造成维修企业网点布局随意，企业重复拆迁造成浪费，新建居民区内缺少修车网点、对具有发展潜力的经营方式缺乏引导、扶持政策或措施等问题。随着汽车下乡政策的推进，农村的乡镇，特别是偏远地区，修车难问题开始出现且难以解决。

2. 市场缺乏公平竞争机制

(1)技术、信息封锁，配件高度垄断。据调查，国内各汽车生产厂家都不公布技术参数、维修资料，销路较好的车型的车源、维修技术资料、配件供应、营销信息都被其授权的3S/4S店把握。4S店把品牌作为王牌，实行技术信息封锁，维修配件垄断，随意定价收费，这种情况有悖法理，也不符合市场经济原则。据了解，美国、欧盟、日本等国家和地区均通过立法，要求汽车制造厂在新车上市3个月之前公布该车型相关技术资料和信息。我国的交通部门规章《机动车维修管理规定》虽然也对生产厂家提出公布维修技术资料要求，但交通部门规章对汽车生产领域难以发挥作用，对汽车生产制造厂不履行义务没有约束力。这种状况得不到遏制，不利于机动车维修行业公平竞争和技术进步，势必对我国的经济社会发展造成不良影响。

2005年由商务部与国家发改委、国家工商总局联合颁发的《汽车品牌销售管理办法》，强化汽车品牌的垄断地位，汽车生产厂家对汽车配件供应和维修技术资料进行垄断；以品牌授权的方式由厂家管理汽车流通市场，替代了政府的一部分职能；强化了4S店的经营模式，抑制了其他经营业态；弱化了实际的服务质量，严重制约了技术推广与

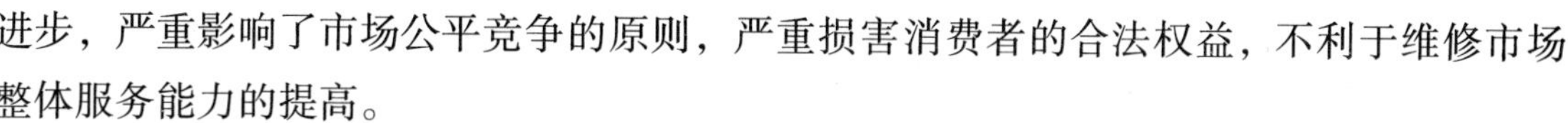

进步，严重影响了市场公平竞争的原则，严重损害消费者的合法权益，不利于维修市场整体服务能力的提高。

(2)人为设置障碍，限制公平竞争。有些管理部门、企业因受部门利益驱动，对在事故车维修、应急救援、高速公路服务区及其他一些敏感区域维修网点的维修服务人为设置障碍，限制和阻碍了维修市场公平竞争，不利于技术进步和维修市场的健康发展。

3. 从业人员的整体技术能力水平偏低

技术素质不高，成为制约维修企业持续发展的“瓶颈”。由于汽车工业高速发展，汽车保有量急剧增长，机动车维修规模不断扩大，吸纳了大批的从业人员。许多初、高中生和企业下岗人员以及农村剩余劳动力进入维修市场，这些从业人员普遍缺乏专业培训，文化素质参差不齐，专业知识、维修技能、职业道德远远跟不上市场发展需求。各地维修从业人员缺乏经过正规培训和具备高学历的专业人才。据调查，具有大专以上学历的技术人员在一类企业中约占3.7%，在二类企业中约占0.8%，在三类企业中几乎为零。造成这种问题的原因，主要有以下几点：

(1)从业人员准入关把关不严。维修企业申请行政许可时，管理部门应该按有关规定审核其从业人员有关资质证书，但部分管理部门由于种种原因把关不严，存在先收费先许可，后培训、后办资质证书的现象，更有甚者，个别企业借用、套用其他企业人员的资质证书，蒙混过关，骗取许可，造成维修从业人员专业技能和职业道德水平不高的问题长期得不到解决。

(2)从业人员再培训机制不完善。社会上的职业技能教育培训机构的教学设施、设备及培训方式不能与汽车制造厂联动，培训出来的人员适应不了现时维修工作的需求。劳动部门组织的职业资格培训虽然在法律上具有权威性，但实际上大多流于形式，技工实际水平与职业资格等级不相符。交通部门组织的从业资格培训刚刚起步，尚未取得明显效果。此外，有的地市技术监督部门要求对举升机、空压机、烤漆房等设备进行上岗操作培训，多重(种)培训、多部门培训急需整合。

(3)从业人员考核退出制度缺失。由于从业人员考核退市机制缺失，维修市场存在从业人员只能进、不能出，造成一些存在严重违规、弄虚作假、品行低劣、技能较低又不愿意提高的人不能被及时清退。

(4)从业人员无序流动现象严重。由于部分企业法人未与工人签订劳动合同，对工人约束力不大；企业短视近利，互相挖墙脚，争抢高技能人才；加之部分企业缺少企业文化，没有激励机制，留不住人才，造成行业人员流动性大，据调查，年平均流动率为30%以上。目前，管理部门或者维修行业协会没有认真探讨人员无序流动的成因，也没有建立人员合理有序流动的管理方法措施，致使维修企业、从业人员自主培训的积极性普遍不高。

(二)维修市场发展存在的六方面问题

1. 服务能力和服务水平有待提高

(1)机动车维修救援网络尚不成熟。随着我国路桥建设的快速发展，居民汽车消费能力迅速提高，机动车驾驶已由过去的生存技能转化为现在的生活需求，由于车辆技术含量的增加，驾驶员也由过去的既能开又会修，变为现在的只会开、不会修，社会亟需现代化的维修服务，为广大汽车用户提供便利、高效的救援保障。据调查，机动车维修救援网络虽已在省市提上日程，并且许多地方已相继建立了省级或市级机动车维修救援网络，但是各省市救援服务的标准、项目、内容、要求以及运行的效率和质量等千差万别，个别省或市的救援服务网络实际已成为咨询、投诉热线，没有起到真正的高效、便捷、急危救困的救援功能。目前，全国统一的机动车维修救援网络还没有形成，也没有出台全国统一的关于救援网络的指导意见和技术规范，致使汽车救援服务发展远远落后于市场的需求。

(2)快修连锁经营模式尚未形成。随着私家车总量的进一步增长，城市框架不断拉大，社会对车辆维修便捷、短时、低费的要求越来越高，社区车辆维修服务要求日益强烈，适应这一需求的快修连锁经营模式将成为重要的发展趋势，需要加紧探索与实践。据调查，上海、江苏、江西等部分省市已进行了一些有益的尝试，但这些城市的加盟连锁大都停留于概念意义上的连锁，实际上是连而不锁的松散型的加盟形式，效果不是很明显，缺乏全国统一的指导性、方向性的意见和法律法规的支持。

(3)服务质量规范体系尚不完善。机动车维修更加透明，需要规范服务的内容和流程。但是，目前我国还没有制定统一的机动车维修服务标准、规范和评价体系，一些地方虽然作了一些尝试，但尚处于探索阶段。据调查，浙江、安徽、江苏等省份围绕维修作业全过程的各个方面，初步建立了包括客户接待、进厂检验、合同签订、维修作业、竣工检验、结算交车及客户回访等内容的制度，对促进机动车维修作业规范化、服务标准化起到了一定的推动作用，但是还不够具体和全面。全国其他大多数省市还没有开展这方面的工作，仍处于原生状态。4S店有生产厂家统一制定的包括进厂接待、维护作业、结算交车、客户回访等服务规范，但仅对本厂品牌有约束力，不同品牌之间差异很大，也不够全面；其他二类企业，特别是三类企业，根本就没有专业化、规范化服务的意识，更谈不上建立相应的维修服务规范，在服务态度、服务水平、服务质量等方面也没有一个评价、考核体系，更没有相应的奖惩制度，内部质量管理薄弱，质量保证体系不健全，或者有制度不落实。维修作业时，缺少严格的技术操作规范，过分依赖经验判断，盲目拆卸零件，工作效率和维修质量得不到保证，又不执行国家规定的修车标准、检验制度和质量保证期制度，对其维修质量不敢承诺或者随意承诺(不负责任的过高承诺或降低标准推诿式承诺)。致使消费者对车辆是否修理，到底修了哪些项目、内容，配件是否更换，自己购买的配件是否用到自己的车上，收费是否合理等心存疑虑，严重影响了整个行业的社会形象和社会满意度。

(4)服务收费还存在欺诈现象。机动车维修增加透明度，需要公示服务内容。物价和交通部门规定，机动车维修经营者应当公布机动车维修工时定额和收费标准，合理收取费用，但少数维修企业没有树立与客户共赢的经营理念，过度追求经济效益，忽视用户利益，不公布或公布与实际执行不一致的收费标准，甚至虚报作业项目和价格。主要表现有企业在机动车维修过程中把小问题说成大问题，把没问题说成有问题或在车辆零件上偷梁换柱获取不正当利益；在价格上没有固定的标准，常常随意抬高工时价。另外，由于管理部门也没有切实履行监管职责，企业的违规行为时有发生，却得不到及时的制止和纠正。同一台车、同样的故障，如果到四个厂咨询则有四个不同的报价，致使广大车主认为维修收费价格混乱，透明度不高，也给消费者造成额外负担，极大地损害了行业形象。

2. 法规体系落后于市场发展

(1)市场准入条件不尽完善。《机动车维修管理规定》对维修业分类不够科学合理，一、二类维修企业的作业范围基本相同，三类业户的作业项目分项混乱，没有分清维修性作业与服务性作业的区别。对场地、人员、设备等的要求脱离实际，如：二类维修企业场地要求不少于350平方米，其中车间200平方米，停车场面积150平方米，但所要求的设备、设施过全、过多，200平方米的车间不可能满足设备安装、维修作业及车辆安全进出的需求；人员要求过于模糊，各工种维修人员要求至少1人，40%以上经过全国培训，考试合格持证上岗，但管理部门及维修企业普遍认为人员数量要求和持证要求不一致，还有的企业对法规的理解更为偏激，认为各工种只需1人就满足开业条件，管理部门就应该予以许可，否则管理部门就是失职，就可能遭到投诉或起诉。“汽车快修”、“连锁经营”未做定义，对其经营范围、经营类别也缺乏相应规定，因而与行业发展现状相脱节，与基层管理、社会需求不相适应，显得不够完善。

(2)维修市场退出机制不尽完善。《机动车维修管理规定》只对使用假冒伪劣配件承修车辆、承修已报废车辆、擅自改装车辆和不签发或签发虚假竣工出厂合格证的严重违法行为确立了退市规定，对市场存在的已经不符合开业条件、超范围经营、不执行质量保证期制度、质量检验制度以及不按标准规范承修车辆，又拒不整改等严重违章行为和诚信缺失等却没有设立相应的退市规定，造成管理部门具体执行困难，严重侵犯消费者利益的行为得不到有效惩治，不利于优化市场环境。

(3)部分罚则条款可操作性不强。《中华人民共和国道路运输条例》、《机动车维修管理规定》对在行政许可、经营行为、维修质量、人员培训等都作出了明确、具体的要求，同时又制定了一些禁止性规定，但是对不履行责任和义务或者违反禁止性条款的行为却没有设置对应的罚则，如：规定应该执行竣工检验制度和质量保证期制度，但企业没有履行该义务，而规定只有警告和责令改正的处罚，处罚力度不够；对从业人员持证上岗率应达到40%以上的规定，维修企业不执行也没有相应的罚则。调研中，大家普遍认为，对未经许可和超范围经营两种行为概念不同、性质不同，却适用同一个处罚条款十分不妥；对未经许可企业的规模、作业范围、违法收入、违规情节不加区分，使用同一个条款处罚，有欠公平；再者，许多行政处罚条款的自由裁量权过大，造成执法人员处罚的随意化、情绪化，容易导致以权谋私、行贿受贿等违法行为的发生。

3. 管理能力落后于行业发展

(1)管理理念相对落后。通过与基层管理人员座谈，发现基层管理人员普遍对维修市场管理缺乏深入地研究，不注重对政策、法规、标准的学习，管理理念跟不上市场发展的要求，在实际工作中存在着重微观轻宏观、重许可轻监管、重管理轻服务、重处罚轻维权的现象，特别是县级管理部门，问题较为突出。

(2)管理体制不够顺畅。据调查，目前，只有郑州、南京、西安、济南、杭州等极少数地市设置独立的机动车维修管理机构，配备有专门的维修行业管理队伍，大部分地市是在道路运输管理部门内设维修管理科(室)，或与车辆技术管理放在一起，或与驾驶员培训管理放在一起，没有专业化的管理机构。一些市级管理机构的维修管理人员多则7~9人，少则2~3人，整日疲于应付办理许可、备案签章、从业人员办证等，造成机械性的办理日常工作，对维修市场、驾培、车辆技术等管理工作缺乏深层次的思考和探索，放弃了对其的监督管理，致使管理不到位的现象比较突出，无证营业、超范围经营、质量无保证等违规违章现象得不到有效监管。

(3)队伍建设有待加强。由于维修行业是过程管理，市场自我发展因素比重较高，工作成绩不易显现，因而领导不重视，资金无保障，人员不配备，特别是在1997年取消了维修市场管理费之后，地方各级运输管理部门遂逐步撤并维修管理机构，造成维修管理人员思想波动，管理队伍不够稳定，机动车维修管理工作受到较大影响。

(4)执法手段相对落后。由于现行法律法规没有授予道路运输管理机构强有力的管理手段，没有暂扣、没收、封存等强制行政权力，现行的行政执法手段只有警告、责令改正、经济处罚等形式，往往造成发现违规行为难以及时制止或取缔，对严重违法行为没有威慑力。另外，投诉举报处理机制不健全，管理机构在市场监管过程中仍然沿用落后的逐户巡查方式，对市场上频繁出现的无证经营、超范围经营、擅自改装车辆等严重扰乱维修市场秩序的违法违规行为难以有效治理，影响了市场健康发展。经调查，目前多数管理部门在行政许可、市场监管、行政处罚、社会服务等方面对现代网络化的新技术应用程度也不高，致使管理的效率和质量偏低。

4. 质量信誉考核影响力不够

维修企业诚信问题的产生既有来自企业外部环境的影响，也与企业经营者缺乏自律有关。从根本上说，与我国市场经济发展不成熟有关。近年实施的《机动车维修企业质量信誉考核管理办法》，对推动维修企业诚信经营、规范服务起到了一定的促进作用。但是，由于质量信誉考核的内容及评分标准不够具体，操作性不强，征信渠道过窄，考评的形式过于简单，造成AAA级、AA级企业偏多、偏滥，质量信誉考核制度没有发挥预期的示范引领作用。考核结果也没有纳入政府诚信体系，在政府招投标、银行信贷、事故车维修、企业设立分支机构等方面，对诚信企业的激励政策落实不到位，对失信企业没有相应的惩戒办法，致使考核工作社会影响力不够明显，对企业的吸引力不大，影响着质量信誉考核工作的深入开展。

5. 信息化建设落后于管理需求

信息化管理是现代管理的显著标志。由于缺少全行业信息网络化建设规划和技术规范，加之各级管理部门对信息化建设重视不足，资金投入少，整体机动车维修信息化管理水平还不够高。据调查，目前大部分管理部门建立了只有许可审批、质量管理、市场监管、内部查询等功能的局域网，管理数据信息处于封闭状态，省与省之间、地市与地市之间、甚至同一个地区的县与县之间尚未相互连通，不能实现车辆管理信息资源共享，无法完成网上申请、审批、备案、签章、考核等功能。欠发达地区的信息化管理工作刚刚起步，还没有一个地市建立维修市场信息化管理中心，影响着行业管理的顺利进行。综合来看，机动车维修市场及行业管理工作信息化程度不高，一方面造成消费者获得信息的途径不畅、信息不对称，不能及时全面了解行业有关政策、法规、标准、企业资质及诚信度、救援等信息；另一方面，极大地影响了行业管理的效率和质量，许可审批、信息公告发布、统计分析、档案管理、违规处理等工作不能适应现代经济发展的需求。

6. 配件管理落后于市场需求

由于汽车配件供应渠道与方式的变化，以及维修成本与质量因素的影响，机动车维修业已由过去的就车机械修复法转变为更换汽车配件维修法。汽车配件质量对维修的影响越来越大。我国现行的汽车配件管理体制是生产制造业由技术监督部门负责，流通领域由工商行政管理部门负责，维修企业处于下游，只管使用。生产企业制造什么、流通领域销售什么，维修企业就使用什么。有些维修企业、车主由于在市场上买不到原厂配件，被动使用假冒伪劣配件，还有少数维修企业、车主为了降低成本，有意选用假冒伪劣配件，致使维修质量无法保证，质量纠纷时有发生。据初步调查统计，假冒伪劣配件占市场流通领域销售配件的53%，配件原因造成的质量纠纷约占整个维修质量纠纷的70%。汽车配件质量成为制约汽车维修质量、影响汽车安全行驶的关键环节。汽车配件市场混乱状况，明显制约着维修质量的提高，阻碍了维修行业的和谐发展。

四、维修市场管理发展思路与建议

（一）新形势和新要求

新一轮政府机构改革的推进，国家重点产业调整振兴规划的启动，成品油价格与税费改革的实施，综合运输体系建设进程的加快，家庭轿车的倍增，汽车下乡政策的进一步落实，新技术新能源汽车的研发与运用，节能环保国策的逐步推行，再加上消费者法律法规知识普及和维权意识的增强，对整个道路运输体系的影响是巨大的，对汽车后市场的影响也是深远的。

现代汽车制造技术和道路运输业的发展以及汽车快速进入家庭，促进我国机动车维修业与社会生产、人民生活的联系更加密切，在社会经济活动中发挥着愈来愈重要的作用。机动车维修服务成为社会关注的焦点，机动车维修行业面临新的重大挑战和难得的历史发展机遇。

（二）发展思路

直面新形势、新任务，道路运输管理机构必须转变思想观念，确立新的管理思路，适应维修行业快速发展的要求，摆脱以往的管理模式，把管理核心定位在“宏观调控、社会服务”上，重点抓好规划、准入、质量、诚信、维权几项关键工作。

经过调研、讨论、分析，调研组认为在新时期、新形势、新要求下，针对当前机动车维修市场发展及管理中存在的一些突出问题，近期应当研究、修订有关法律、法规、标准体系，制订有针对性地服务、管理制度和措施，促进机动车维修行业健康、有序、和谐、又好又快发展。

1. 指导思想

以提高机动车维修服务质量，保护消费者合法权益为宗旨，以科技进步和管理创新为动力，以强化维修市场监管和诚信体系建设为手段，加速现代服务业建设步伐，为社会提供方便、快捷、优质、高效的机动车维修服务。

2. 基本原则

坚持规划、协调、服务、监督的原则；坚持鼓励、引导、扶持的原则；坚持科学、和谐、可持续发展的原则；坚持市场调节与行政管理相结合的原则。

3. 管理方针

科学化管理，品牌化运作，专业化维修，规范化经营，社会化服务

(三)维修市场发展建议

为使我国的机动车维修市场持续、快速、健康的发展，建立健全与社会主义市场经济体制相适应、有利于维修市场结构优化的行业发展体系；建立规范经营、诚实信用、技术先进、与现代汽车技术和国际维修模式相适应的维修质量保证体系；建立一个布局合理、环境友好，为社会提供多层次多形式服务的现代维修网络体系；建立程序规范、监督有力、法律健全的行业管理法规体系。

当前，应首先解决制约维修市场发展的三大障碍。

1. 以行业发展规划为导向，推动维修市场健康发展

(1)制定机动车维修行业发展规划。建议交通运输部组织调查研究，适时制定《机动车维修行业战略发展规划》。通过战略发展规划对维修行业的长远发展方向和目标提出指导性意见，在行业结构调整、市场网络布局、维修技术进步以及行业效益增长方面发挥积极作用。着力引导维修行业向品牌连锁专业化、社区服务多样化、快速救援网络化、优质服务规范化方向发展。

(2)健全规划目标体系，完善实施规划的各项措施。用规划指导行业管理，加强宏观调控，优化行业结构，实行科学管理，引导行业发展，搞好规范服务，增加两个效益；实施科技兴交和可持续发展战略，推动行业技术进步，提高行业创新能力；加速建立健全机动车维修监管系统，不断完善机动车维修市场体系和服务功能，实现网点布局合理，维修技术先进，企业规模经营，市场公平竞争的目标。

伴随我国汽车下乡政策的出台，农村汽车保有量激增，急需维修服务保障。结合维修网络布局调整，深入转变观念，适应形势发展，统筹进行规划，积极引导城市过剩的维修力量向乡镇地区转移，切实解决当地因地势偏而修车难的问题。

2. 以打破技术垄断为突破，推进公平竞争和技术进步

维修技术封锁是制约维修业发展的最大障碍。建议交通运输部会同国家有关部门出台政策法规，彻底打破汽车生产商的技术封锁、配件垄断。首先从关系到社会公共利益和人民生命财产安全的运输车辆进行试点，逐步过渡到所有社会车辆，要求汽车生产厂家在限定期限内向社会公布新上市车型的维修技术资料，并报备交通运输部，同时保证使用的配件在流通领域充足供应。制定相关规定，对技术封锁、配件垄断的汽车生产厂家进行惩处。保证社会公平，促进维修行业健康发展。

3. 以加强人员培训为保证，提高维修行业整体素质

(1)建立健全从业人员职业资格管理体系。职业资格管理体系的核心，就是通过对职

业资格的管理来强化对人的管理，通过对人的管理来强化对事的管理。逐步建立健全包括从业人员考试制度、注册管理制度、继续教育制度和从业管理制度在内的职业资格管理体系。考试制度主要解决职业门槛问题；注册制度主要解决一次考试定终身，实现动态管理的问题；继续教育制度主要解决从业人员知识更新问题；从业管理制度主要解决从业人员从业管理问题。同时，通过行业协会建立人才流动机制，引导、规范从业人员合理、有序流动；由国家统一培训、考核、发证、管理，实现“从业资格证”与“职业资格证”等合并，“一证走遍天下”，避免证出多门，体现国家统一证件的权威性；实行培训、考试分离，由社会或行业协会承担培训任务，由政府负责考试把关，并建立人员考试档案，避免收费就发证，证书水分大，社会认可度低；建立校、企共建制度，市场需要什么人才，教育部门就培养什么人才，培训机构应与时俱进，紧跟先进技术发展潮流；建立从业人员退出机制，发挥行业协会和人才数据库的作用，对不讲职业道德，没有诚信观念，技术能力严重落后等从业人员清退出维修市场。通过以上机制措施，全面提升维修行业从业人员的整体素质。

(2)加强执法队伍建设，提升管理素质。加强道路运输管理机构执法队伍建设，完善交通行政执法体系。各级管理部门应当编列专项培训资金，制定年度培训的计划、考核、奖惩制度，组织机动车维修管理人员的培训和再教育，逐步提高管理人员的政策法规和职业道德水平，优化管理队伍的专业知识结构，提升管理人员的专业知识和管理水平，打造一支高素质的行业管理队伍。

4. 以完善规范服务为核心，提升服务能力和水平

(1)完善服务模式，提升服务能力。建设救援网络。建议交通运输部尽快出台关于汽车救援网络的指导意见。着手建立政府倡导、协会组织、市场运作，类似于120医疗救助模式的24小时全天候机动车维修救援网络系统和统一规范、协调运转、快速畅通、有求必救、自主经营的救援工作机制。机动车维修救援网络应由救援服务中心、救援网点、通信系统、监督管理系统四部分组成。制定相关的服务规范，统一服务平台、统一救援呼号、统一车辆标志、统一人员工装、统一电子地图、统一收费标准，并对全国维修救援网络建设进行指导，协调省际救援工作，协调解决救援车辆驶入高速公路及市内道路通行问题，并提供资金扶持。各省、市、县建立三级响应机制，形成覆盖全国的无缝隙救援服务网络，通过社会化服务，为消费者提供应急解难的服务保障。

发展品牌连锁。品牌是企业的无形资产，体现企业核心价值，是质量和信誉的保证。推行机动车维修品牌连锁经营能够为消费者提供更加优质的服务，产生更大的经济效益和社会效益。行业管理部门要积极引导企业树立现代服务业发展理念，创新维修经营模式，鼓励企业开展品牌连锁经营，开展电话咨询、维修、检测，以及救援等全方位服务，逐渐做大做强。发展机动车维修品牌连锁经营的基本思路是：一是引导、扶持建立以一

类维修企业为依托的区域品牌中心企业，对区域品牌中心企业进行合理的规划布局。二是以区域品牌中心企业为龙头，用参股、控股或整合、吸收三类企业加盟等方式，组成以区域品牌中心企业负责对连锁分支进行统一管理、技术支持、配件供应、规范服务、品牌营销的网络化经营模式。三是政府可出台一些扶持鼓励性政策，逐步取消或限制原三类企业的专项作业类别和项目的许可，促使三类企业转化为品牌连锁加盟店。四是要强化连锁服务体系建设，建立完善的物流供货体系、组织管理体系、技术信息体系、人员培训体系、经营管理体系，实现真正意义上的“连”和“锁”经营体系，区域品牌中心企业对加盟连锁店实行六统一管理，并承担相应的法律责任。通过大力推行品牌连锁快修经营模式，促进维修行业品牌化运作、专业化作业，从而达到优化市场结构，遏制超范围经营，扭转维修市场“小、散、脏、乱、弱”的局面，改善行业形象，实现优质、高效、便捷服务的目的。

(2)规范维修服务，提升服务水平。出台机动车维修服务质量规范。由交通运输部或者中国维修行业协会制定机动车维修行业服务质量规范，通过规范对维修企业的客户接待、进厂检验、合同签订、车辆维修、竣工检验、车辆交接、价格结算、异议处理、客户回访等各环节确定服务标准、服务评价体系，继续落实好质量保证期制度，促进维修行业规范化运营，为广大消费者提供一个舒适、放心的消费环境。

积极调解机动车维修质量纠纷。修订完善《汽车维修质量纠纷调解办法》，最好升格为部门规章，对纠纷调解申请的受理、调查取证、技术分析和鉴定、责任认定、纠纷调解、结案归档等作出详细规定，着力解决程序、技术分析和鉴定的组织及人员、经费和法律效力的问题，积极探讨实行质量纠纷仲裁制度的可行性。对其他方面的纠纷，应当明确是否承担调解职责。各级道路运输管理机构应依据有关规定，公平、公正、公开的调解(仲裁)纠纷，化解矛盾，营造和谐社会。

5. 以完善法规体系为基础，保障维修行业持续发展

(1)建议组织《机动车维修管理条例》的调研和起草工作。设立一部统领机动车生产、销售、使用、维修的法规，明确工信、环保、交通、工商、公安、质量技术监督、保险等相关部门工作职责，打破汽车制造企业的汽车维修技术壁垒和汽车配件垄断，为机动车维修行业的健康发展创造良好的外部环境。

(2)在《机动车维修管理条例》制定出台前，建议修改《机动车维修管理规定》部分条款。一是调整分类方法，应广泛听取行业管理部门、科研机构、维修企业、消费者等多方面的意见和建议，对维修企业分类方法进行更加科学、合理的调整。经过调查分析，认为分为四项两类较为合适，即汽车维修、摩托车维修、专用车辆维修、其他车辆维修四项，每项可分为维护修理类和维修服务类(装饰、车身清洁、救援、检测诊断等)。二是机动车维修经营者变更经营条件(作业范围、地址)的，因涉及许可条件变化，建议规定重新办理许可。三是细化罚则条文，缩小对具体违章行为的处罚弹性，并增设行政强制手段。四是增设对损害消费者利益的违章行为的处罚条款，如：不按有关标准、操作规程作业，不执行国家规定的质量保证期，不按规定办理从业资格证，不使用统一结算清单等行为。五是修改人员培训的部分内容：增加继续教育规定条款；增加对持有机动车维修从业资格证的人员参与非法维修经营、使用假冒伪劣配件维修机动车、擅自改装机动车、承修已报废机动车、利用配件拼装机动车等严重违规行为的处罚规定；增加从业资格培训与职业技能培训相结合，实行逐级培训考试，统一发证的规定；增加“汽车维修质量总检验员”从业资格工种，明确岗位职责、资格条件和考试管理要求，修改申请技术负责人从业资格考试的资格条件，即看学历也注重实际技能水平，应适当设置破格条件。

6. 以转变管理观念为前提，提高维修行业管理水平

(1)进一步转变观念，解决重管理轻服务问题。道路运输机构要进一步树立全局意识和大局意识，树立为运输业和社会服务的意识，转变管理理念，彻底扭转重许可轻管理、重处罚轻引导、重局部轻全局的观点，从“宏观调控、社会服务”出发，工作重点要转移到“全面落实政策法规、标准，全心全意为社会服务”上来，为确保观念转变、思路转变，应定期对各级管理人员进行新思想、新理论、新技术培训，建立分级培训制度，出台相应管理制度，加大管理和技术培训投入。

(2)理顺管理体制，实现权责一致。逐步理顺道路运输管理体制。据调查，目前各地维修行业管理部门机构设置不一致、名称不一致、编制不一致、行政级别不一致、身份待遇不一致、着装不一致，影响了管理部门的社会形象，削弱了管理能力、服务水平和工作积极性，急需从体制上根本解决这一问题。各地各级道路运输管理部门要牢牢把握深化交通行政管理体制改革的新契机，积极与政府有关部门沟通协调，结合新一轮机构改革，建立权责一致、分工合理、决策科学的行政管理体制，健全机动车维修管理机构，明确岗位职责，实行定岗位、定职责、定人员，选拔具有一定专业知识的人员从事机动车维修管理工作。

理顺道路运输管理机构与公安、规划、工商、税务、环保、质监、消防、安监、保险等相关部门的关系，解决与其他部门之间的职责不清、职能交叉问题，确定机动车维修管理机构的职责。建立健全政府多部门联动机制，异地互查机制、举报查处奖惩机制，集全社会之力来加强机动车维修市场的监督管理，有效地遏制违规经营、不诚信经营、侵犯消费者合法权益等现象，促进机动车维修行业健康、和谐、快速、可持续发展。

7. 以质量信誉考核为抓手，打造诚信维修服务行业

进一步加强行业诚信机制建设，完善质量信誉考核内容，增强考核结果的社会影响力。一是进一步细化质量信誉考核的内容和评分标准，把服务质量规范评价结果和参加

救援服务的效果以及参与社会公益活动的情况纳入到质量信誉考核体系中。二是广泛宣传机动车维修质量信誉考核的作用和意义，按期公布维修企业质量信誉考核结果，引导企业参加质量信誉考核，提升服务意识和管理水平。三是由交通运输部协调有关部门将考核结果纳入政府诚信体系，在政府招投标、信贷、事故车维修、设立分支机构等方面对优秀诚信企业落实相关激励政策，增强考核结果的社会认可度和影响力。四是对失信企业制定相应的惩处规定。

8. 以打击违法经营为重点，净化维修市场经营秩序

(1)采取多种形式打击非法经营行为。结合当前落实科学发展观，以人为本，构建和谐社会的要求，在执法活动中坚持一个方针和两个原则：一个方针是坚决取缔打击严重违法经营行为，两个原则是教育与处罚相结合的原则和罪罚相当的原则。建议专题研究执法的方式方法，如可以采取针对普遍性或突出问题进行集中整顿的方式、异地使用执法力量的方式、多部门联合执法的方式等，依法坚决查处无证经营、超范围经营、使用假冒伪劣配件承修车辆、擅自改(加)装车辆、弄虚作假、乱收费等违法违规行为，进一步净化市场经营秩序，为消费者提供一个放心的消费环境。

(2)加强汽车配件管理工作。一是推行全国统一结算单制度。结算单的法律地位应与竣工出厂合格证相当，结算清单应当包括工时费、外加工及检测费、配件费，配件费应注明配件厂家、产地、型号、数量、单价、使用情况等。可在一、二类维修企业强制推行，三类企业视情推行，初步解决假冒伪劣配件广泛使用的问题。二是由交通运输部出面协调国家有关部门，加大对生产、流通领域假冒伪劣配件的打击力度，从源头净化配件市场。三是地方道路运输管理机构应加强与相关部门的协调配合，建立部门之间的协作机制，严厉打击借“配件销售”之名，从事汽车维修业务的不法行为，遏制假劣配件进入机动车维修市场。四是推广杭州经验，扩大实施机动车维修配件质量保证和追溯制度，对维修企业使用配件进行全国统一的条形识别码全程跟踪管理，在维修环节拒绝假冒伪劣配件，确保机动车维修质量。

直面新形势、新任务，道路运输管理机构必须转变思想观念，确立新的管理思路，适应道路运输业快速发展的要求，摆脱以往的管理模式，把管理核心定位在“宏观调控、社会服务、严格管理”上，重点抓好立法，做好准入退出、诚信建设、消费维权等几项关键工作，建立健全与社会主义市场经济体制相适应、有利于维修市场结构优化的行业发展体系，使我国的道路运输业持续、快速、健康的发展。

调研专题七

道路运输安全管理机制建设
道路运输应急保障体系建设

四　川　省　交　通　厅
贵州省交通运输厅
山西省交通运输厅
新疆生产建设兵团交通局
大　连　市　交　通　局

调研专题七调研人员名单

调研领导小组

组　长：郑　勇

副组长：刘　杨　王志民　范辅臣　姜　冰　邱小发

调研协调小组

组　长：邱小发

副组长：任胜平　桂进军　李　灵　张　劲　赵　华

调研工作小组

组　长：任胜平

副组长：曾新伍　段　权　马广号　房根福

调研报告撰写人员

黄　利　童泽林　赵建华　杨开贵　曹驰宇　韦　勇　董华胜
周继斌　牟　沛　王瑞萍　姜立中　田建华　任　瑜　汤　军
李亚席　杨吉平　娄镜明　杨福洪　张　伟　陈　斌　王建波
帅　斌　张　南

调研工作概况

按照交通运输部《关于开展新时期道路运输业发展大调研活动的通知》（厅办字〔2009〕147号)精神，由四川省交通厅牵头，贵州省交通运输厅、山西省交通厅、新疆生产建设兵团交通局、大连市交通局共同参与，开展了专题七“道路运输安全管理机制建设”的调研工作。参加单位共同成立了专题调研领导小组、调研协调小组和调研工作小组，进一步明确和细化了大调研活动的内容、工作重点和要求、制订了详细的调研方案，全面开展了深入细致的大调研活动。

本次大调研历时三个多月，共分为三个阶段进行。一是安排部署阶段，主要工作内容是研究制订调研方案和调研提纲，理清思路、明确方向、抓住重点，进一步明确调研活动的内容、目的和要求。二是调研阶段，主要工作内容是各参加单位按照调研提纲在本省（区)、市行政区域内组织调研，汇总形成本省（区)、市调研报告。调研组还先后到贵州省、山西省、新疆生产建设兵团、大连市开展课题调研，集中起草了专题调研报告。三是总结阶段，主要工作内容是召开专题报告研讨会，进一步修改和完善调研内容，形成最终调研报告。

调研组采取省内调研与省外调研相结合、座谈讨论、走访调查、问卷调查、查阅资料等方法开展调研活动。对5个省市、13个市州、15个运管机构、12个道路旅客运输企业、12个汽车客运站、15个驾驶培训机构进行走访调查。参加调研的道路运输企业、行业管理部门、基层单位的工作人员以及专家学者近450人次，召开专题调研领导小组和课题调研组全体成员会2次，省级座谈会5次，市级座谈会10次，基层座谈会15次，邀请了西南交通大学和四川交通职业技术学院的专家召开了5次学术座谈会。

参加此次大调研的各省、市、区交通厅、局高度重视此次大调研活动，专门召集各级运管机构和运输企业、场站、驾校等相关单位召开会议进行安排部署。在各地的通力协作下，调研工作得以顺利完成。

此次大调研工作参与人数多、工作量大。在四川、贵州、山西、新疆、大连等省市的共同努力下，调研组通过深入细致的工作，收集整理了大量的数据和资料，形成了较为全面、详细、完整、深刻的调研报告。“道路运输安全管理机制建设”调研报告充分反映出当前新时期道路运输安全管理现状，梳理出了道路运输安全管理存在和面临的突出问题，提出了新时期道路运输安全管理的整体思路和措施，基本达到了调研的目的。

道路运输安全管理机制建设部分

一、道路运输安全管理现状及问题

改革开放以来，随着道路运输市场化程度不断提高，道路运输安全生产和管理面临着前所未有的新挑战，全国各级交通主管部门及其运管机构抓住社会主义市场经济发展的基本规律，努力探索安全管理的新思路、新方法，实现了道路运输安全管理从企业管理向社会管理的转变，确立了“三关一监督”的道路运输安全管理工作职责，着力强化企业安全生产主体、部门安全监管主体两个责任，形成了道路运输安全生产的新机制，保障了道路运输安全生产形势的基本稳定。

（一）道路运输安全管理的基本情况

1. 道路运输安全管理量大面广

涉及道路运输安全的领域包括道路旅客运输、货物运输、驾驶员培训、机动车维修、客货运场站五大市场，道路运输安全管理的对象数量大、类型多、流动性强，作业场所纷繁复杂。截至2008年年底，全国道路运输经营业户达560万户，其中：道路旅客运输经营业户22.6万户，货物运输经营业户达434.1万户，相关业务经营业户102.8万户。全国营运汽车达930.6万辆，其中：载客汽车169.6万辆、2560.3万客位，载货汽车760.9万辆、3686.2万吨位。客运从业人员达392.6万人，其中驾驶员271.6万人；货运从业人员1347.7万人，其中驾驶员1122.4万人。

2008年，全国营业性公路客运量达268.21亿人次，旅客周转量达12476.11亿人公里；营业性货运量达191.68亿吨，货物周转量达32868.19亿吨公里。

2. 道路运输安全管理体系基本建立

道路客运企业作为道路运输安全生产的责任主体，按规定设立了安全管理内设部门，明确了安全管理责任人和安全工作岗位及职责，配备了专职安全管理人员，对生产安全实行内部监控。

全国各级政府建立了由政府牵头，安监、公安、交通三部门共同负责交通安全的监管体系。其中安监部门负责对本行政区域内安全生产工作实施综合监督管理；公安部门

负责道路交通安全管理工作；交通部门负责道路运输管理职责范围内的安全管理工作，交通部门道路运输管理机构负责具体实施道路运输管理职责范围内的安全管理工作。各级运管机构大多设置了安全管理专、兼职机构，配备了专职安全管理人员，较好地承担起了道路运输管理职责范围内的道路运输安全管理工作。

（二）现阶段道路运输安全管理的主要做法

各级交通主管部门及其运管机构按照“三个服务”的基本要求，认真履行“三关一监督”的安全监管职责，并结合本地实际，探索出了一系列各具特色、行之有效的安全监管措施和办法。

1. 制定了经营业户市场准入的技术经济条件

各级交通部门按照《中华人民共和国道路运输条例》（以下简称《道路运输条例》）及其配套规章的要求，严格审查进入道路运输经营业户的管理人员、管理制度、车辆、设施设备、从业人员等安全生产的基本条件，使其从开始经营起就具备一定的安全基础。同时，各地根据上位法的原则，进一步细化了与之配套的制度，把经营业户的安全生产状况与市场准入和发展相联系。如四川省以地方性法规规定：经营者因负主要责任或者全部责任发生一次死亡10人以上特大道路运输安全事故的，降低其安全生产状况评估等级，1年内不得参加客运经营权服务质量招标投标，不得新增客运班线；1年内发生两次以上负主要责任或者全部责任的死亡10人以上特大道路运输安全事故的，取消其安全生产状况评估等级，3年内不得参加客运经营权服务质量招标投标。贵州省政府规章规定发生一次以上重大交通事故的客运企业在半年内不予受理其行政许可申请，并将道路通行条件作为实施行政许可、车辆投入的重要依据，凡交通部门没有验收的道路一律不允许投放营运车辆；交通部门已验收但仍然存在一定安全隐患的线路，督促有关部门加紧完善，再根据市场需求投入相应类型和等级的车辆。

2. 建立了营运车辆技术管理体系

根据发布的《营运车辆综合性能要求和检验方法》、《道路车辆外廓尺寸、轴荷及质量限值》和《营运车辆技术等级划分和评定要求》的标准，各级运管机构对营运车辆的技术状况检测和技术等级评定的结果进行审查，不符合标准的一律禁止参与营运，加强了营运车辆的市场准入管理。同时，实行营运车辆强制二级维护制度，明确了二级维护的期限和要求，以保障营运车辆日常技术状况始终处于良好的状态。为了确保这一制度的严格执行，运管机构还对在二级维护中虚报维修作业项目、不按技术规范作业、作业中有漏项和使用假冒伪劣配件的维修企业进行严厉处罚，直至取消从事营运车辆的二级维护资格。部分地方还实行了二级维护竣工上线检测，保证营运车辆二级维护质量。同时还实行二级维护竣工出厂合格证责任倒查追究制，通过查合格证，倒查相关汽车维修技术档案、汽车维修合同、维修费用和维修配件使用等原始资料，及时发现、处理存在的问题，有效遏制了维护质量低劣、只收费不维护、乱开出厂合格证、倒卖出厂合格证及开假出厂合格证的现象。

3. 建立了驾驶员从业资格管理制度

按照营运车驾驶员从业资格管理的规定，各地以营运驾驶员资格管理为重点，突出营运驾驶员驾驶技能和职业道德教育，逐步提升营运驾驶员队伍整体素质，又重点在强化驾驶员安全意识和操作技能上下功夫。在强化驾驶员安全意识上，重点突出防“三超”教育，主要采取典型案例与自查相结合、企业教育与家庭协助教育相结合的方式，倡导企业构建安全文化，营造关爱驾驶员氛围，同时督促企业对驾驶员教育管理包干到人，建立家庭联系制度，全过程、全天候地监控管理，防止“三超”和管理失控；在操作技能培训上，重点开展特殊气候、特殊路段驾驶技能培训；在管理方式上，实施了驾驶员“五统一”(统一招聘、培训、考试，统一劳动保险，统一工资发放，统一考核，统一奖惩)管理制度，解决了驾驶员脱管和利益缺乏保障的问题；在监管措施上，加大对驾驶员违章行为的处罚力度，对严重违规和事故肇事驾驶员进行网上曝光，注销其从业资格证，企业予以解聘，通过严格的资格管理和后期教育培训，促进营运驾驶员职业化程度逐步提高。

在提升营运驾驶员队伍整体素质的同时，各地还着眼于营运驾驶员后备力量的培养和社会公共交通运输环境的改善，通过加强驾驶培训行业监管，提高普通驾驶员安全意识和安全驾驶技能。采取严格教练员队伍管理、统一教练车颜色和标识、推广应用多媒体和驾驶模拟器等现代化教学设施设备、陆续启用学时计时管理系统、开展驾校和教练员质量信誉考核工作、依法查处扰乱培训市场秩序的行为、探索驾驶员培训与考试工作的有效衔接方式、建立驾驶员培训与考试的责任追究制度等措施，基本建立了教学大纲、教学日志和培训记录三位一体的培训质量监管体系，使新驾驶员培训质量稳步提高。

4. 汽车站安全源头管理得到加强

各地运管机构把汽车客运站的“三品”检查、旅客进站检票、车辆的安全例检以及出站检查作为“三不进站、五不出站”工作的一项重点。一是强化硬件建设，包括设立安检地沟(安检台)、分设进出站口、场内人车分流、安装使用行包安检仪、隔离候车区等，如四川、贵州、山西的二级以上客运站都配备X光机；二是强化软件建设，如四川客运站开展了安全评估，对客运站安全管理制度进行了统一规范；三是创新安全生产，积极推行汽车客运站安全例检公示通报制度，对安检不合格的车辆进行站内公示，通报给车属单位和车籍地运管机构，督促车属企业落实车辆技术管理的主体责任，并对车辆所属企业记入其质量信誉考核档案。道路运输源头安全管理力度的加大，基本杜绝了车

辆出站超载，遏制了车站源头管理责任造成的道路运输交通事故。

5. 安全监管职责日益强化

各级交通主管部门、运管机构、运输企业均实行了安全生产责任制，层层签订安全责任书，把安全责任层层分解，具体责任落实到部门、岗位、个人；实行安全管理一岗双责制，扩展安全管理领域，充实安全管理人员，基本形成了横向到边、纵向到底的安全监管体系。

交通部门还对监管职责进行了细化，交通运输部制定了《道路运输管理工作规范》、《汽车客运站安全生产规范》，明确了道路运输管理机构履行“三关一监督”的职责要求。各省也根据自身实际，对安全稽查工作进行了规范。如四川省制定了《四川省道路运输安全管理督查工作规范》，对运管机构安全监督职责进行了细化和量化。

在责任追究上，突出以落实制度和履行职责为重点，对发生事故和存在重大安全隐患的企业，各级运管机构按照“四不放过”原则追究责任，有力地促进了运管机构的安全监管和运输企业安全生产主体责任的落实。

6. 跨部门联动取得成效

按国家关于“五整顿”、“三加强”的工作要求，各省(直辖市、自治区)加强了部门间的联动与配合。四川、山西建立了省级道路交通安全工作联席会议制度，贵州省与公安交警配合建立了交通违法车辆和事故信息抄告制度，大连市与公安、安监部门配合形式了互动机制。市、县两级交通部门也通过与公安、工商、安监、旅游等相关部门的配合协作，共同开展了打击非法营运、整顿旅游运输市场、整顿驾驶培训市场、评价道路通车条件、治理超限超载等活动，既维护了公平竞争的市场秩序，又为安全生产创造了和谐的环境。部分地方(如上海、江苏、深圳、山西等)与公安交警紧密联合，严格执行新申办驾驶证需经驾校培训合格的要求，极大地提高了社会驾驶员的安全行车意识和安全驾驶技术水平，有效地降低了交通事故率。四川省自 2004 年省交通厅运管局、省交警总队、省农机局联合出台《关于机动车驾驶员队伍整顿工作实施方案》后，经驾校培训合格后申办驾驶证的比例呈逐年上升的趋势，2004 年驾校培训驾驶员 22 万人，占全省新增驾驶人员的 32%，2007 年已达到新增驾驶员人数的 70%，而四川省交通事故发生次数则呈逐年下降的趋势，2007 年发生交通事故 21711 次，较 2004 年下降了 31.9%。

7. 客运企业动态安全状况评价开始起步

为了促使客运企业落实安全生产主体责任，各地把安全生产状况纳入企业质量信誉考核范围。四川省在此基础上，建立了专门的安全生产状况评估制度，对道路旅客运输企业、汽车客运站开展安全生产评估。从企业和车站的安全生产制度、安全生产过程管理、安全生产监督、安全生产教育、安全生产经费的投入使用和安全生产事故指标限制等方面进行全面的评估。对安全生产评估合格的，发放安全等级证书，对达不到要求的，限期改正，限制发展。同时，还建立了一套安全考核的具体办法，制订了《四川省道路旅客运输企业安全生产动态考核办法》、《四川省道路旅客运输企业质量信誉考核办法》，对企业和车站的安全生产情况和服务质量进行年度动态考核。考核的结果，与企业的投标资格、营运班线许可、汽车客运站等级评定及收费、安全生产状况等级的升级以及扩大经营范围等挂钩。通过这一方法，增强了客运企业加强日常安全生产和管理的外在动力，为全面实现优胜劣汰的道路运输市场运行规则奠定了基础。

8. 企业安全生产内控机制开始形成

随着社会和政府对道路运输安全要求的不断提高，道路运输企业对运输安全的重视程度也逐步增强，体现在企业内部的安全生产内控机制的建立和完善有了明显进展。

(1)企业安全生产管理制度建设取得成效。成建制的企业基本都形成了包括企业安全生产责任制度、安全会议制度、安全生产目标管理考核制度、各岗位安全生产操作规程、GPS使用管理制度、安全生产投入保障制度、重大安全隐患排查整改制度、安全应急救援制度、驾驶员“五统一”管理制度、安全生产责任追究制度、安全生产事故报告统计调查制度、安全文书档案管理制度等涉及安全各个环节的规章制度。

(2)强化安全制度的落实，定期考核，奖惩兑现。根据企业安全目标的要求，企业安全管理部门定期对安全生产情况进行检查督促，及时纠正在生产过程中的事故隐患；年终对完成安全生产任务好的单位和个人给予精神和物质奖励，对有严重安全事故责任的生产人员在工资升级、年终奖励、目标考核上实行一票否决；对发生较大事故负主要责任以上的驾驶员，除按国家有关规定处理外，还被记入“黑名单”，进入“黑名单”的驾驶员，企业不得再录用。

(3)对新增的经营业务，企业均要进行可行性分析，并制订相应的安全保障措施。

(4)定期进行隐患排查。针对国家重大节假日，企业都要对驾驶员进行安全行车教育和营运车辆技术检查，确保车辆运行处于安全良好状态；同时对安全生产的制度、生产各岗位、安全生产操作规程以及生产人员配备进行隐患排查，及时纠正有可能出现的事故隐患，确保企业道路运输行车安全。

9. 安全管理科技水平有了提高

全国大部分省(直辖市、自治区)的运管机构和运输企业都加大了科技投入，积极推广使用汽车动态行驶记录仪和GPS系统，建立了GPS系统管理平台，强化营运车辆运行过程的动态监控，使道路运输行车事故得到了有效的遏止。从2004年起，四川省通过给予定额专项补助，率先运用了GPS系统。截至2008年，四川省共建设运管机构和运输企业(含客运站)三级GPS监控管理平台720多个，其中一级客运站建立GPS监控管理平台

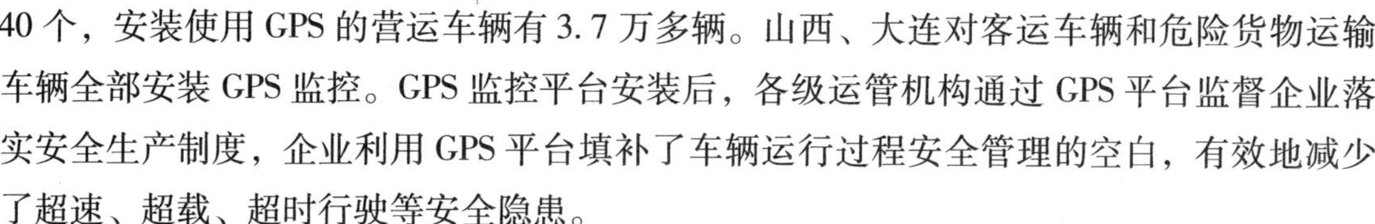

40个，安装使用GPS的营运车辆有3.7万多辆。山西、大连对客运车辆和危险货物运输车辆全部安装GPS监控。GPS监控平台安装后，各级运管机构通过GPS平台监督企业落实安全生产制度，企业利用GPS平台填补了车辆运行过程安全管理的空白，有效地减少了超速、超载、超时行驶等安全隐患。

（三）道路运输安全生产形势稳中趋好

近年来，在党中央、国务院的正确领导下，经过各地区、各部门和单位的共同努力，有效地遏制了道路运输安全事故多发、高发的势头，全国道路运输安全生产状况总体上稳定好转。2007年我国公路和高速公路通车总里程分别增长2.7%和18.1%；汽车保有量及汽车驾驶员数量同比分别增长14.3%和12.9%；营运车辆和营运驾驶员数量均增长8%左右。在此情况下，2007年道路运输万车死亡率同比下降25%，尤其是一次死亡3人以上交通事故起数、死亡人数和受伤人数三项指标连续三年呈现下降态势，死亡人数首次降到1000人以内，一次死亡10人以上交通事故起数降到20起内，事故造成的死亡人数连续四年实现大幅下降。

2008年，我国汽车保有量及汽车驾驶员数量同比分别增长13.5%和14%；完成公路客运量、客运周转量分别增长7.6%和9.8%；公路货运量、货运周转量分别增长10.9%和14.5%。在此情况下，2008年道路运输万车死亡率同比下降18%，尤其是一次死亡3人以上交通事故起数降幅最为明显，一次死亡10人以上交通事故起数基本保持在较低水平，群死群伤交通事故发生频次降幅明显，事故伤亡和经济损失稳步下降，较好地推动了道路运输的又好又快发展。

（四）道路运输安全管理存在的主要问题

1. 现行客运企业经营模式导致企业对单车监控乏力

目前，全国道路旅客运输企业的经营模式中，70%～80%都是以合资合作、承包租赁、单车挂靠为主，企业缺乏对单车实施有效管理的动力和能力，安全管理缺乏手段，安全制度难以落实到位。加之驾驶员收入与车辆经营紧密联系，车主和驾驶员因片面追求经济效益，难以处理好安全和效益的关系，超速、超载现象难以有效禁止。

2. 营运驾驶员素质不高，安全意识不强

道路运输生产流动性强、运行范围广，单车和驾驶员是运输生产的基本单元，车辆运行安全全由驾驶员掌控，企业所有的规章制度都由驾驶员来落实。由于企业对驾驶员的运行监控缺乏手段，导致驾驶员因操作原因引起的安全事故频发。加之当前营运驾驶员素质不高、劳动强度大、社会地位较低和生存环境不良，会出现驾驶员心理不健康、责任心降低等问题，不利于其全身心地保障道路运输安全。

3. 农村客运安全责任落实不到位

农村客运超出了“车归点、人归站”的管理模式和常规的经营方式，难以实现“三不进站、五不出站”的源头安全管理。交通部门和运管机构在乡镇没有机构和人员，源头监管缺乏抓手和载体，导致监管主体缺位和责任不明。部分省虽将农村客运安全责任落实给乡镇政府，但仍缺乏相关的依据、队伍、经费和手段，再加上道路条件不完善、车辆状况差、市场环境复杂、个体经营为主等因素，农村客运超载情况严重，安全隐患突出。

4. 货运市场主体分散，安全管理没有抓手

货运行业市场化程度高、组织化程度低，经营主体众多、流动分散，安全管理处于游离状态。目前全国有货运车辆760.9万辆，有经营业户434.1万户。运管机构难以对货运车辆实施有效监管，超速、超载现象严重，事故率高，因此迫切需要解决货运车辆安全管理从何着手，抓什么，怎么抓的问题。

5. 客货车“三超”仍是较大隐患

虽然运输及相关部门加大了管理力度，但是每年春运和黄金周等客运高峰期间，货车超载、客车超员、超速行驶、驾驶员疲劳驾驶等现象屡禁不止，存在较大安全隐患。如2009年10月2日，湖南永州客车超员特大事故成为典型新案例。

二级公路干线货车超限反弹。经过五年多的集中整治，货车超限运输在很大程度上得到了遏制，但近期由于二级公路撤除收费站，货车超限运输普遍反弹。对东部某省一个地市的统计表明，2009年2月二级公路干线取消收费后，超限率同比上升10%，恶性超限车辆增加30%。

超载货车成为安全大隐患。我国公路车流中货车比重很大，2008年统计表明，高速公路上货车占42%，其中65%是三轴和三轴以上的大型货车。大型货车的超限反弹使得公路交通环境恶化，持续制动性能差的问题对客运车辆安全运行造成巨大威胁，引发客运群死群伤的事故几率增加，安全管理压力加大。2009年，云南昆楚高速公路上造成20死、21伤的“4·25”特大交通事故便是典型例证。

6. 实施有效安全监管的保障基础薄弱

从总体上看，全国各地运管机构的安全管理机构设立不统一，安全管理人员的配备缺乏统一标准，安全管理经费的投入和装备配备严重不足。大部分省级运管机构设立了安全管理专职机构，配备了专职管理人员，但个别省(直辖市、自治区)尚未设安全管理专职机构，从事安全管理的专、兼职人员严重不足，市级安全专职管理机构更显薄弱。各地都不同程度地存在聘用临时执法人员维持正常工作运转的情况。随着城市出租车、公交车管理职能的调整划入，运输安全监管范围进一步扩大，这一问题还将更加突出。

二、道路运输安全工作面临的形势与挑战

当前，我国还处在道路运输事故的多发期，随着我国经济社会发展，道路运输需求的急剧增长，客流、物流、驾驶员数量的高速增长，运输网络覆盖范围的不断扩大，影响道路运输安全的因素将更为复杂，道路运输安全形势仍然十分严峻。

（一）综合运输体系的建设和发展，给道路运输安全提出了新课题

特别是当前，轨道交通的快速现代化和铁路大提速，给道路运输带来了较大冲击，道路运输全行业面临战略性的调整和转型，道路运输组织方式、经营模式、运力结构、运行方式都将面临巨大变化。这将迫使现行安全管理的理念、管理方式、管理手段必须适应新形势做相应的调整，乃至重新构建。

（二）城乡一体化的发展给道路运输安全提出了新要求

随着城市化进程和城乡一体化战略步伐的加快，道路运输行业如何适应新形势，重新把握和定位城市公交与公路客运的范围和内容，以及在当前农村客运的公交化改造过程中，平原浅丘地区农村公交客车上设立立席引发了交通和公安部门间的争议，都给道路运输安全监管带来了新挑战。

（三）路网拓展增大了安全管理压力

截至2008年年底，我国公路通车里程达到373万公里，比新中国成立初期增长了45倍，较2001年增加了120%。其中，高速公路达6万公里（2009年有望突破6.5万公里），高速公路建设正向西部快速拓展，各种运输安全新问题逐渐出现。

西部地区高速公路建设当前正向山区纵深推进，山高坡陡，路窄弯急，自然灾害不断，车辆运行安全基础条件不高，成为事故多发路段。如西南某省一段长9公里、平均坡度4.6%的高速公路下坡路段，尽管已建多处避险车道，但平均每月事故仍多达16.9起、死亡1.5人、伤5.7人。而长度10公里左右的连续下坡路段在西部地区高速公路网中屡见不鲜，有的甚至超过50公里。里程增加和新问题的不断出现，增加了道路运输安全管理压力。

此外，农村公路迅速延伸，交通条件改善导致车辆运行速度大幅提升，而交通安全运行条件却得不到有效保障，事故随之增多。

(四)和谐社会构建与驾驶员生存环境形成反差

对调研区域1787份有效问卷的分析表明，驾驶员社会地位和生存环境不良，营运车辆驾驶员95%来自农民和工人家庭，文化程度高中以上的仅占5%，90%的月收入低于2000元，82%的子女正上学，87%的家庭月收入低于2000元，连续驾驶7小时以上的达到11%，每天工作时间12小时以上的达13%，16%的驾驶员每月只休息一天。调查表明，驾驶员整体素质偏低，驾驶过程中有吸烟、聊天、吃东西等不规范行为的占25%，驾驶员一年内没接受安全教育的占19%，20%的驾驶员不熟知法律知识，23%的对信号知识掌握不全，80%的不了解特殊条件下的驾驶，45%的遇到紧急情况会头脑不清晰。驾驶员对安全运输相关知识和技术能力的欠缺成为事故诱发的根本因素。

(五)高峰时段供求矛盾加剧了安全监管压力

道路运输业的发展受服务理念、科学技术、道路状况、经济效益等诸多主、客观因素的制约，短时期内还不能完全满足广大人民群众出行的需求，突出表现在春运、黄金周等运输高峰期很难满足运输需求，超员运输和非法营运难以从根本上杜绝，安全与稳定发展的压力仍将长期存在。

三、道路运输业建立安全长效机制的措施与建议

(一)建立道路运输安全管理长效机制的基本思路

以科学发展观统领安全生产工作全局，全面认识和把握新时期道路运输安全生产的特点和规律，坚持“安全第一、预防为主、综合治理”的基本方针和“以人为本、安全发展”的管理理念，构建完整的道路运输安全管理法律法规体系；理清职责、理顺体制、强化监管，全面落实“两个主体”责任；制定完善道路运输安全规范和标准，利用科技创新提升安全水平，增强安全管理的针对性和有效性，提高科学性；营造良好的安全生产社会环境，着力建立道路运输安全长效机制，努力促进安全工作常态化、规范化，全面提升安全生产能力。

(二)基本原则

(1)依法治“安”，制度保障。用法律和制度作为安全管理的依据和指导，加强安全生产规范化。

(2)权责一致，分工协作。构建政府领导、部门监管、企业主体、群众参与、社会支持的道路运输安全管理格局，加强部门协作联动，形成整体合力。

(3)强化源头，找准规律。强化道路运输安全生产的源头管理，以防范为主，加强隐患排查治理，突出抓好黄金周、国庆、春节等重点时段道路运输安全生产，防范和减少群死群伤及恶性交通事故。

(4)夯实基础，预防为主。以防范为主加强运输安全生产，夯实安全管理的基础工作，促进安全生产常态化。

(5)分类指导、突出重点。道路运输长途客运、农村客运、危险品运输各具有不同特点，其管理的主体、环境各不相同，应加强安全管理的针对性，重点突出抓好客运和危险品运输安全。

(6)严格问责，奖惩结合。建立道路运输安全生产问责制，严格依法裁定责任并予以追究。建立奖惩结合的激励约束机制，充分调动并发挥企业的安全生产和行业安全监管的主观能动性。

(三)具体措施建议

1. 完善客运企业经营机制，强化安全生产主体责任

下大力气逐步解决客运企业普遍存在的单车承包挂靠经营，鼓励客运企业实行公司化经营、驾驶员员工化管理的经营模式，实行运输生产统一驾驶员和车辆管理，统一线路运行管理。

推行把驾驶员的个人收入与单车经营效益分离开来、安全与企业生存发展相结合、安全与企业管理人员切身利益相结合、安全与驾驶员收入相结合的“一分离三结合”激励约束制度。

强化运管机构在企业质量信誉考核、线路配置、站点安排等方面向公司化经营、驾驶员员工化管理方向的政策倾斜和优惠措施，努力促进客运企业按照现代化管理体系要求，创新安全管理手段和方法，构建安全生产内控机制。

要把安全生产作为完善道路运输市场准入和退出制度的核心内容和主要依据，切实做到不安全就不准进入市场，不安全就要退出市场的管理机制，从根本上解决经营者搞好安全管理的动力和压力问题。

2. 健全营运驾驶员安全教育培训考核体系，强化监控手段

实施营运驾驶员素质教育工程，推进驾驶员诚信考核，稳步提升驾驶员整体素质。对营运驾驶员在道路运输活动中的安全生产、遵守法规和服务质量等情况进行综合评价，督促营运驾驶员自觉遵守国家法律法规，诚实信用，文明从业。

加强营运驾驶员培训与考试工作，坚持“先培训、后考试发证”的原则，加强与公

安交警部门的沟通协调，完善驾驶员培训考试衔接制度，强化衔接机制，把培训记录作为事故倒查的重点和依据。

在客运和危险品运输等重点领域要积极推进安装GPS及车载视频系统，强化营运驾驶员动态监控，及时纠正各种违章行为，提高驾驶员预防事故的能力。同时，各级运管部门也要相应地建立GPS监控中心，监督企业对驾驶员和营运车辆实行严格的安全监控，及时发现和处理企业在安全管理方面存在的问题，提高行业安全保障能力。

3. 完善农村客运监管体系，落实安全责任制

进一步完善省、市、县、乡四级运管机构安全监管体系，借鉴山东省和四川宜宾的经验，在乡镇一级设立“站、运、管、养”四位一体的交管站，作为乡镇政府加强农村客运源头监管的载体，实行“县管、乡包、村落实”的政策。

进一步调整农村客运管理方式，提高农村客运的公司化程度，扩大经营者自主权，采取多种经营的方式，有效发挥农村客运市场配置资源的基础性作用。

建立农村客运GPS监控平台，统一GPS技术标准，尽快制订“农村公路通行客车技术标准”。

对城乡公交发展中存在的道路性质认定、车辆核载人数规定等有争议的问题，积极协调相关部门，制定并完善相关标准，切实支持城乡公交统筹发展。

4. 以货运场站源头管理为抓手，强化货运安全管理

要从根本上解决货运安全源头监管问题，基本途径是加快货运市场结构调整的步伐，促进传统货运向现代物流转型。结合源头治超，以货运场站源头管理为抓手，将物流园区的货运场站建设纳入国家及各省枢纽场站建设规划及补助的范围，以引导现代物流基地建设和提高货运组织化、集约化程度。

除明确运管机构源头治超的职责外，还需解决运管机构对治超工作的执法依据、执法手段和机构编制等问题。源头监管和源头治超要循序渐进，先试点再推广。

5. 健全道路运输安全法规体系和标准体系

抓紧修改《道路运输条例》，进一步明确运输经营者的安全市场主体责任和交通运输部门及运管机构的监督管理责任，强化管理和执法手段。研究制订《道路运输安全生产条例》、《道路运输生产经营单位安全生产责任规定》、《道路运输管理机构安全生产监督管理工作规范》等一系列切实可行的法规，为依法加强道路运输安全监管提供有力的法律保障。

制定道路运输安全生产标准，包括道路运输企业安全生产标准、客运车辆开行道路条件标准、客运车辆最高限速标准、农村客运车辆营运标准等系列安全生产标准；修订《机动车驾驶培训机构资格条件》、《城市公共汽车安全技术标准》等已不适应新形势新要求的相关标准，使交通部门在行政许可、行业规划、安全监管等方面的标准统一、科

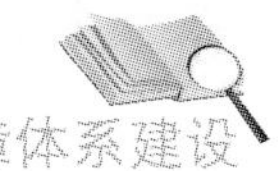

学管理。

6. 健全企业安全评价体系，完善激励约束机制

针对企业、场站建立以人、车、路、管理为主要指标的安全评价体系，全面开展道路运输安全生产状况评估，加强分类指导和重点监督，规范安全生产行为。

建立道路运输企业安全生产管理档案，实施运输企业安全生产动态考核办法，强化企业动态监管。采取动态考核与定期考核、平时考核与年终考核、量化考核与质态考核相结合的方法，将企业安全生产动态考核结果与企业的行政许可、线路招投标挂钩，把安全生产与企业生存发展结合起来。

7. 争取多部门支持，完善部门联动及全国联动机制

继续完善道路运输安全管理工作部门间联席会议制度，建立由政府牵头，交通、公安、安监、工商、质监、发改委等多部门参与的安全联动长效机制，推动部门间的合作配合制度化、常态化，形成协同作战、齐抓共管的良好工作氛围。

在治理超限超载运输的问题上，交通、公安、安监、工商、质监、发改委等部门要通力协作，从汽车生产环节开始，对车辆生产、改装、运行、装载等多层面、多角度进行综合治理；在打击非法营运上，加大公安、交通、工商部门的联勤联动；在农村道路是否具备安全运行条件上，交通、公安、安监部门实行共同认定制度；在车辆安全技术装备上，由发改委、公安、交通部门共同研究制订车辆安全技术标准和安全装备要求；在运输安全事故应急处理上，实行安监、公安、交通三部门联合处置。

8. 加强科技创新，建立科技兴安的发展机制

整合交通内部信息资源，充分利用计算机和网络技术，建立全国统一模式的道路运输管理对象、监管内容、交通事故统计、违章行为通告、质量信誉考核等道路运输安全管理信息库，实现交通内部全国联网管理。与公安、气象、安监等部门协作，建立包括道路、天气、车辆、驾驶员等道路运输安全参数的数据库，逐步实现交通、公安、安监、气象等部门道路运输安全信息的互联互通、信息共享、部门联动、全国联动，提高安全管理效率和管理水平。

从设计和生产环节入手，提升车辆安全运行能力和安全运行监管技术水平，如车辆的阻燃性、车辆制动、车辆超限超载控制、超时超速驾驶控制等。

加快GPS等智能化设施的推广应用，拓展GPS的功能，提高市场驾驭能力。重点关注GPS远程调度、车辆故障排查、维修服务等功能拓展，通过视频监控对车辆运行和车内的各类危险事件进行监控。

加大科技投入，利用政府基金引导运输企业、科研机构、高等院校等开展道路运输安全理论与技术研究，提高道路运输安全管理的科技含量和水平。

道路运输应急保障体系建设部分

一、道路运输应急保障体系建设现状

（一）道路运输应急保障体系建设情况

从2003年“非典”发生以来，全国各级道路运管机构充分认识到道路运输应急保障体系建设的重要性，高度重视道路运输应急保障体系的建设工作。据调查，目前全国交通系统基本按照国务院和交通运输部的要求，成立道路运输应急保障领导小组和专、兼职工作机构，落实了应急保障工作机构和工作经费；以地（市、州）、县为单位组建了各级应急保障队伍，依托成建制的专业运输企业组建了应急运输保障车队，落实了应急运力；依托客运站、货运站、物流园区等场站，建立了应急运输集结点；依据应急保障的特点建立了24小时应急时期值班制度；根据道路运输的应急保障特殊性和不同种类突发事件编制了应急运输预案，从调查的五省（区、市）来看，所编制的预案种类繁多，预案数量多达30多件。

各地积极开展应急演练工作，通过演练检验预案的可操作性和预案实施主体（交通系统上下）之间、系统内部之间、交通部门与其他部门之间在应急处置过程中的衔接、协调、配合、调度、指挥工作等综合实战能力和运输企业的应急反应能力，进一步增强交通运输应急处置保障能力，积极参与并圆满完成了大量道路运输应急保障任务。如山西省完成治超工作保障和电煤迎峰度夏抢运工作，并完成了“非典”和禽流感应急保障工作。2008年，贵州省圆满完成了冬季冰雪灾害应急运输保障任务。四川省相继完成2005年“汉源事件”、2008年“3·14”事件等突发事件和“5·12”汶川大地震道路运输应急保障工作，特别是“5·12”汶川8级特大地震道路运输保障工作，动员人力之广，调集运力之多，涉及范围之大，运输任务之重，保障难度之高，持续时间之长均创造了我国道路运输应急保障的历史纪录。从2008年5月12日至8月底，四川省交通厅抗震救灾运输保障指挥部累计接到派车指令5000多单，调集客车2223辆、开行3233车次、运送救灾人员和转运受灾群众10万余人，调集货车6391辆，开行13975次、运送救灾物资约10.2万吨，单日最大用车量达到1029辆。

近年来，道路运输应急保障体系建设所取得的成绩主要表现在：

(1)应急预案体系逐步建立。自2005年交通部制订和发布《公路交通突发公共事件应急预案》开始，各地交通部门根据应急预案的要求，相继制订了地方道路运输应急保障预案。在此基础上，各地还根据道路运输的应急保障特殊性和不同种类突发事件编制了应急运输预案，涉及重大疫情突发、夏收秋收、春运等重要时期的道路运输应急保障，为提高道路运输应急突发事件处置能力奠定了制度基础。如四川省制订了《2007年“春运”道路旅客运输应急预案》等，浙江省、贵州省制订了《省自然灾害突发事件道路运输应急救援预案》等。全国道路运输系统初步形成了部、省、市、县四级道路运输应急预案体系。

(2)应急组织体系初步形成。各地按照统一领导、分级负责、条块结合、属地为主的原则，全国交通系统基本按照国务院和交通运输部的要求，在各级交通主管部门应急领导小组的领导下，各级道路运输管理机构成立了道路运输应急管理组织机构，负责应急指挥与协调、应急日常管理、现场指挥等工作。在抗震救灾期间，四川省运管局在省交通厅的领导下，成立了抗震救灾道路运输保障指挥部，各受灾市(州)、县(市、区)在各级政府及交通主管部门的领导下，成立了地方道路运输保障指挥部，从而形成了省、市、县三级统一领导、分工协作的应急运输组织体系，为有序开展道路运输应急保障工作奠定了基础。

(3)应急运行机制不断强化。各级道路运输应急管理机构在实际工作中不断强化应急运行机制建设，加强道路运输与相关部门的协调联动，积极推进资源整合和信息共享；加强涉及突发事件的危险源排查，着力推进突发事件预测预警、信息报告、应急响应、应急处置及调查评估等机制建设，依据应急保障的特点建立了24小时应急时期值班制度；建立了工作例行报告制度，强化突发事件的信息报送和预警工作，确保重大突发事件及时准确上报和妥善处置。如山西省以运政信息网为平台，以全省统一的96566运政服务热线，建立了应急管理联系工作机制。

(4)应急保障能力不断提高。各省以地(市、州、区)、县为单位组建了各级应急保障队伍，依托成建制的专业运输企业，部分地区结合交通战备管理体系组建了应急运输保障车队，落实了应急运力。依托客运站、货运站、物流园区等场站建立了应急运输集结点。部分地区为了加强对保障车辆的动态监控和适时调度，结合GPS监控平台，开发了车辆管理软件，并为保障车队安装了GPS，有效提高了车队的指挥调度和应急处置能力。

(二)道路运输应急保障体系建设取得经验

经过一次次的道路运输应急保障工作，全国各级道路运输管理机构在检验队伍的同时也摸索出一些成功经验。

1. 应急意识强、反应迅速是道路运输应急保障的关键

各级道路运输管理机构通过近年来的应急保障工作，树立了应急意识，积累了宝贵的应急工作经验，形成突发事件应急反应迅速、及时启动应急预案的工作风格。如汶川地震发生后，通讯几乎全部中断，灾情不明。四川省各级道路运输管理机构以强烈的应急意识、高度的责任心和政治觉悟，迅速行动并及时启动预案，快速调集运力开展抢救工作。在灾情完全不清楚又无法与上级及时联系的情况下，四川省运管局党委和领导班子成员即刻召开紧急会议进行分工。同时，以最快速度派出两路人马，奔赴四川省武警总队联系部队运输和奔赴成都市内各大汽车站快速组织运力，及时将首批800多名武警官兵及救援物资送往都江堰重灾区，为第一时间救助伤员赢得了宝贵时间。与此同时，各地运管机构也及时启动预案，提前做好运力准备，确保了各地救援部队的紧急需求。

2. 统一指挥、合理分工、部门联动、分级负责是道路运输应急保障的核心

首先，统一指挥、合理分工、分级负责应急管理模式，保证应急情况下政令畅通和协调联动，从而提高了应急处置能力和效率。在抗震救灾期间，四川省运管局在省交通厅的领导下，成立了抗震救灾道路运输保障指挥部，各受灾市(州)、县(市、区)在各级政府及交通主管部门的领导下，成立了地方道路运输保障指挥部，从而形成了省、市、县三级统一领导、分工协作的应急运输保障体系，为有序开展道路运输应急保障工作奠定了组织基础。在应急保障过程中，省运输指挥部按照上级指令，通过征调车辆将中央和省调集的人员、物资运送至灾区，各市(州)道路运输指挥部具体负责转运任务，配合省指挥部做好运输车辆跟踪服务和后勤保障，并承担当地下达的各项应急运输任务，从而在全省形成了统一指挥、梯级运输的高效合理格局，大大提高了运输保障的效率。

其次，部门间信息互通、联合联动是各方应急资源形成合力的基础，也是应急管理机构有效运转的关键。地震发生后，四川省运输指挥部及时得到省交通厅支持，很快开辟收费公路抗震救灾应急车辆专用通道，免收通行费，不仅极大地降低了应急车辆的经济负担，调动了广大驾驶人员参与抗震救灾的积极性，也大大提高了车辆运行速度。此外，四川省交通厅迅速与公安交警部门协调，由省运输指挥部向抗震救灾车辆发放“应急交通”通行证，交警部门在交通管制路段开辟应急运输专用或优先通道，在特别拥堵的部分路段，公安交警还派警车为救援车队开道，为抗震救灾赢得了宝贵的时间。同时为解决车辆燃油供应紧张的问题，省道路运输保障指挥部及时与省经委和石油公司协调，各国有加油站在对社会车辆限量供应的同时，开辟了应急救援车辆专用通道，凡持“应急交通”证的车辆优先加油。

3. 专兼结合，保障有力的应急队伍建设是道路运输应急保障的基础

首先，专业运输力量与社会运力相结合，是应急运输队伍建设的基础。抗震救灾期间，依托道路客运企业和骨干货运企业初步组建的应急保障专业队伍在抗震救灾的最紧

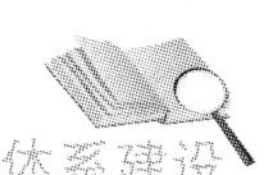

急关头充分发挥了快速应急的重要支撑和表率作用，充分体现了关键时刻专业队伍“调得来、用得上”的特点，为及时将第一批救援人员和物资送往极重灾区赢得了宝贵的时间。但是，抗震救灾期间人员和物资运送数量巨大，跨越范围广，运输高峰期，仅靠专业运输队伍已无法满足需求。因此，广泛征集社会运力加入应急运输队伍显得尤为重要。据不完全统计，四川省18个市(州)运管执法人员征集的社会货运车辆占整个抗震救灾应急车辆的50%以上，在运输高峰尤其是物资运输高峰时期他们成为抗震救灾的主力军，为抗震救灾取得胜利作出了巨大贡献。

4. 充足的经费保证是道路运输应急保障的后盾

在应急保障工作中，无论是应急运输装备购置、物资储备、应急培训与演练，还是处理应急突发事件，均需要资金来保证。尤其在应急运输过程中，由于道路运输管理部门和运输企业垫付能力有限，充足的经费保证显得尤为重要。汶川大地震应急运输过程中，四川省政府及时协调省级财政部门，按照运输指挥部核定的运费标准对抗震救灾运输车辆给予了合理补偿；市、县两级财政也不同程度安排了专项经费对同级指挥部调用的应急车辆给予补助；各级运管机构和参加抗震救灾的运输企业也拿出自身的工作经费先期垫付部分费用，确保救援车辆燃料和驾驶员生活等基本开支，从而保障运输车辆有能力运转。四川省交通厅在应急运力完成部分保障任务后，承诺给予经济补偿，充分调动了其投身抗震救灾运输的积极性，确保了道路应急运输保障工作的顺利进行。在完成应急保障任务后经济补偿及时到位，为今后进一步规范政府应急管理行为、建设完善的应急运输保障体系奠定了基础。

5. 政策扶持是构建道路运输应急保障队伍的重要手段

山西省在应急队伍的建设过程中制定了应急运输车辆规费减免政策，立足于交通战备车队，以合同契约的形式将分散的货车整合起来，明确签订合同的车辆养路费减半征收，运管费全部免收，相当于山西省交通厅从养路费和运管费中拿出1800万元用于应急运输队伍的扶持工作。在应急运输期间，持交通主管部门核发的有效证件，可免征公路通行费，从而提高了运输车辆参与应急工作的积极性。确保应急运输队伍可充分信任、随时调动、平战结合、保障有力，应急保障基本做到了紧急救援电话后1.5小时到达，为历次应急运输保障任务的圆满完成打下了坚实的基础。

二、道路运输应急保障工作存在的主要问题

尽管各级交通主管部门在历次突发事件应急运输管理过程中取得了一些经验，道路

运输应急保障体系得到了强化，但总体上看，我国应急运输保障体系依然有待进一步完善。

(一)道路运输应急保障法律法规体系有待完善

(1)征集道路运输应急运力的实施主体没有明确的法律依据。各级道路运输管理机构调动组织应急运力缺乏明确的法规授权，特别是上下级之间、上级管理部门和下级政府之间在应急运力征用和管理上没有明确的法律规定，突发事件发生以后，只能参照《民用运力国防动员条例》实施强制征用。2008 年 5 月 13 日，四川省交通厅抗震救灾指挥部道路运输应急保障组接到省政府指令组织客运车辆到机场转运 3200 名空降兵到灾区参与抗震救灾的任务后，交给成都市交委交管处，在执行时，成都市政府领导指示所有征用车辆的调动必须通过市政府批准，为此保障组及时将此情况报告省政府领导，后经省政府领导协调，方才落实。

(2)应急运输组织基本靠政治动员，靠公民、法人的政治觉悟来保证。汶川地震发生以后，四川省各级运管机构组织人员到车辆集中地进行政治动员，驾驶员听说汶川大地震需要应急运力后，在衣服、资金等后勤保障未落实的情况下积极主动参与，短期内解决了应急运力问题，但随着应急任务增多，运力需要量增大，维持时间延长，就出现调动符合需要的运力困难，尽管顺利圆满完成了应急运输任务，但应急运输组织工作难度巨大。从目前应对突发性灾害和公共卫生事件的情况来看，我国应急运输动员仍然主要是依靠地方政府行政职能和群众自发性基础上的运作。由于道路货物运输市场化程度较高，市场主体较多且分散，市场经济条件下，受利益因素影响，将流动的车辆迅速组织起来异常困难，同时目前在突发事件发生时缺乏强制征用运力的法律依据。在依法行政的大环境下，道路运输管理机构缺乏法律强制手段，更增加了运力组织难度。

(3)道路运输应急处置环境与日常工作状态有很大区别，应急处置工作方式与法律法规冲突较多，应急状态下运输安全制度缺乏特别规定。应急状态下，道路运输运行环境和运输紧迫性，突破了日常状态下的环境条件，不可能因为超过 8 小时驾驶时间就停车休息，不可能因为是三级以下线路夜间就不运行，更不可能因为货物有毒害性等就不运输。现行法律法规对应急状态下的运输安全制度没有特别规定，应急运输组织者将承担很大安全责任风险。如在抗震救灾中，运送的人员和物资数量巨大，道路损毁严重，基本不具备行车条件，且征集的车辆有限，不得不加班加点工作，运输车辆也无法按规定进行安检，驾驶员工作超时，加上很多防疫物资为危险化学品，运输时出现了较多违反现行法律法规规定的情况，各级道路运输保障部门冒了极大的安全风险，承担了较大的责任风险。

(4)参与应急保障过程中因发生事故造成人身伤亡、财产损失后不能受到医疗、抚恤、财产补偿等问题。在四川抗震救灾期间，发生因公受伤和财产损失后，财政部门不予另外补偿，只能从运输费用中提取补偿，理由是运输费用中含了保险，由保险公司承担。

(二)道路运输应急保障预案体系不健全，可操作性差

虽然目前各地道路运输管理部门均制订了道路运输应急预案，但这些预案是应对所有突发事件的一般性文件，虽然明确了突发事件的分级应对主体、响应以及各级具体办事机构和联络方法，但没有对危机进行分类管理，没有针对不同的突发事件制订相适应的具体执行措施和实施程序，缺乏针对不同突发事件的专项预案，预案尚未形成体系，有待进一步完善。而且现有道路运输应急预案总体上原则性要求多，可操作性不强，在具体执行过程中存在职责不清、衔接不畅现象，会导致预案启动后反应不及时、协调不顺。

(三)道路运输应急保障基础投入不足，保障能力建设有待加强

(1)道路应急运输保障管理人才和专业技术人才缺乏，应急队伍缺乏专业知识的培训和演练。应急管理人员、驾驶员等工作人员普遍缺乏应急知识和经验，这从某种程度上制约了应急运输保障能力的提高。

(2)储备运力结构相对单一，专用车辆难以满足需求。各地征集的车辆普通客货运输车辆居多，运力结构单一，难以适应多层次应急运输需求，特别是挖掘和钻探等大型机具、特殊大型材料、冷藏物资等需要的专用运输车不足。

(3)应急集结地缺乏规划，现有场站应急处置功能有待完善。由于大多数突发事件所需应急运输车辆较少，应急体系建设时未能考虑到车辆集结地的规划、建设和管理，在重大突发事件发生后需要大量运力时，集结地不足的矛盾凸显，另外现有客货运场站缺乏后勤保障功能，难以满足应急保障需求。

(4)应急通信保障有待加强。目前，道路运输应急通信保障主要依靠固话和移动电话。汶川地震发生以后，依靠的固话和移动电话通信保障中断，原来构建的道路运输应急保障体系也随之瘫痪，在毫无方向的情况下靠传统方式派人走上门联系储备车辆组织运输，效率可想而知。而且在汶川地震发生当天，灾区所有移动通信中断，固定电话基本无人接听(因避灾基本无人在室内)，应急救援指令难以按正常渠道迅速传达到应急保障单位，灾区救援需求信息也难以获悉，通信信息保障准备不足，严重影响了抗震救灾的效率和准确性。

(5)应急后勤保障能力不足。首先，应急车辆燃料供应和车辆附属装备准备不足，现有应急预案尚未考虑应急运输车辆燃料供应问题，应急运输车辆平常运行大多不需要特殊附属装备，而应急状态下可能出现缺乏篷布、防滑链等特殊附属装备，影响应急安全和质量；其次，车辆维修保障缺乏，由于各级管理部门未将应急维修纳入道路运输应急

体系建设，缺乏专业应急维修救援队伍和救援设施；最后，后勤生活保障准备不充分，现有预案未考虑到大规模的车辆集结导致的管理和驾驶员后勤生活问题，临时指定的集结地原有生活服务供应能力不能适应大规模的集结所需，如应急人员的就餐、住宿，人员集结地点的卫生清洁等问题。

（四）道路运输应急保障缺乏稳定的资金来源，补偿机制不健全，资金拨付不及时

目前各级政府都缺乏应急补偿机制，没有设立应急补偿专项资金年度预算，未界定补偿的范围、补偿标准、方式和方法，更没有解决应急运输的临时经费预案，导致大量应急运输经费压在运输企业和管理部门身上，大大挫伤了参与应急运输企业和相关救援人员的积极性，制约了道路运输应急保障长效机制的建立。

(1)缺乏日常工作经费和应急体系建设经费。道路运输管理机构应急管理日常工作开展不正常，体系建设滞后。

(2)应急保障任务完成后，应急补偿落实难、到位慢。由于应急补偿机制没有建立，无明确的国家补偿标准，往往是在应急保障任务完成后，才进行一系列诸如车型统计、核算成本、制订标准、核算费用、申请补偿等工作，从申请补偿到财务部门审核、审计部门审计通过、资金到位需要很长时间，而且也只是部分到位。如抗震救灾期间，由于四川省没有建立应急补偿机制，只能在抗震救灾取得阶段性成果后组织人员通过抽样调查方式核查车辆运行成本，临时定标准并报经相关部门反复核查，从申请补偿到财政部门审核、审计部门审计通过、资金到位往往长达数月之久。由于事先没有资金保障，能否有补偿资金、能补助多少不是一个定数，导致道路运输管理机构组织应急运力难度加大。

(3)没有将管理部门应急工作经费纳入补偿范畴。特别是在大规模和较长时间应急状态下，应急运输组织工作耗费巨大的人力、物力、财力，却无人认账，造成管理部门正常工作经费紧张。如在汶川地震期间，四川省运管局增加了超出想象的工作量，有的运管人员连续工作时间超过24小时，并因应急指令传递新增加大量办公用纸、电话费、人员在外食宿费等，原有经费根本不能保证需要。四川省财政支付的抗震救灾应急运输经费，补偿范围较窄，规定只用于省抗震救灾指挥部调用客货运输车辆，且按车头严格核算成本，财政部门没有将运管部门应急工作经费纳入补偿范畴，造成运管机构正常工作经费紧张，道路运输管理机构的工作费用出现了较大的资金缺口。

(4)补偿资金的事后支付制度，当应急组织和参与者无力垫付应急状态下所发生的费用时，难以有效实施应急保障。云南省支援抗震救灾的车队千里迢迢从云南到四川，途中加油、吃饭就耗去备用费用，到了成都已无钱加油、食宿，如果不提供保障资金，云南车队将不能发挥作用，为此四川运管局及时从机关工作经费中支取200多万元资金用

于运力的启动工作，确保车辆正常运行。

(五)道路运输应急保障科技投入不足，应急管理水平有待进一步提高

(1)各级应急运输管理机构没有投入足够的人力、物力对应急运输管理进行系统深入的研究，尚未建立道路应急运输管理技术的研究体系和储备机制，未能按实际情况有针对性的分类制订应急预案。

(2)应急管理的科技投入较少，现代化的科学技术未充分运用于应急管理，缺乏网络化的信息管理支撑，应急信息的共享、交互、查询、发布以及应急指挥手段还比较单一和落后，应急保障的科技水平较低。

(3)各地、各级道路应急运输管理机构基础台账不统一、不规范，车辆调度使用跟踪不完善，车辆运行各环节信息无法核对，不仅给应急运输指挥机构把握全局、合理安排运力储备和使用带来困难，还导致一部分车辆无法核实所执行的任务情况，后期经费补偿缺乏依据。

(六)道路运输应急保障相关部门协调不畅，信息沟通不准确、不及时

道路运输应急保障对道路和运输需求信息依赖度高。但是，由于相关部门间的衔接协调不够，信息的沟通不够准确、及时，给运输环节带来了较多困难。主要体现在：

(1)各级道路运输应急保障指挥机构之间缺乏沟通和协调。省、市、县三级运力储备没有明确划分，省级认定的运力储备同时也是市或县的运力储备，出现储备运力重叠的状况，这样会导致应急情况下运力不足。

(2)道路运输与其他相关部门衔接不充分，部门间信息不畅，资源不能共享，组织指挥不统一等问题，在一定程度上制约了应急运输工作的顺利开展。如与公路及气象部门之间信息沟通不足，道路运输应急保障部门无法及时全面掌握、发布道路通行状况及天气情况，无法让应急运输车辆和人员准备充分、选择合理路线、采取有效防范措施。

(3)道路应急运输指挥机构与运输需求部门信息不对称，信息标准不统一，信息传递不及时、不准确。各级道路运输应急保障指挥机构之间缺乏沟通和协调。如抗震救灾运输车辆加油需要找什么部门不清楚，装载货物的车辆运到什么地方、收货人是谁不清楚，运输货物品名不清楚等造成安排的车辆不符合运输安全管理的要求。信息标准不统一，造成用车单位物资调拨指令下达不到位、不准确，致使派出车辆拉不到货、拉不完货或派出车辆过多；收、发货单位与搬运装卸人员衔接不好，导致车辆无人装卸货物而长时间等待；用车单位不了解运送货物的体积、重量和特殊性，出现普通车辆无任何防护措施运送危险化学品物资的情况。

(4)运输行业的基础信息不清，需要的车型分布区域、分布企业、联系方式和可调用量等基本情况不明，造成征调困难。如抗震救灾期间平板车的征用就花费了大量精力和

时间。

(七)促进应急保障队伍稳定的政策扶持制度尚待建立，应急货运运力组织难度大

货运市场化程度高，组织化程度低，个体运输户占据绝大多数。全国有货运车辆760多万辆，经营业户434万多，平均每户仅有运输车辆1.75辆。在发生突发事件后，运管机构在没有建立常态联系机制、信息不通的情况下去组织运力时，有限的运管人员去面对几十万个经营业户，难度很大。

在我们调查的5个省(市、区)中，只有山西省建立了道路运输应急保障队伍稳定的政策扶持制度，且从2009年1月1日起，全国开始实施成品油价格改革和燃油税改革以后，山西省辖区内组建的应急保障车队“平时享受养路费、货运补偿费减半征收和运管费免征的优惠政策”自然消失。其他省(市、区)费改税前，都尚未建立这一制度，更不要说费改税后。由于保障车队担负着战备和各种突发事件物资应急运输任务，为了应急保障将不惜放弃运输任务甚至承担违约赔偿责任，长此下去，企业生存面临困难，一旦有紧急情况发生，将难以快速及时地调用车辆，这势必会影响到突发事件应急运输任务的完成。

三、道路运输应急保障工作面临的形势

进入21世纪，伴随着经济的发展和社会的转型，我国进入了突发公共事件的高发期，地质灾害、卫生事件、公路交通运输生产安全事故、群体事件和重点物资运输等出现频发现象，道路运输应急体系作为国家应急体系的重要组成部分，以其点多、面广、机动灵活、通达深度大等特点，在处理各类突发公共事件中具有其他运输方式不可替代的重要基础性作用。

建立、健全各种突发事件的道路运输应急反应机制，强化应急保障队伍建设，提高道路运输应对突发事件的能力，是交通运输部门的工作重点由建设为重心向建设运输管理并重的方向转变，道路运输由能力增长向全面发展转变的具体行动。加强道路运输应急保障建设成为当前交通运输应急保障至关重要的工作任务，是更好地应对突发事件，减少灾害对交通基础设施的影响，进一步提高交通“三个服务”的能力，促进现代交通业发展的关键所在。因此，全面提高我国道路运输应对突发事件的能力，对贯彻落实科学发展观，构建和谐社会，保护人民群众生命财产安全，维护正常社会秩序，履行政府职能，提高政府行政能力都具有特别重要的意义。

(一)道路运输应急保障面临的形势

我国道路运输应急保障面临的形势主要表现在以下五个方面。

1. 自然灾害方面

我国是世界上受自然灾害影响最为严重的国家之一，伴随世界气候不断变暖、海平面逐渐上升，由气候异常引发的台风、地震、海啸、洪涝等自然灾害频繁发生，地质灾害逐渐增多。我国有70%以上的大城市、50%以上的人口、75%以上的工农业产值，分布在洪水、地震、台风等灾害严重的沿海及东部地区，灾害发生频率高、种类多、损失严重。各类自然和地质灾害造成公路、桥梁、隧道损毁阻断，极端恶劣天气造成旅客滞留、货物受阻的情况时有发生，并且持续时间不断延长。在发生重大自然灾害时，道路运输必须发挥抢险救灾的重要基础保障作用，任务十分艰巨。

2. 事故灾难方面

社会经济的快速发展使道路运输安全生产形势依然严峻，事故发生频率加大，后果更趋严重，事故预防与处置难度越来越大。如随着全社会对危险品的需求迅速增加，道路危险货物运输的种类、数量不断增长，货物的危险性质也越来越复杂，引发重特大突发环境事件、辐射事故的隐患也越来越多。据不完全统计，目前我国每年汽车运输危险货物量超过2.5亿吨，其中，剧毒的氰化物超过80万吨，易燃易爆油品类超过1.5亿吨。道路危险货物运输已覆盖了爆炸品、压缩气体和液化气体、易燃液体、易燃固体、易自燃物品和遇湿易燃物品、氧化剂和有机过氧化物、毒害品和感染性物品、放射性物品、腐蚀品、杂类等9类。大量的易燃、易爆、剧毒、剧腐蚀的危险货物在全国公路网络上运输，形成一个个流动的潜在危险源，稍有不慎就会给生态、环境造成严重破坏和污染，使人民生命财产遭受巨大损失且产生严重的社会影响。

3. 社会公共事件

我国正处于社会转型期，各种矛盾错综复杂，影响社会稳定和经济安全的因素仍然较多，社会群体性事件时有发生。社会经济的快速发展和人民生活水平的提高使得商贸往来、人口流动和物资运输日益频繁，事故隐患增加，不确定性增大。重大节假日、黄金周、大型会议、国际展览、体育赛事等在短时间内使客流迅速集中，短时间内需要大量物资或疏散大量的人员，应急运输保障工作任务重、难度大。以广州为例，2008年春运期间，在遭遇历史罕见的雨雪灾害天气情况下，共发送道路旅客1735.12万人次，其中市区客运场站发送旅客1069.50万人次，相当于把广州市人口都搬了一次家。

4. 公共卫生事件

随着环境变化和人们交往的日益增多，各种病毒变异传染性增强，人口流动性越来越大，增加了病毒传播几率。重大疫情发生以后，交通部门肩负着堵截通过运输途径传播病毒、保障卫生物资及时安全运达疫区的应急保障工作，任务相当艰巨。近年来，我国相继发生了非典疫情、禽流感疫情，而正在发生的甲型 H1N1 流感病毒的传播对道路运输行业的应急保障工作也提出了更多要求。

5. 重点物资运输

我国的经济结构、产业布局和资源分布格局，决定了我国北煤南运、西煤东运以及原油、铁矿石大量进口等状况将长期持续。在铁路运能紧张的情况下，电煤、原油、矿石运力紧张的局面难以在短期内得到根本缓解，因此，公路运输对于保障全国的能源供给，保障经济平稳运行发挥着不可替代的重要作用。下一阶段我国经济将继续保持较快增长，与此同时，煤炭、石油、矿石、粮食、化肥等重点物资应急运输形势仍然十分严峻。

(二)道路运输应急保障体系建设要求

与突发事件的多发性和多样性相适应，应急运输保障的范围将逐渐扩大，涉及自然灾害、社会危机、重大疫情、运输事故、公共事件、重要时段运输、重点物资运输等方面，与此同时，应急运输保障的复杂程度逐渐加大、风险程度加大、保障难度加大。与新的形势和需求相适应，道路运输应急管理也将逐步发生深刻变革，实现以下四方面转变。

1. 由“事后处置型”向“全过程、循环型”转变

随着灾害和应急事件的增多，传统的“事后处置型”模式已不能满足应急运输管理的需要，必须增强主动性、整体性、计划性和动态性，从应急事件的“全生命发展周期”出发，建立从前期预防到后期评估的“全过程、循环型”管理，对突发公共事件实行事前—预防与监测，事中—应急处置与救援，事后—恢复与重建相结合的具有连续性的动态管理，将突发事件所造成的损失减至最低限度，甚至消灭突发事件于萌芽状态。这种转变符合灾害经济学中的“十分之一”法则，即在灾前投入“一分”资金用于灾害的防范，通过降低灾难发生的概率或者避免灾难的发生，人类可以降低“十分”的损失。突发事件的根源在于各种各样的风险，在全过程管理基础上，应急管理工作逐步从侧重对突发事件的管理到对事件和风险并重的管理转变，通过风险分析、风险评估及其有效处置，从根本上防止和减少风险源以及致灾因子的产生，满足风险管理工作“超前预防”的目的，在此基础上实现常态管理与非常态管理的有机结合，从根本上减少突发事件发生的根源。

2. 由临时性向常设性、专业化转变

临时性运输应急指挥机构虽然具有统一指挥和协调的特征，但在启动时机、运作成

本等方面也存在一些问题，也无法有效组织各部门开展日常的预防准备、培训演练、宣传教育等基础性工作。随着应急管理体制初步建立，道路运输应急管理逐步由临时性机构向常设性机构转变，逐步在交通运输部和地方交通管理部门设立综合性应急管理机构，建立和完善统一领导、综合协调、分级负责、属地管理、条块结合、全国联动的应急管理体系和完整的应急管理组织指挥机构体系。另一方面，为满足日渐增多的应急运输任务，提高应急运输保障能力，道路运输应急队伍将向着道路运输应急与国防交通应急相结合，专业运输企业、非政府组织等社会力量与专业应急队伍相结合，日常运营与应急运输相结合的“专群结合、军地结合、平战结合”的应急队伍发展和转变。

3. 由“政府独揽型”向“共同治理型”转变

在以往相对封闭的体制下，应急管理更多强调的是政府的主导地位，对社会参与涉及不多，这种应急管理在处理具有可预期性和可分析性的常规事件时，能够实现其高效、准确的目的。随着社会发展的多元化，面对更具不确定性、复杂性、多样性、突发性和扩散性的突发事件，应急管理工作也越来越强调多元社会的开放式广泛参与。政府体系外的社会力量不仅是政府的重要信息来源，也是政府应急管理的重要力量。将来的应急管理将形成由政府、企事业单位、非政府组织、志愿者、公民个体等共同构成的治理网络，建立政府、企业、社会组织等多元主体之间平等交流、协商合作的互动机制，让社会个体、各类非政府组织、国际性和区域性组织同政府打破界限，进行跨领域、跨部门、跨地区乃至全球性的良性合作，真正形成全社会共同参与的新型应急管理工作格局，共同来预防和处置突发事件，提高反应的灵活性和决策的有效性。

4. 由非程序化向制度化、常态化转变

根据经验，人均 GDP 在 2000 美元以下的社会处于低水平的稳态社会，政府的主要任务是发展经济，其管理以常规业务为主，辅以应急业务。人均 GDP 在 2000 ~ 6000 美元之间的社会处于非稳态社会，政府在发展经济的同时，还必须着力化解社会矛盾，其管理是常规业务和应急业务并重。人均 GDP 高于 6000 美元的社会，是高水平的稳态社会，政府主要任务是预防社会矛盾，引导经济发展，其管理以应急业务为主，辅以常规业务。目前，我国人均 GDP 已超过 3000 美元，下一阶段我国经济社会仍处于非稳态社会，应急管理将逐渐成为政府的主要工作，应急管理将步入常态化和制度化阶段，应急管理将更加强调采取各种制度化、程序化的方式，将危机状态下的政府行为纳入法治的范围，使政府的紧急权力接受法律的约束和规定，从而实现应急管理工作的规范化、法制化。

（三）道路运输应急保障体系建设目标

通过道路运输应急保障体系、机制、制度建设，力争在 5 年内，基本建成横向到边、纵向到底、操作性强的道路运输应急预案体系；建成组织健全、权责明确、协调有力的道路运输应急组织体系。建立分级响应、反应迅速、运行高效的应急运行机制；建成功能完备、信息互通、处理有效的应急指挥平台体系；建成统一指挥、专兼结合、保障有力的应急运输保障队伍；形成较为完善的部、省、市、县四级道路运输应急保障体系，全面提高我国道路运输应急处置水平和效率，使道路运输应急保障体系基本满足我国经济发展和社会进步对运输应急工作的需要。

四、道路运输应急保障工作的政策措施

(一)坚持正确的指导思想和工作原则

1. 道路运输应急保障指导思想

依照《中华人民共和国突发事件应对法》、《中华人民共和国道路运输条例》、《民用运力国防动员条例》和《公路交通突发事件应急预案》的有关要求，以科学发展观为统领，以深入落实“三个服务”、建立现代道路运输业为根本要求，以保障人民生命财产安全、维护社会和谐稳定为核心，以加强应急队伍和应急管理资源等基础性建设为抓手，进一步建立和完善道路运输应急保障组织体系和运行机制，为有效应对和及时处置各类突发事件、促进国民经济又好又快发展提供强有力的交通运输保障，满足经济发展、社会进步对道路运输应急保障的要求。

2. 道路运输应急保障工作原则

(1)政府主导、交通为主、部门配合。突发事件的处理涉及政府、交通、公安、民政、商务、卫生等多个部门的配合与协调，必须以政府为主导，各级交通主管部门是道路运输应急保障工作组织和实施的主体，在同级人民政府的统一领导和指挥下，相关部门协同配合，职责明确，责任落实，确保应急队伍和物资的及时运输、安全到位。

(2)属地管理，条块结合，全国联动。道路运输应急保障工作由事发地交通主管部门负责，超过属地应急运输保障能力的，按规定向上级交通主管部门报告，跨省应急运输由交通运输部统筹协调，实行全国联动制度。

(3)平战结合，反应快速，运转有序。建立平战转换机制，按照战时要求，将道路运输应急保障各项工作落实到日常管理之中，保证人力、物力、财力的储备，一旦发生突发事件，确保应急运输保障工作各环节紧密衔接、运转高效。

(4)依法征用，统一调度，合理补偿。应对突发事件时，紧急状态下可对运输车辆、相关物资实行依法强制征用，统一调度。对于强制征用的运输车辆和相关物资，或因应急处置给车辆、物资所有人造成损失的，应予以合理补偿。

各级道路运输管理机构除根据自己的级别权限制订突发事件应对办法外，还应根据本地的地理条件、气候特点、经济发展状况、社会风土人情、重大社会活动、政治格局等情况，针对不同性质的突发事件分门别类地制订应急预案，形成预案体系。预案体系应做到不同性质的突发事件一旦发生，即清楚由谁来应对、启用哪个预案？做什么？怎么做？每个预案应当内容完备，具有可操作性，包括应急指挥机构组成、车辆征集与集结、集结地管理、外部协调及协调方式与内容、燃油供应、附属装备配备、后勤保障、信息统计等内容。

（二）加快道路运输应急保障法制建设的步伐

（1）修改《道路运输条例》，增加道路运输应急管理或强制征用运力等内容，明确道路运输管理机构是应急运输管理的实施主体；提高道路货物运输准入门槛，鼓励运输企业规模化发展，为运力组织提供规模企业。

（2）在《中华人民共和国突发事件应对法》的基础上，完善具体实施办法，特别是通过立法明确在突发事件应急状态下，政府和交通运输管理部门和道路运输管理机构的工作职责，明确在应急状态下，上级道路运输管理机构可以调用下级道路运输管理机构征用的运力，道路运输管理机构可以强制征用民用运力参与应急保障工作。

（3）通过立法形式明确应急状态下的运输安全管理要求和责任，减轻应急保障组织者的安全责任压力。

（4）针对应急队伍建设、应急物资征用、培训与演练、资金管理等方面，制订《道路应急运输队伍建设管理办法》、《道路应急运输物资征用管理办法》、《道路应急运输保障培训与演练管理办法》、《道路应急运输保障资金管理办法》等道路运输行业有针对性和可操作性的管理办法或实施意见，建立健全应对各类道路应急运输突发事件的法律法规体系，消除道路应急运输处置过程中存在的法律法规障碍。

（三）加快道路运输应急保障指挥体系建设

尽快建立应急危机管理组织指挥机构体系。我国原有对突发公共事件的危机管理过分依赖于地方的行政部门和政治动员，而国外交通运输保障体系，其发展历经时间虽不算太长，同其他成熟的应急体系相比仍有许多不完善之处，但在突发公共事件的应对过程中却表现出了特有的功能与作用，其中之一就是建立健全道路运输应急保障组织体系。参照一些国家的完善经验，结合当前我国道路运输应急保障体系的实践及现状，尽快建立一套完整的道路运输应急危机管理组织指挥机构体系，统一组织、协调和指挥道路运输应急保障行动，确保关键时刻发挥其重要作用，是当前我国有效应对各种突发公共事件和重特大自然灾害的重要保障。

加快道路运输应急保障组织机构的建设步伐，在各级运管机构建立常设应急保障机构，构建部、省、市、县四级道路运输应急保障管理体系，承担日常状态下的应急管理工作和应急状态下的综合协调工作。明确其工作职责、人员编制、装备与经费，将应急机构、人员编制纳入行政编制，将应急经费纳入经费预算渠道，实现应急管理从非常态化管理向常态化管理的转变。进一步加强道路运输应急保障的制度建设，规范应急保障行为和应急管理流程，提高各项应急措施和保障工作的效率。建立道路运输应急保障专职机构，按照职责落实编制，定职定员，实行垂直管理，促进应急管理从临时应对向常态化操作的转变。

开展道路运输应急保障的各类风险隐患调查，完善各种突发事件监测网络系统，依托公众通信网络和交通、海事等专网系统，建立各级、各类道路运输应急管理和指挥机构间的通信网络。

在同级人民政府的领导下，建立由相关行业管理部门和单位领导与专家组成的道路运输应急管理委员会，开展跨部门的综合性决策与指挥，充分发挥政府在应急管理的主导与综合协调作用。

(四)加快道路运输应急保障工作机制的建设步伐

各级道路运输主管部门应通过采取各项制度性的改革或创新举措，逐步建立道路运输应急保障工作机制。

(1)预测预警机制。建立完善的四级预警体系，形成规范的预警信息发布、更改、解除程序，并制订和完善违规责任追究制度；建立与政府其他相关部门和新闻机构的信息沟通机制，及时收集国内外突发事件的各种信息，形成信息筛选、统计、分析机制，提高信息分析研判能力和预测预警水平。

(2)信息报告机制。建立健全应急信息报告、举报、传递和共享机制，建立应急值班、联络渠道、紧急会商、信息报告等制度，明确各级别的应急信息报告的标准、时限和程序，实行分级上报，归口处理，同级共享的信息报告机制。

(3)科学决策机制。尽快成立由道路运输应急保障各相关领域的专家、学者组成的部、省(自治区、直辖市)道路应急运输保障专家委员会，并上报国务院和交通运输部备案；加快道路运输应急专家信息库建设，实现应急人才资源的共享；明确专家参与应急决策咨询的程序和规定；建立健全危机决策的问责机制建设，明确规定相关行政领导对各类应急事件的决策权力与职责范围，以及责任追究的相关细则；积极探索建立应急保障事后独立调查制度。

(4)信息发布机制。按照国务院关于应急信息发布的有关规定，强化信息发布的及时性、准确性和权威性，发挥政府在突发事件中的主导作用，规范信息发布的管理制度和程序，提高引导和把握舆论的能力。建立完善应急指挥系统与新闻媒体间的信息传输通道，建立预警信息和处置信息的快速发布机制；充分利用各种新闻传播渠道，实现应急信息的及时传播。

(5)社会动员机制。建立政府主导，组织和动员专业救援和运输队伍、社会力量和志愿者队伍共同参与的突发事件预防和应对机制。

(6)恢复重建机制。建立道路应急运输保障恢复重建评估与管理系统，在科学评估现实和潜在损失(损害)的基础上，提出恢复重建方案。将灾后恢复重建的监督管理工作纳入各级道路运输主管部门的应急管理工作中，加强对恢复重建的规划、相关标准制订和组织实施的监督管理，形成政府主导、全社会共同参与的恢复重建工作机制。

(7)调查评估机制。各级道路运输主管部门在对各类突发事件调查处理的同时，要对事件的处置及相关防范工作做出评估，并对年度应急管理工作情况进行全面评估，制订客观、科学的评价指标，建立灾情评估标准体系，规范灾情评估程序、内容和方法，完善事故调查处理程序，建立事件总结和责任评估机制，把应急能力评价纳入交通行业管理工作绩效考核体系。

(8)应急运输补偿机制。研究确定道路运输应急补偿的对象、范围、核定标准费率以及相关费用申请和核定程序，建立科学的应急运输补偿机制。研究建立保险和社会捐赠等方面参与道路运输应急保障管理工作的机制，为道路运输应急保障工作提供支持。

(五)加强道路运输应急保障预案体系建设和预案演练工作

各级道路运输主管部门应以《国家突发公共事件总体应急预案》和《公路交通突发公共事件应急预案》为指导，编制《公路交通突发公共事件应急预案体系规划》，加强各类、各级应急预案的衔接与互补性，修订或编制相应级别的道路运输应急保障预案，形成种类齐全、覆盖面广，具有较强针对性、操作性和实用性的应急预案体系。加强道路运输应急危险源调查，明确管理对象，开展风险隐患的风险评估分析，建立分级、分类管理制度，详细规定突发事件事前、事发、事中、事后等各个环节的工作运行机制和责任以及工作流程，实现动态管理与监控。建议交通运输部加强应急预案的编制指导工作，会同有关部门分类制订道路运输应急预案，构建完善的预案体系，统一规范道路运输应急工作台账、表格、单证、应急通行证和成本核算标准等基础工作范本。

整合现有各级各类公共安全、应急救援与应急保障的相关培训与演练设施等资源，逐步建设应急科普、宣传教育、培训和演练基地，规范培训和演练内容，逐步形成覆盖各类突发事件的应急培训和演练体系。加强对各级干部的应急管理知识培训，引导领导干部熟悉道路运输应急工作的体制、机制和法规政策，提高应急管理能力和应急指挥决策水平。强化各级应急管理部门专业工作人员的业务学习和培训。了解国际、国内应急管理的理念和发展趋势，学习和掌握应急管理业务知识，学会使用各种现代化指挥工具，熟悉应对突发事件的工作流程，提高应急业务能力。加强运输企业等基层单位和人员的培训，开展有针对性的应急演练，使交通运输从业人员掌握防灾自救和应对突发事件的知识和技能，提高基层第一线工作人员现场应急应对能力。

加强宣传工作，在各级交通主管部门的政府网站开设道路运输安全救援与应急保障信息平台，介绍道路运输应急管理体系和有关法律法规及政策，及时发布各类应急工作信息，提供防灾、减灾和应急咨询服务。

（六）加强道路运输应急保障队伍建设，强化应急保障体系

制订应急状态下的应急运力储备制度，强化应急运输物质保障基础。首先建立运力储备制度，有规模的客运企业可按照客车拥有量的10%建立应急运力储备制度；建立货运运力储备制度，对提供应急运力储备的成建制货运企业给予日常补偿制度。将道路运输应急体系建设纳入各级交通运输部门的建设规划和投资计划，给予资金保障，交通运输部也应给予适当补助。其次，加大基础设施的投入，将场站建设与应急运输基础设施建设相结合。

加强道路运输应急救援和运输保障队伍建设，尤其是加强应急管理人才、专业人才和技能人才队伍建设，充分发挥专家学者的专业特长和技术优势。继续做好应急运输队伍的普查工作，建立部、省、市三级应急运输资源基础数据库和调动方案。由国家出资，依托专业运输企业组建以省为单位的道路运输应急保障队伍，落实应急运力储备，保证重大应急保障先期运力启动迅速及时，提高应急运输效率。

道路运输应急保障队伍建设是我国一项开创性工作，通过采取燃油补助、通行费及税费减免等优惠政策或直接经济补助等措施，利用市场机制，组织专业运输企业、非政府组织及社会力量参与应急管理与服务的长效机制，逐步组建和整合形成以市、县(区)为单位的专、兼职队伍相结合的突发公共事件应急交通救援与运输保障队伍，切实提高快速反应能力和综合保障能力，真正锻造一支“平时服务、急时应急、战时应战”的过硬保障队伍。

合理规划省级应急救援和运输保障队伍的布局，扩大应急救援和运输保障的覆盖面；充实应急运输人员，更新设备，改善技术装备，提高应急运输队伍装备水平；加强应急工作人员的培训和综合实战演练，提高应急处置能力。建立“专群结合、军地结合、平战结合”的道路运输应急保障体系。积极探索建立全社会动员机制，实现突发事件应对工作的社会化。

充分利用运输场站及物流园区停车场资源建设应急车辆集结地，引导集结地加强应急基础设施建设，满足应急需要。

将燃料供应点和维修企业等后勤保障配套体系纳入道路运输应急体系统筹考虑，根据加油加气站、车辆维修企业布局，明确各类突发事件应急处置时的加油加气及维修点，与加油加气站、车辆维修企业签订应急保障协议或责任书。

建立应急运输综合管理体系，依法建立和完善紧急情况下社会交通运输工具征用办法、补偿机制及应急车辆绿色通道保障制度。建立道路运输应急综合协调机制和应急运输资源的信用考核和审查验收制度。充分发挥交通战备系统的优势和作用，建立交通战备保障与应急交通保障统筹协调机制。

（七）建立并完善道路运输应急保障管理技术支撑体系

各级交通主管部门，尤其是交通运输部应加快道路运输应急保障技术支撑体系的建设步伐，高度重视利用科技手段提高应对各种突发事件的能力，强化道路运输应急保障的理论与政策研究、决策技术研究和救援与处置等关键技术研究，提高道路应急运输保障的科技水平。

强化基础理论与政策研究。坚持自主创新和引进消化吸收相结合，形成道路运输应急保障科技创新机制和应急管理技术支撑体系。进一步深化道路运输应急保障体制、机制、应急规划和相关政策研究，为应急保障工作提供机制和政策支持。

强化危机决策技术研究。建立信息分析系统，及时汇总国内外有关信息，深化公路交通预警分析、信息收集与检测、风险评估、应急监控与指挥、应急运输组织与能力评估等，提高应急决策的科技水平和效率。

强化应急救援和处置等关键技术研究。根据道路运输应急保障涉及领域广和处置技术专业性强的特点，深化研究和开发针对不同突发事件的道路运输应急保障的处置技术，提高道路运输基础设施抗风险能力、修复能力以及应急运输保障能力。

按照统一规划、资源共享、平战结合、分步实施的要求，建设全国统一的标准化、规范化的道路运输应急数据库和应急指挥系统。以应急平台建设为契机，整合各种交通和运输的图像监控、无线通信、有线通信以及业务管理信息系统等相关资源，实现对重点路段、桥梁和场站的视频监控，并通过政府应急指挥平台实现各级交通主管部门和其他相关部门之间信息资源共享，做到指挥通信快捷通畅，部门联动协调有序。

加强基础信息工作，规范数据存储结构及物理位置，编制应急信息资源的目录体系。开展应急信息系统软件及其标准的研制，以软件和标准化推进应急信息系统建设。统一编制道路运输应急管理标准化专业术语，加强技术标准建设。进一步规范应急信息系统体系结构、软硬件平台、数据库结构、应用系统功能，建设交通运输部和省、地、市三级道路运输应急信息资源数据库，形成覆盖全行业的危险源、路网、应急物资储备、应急专业队伍等共享信息，实现跨地区、跨部门应急信息资源交换。

（八）建立以国家财政为保障的补偿机制

建立以各级政府财政资金为保障的资源征用补偿、赔偿机制，并在法律上作出明确界定，切实保护被征用方的合法权益和提高社会力量参与应急保障的积极性，形成道路运输应急保障的长效机制。建立公共财政应急机制需要加强以下三个方面的工作。

(1)建立预备费管理制度，设立财政应急专项资金。建议各级人民政府和交通主管部门应按照现行《中华人民共和国预算法》的规定上限提取预备费，用于应对突发事件的应急运输支出，并实行基金式管理，逐年累计储备。每年安排的预备费，在当年没有突发性支出的情况下，或者用于突发性支出后的余额，不得用于其他预算开支，应进入预备费基金。为了保障道路运输应急保障体系建设资金的来源，各级交通主管部门在一般性支出预算中增设突发事件应急专项资金，用于应急体系建设、人员、装备、培训及演练等应急日常管理费用，并根据道路运输应急管理的需求，逐步提高资金提取比例。此外，建立应急预算和核销补偿制度，并实施程序化管理，规范应急资金的使用。

(2)建立风险分担的制度框架。要逐步打破“风险大锅饭”，在各级财政之间、政府各个部门之间、政府与企业之间构建一个风险分担的制度框架，明确各自的风险责任，以减少道德风险和相互之间的依赖，确保应急资金合理分担和及时拨付。按照现行应对该类突发事件职责划分，道路运输应急保障的补偿费用应由该行政征用主体的交通主管部门承担，体现“谁征用，谁补偿”的原则，避免同级行政管理部门之间以及各级交通主管部门之间的相互推诿和扯皮现象。为了确保补偿费用及时拨付，各级交通主管部门应认真做好应急运输事后调查与评估工作，及时拨付相关补偿金，并接受社会公众和财务与审计部门的监督与审核。与此同时，应对政府提供的各项担保、政策承诺进行事前风险评估，以免政府因财政能力有限而导致言行不一，损害政府的公信力。

(3)建立应急运输保障队伍的扶持政策。由于保障车队担负着战备和突发事件物资应急运输任务，一旦有紧急情况发生，要快速调用车辆，企业只能放弃运输任务甚至不惜违约赔偿，势必造成企业面临生存困难。建议借鉴山西省的做法，交通运输部从燃油税中划拨一定经费作为道路运输应急保障队伍建设资金。

调研专题八

道路运输市场诚信体系建设

湖 南 省 交 通 运 输 厅
河 南 省 交 通 运 输 厅
山 东 省 交 通 运 输 厅
新疆维吾尔自治区交通运输厅

调研专题八调研人员名单

调研领导小组

组　长：李晓希

成　员：刘金山　罗　可　谭衡鸣　张智勇

参加调研人员

李志诚　谢伯平　邹业长　李鸿德　黄新宇　甘先勇　喻　伟
卢勤学　刘　莉　沈　民　李　琛　甘　艳　李焕社　彭　慧
梁丹涛　龙新强　唐良骥　李红梅　刘煜煜　卞建树　吕全德
杜玉清　高　勇　龚全武　孔卫国　孙　光　徐汝常　王晓东
常　斌　王美惠　杜　鑫

调研报告撰写人员

谭衡鸣　喻　伟　卢勤学　卞建树

调研工作概况

交通运输部办公厅《关于开展新时期道路运输业发展大调研活动的通知》下达后，承担道路运输市场诚信体系建设专题调研任务的湖南、山东、河南、新疆四省区交通运输厅和省运管局高度重视，认识到这次道路运输业发展大调研活动是理清思路、明确方向、深化改革、抓住重点、破解难题的重要举措，是更好地发挥道路运输比较优势，推进道路运输快速、科学、安全和协调发展的客观要求。为了加强道路运输市场诚信体系建设专题调研工作的组织领导，四省区于2009年7月初在长沙召开了课题调研工作会议，参与专题调研工作的省区成立了调研工作领导小组和实施小组，明确了调研工作的基本思路，确定了调研工作的总体方案，排出了调研工作时间表。随后专题调研相关省区迅速行动，按照总体方案，制订了各省区调研工作的具体实施方案，全面启动了道路运输市场诚信体系建设专题调研工作。同时建立了联络员联系制度和信息通报制度，各省联络员及时反馈情况，传达信息，使各省区调研工作同步进行，并编印了8期课题调研信息简报，向交通运输部报告情况，向相关省区通报工作进度。

在为期两个多月的专题调研工作中，我们主要围绕突出“三个字”、做好“四个结合”，重点有序地开展调研。突出“三个字”即组织领导要“强”，调查资料要“全”，分析研究要“深”。做好“四个结合”即省内调研与省外调研相结合，专题调研的四个参与省区在各自开展对本省区客运、货运、场站、驾培、维修等领域专项调研的同时，还组织人员到非本专题参与省区进行相关情况的调研，使调研工作具有广泛性和全面性；实地调研与信函调研相结合，一方面调研小组深入企业、基层运管机构进行实地座谈了解情况，另一方面，向相关省市区发信函了解情况，为调研工作收集有参考价值的情况资料；本行业调研与相关行业调研相结合，在立足道路运输行业调研基础上，还对金融、建设、旅游等行业进行了调研，对调研工作起到了参考启示作用；运管机构调研与大专院校研究相结合，邀请了长沙理工大学共同参与调查与研究，借助理论研究人员的智慧提高课题研究水平。

在调研阶段中，调研小组深入基层，分别召开运管机构、客货运输企业、场站经营者、机动车维修企业、驾培机构、客运线路承包经营者、从业人员代表参加的座谈会，认真听取他们对诚信体系建设的认识、做法和建议，并到企业实地察看，发放问卷调查表征求意见，收集相关资料。为了全面掌握道路运输市场诚信体系建设的情况，调研小组还分赴北京、山东、河南等省市和广东省深圳市，召开道路运输行业有关企业、从业人员代表座谈会，广泛听取意见和建议，收集外省市经验材料，从中获得了有益的启示。

为了加强与协助省区的沟通与协调，先后召开了 3 次调研工作协商会，研究了一些省区情况，汇总分析了调研资料。整个调研阶段，共召开各类座谈会 62 次、收回问卷调查表 5200 份、实地调研 8 个省市、函调 10 个省市，较为全面地掌握了道路运输市场诚信体系建设的基本情况，为起草调研报告奠定了基础。

结束省内外调研工作后，对收集的资料进行讨论、分析和认真研究，着手起草调研报告初稿。为了进一步集中集体智慧，9 月初调研小组在河南省郑州市召开了课题组参与者、省区代表参加的初稿审稿会，对《道路运输市场诚信体系建设调研报告》（以下简称《调研报告》）初稿进行了认真讨论。会后根据郑州会议提出的建议，又对《调研报告》初稿的结构及内容作了重大修改，数易其稿，于 10 月底形成了《调研报告》，如期完成了本次调研工作任务。

一、道路运输市场诚信体系建设现状

诚信，就是诚实守信，即真实不虚假，守信不违约。诚信是在社会交往与经济活动中必须遵守的一种道德规范和行为准则。在市场经济中，诚信是一种超越道德范畴的法律与商业概念，诚实守信的道德规范与行为原则和经济活动的交易规则已紧紧地统一起来，是市场经济健康发展的信用基石。

诚信所产生的凝聚力和发展动力，对于一个行业的发展，乃至于对社会的进步，都具有重要推动作用。为此，国家高度重视社会诚信体系建设工作，《国民经济与社会发展“十一五”规划纲要》明确提出：要“以完善信贷、纳税、合同履约、产品质量的信用记录为重点，加快建设社会信用体系，健全失信惩戒制度。”建立完善的社会诚信体系，是经济社会发展的必然要求。推进道路运输市场诚信体系建设，对于增强道路运输市场主体的诚信意识，提高从业人员综合素质，规范市场主体行为，提高公共服务质量，营造公平竞争的市场环境，提升行业整体形象，增强道路运输业在综合运输体系中的竞争力，更好地为国民经济和社会发展服务具有重要意义。

（一）道路运输市场诚信建设初见成效

为了提高道路运输服务水平，交通运输部调整工作思路，以诚信建设为立足点，从健全市场经济体系入手，寻求建立提高行业服务水平的长效机制，探索解决道路运输服务水平低下的根本手段。主要工作思路是科学运用管理手段，合理调整市场利益，建立优胜劣汰的市场机制，使安全和服务好的市场主体尽可能获得较大的利益，在竞争中处于优势地位；使安全和服务状况差的企业难以得到消费者认可，难以获得市场资源，在竞争中处于劣势。以期通过优胜劣汰的市场机制，激励企业树立品牌意识，不断改善和提高管理水平，实现规范化经营，全面提高运输服务水平，实现可持续发展，从而使运输市场逐步进入良性发展的轨道。

根据上述原则，2006 年以来，交通运输部先后制定颁发了《道路运输企业质量信誉考核办法(试行)》（以下简称《质量信誉考核办法》)、《机动车维修企业质量信誉考核办法(试行)》、《道路运输驾驶员诚信考核办法(试行)》，以及《道路运输从业人员管理规定》（以下简称《从业人员管理规定》)，以期对道路运输企业的质量信誉情况及从业人员的诚信情况进行准确、科学、公开、公正的评价。这些制度的出台，启动了道路运输市场诚信体系的建设，为道路运输市场诚信体系建设奠定了重要基础，并取得了较好的成效。

1. 各地诚信建设工作的主要做法

(1)认真落实相关规章制度。通过调研了解，《质量信誉考核办法》颁发后，引起了全国省、市、区各级交通主管部门的重视，各级运管机构把质量信誉考核作为道路运输管理工作的重要任务来抓，加强了组织领导，落实了负责开展考核工作的相关机构和人员，建立了考核工作机制，加强了宣传贯彻、检查监督、考核评价等工作，强化了对企业经营行为的管理，提高了广大道路运输经营者对质量信誉考核工作的认识和了解。广大道路运输企业按照质量信誉考核的要求，把质量信誉考核的各项规定纳入到企业管理之中，开始建立企业内部相关的管理制度与考核制度，逐步开展诚信教育与管理，自觉加强自律能力。

(2)制订了详细的质量信誉考核实施细则。全国大部分省份结合各自实际情况制订了质量信誉考核办法的实施细则，通过实施细则明确了省、市、县三级运管机构的考核权限与责任；制订了企业申报、初评、公示、市级运管机构综合评定、评定结果公告及记录等6个程序，使考核工作有序进行。制订了考核“听、看、查、评”的办法，即听取企业考核期内质量信誉自评情况汇报，看企业安全监管情况和经营服务行为，查质量信誉档案建立健全情况及相关证照、表册、文件等资料，严格按照评分标准进行评分，使考核工作认真进行。提出了考核工作坚持公开、公正与公平原则，确保考评严肃公正；坚持日常监督检查与年度集中考核相结合的原则，在年度考核中，把企业服务质量、经营行为与运政执法人员日常监管的实际情况和社会投诉记录结合作出综合评价；坚持企业自评、县级运管机构初评、市级运管机构评定与省级运管机构审核认定相结合的原则，力求全面、客观地反映企业质量信誉考核情况。有的省份还采用先试点运行，再全面实施的办法，使考核工作稳步推进。

(3)改进了考核工作办法。一些省份实施静态管理与动态管理相结合、源头管理与过程管理相结合、日常监督检查与年度考核相结合的办法，提高了监管考核工作的全面性；有的省份通过签订《服务质量目标责任书》等合约形式，较好地达到了有法依法、无法依约的目的，促进了考核工作的进行，实现了考核工作的多样性。

北京市制定了《北京市道路旅客运输站监管考核办法(试行)》，一是重点解决考核工作基础数据采集问题，在对汽车客运站实行年度制考核时，考核工作以实地检查、社会监督、相关部门信息联动方式实现考核基础数据的采集；对客运站实施检查和抽查，受理社会对客运站的投诉和表扬信息，并将检查结果、查实的投诉记录以及有关领导部门批示、市交通执法总队、市公安局公共交通安全保卫总队等部门抄报的违法信息存入监管考核档案，作为考核依据。二是利用考核结果加大奖惩力度，在日常监管及综合考核评价的基础上，根据场站考核结果实施奖惩，在班线安排和站级评定方面分别给予优先扶持、适度扶持和维持不变的措施。连续两年A级的，对其站级重新核定，如核定不

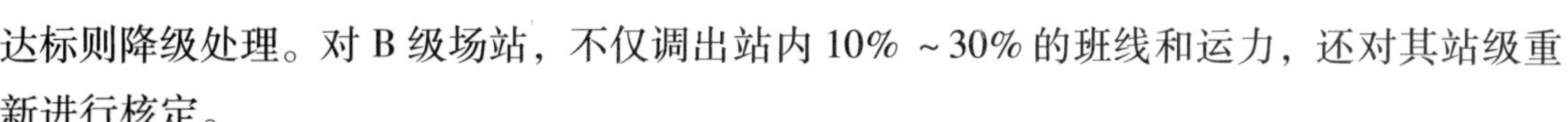

达标则降级处理。对B级场站，不仅调出站内10%～30%的班线和运力，还对其站级重新进行核定。

上海市制定了《上海市城市交通行业诚信体系管理规定(试行)》及其《操作细则(试行)》，设立了城市出租车驾驶员个人诚信行为档案、城市出租车企业诚信考核指标、城市公共汽电车企业诚信考核指标等企业和个人诚信考核指标体系，由运管机构实行年度考核。同时，对公交诚信指标设置和分值权重进行年度调整，各基层运管机构针对上年度考核的实际情况，在每年10月份提出下年度考核办法和诚信指标如何调整的意见，再由市交通局综合研讨，于每年12月份确定新的指标体系，并在下一年考核中实施。

深圳市于2008年出台了《深圳市出租小汽车行业经营服务及考评规范》(SZDB/Z 7—2008)，制定了深圳市出租车企业经营、车辆性能、驾驶员服务要求、经营及服务质量监督和额度考评等内容通报制度。由深圳市交通局出租车管理分局按照该规范的标准，每月对各企业进行量化考评，考评项目包括服务质量、安全运输、车辆要求、基础维稳管理及附加项目等，然后将每月量化考评情况向各出租车经营企业进行通报，促进企业及时进行整改。深圳巴士集团为促进公共汽车服务质量规范化、标准化，2007年制订了《深圳巴士集团公共汽车服务质量标准》，明确了驾驶员、乘务员的服务规范和用语、忌语、线路经营权授权书条款及车厢的标识等，并每年以《服务质量目标管理责任书》形式对下属的7个分公司进行考核。

(4)发挥了地方原建信息平台的作用。许多省份为了做好质量信誉考核工作，加强了运管信息平台的建设，建立了考核工作基层信息数据的收集、统计、查询、共享机制，增强了考核工作的手段，体现了公开、公平、公正的原则，保证了考核工作全面、真实、有效。

北京市运管机构率先进行信用信息系统建设，并同时开展信用考核指标体系的研究，建立了较为完备的道路运输行业信用信息系统。

上海市建立了城市交通运输管理处诚信管理信息系统。该系统是上海市城市交通综合运输管理信息系统中一个重要的子系统，由诚信考核信息输入模块、诚信档案模块和行业诚信综合排名统计模块构成。通过诚信管理信息平台，实现了考核工作的高效化、持久化，考核结果得到了有效利用。

浙江省运管机构将网上办公和稽查系统，作为开展道路运输企业信用考核的信息平台，促进了道路运输信用信息系统的建设。

湖南省娄底市建立了城市出租车电脑软件管理系统，建立了举报投诉和GPS监控中心，全天候接受消费者投诉，对营运车辆经营行为实施监督，加强了与社会各界的沟通和联系，提高了动态运行的全面性管理水平。

(5)拓宽了监管与考核的领域。部分省份结合《质量信誉考核办法》和《从业人员管理规定》的有关精神和办法，制订了城市公交企业、城市出租车企业、客货运场站、汽车综合性能检测站、驾培机构、三类维修企业等质量信誉考核办法，以及驾驶员违章记分办法。这些考核办法弥补了现行办法的某些不足，较为全面地覆盖了道路运输各经营领域，提高了考核工作的全面性。

(6)引入了社会监督评价机制。部分省份在质量信誉考核工作中引入新闻媒体、中介组织等社会机构进行质量信誉的监督和评价，提高了考核工作的全面性和客观性。同时，部分省份还结合公安交警、税务、工商、质监、安监等相关部门的考核结果进行综合评级，扩大了考核工作的社会影响力，提高了考核工作的公正性。

上海市城市交通运输管理处在诚信管理与考核中，对诚信指标的信息采集包括行政机关、行政事务执行机构、行业协会在日常管理或者服务过程中积累的与企业信用相关的信息。

浙江省公共交通线路服务质量考核分数由三部分组成：公交客运管理机构考核占40%、第三方中介机构测评占40%、社会满意度问卷调查占20%。同时公交客运企业服务质量考核结果作为文明评比、公交线路经营权招投标的重要依据，并与同期公共财政补贴(补偿)挂钩。

深圳市在轨道交通的诚信考核中，深圳市交通局运输处负责诚信考核管理政策制订、协调服务等工作，客运管理分局负责轨道交通诚信管理日常工作和质量信誉考核工作。在考核工作中实行管理机构考核、第三方中介机构测评和社会满意度问卷调查相结合的办法。

长春市就市内及机场周边营运的出租车被投诉量较多的问题出台了新规定：即为每辆出租车设立诚信记录，取消被乘客投诉次数较多车辆的运营资格；同时，出租车经营企业的经营权也与诚信档案挂钩，如公司车辆出现的问题较多，其运营资格也将被取消。

(7)发挥了文明创建等载体的作用。不少省份以文明创建活动为载体，开展以“文明诚信、优质服务、奉献社会”为主题的活动，通过典型示范、表彰先进等方式，丰富了诚信建设内容，促进了行业诚信氛围的形成，提高了企业和从业人员参与诚信建设的积极性。

湖南省连续四年开展了以“文明经营、诚信服务”为主题的社会主义劳动竞赛活动，评选了一大批先进企业和个人，通过各种方式的宣传公布，使诚信企业和个人得到了社会的褒奖。

北京市每季度进行一次城市出租汽车驾驶员社会信誉评价活动，强化对出租车驾驶员职业技能的培训和考核，使行业服务水平明显提高，乘客对出租车行业的服务质量整体评价较高；每年进行一次“北京的士之星”评选活动，在行业内营造了讲文明、树新风，提高服务水平和“比、学、赶、帮”的良好氛围。

青岛市城市出租车行业以的哥拾重金不昧的典型事例，因势利导，积极扩大行业诚信经营的宣传力度，广泛开展“红飘带车队”和“星级出租汽车驾驶员”评选活动，使行业诚信文明形象获得进一步提升，“文明自己、关爱他人、奉献社会”的红飘带精神已成为青岛市城市精神文明的一面旗帜。

大连市交通口岸局出租汽车管理处向整个行业发出倡议，倡议出租汽车经营者和从业人员都备好诚信卡，共同打造诚信品牌。车管处为52名星级出租车驾驶员印制了星级卡，以树立星级驾驶员的社会形象，进而带动整个行业追“星”。星级出租车的推出，让消费者能方便地识别哪些出租车的服务质量比较好，从而建立一个良性循环，即服务质量好的出租车生意更好，以此进一步引导出租车驾驶员提高服务质量。

2. 诚信建设工作取得的成效

道路运输行业对当前道路运输市场诚信建设工作的满意度调查情况见表8-1。

道路运输诚信建设工作调查表　　表8-1

评价内容	运管机构	道路运输企业	从业人员
诚信建设十分必要	90%	83%	70%
诚信建设可有可无	8%	11%	25%
诚信建设没有必要	2%	6%	5%

从表8-1可以看出，道路运输市场诚信体系建设得到广大从业者和运管机构的认同。通过调查了解，全国省、市、区各级交通主管部门和运管机构普遍认为开展质量信誉考核工作非常有必要，是既有利于促进道路运输行业的发展与服务质量水平提高的好措施，又有利于开展行业监管工作的好办法，是行业监管手段的一个重大创新。广大道路运输企业反映，开展道路运输质量信誉考核工作，建立了公平竞争的市场环境，落实了优胜劣汰的市场规则，营造了诚实守信的经营氛围，有利于企业发展壮大。具体来说：

（1）推动了道路运输经营者诚信意识的提高。随着质量信誉考核三个制度的实施，使道路运输行业强化了诚信服务的理念，提升了行业诚信经营与诚信建设的参与意识。广大企业和从业人员通过宣传教育与考核，深感到从事道路运输这个服务性行业工作必须依法经营、诚信经营，才能体现自身价值，才能得到社会和广大消费者的认可。一些获得质量信誉考核AAA等级的经营者反映说，诚信经营本是我们自身应该做好的事，但实行质量信誉考核后，企业获得了质量信誉考核AAA的荣誉牌，得到了报纸、电视等新闻媒体的大力宣传，良好的声誉使企业的竞争能力得到增强，地位得到提高，为企业取得了从事政府采购招标业务的资格，带来了更多的业务，质量信誉考核是企业少投资而获得高回报的好事。

（2）推动了道路运输安全基础保障能力的提高。通过开展质量信誉考核，把安全情况与企业客运班线许可、从业人员从业资格考试挂钩，有力地促进了企业和从业人员安全意识的增强和安全运营能力的提高，使道路运输安全形势趋于稳定和好转。据统计，

2008 年全国道路交通安全生产万车死亡率同比下降 18%，群死群伤交通事故发生频次降幅明显，事故伤亡和经济损失稳步下降，较好地推动了道路运输又好又快发展。以湖南为例，2008 年与 2007 年相比，事故次数、事故死亡人数分别下降了 48% 和 32%；百车责任事故率、死亡率、伤人率分别下降了 4%、4% 和 8%。

(3)推动了道路运输企业经营水平的提高。通过开展质量信誉考核，企业的经营行为有较为明显的好转，服务质量有一定的提高。各级运管机构普遍反映，近两年多来，客运经营者乱班乱线、甩客宰客、乱价争客等行为明显减少；维修质量事故、违约纠纷等方面的问题有较大幅度减少。湖南省永州市运管处反映，机动车维修质量信誉考核办法的实行，“引起了企业的高度重视，企业主动完善各项维修设施设备与自身的管理制度，自觉与修车人签订修车合同，严格按合同修理，使用正规合格产品配件，合理收费，使维修质量得到了提升”，消费者投诉率下降了 40%。山东省交通运输集团反映，企业深感质量信誉的好坏直接反映企业管理工作的水平、经营行为规范力度及从业人员的诚信状况，必须切实加强自身的建设，适应诚信发展的要求，提升企业的社会形象和品牌。在 2008 年执行北京奥运会运输保障任务和青岛浴场清污工作中，山东省交通运输集团不讲利益回报，主动承担艰巨任务，充分发挥了大型骨干企业的作用，出色地完成了任务，获得了社会各界的好评。

通过调研，普遍反映《质量信誉考核办法》理念先进、思路正确，必须认真贯彻执行，并努力提高执行效果。

(4)推动了道路运输从业人员整体素质的提高。从业人员管理的有关规定及考核办法的出台，遵循了国际通行和国内其他行业实行的职业资格规则，从业人员管理初步实现了与国际接轨，较好地把住了从业人员市场准入关和从业行为关，促进了从业人员提高自身素质、规范从业行为、自觉接受检查监督，为道路运输发展提供合格的从业人员奠定了重要基础。

在调研中，广大运管机构和企业反映：《从业人员管理规定》的执行，在从业人员管理制度建设、教育培训、考试考核、资格审查、检查监督、违规处罚等方面都收到了较为明显的作用，使道路运输从业人员的管理有了新的依据。具体表现为：一是使从业人员的教育培训和考试考核力度得到加强，促进了从业人员资格水平的提高；二是对从业人员的经营行为有了激励和约束机制，增强了从业人员规范从业行为的自律性；三是通过对客货运输驾驶员、危货运输押运人员与搬运装卸管理人员、驾培机构教练员、维修技术人员等从业人员的从业资格分别管理，进一步严格了安全资格条件，增强了安全运营和安全生产的保障能力和维修技术人员、驾培教练员的技术水平；四是促进了企业加强对从业人员的培训教育，规范了管理工作，提升了企业员工的素质；五是对从业人员素质的量化评估，为企业在人员聘用和使用方面提供了参考依据。

(5)推动了道路运输行业监管水平的提高。《质量信誉考核办法》的执行，是运管机构全面履行行业监管职能的重大创新，对全面规范企业经营行为、保证安全生产具有积极的促进作用，为道路运输诚信建设开拓了新路子。

长期以来，运管机构对企业的监督立足于收费与罚款，不但监督工作难度大，执法困难，还增加了与企业及从业人员的对立情绪。同时，社会公众认为运管机构以罚代管，为获得经济利益而执法，严重影响了运管机构的自身形象和执法效果。通过开展质量信誉考核，运管机构对企业和从业人员的监管有了新的考核内容与处罚措施，管理工作有了新的突破口，促进了行业监管手段的改变和管理力度的加强。广大运管机构反映，在《质量信誉考核办法》执行后，运管机构对道路运输市场的监管有了新的抓手和着力点，运管机构可以通过较为全面的考核来规范企业和从业人员的经营行为，考核工作不仅增强了运管工作的权威性，加强了市场监管的力度，而且达到了事前预防的目的，起到了较好的引领作用。

（二）道路运输市场诚信状况不容乐观

改革开放以来，随着经济社会的快速发展，公路基础设施逐步改善，道路运输市场需求日益旺盛，道路运输各要素异常活跃、竞争趋于激烈。但长期以来，道路运输行业管理与企业管理的重心放在促进道路运输行业规模的发展与安全运营水平的提高上，而行业诚信经营与优质服务水平的提高未受到足够的重视。

当前，道路运输行业的诚信经营水平主要取决于从业者的道德素质，行业诚信状况处于依靠传统道德观念与企业管理、企业文化维系的状态。由于缺乏有力的约束机制，受利益最大化的驱动，部分道路运输从业者产生唯利是图、见利忘义等行为，使得行业的整体服务水平不高，诚信经营状况堪忧。通过调研发现，道路运输市场主要存在的失信行为见表8-2。

道路运输市场主要存在的失信行为　　表8-2

领　域	主要的失信行为
客运	经营者炒卖线路经营权，以包代管；从业人员违规经营，乱班乱线、甩客宰客，群体上访事件增多
货运	相互压价、恶性竞争、超限超载、要挟加价、货差货损、坑蒙拐骗
场站	客运场站排班配客不公正、不公平，巧立名目乱收费，结算不及时；擅自改变场站功能；货运场站经营者携款潜逃及擅自泄露客户信息
维修	违规经营、偷工减料，使用假冒伪劣配件、以次充好，巧立名目乱收费，对消费者“索、拿、卡、要”，买卖维修出厂合格证
驾培	相互压价，恶性竞争，减少培训内容，巧立名目增加收费，教练员对学员“索、拿、卡、要”

从消费者对道路运输诚信服务水平满意度调查来看，道路运输诚信服务满意率仅为11%（见图8-1），整体状况堪忧。

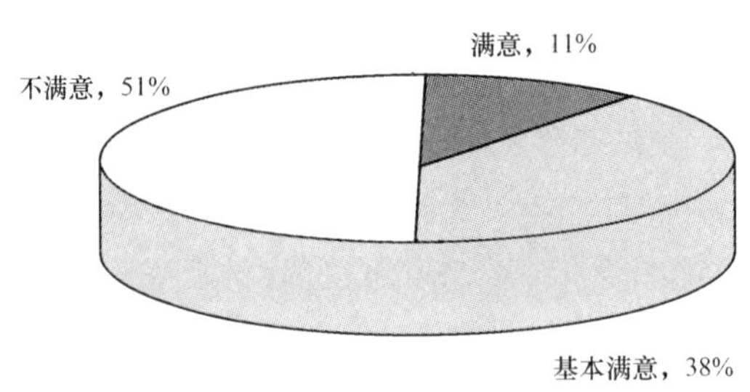

图 8-1　消费者对道路运输行业诚信服务满意度情况图

道路运输市场存在的失信行为，严重影响交通运输“三个服务”水平的提升，损害消费者的利益；严重影响道路运输市场的正常秩序，带来道路运输安全生产隐患，造成社会不稳定因素；严重影响交通运输在国民经济建设中保障能力和近年来交通建设成果的有效发挥，阻碍道路运输业又好又快发展。

根据调研情况分析，长期以来道路运输行业服务水平难以有效提高的根本原因是市场主体受利益最大化的驱动，缺乏足够的自觉性和积极性来提高自身的管理水平和服务质量；并且，由于行业主管部门缺乏市场主体服务水平评价体系和激励机制，导致一些服务质量好的企业没有得到应有的表彰或利益，一些服务质量差的企业也没有受到应有的损失或惩罚，评价体系和激励机制的缺失极大损害了企业自觉提高诚信程度和服务水平的积极性。由于道路运输具有点多面广、流动分散的特点，受法律制度、人员素质、管理手段等因素制约，而行业管理的主要内容是行政许可与执法，行业监管很难到位，单纯依靠运管机构检查、处罚也很难使市场主体自觉、快速、有效地提高安全和服务水平。

（三）当前诚信建设问题的成因分析

道路运输诚信建设是一项复杂的系统工程，也是一项新的工作。由于多方面原因，道路运输市场诚信建设存在不少问题。根据调查，目前道路运输市场诚信存在的主要问题及其原因如下。

(1)法制建设滞后是根本原因。当前道路运输行业诚信建设缺乏有力的法规支撑。我国现行的道路运输法规《中华人民共和国道路运输条例》（以下简称《道路运输条例》）对诚信建设没有作出相关的规定和要求。对于诚信水平较低的企业，没有在市场准入、市场退出、资源配置、法律责任方面设置相应的处罚规定；对于诚信水平较高的企业，也没有设置相应的奖励措施。而《质量信誉考核办法》及相关制度仅属于部门规范性文件，法律法规层次较低，依据《中华人民共和国行政许可法》、《中华人民共和国行政处罚法》等有关法规的法律精神，又不能设置上述奖惩措施。因此，导致运管机构在奖优罚劣方面缺乏有力、有效的手段，表现为“优难胜、劣难汰”，质量信誉考核制度对道路运输企业难以起到应有的激励作用。

法制建设滞后带来了三个直接后果：一是使企业和广大从业人员对此工作重视不足，认为考核仅仅是走过场，没有什么实际的作用，对考核工作采取应付态度。特别是有些地区刚开始很重视，但工作开展了几年后，企业发现即使自己诚信水平高，也没有得到什么实惠，一旦质量信誉等级降低，对企业形象还产生了影响，而不认真开展的企业也没有吃亏，“老实人反倒吃了亏”，工作积极性进一步下降。二是削弱了运管机构工作的积极性，觉得考核工作费力不讨好，作用不大，对考核工作失去信心。三是由于没有在法律法规上确立运管机构在执行质量信誉考核工作中的地位，使得运管机构在开展具体质量信誉考核工作时，理不直、气不壮，时常受到企业和从业人员的阻碍，在人员配置、经费安排方面得不到有关政府部门的支持，使得考核工作难以有效开展。造成现有质量信誉考核制度效果不够理想，甚至难以继续执行，使诚信建设工作对行业发展水平提升的引领作用不强。

(2)信息化建设滞后是关键原因。由于政府财政投入不足，运管机构和企业资金能力有限，信息系统的建设无法得到实施，诚信建设信息化进程缓慢。一些区域尽管建立了运管信息平台，但信息资源主要是工作沟通和经验交流，没有形成规模效应。同时，不少营运客车没有安装 GPS 监控系统，无法掌握动态信息。更为重要的是，全国道路运输行业没有建立统一的信息系统，道路运输企业与从业人员诚信状况相关信息的采集、统计、传递等在很多省份基本上还是依赖于手工操作，导致信息资源采集不准确、统计不全面、记录不完整、沟通不及时，信息不能互通共享，质量信誉考核指标没有信息来源的支撑，导致考核结果容易失真，严重影响质量信誉考核的公正与公平性。另外，考核情况和考核结果也无法及时地反馈给企业，在一定程度上导致企业情况不明，不能及时有效地对驾驶员等从业人员进行目标考核和奖惩处理。

(3)企业主体作用不明显。诚信建设的主体应是企业和从业人员，企业经济效益的提高，品牌效用的形成，企业发展及从业人员利益的合理回报，最终体现企业和从业人员对经济社会提供的优质服务。根据调查，当前企业对诚信建设的认识及诚信建设开展情况统计如表 8-3 所示。

道路运输企业诚信建设开展情况统计表　　表 8-3

开展诚信建设相关项目	开 展 情 况
树立诚信经营核心价值观	25%
制定了诚信建设目标	22%
已经或正在制定企业员工的诚信行为准则	37%
设立兼职或专门的诚信管理部门	18%
对员工有明确的职业道德要求	32%
重视履行社会责任	27%

从表8-3来看，大部分道路运输企业还未树立诚信经营的核心价值观，在制定诚信建设目标、制定从业人员行为准则、建立诚信管理组织等方面落实不够，企业诚信建设的主体作用发挥不明显。

在现行的考核制度中，缺乏对企业经理人和企业法人的考核，经理人对诚信建设的领导与导向作用不明显，是造成企业和从业人员诚信意识淡薄，质量信誉意识较差，服务水平较低，企业发展与诚信建设脱节的重要原因。同时，由于道路运输从业人员涉及面非常广，队伍庞大，单纯依靠运管机构来考核难度很大，现行的考核工作仅强调运管机构的监管作用，没有设置企业对下属单位和从业人员进行内部考核的指标，造成在考核工作中运管机构与企业的管理职能混淆，运管机构、企业与从业人员在诚信考核工作中的职责和义务不明确，运管机构考核的内容、企业管理方面与从业人员的行为三者之间脱节，没有形成运管机构管企业、企业管从业人员的良性管理链，没有形成由企业首先考核内部的驾驶员、押运员、乘务员、修理技工等从业人员，运管机构再结合现场考核与企业内部考核结果进行综合考核的方式，造成了运管机构单方面考核，成效不明显。

(4)社会参与度不高。道路运输行业是面向全社会的服务性行业，经营者服务质量的好坏、诚信程度的高低与社会各部门、广大消费者密切相关。道路运输市场诚信体系建设是运管机构、从业者及消费者共同参与、互动发展的过程，社会参与和监督是采集行业诚信经营信息，反映行业诚信状况，实现市场经济公开、公平、公正原则的重要途径。

由于当前诚信建设向社会公示不足，质量信誉考核结果宣传面不广，力度不大，社会认知程度较低，没能充分发挥政府公信力引导社会消费的作用。缺乏完善的监督举报机制，缺乏统一的投诉举报电话与网站，社会参与与监督渠道不畅通，无法接受并统计消费者对道路运输市场参与者的评价、投诉举报等信息。由于没有健全部门共同参与评价的机制，道路运输经营者涉及的管理部门较多，相关管理部门不能及时交流道路运输经营者的违法违规信息，影响了考核评价的全面性和真实性。由于社会信用评价机构对道路运输行业的业务不够熟悉，在具体执行评价时存在很多困难，道路运输市场社会评价机制尚难健全。行业协会在对诚信体系建设的宣传、引导、咨询、教育培训、维权，以及协调配合等方面作用发挥不够。

总体来说，道路运输市场诚信体系建设工作的社会参与面不广，社会对失信行为的监督作用不明显，考核工作局限于行业内部，运管机构处于“单打独斗”状态，行业诚信建设与社会诚信建设难以有效结合。

(5)运管机构管理职能偏移。多年来，运管机构存在体制不顺、编制不严、工作不规范、经费缺乏、人员素质较低等问题。在成品油税改费前，管理理念的重点为“重收费、轻管理与服务”，成品油税费改革后，只注重许可和处罚，忽略对经营者诚信意识、诚信行为的培养和管理，认为质量信誉考核工作不能增加工作经费。因此，对违章失信行为监管时只罚款，不记录，考核不认真负责，不严格按标准考核，有的甚至搞人情考核，

致使质量信誉考核工作走过场，流于形式。考核工作开展不平衡，执行力度不强。

(6)考核工作执行力度弱。

①考核办法覆盖范围不全。目前质量信誉考核工作只针对道路运输的部分领域和部分从业人员开展，没有覆盖到全行业和所有从业人员。现有的《质量信誉考核办法》涵盖了客货运输企业、机动车维修企业和营运驾驶员，但对驾培机构、三类维修企业、客货运场站以及营运驾驶员以外的从业人员尚未制定相应的质量信誉考核办法。同时，随着交通运输部门管理职能的调整，还缺少对城市公交企业、城市出租车企业、城市轨道交通企业和从业人员的考核办法。

②部分考核指标体系不够完善。考核办法没有根据班线客运企业和旅游客运企业、普货运输企业和危货运输企业等各自不同的特点来分设考核指标，这样不能如实反映不同种类企业的质量信誉程度。

对客货运输企业的安全管理仅仅设置了“交通责任事故率”、“交通责任事故死亡率”和“交通责任事故伤人率”三项考核指标，这只是对企业年度安全结果进行考核，缺乏对企业安全管理过程的考核，不能全面反映企业安全管理的状况。

优良等级与合格等级的考核标准设置差距不大，只要是未发生较大以上安全责任事故和特大恶性服务质量事件的企业，都能比较容易地达到AAA等级，体现不出AAA等级在诚信方面的优秀，“含金量”不高。

加分指标设置不够合理，如完成政府指令性运输任务是企业应尽的社会义务，不应作为加分项目，而应放在“社会责任”项目中。还有其他的加分项目门槛也很低，如服装、标志等问题都不应属于加分范畴。

维修企业质量信誉考核办法缺少设施设备考核指标。

③奖惩激励措施操作性不强。对于客运企业，激励措施不明显，仅作为客运班线延续经营许可时的参考依据，近期在新增班线招投标办法中虽有些奖励措施，但力度不大，质量信誉好的企业没有得到具体实惠。对于货运企业、维修企业和营运驾驶员等方面，也没有设置奖励措施。

《质量信誉考核办法》对于客运企业质量信誉等级达不到规定要求，许可机关应当收回其10%及以上或30%及以上到期道路客运班线经营权这一规定在实施时很难操作。第一，因上年度考核结果一般要在第二年的6月底才能公布，而“到期道路客运班线经营权”在时间上难以界定是上年度到期的客运线路还是下年度到期的客运线路；第二，因企业省际、地际、县际和县内的客运班线是由省、市、县三级运管机构根据各自的许可权限分别进行许可的，收回比例难以掌握；第三，对于收回哪些客运线路经营权没有作明确的规定，容易导致质量信誉好的客运班线因先到期而被收回，而质量信誉差的客运班线因后到期而没有取消经营权；第四，企业本身对所属班线和车辆并未逐一进行考核排队，使运管机构无法落实到具体的班线和车辆，没有真实体现奖优罚劣和公平公正的原则，容易人为造成矛盾，导致社会不稳定。

对于货运企业和维修企业，没有设置具体的处罚措施。

考核结果没有与企业、从业人员的市场准入和退出紧密挂钩，奖优罚劣的效力不大。

④质量信誉考核工作进展不平衡。至2008年年底，全国只有23个省份报送了质量信誉考核工作开展情况，其中只有20个省份开展了客运企业和维修企业的质量信誉考核工作、16个省份开展了货运企业质量信誉考核工作，由此可见质量信誉考核工作的开展在各省区之间还不平衡。同时，在开展了质量信誉考核的各省份地市之间，考核工作的重视程度不一，部分地区、部分管理机构对考核工作采取应付态度，质量信誉考核执行不力，处于走过场状态。道路运输市场不同领域质量信誉考核工作开展不平衡，客运领域重视程度高，货运、维修、驾培等领域重视不够。

质量信誉工作进展不平衡，不仅影响质量信誉考核工作全面有效贯彻执行，也难以形成质量信誉考核与诚信建设的互动局面。同时，这种不平衡的现象，使得同一区域内容易造成考核结果宽严不一，考核效果整体不明显。

二、国内外有关诚信体系建设的做法和启示

（一）国外诚信体系建设做法

在发达国家，诚信建设与管理是政府进行市场监管的一项重要工作。在银行信贷、资源配置、市场准入、个人求职、人员聘用、企业与个人社会价值的实现等方面，都将诚信考核评价结果作为重要的参考标准。企业与个人的信用是其生存和发展的根本，也是市场经济发展的重要基础。发达国家社会诚信与道路运输业诚信建设工作的主要做法如下。

1. 建立了完善的法律法规体系

发达国家普遍建立了完善的社会信用法律体系，如《公平信用报告法》、《个人信用保护法》、《公平竞争法》、《反商业欺诈法》等。同时，在此基础上，道路运输管理各法规中，根据社会信用法律的要求，相应制定了完整的道路运输信用管理法律体系，如美国的公路运输主体法规《1935年汽车运输管理条例》；日本的“运输六法”主体法规《道路运输法》；德国的公路运输主体法规《公路客运法》和《公路货运法》；英国的公路运输主体法规《运输法》等。这些道路运输管理相关法规中，对道路运输诚信经营与信用管理都作了全面的规定与要求，并针对企业和从业人员的失信行为制订了严格的惩

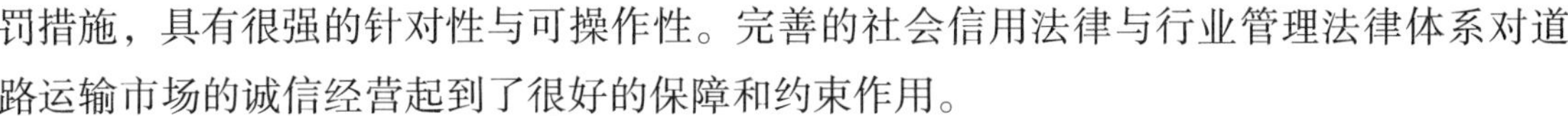

罚措施，具有很强的针对性与可操作性。完善的社会信用法律与行业管理法律体系对道路运输市场的诚信经营起到了很好的保障和约束作用。

2. 建立了完善的信息化管理体系

发达国家为了诚信考核与评价工作的实现，在具备完善的法律法规保障的基础上，采用了先进的科学技术手段，国家投资建立了先进的诚信管理网络信息系统，实现了全国信用信息网络的互通。同时，各个行业管理部门建立本行业的信用管理数据库网络子系统；政府出面向社会各部门、各行业征集信用信息数据，充实完善信用信息数据库；各行业管理部门在建好部门信用管理系统的同时，要求行业内各企业也建立起内部诚信管理系统，并通过管理部门信用管理系统与企业信用管理系统的连接，充分收集本行业企业与从业人员信息。通过政府部门与企业之间信用管理系统的有机结合，解决信用信息分散、信息收集困难等问题，高效实现了信用数据整合，对诚信考核工作发挥了较好的保障作用。

3. 建立了完善的信息采集体系

在发达国家，政府把诚信信息的采集与公布作为诚信管理工作的一项重要内容来抓，充分发挥诚信信息的效能。一方面，政府信用管理机构直接对企业和个人的诚信状况进行系统的征信调查，另一方面，聘用社会中介结构、专职调查员及消费者对企业和个人的诚信状况进行调查。同时，对采集的信息既作为行业管理部门对企业和个人诚信情况进行评估的依据，又及时如实向社会公布，作为消费者评估企业和个人诚信状况的依据，合理引导社会消费。如英国，为了加强对城市公交服务的管理，采取聘用社会监督员的办法，通过公交服务监督员严格监督公交车辆准点率与公交服务质量；美国灰狗公司通过企业信息网络，随时采集消费者对驾驶员和乘务员服务状况的评价。

4. 建立了完善的考核奖惩体系

在发达国家，诚信考核与评价的结果得到了充分的利用，对于维护市场环境、保护公平竞争及推动市场经济的发展起到了很好的促进作用。一是管理部门充分运用诚信考核结果。在企业申请经营权许可与新增运力时，道路运输部门将企业的质量信誉考核或诚信评价结果作为经营许可的首要条件，如英国企业申请进入客运市场或新增班线时，均由行业管理部门组织专门的市场评估小组对其诚信情况进行严格考核，对存在不良记录的企业，禁止进入运输市场或新增运力。在运输管理中，对不同诚信程度的企业和从业人员采取不同的管理方式。对发生过失信现象的企业与从业人员进行重点监管，如在美国某货运车辆有一次超载被抽查到，除了接受相应的处罚外，在一年时间内，该车在途经全国任何区域时都将强制进入所在地超载检查站进行检查；在巴西，如客运驾驶员因私收票款或发生坑害乘客的失信事故被辞退，其行为将记入失信档案，使得其很难再在本行业的其他企业被录用；对诚信程度高的企业，则采取免检等政策优惠，如德国管理部门对机动车维修机构进行不定期的抽查，对严格执行相关制度与行业规范的企业实行免检政策。二是企业充分运用诚信考核结果。道路运输企业，在选择合作伙伴、招聘经理人及从业人员时，将诚信作为重要考核依据；在企业管理中，经营者注重诚信管理与文化建设，把诚实信用作为企业发展的核心理念。三是消费者充分运用诚信考核结果。消费者可以通过多种渠道了解企业和从业人员的诚信情况，从而进行择优消费。

（二）国内诚信体系建设概况

我国社会诚信体系建设目前处于快速发展阶段，国家高度重视诚信建设。自2002年开始，由中国人民银行牵头、17个部委参加，开始研究起草《征信管理条例》，该条例的征求意见稿已于2009年10月发布。《征信管理条例》除规定信用信息的采集和使用外，还规定了信用评级的内部制度、业务、流程、信息披露等，使我国征信制度法制化，规范了征信业务活动，促进征信服务业的发展，依法保护个人隐私、商业秘密和国家经济安全。2009年7月，国家标准委正式发布了《企业质量信用等级划分通则》国家标准，规定了企业的质量信用等级的划分要求和依据，明确将企业质量信用等级划分为A、B、C、D四级十二等，适用于企业的质量信用等级分类和评价，对诚信体系建设工作起到了很大的指导作用。

我国金融系统最早开展诚信体系建设工作，中国人民银行成立了信用管理局和征信中心，开始建立“金融业统一征信平台”，已建成全国集中统一的企业和个人财务信用信息基础数据库，为每一个有经济活动能力的企业和个人建立了统一的信用档案，对企业和个人信用状况进行有效的管理监控，信用状况是个人获得如贷款额度等经济活动权限的重要依据。

近年来，我国社会信用行业得到了快速发展。如由中国信用调查评估中心和北京中安诚信资讯有限公司共同建立的中安诚信体系，在法律许可的范围内开展征信工作，通过征集、调查、分析个人或企业的信用信息，设立了个人、单位和网站三种信用码，建立统一的档案数据库，为客户在经营管理、金融信贷、消费服务、应聘就业等方面提供信用证明，对促进我国社会信用制度的建设起到了重要的推动作用。

在道路运输市场，也出现了一些诚信建设的先锋。浙江传化物流基地是国内成功营运的物流平台经营企业，也是成功建立道路运输诚信信息平台的企业。传化物流基地开发了拥有自主产权的物流基地信息管理系统，包括诚信交易系统、停车管理系统、物流信息发布管理系统、客户管理系统等。其会员诚信管理系统通过信用评价，构建会员企业信用档案，形成自评机制、行业协会评价机制、第三方评价机制，对运输车辆提供诚信车辆认证服务，构建诚信车辆认证系统，提供权威性的车辆牌照、驾驶证、车主或驾驶员身份证的三位一体验证，可以帮助货主杜绝被骗货的现象；而诚信车主也可通过申请诚信车辆认证，加入基地诚信车辆数据库，增强公信力和竞争力。传化物流诚信管理

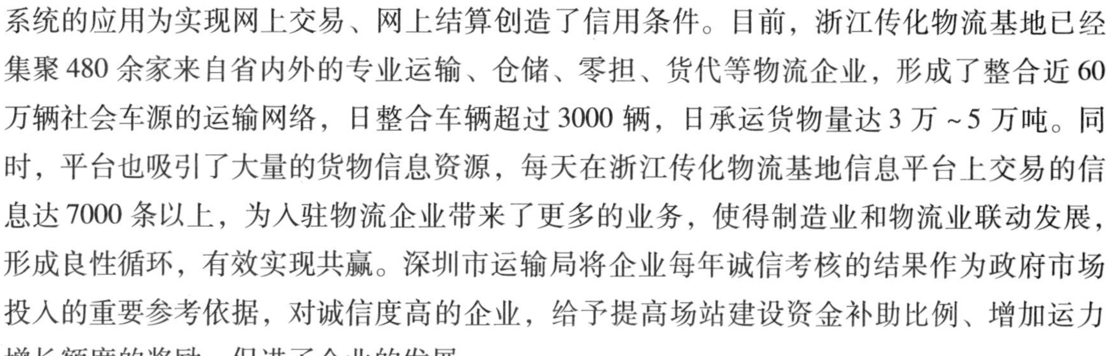
系统的应用为实现网上交易、网上结算创造了信用条件。目前，浙江传化物流基地已经集聚480余家来自省内外的专业运输、仓储、零担、货代等物流企业，形成了整合近60万辆社会车源的运输网络，日整合车辆超过3000辆，日承运货物量达3万~5万吨。同时，平台也吸引了大量的货物信息资源，每天在浙江传化物流基地信息平台上交易的信息达7000条以上，为入驻物流企业带来了更多的业务，使得制造业和物流业联动发展，形成良性循环，有效实现共赢。深圳市运输局将企业每年诚信考核的结果作为政府市场投入的重要参考依据，对诚信度高的企业，给予提高场站建设资金补助比例、增加运力增长额度的奖励，促进了企业的发展。

(三)国内外诚信体系建设的启示

纵观世界主要发达国家的社会信用体系与道路运输诚信建设发展历程，为我们开展道路运输市场诚信体系建设提供启示与经验借鉴。

1. 诚信管理是政府对市场管理的一个重要手段

在发达国家，诚信管理是政府实现对市场有效管理的一个重要手段。在社会信用管理与行业管理中，对企业和个人的信用考核评价都是非常重要的工作。在市场经济中，政府通过对企业与个人进行信用管理，有效规范市场经营环境，促进各行业提高服务水平，维护正常的社会秩序。

通过诚信管理，发达国家在市场管理中树立了“奖优罚劣”与“优胜劣汰”的理念。在市场许可中，只有信用状况良好的企业才能获得市场资源；在企业招聘中，对应聘者诚信档案的了解与对其诚信水平的测试是必不可少的环节；在市场监管中，一旦企业出现失信行为，其面临的将是高额的罚款甚至被责令退出市场；而从业人员出现失信行为，将面临罚款及被辞退的风险；企业与其从业人员的失信记录将完整的计入企业及个人的诚信档案，长远地影响着企业的发展、个人的就业与升职等，有效体现政府的管理职能。

2. 完善的法律法规是诚信建设的重要支撑

发达国家社会信用体系发展的经验表明，健全的信用法律体系是推动信用体系发展的根本保障。发达国家不仅有完善的社会信用法律体系，其道路运输管理法律也很健全，依法治运是发达国家道路运输管理最主要的特色。在道路运输管理与诚信管理中，处处突出法治精神，以立法和司法来规范运输活动的全过程。运输行政管理机构设置、职能配置、管理制度及其经费来源等都由法律法规规定；涉及运输诚信状况与服务质量等方面的管理，都以法律规范为准，真正做到有法可依，保障诚信管理工作有效开展。

3. 完善的信息化网络是诚信建设工作的基础手段

从国内外诚信建设经验可知，无论是社会信用体系还是金融、银行或运输领域的诚信管理体系，现代化的信息采集、处理、评价及发布管理手段与完备的诚信信息档案数据库是实现信用管理、发挥法律效力、提升行业管理水平的基础。

在短期内要又好又快建设和完善诚信体系，必须由政府主导、统一规划、全面推进信息化建设。从道路运输业点多面广、流动分散的实际情况来考虑，与道路运输行业诚信相关的绝大多数信息分散在不同的行业领域、不同的地域、不同的政府部门手中，诚信信息数据的分散与缺乏就必然需要政府强力推动，充分发挥政府在信用信息归集、协调等方面的绝对优势，由政府建立诚信管理信息系统，协调行业各个领域，强制性地向各类企业征集信用信息数据，尽快建立起道路运输诚信信息数据库，建设好诚信管理信息系统，注重诚信基础数据的采集与诚信档案的建立，积极推动道路运输市场诚信体系建设。

4. 建立奖惩机制是诚信建设工作的保障措施

从国外经验来看，诚信考核与评价结果的有效运用，使诚信水平高的企业和从业人员优先获得了市场资源，使失信的企业和从业人员受到了经济处罚甚至禁止进入市场的制裁，维护了公平竞争的市场环境，对促进行业诚信意识与服务水平的提高具有重要作用；同时，通过诚信考核结果的有效运用，贯彻“奖优罚劣”、“优胜劣汰”的经营思想，是开展诚信建设工作的根本目的，是对诚信建设工作的充分肯定，是保障诚信建设、诚信管理工作能得到持续开展的根本动力与重要措施，这也是发达国家信用体系建设能得到长足发展的重要原因。

5. 社会参与是诚信建设工作的重要补充

从国内外诚信建设经验来看，发挥社会参与作用是促进诚信体系建设效能得到全面发挥的重要补充手段。

在发挥政府对诚信建设推动作用的同时，也应结合市场经济的发展规律，发挥市场调节与市场驱动的作用，通过市场规律来合理引导消费，通过引入社会参与和监督等途径来促进诚信监管主体的扩大和行业诚信服务质量的提高，更好地发挥市场经济公平、公正的作用。

道路运输行业是服务型行业，服务水平的好坏，最直接地影响着广大消费者。因此，对道路运输服务水平的评价，除了行业管理部门的考核外，更重要的是社会和消费者对其的评价。在发达国家，行业管理部门充分发挥消费者对行业服务的评价作用，建立了电话、网络等调查和投诉举报受理渠道。消费者对道路运输失信行为的举报、投诉及相关建议，均得到管理部门与企业的高度重视，并作为对企业及从业人员诚信考核与评价的重要数据，通过行业管理网络平台进行公布，以更好地引导社会公众进行消费。同时，行业协会、社会信用中介机构均参与行业的诚信水平评价，其评价结果也是企业及从业人员诚信水平的体现。

三、道路运输市场诚信体系建设的必要性

我国正处于全面建设小康社会、构建社会主义和谐社会的关键时期，集中体现着社会主义初级阶段的基本国情，经济文化发展的水平还不能满足人民群众日益增长的物质文化需要。国民经济快速发展，社会结构深刻变动，经济体制深刻变革，利益格局深刻调整，思想观念深刻变化，新情况、新问题、新矛盾不断涌现。处在这个时期的道路运输业，也必然有着自身发展的基础、需求和条件，需要努力搞好运输服务，提升竞争力，适应国民经济发展对道路运输的需求。同时，随着成品油税费改革，综合运输体系的调整，运管机构职能的转变，新时期道路运输工作的思路与工作重心也应尽快转变到努力提升道路运输服务水平上来。加快道路运输市场诚信体系建设，是适应新时期道路运输工作职能转变，提升道路运输服务水平的重要举措，对于促进道路运输业的发展具有十分重要的意义。在调研中，广大行业管理者、企业经营者及从业人员认为加快道路运输市场诚信体系建设十分必要。

1. 加快道路运输市场诚信体系建设是全面贯彻落实科学发展观的需要

道路运输的发展不仅是在规模上的扩张，更重要的是在质量上的提升。道路运输行业只有全面贯彻落实科学发展观，坚持“以人为本”，牢固确立“诚信经营，优质服务”意识，努力提高诚信经营和服务水平，才能从整体上提高内在发展质量，才能在各种运输方式之间的激烈竞争中提升竞争能力，立于不败之地，才能实现企业全面、健康、持续的发展。

2. 加快道路运输市场诚信体系建设是满足社会越来越高的运输需求的需要

运输需求是社会经济发展所派生的需求，社会经济发展的水平直接决定着交通运输的发展前景。目前我国社会经济处于快速发展阶段，人民生活水平不断提高，这为道路运输的发展创造了广阔的市场空间，也提出了更高的要求。人民群众的要求不再局限于运量能否满足其出行需求，而更注重追求快速、安全、便捷等一系列个性化、高质量的服务。道路运输行业只有通过推进诚信建设，努力加强组织管理，改善设施装备，优化服务环境，才能积极满足经济社会发展和社会公众对道路运输的高品质需求。

3. 加快道路运输市场诚信体系建设是提高道路运输安全水平的需要

构建社会主义和谐社会是一个不断化解社会矛盾的持续过程。当前道路运输业发展的阶段性特征和面临的问题，要求我们在工作中要更加注重“以人为本”，关注人民生命财产安全；更加注重维护道路运输经营者和社会公众的合法权益。

不论是道路运输经营者，还是社会公众，其合法权益都需要得到有效维护，而诚信是一切权益得以保障的基础。对于道路运输经营者，遵章守纪、诚信经营，时刻把乘客的安全放在第一位，是减免一切安全隐患的最根本要求。对于交通管理部门，认真履行道路交通安全职责，加强对运营企业的监督管理，及时整顿服务水平低下、存在安全隐患、违法违规的经营者，是大幅度降低交通事故的有效手段。

4. 加快道路运输市场诚信体系建设是提高道路运输服务水平，发挥比较优势，增强行业竞争能力的需要

道路运输业面临高速铁路兴建、铁路运输提速、民航运输密集化发展的竞争态势。现代物流发展、机动车维修与驾驶员培训机构要满足人民群众更高的服务要求，这些都给道路运输在综合运输体系中的市场地位带来了严峻的挑战。

道路运输如何面对挑战形势，充分发挥比较优势，有效应对其他运输方式的激烈竞争，出路在于提高服务质量与经营水平，而提高服务质量的重点就在于推进诚信体系建设，增强企业和从业人员的诚信经营意识，切实规范经营行为，增强优质供给能力，为经济社会发展和社会公众提供良好的服务。

5. 加快道路运输市场诚信体系建设是促进运管机构转变工作职能，认真履行职责的需要

成品油税费改革，一方面取消了运管机构的收费职能，使运管机构有了更多时间和精力去注重监管与服务；另一方面，实践证明，开展道路运输诚信建设是运管机构转变管理与服务、科学合理做好许可工作、加强道路运输源头与过程的有效监管、实行道路运输与相关业务并重发展的重要手段；是运管机构切实改变管理理念，合理发展，改进工作作风，增强政府公信力的重要途径；是坚持依法行政，推行政务公开，强化行政责任制，科学合理地实施行政许可，消除市场经营矛盾，维护行业稳定的重要措施。诚信建设是新时期运管工作的一项重要内容，也是提升运管职能的一个重要抓手。

6. 加快道路运输市场诚信体系建设是适应社会诚信发展的需要

经济社会发展的本质要求是诚信。随着市场经济体制的健全，社会信用管理进一步加强，诚信建设将覆盖经济社会各行各业，提高诚信水平是经济社会发展的必然要求。道路运输作为基础性服务行业，通过推进诚信建设，为社会经济发展和社会公众提供优质供给能力，是适应社会进步的需要，是建设社会诚信体系的必然要求。

胡锦涛总书记在“八荣八耻”中提出“以诚实守信为荣，以见利忘义为耻”。综观当今各行各业，无不以诚信为重，以诚信作为立业之本。在市场经济中，诚信是企业最宝贵的无形资产和资源，是其生存和发展的根基。诚信是企业创品牌、保名牌，树立企业社会形象的生命力所在，企业之间不仅要进行质量竞争、服务竞争，而且存在商誉竞争，商誉竞争的核心是信用和声誉。道路运输是服务行业，加强诚信建设是适应社会进

步的需要，是建设社会诚信体系的必然要求。这就不仅要求道路运输经营者诚实守信、遵纪守法，而且要求运输市场管理者诚信、公正，为运输市场创造一个公平的竞争环境。

四、道路运输市场诚信体系建设的措施与建议

道路运输是综合运输体系中从业人员最多、运输量最大、通达程度最深、服务面最广的一种运输方式，在综合运输体系中处于重要基础地位，为经济社会发展和社会公众出行提供重要的运输保障。道路运输市场包括道路客运、货运、车辆维修、驾驶员培训、场站管理，以及城市公共交通、出租汽车、轨道交通等诸多领域。作为直接面对社会公众的服务行业，道路运输业的诚信尤为重要，诚信是道路运输企业生存的基石，是道路运输行业稳定发展的根本。

道路运输市场诚信包括行业经营者诚信、从业人员诚信和管理机构诚信三个部分，体现行业管理机构、经营者、从业人员三个主体对社会的承诺及三者之间的承诺，从属于社会诚信体系的范畴。道路运输市场诚信体系建设是涉及道德、法律、经济、文化、社会生活等诸多方面的一项系统工程，包括人员素质、价值取向、经营理念、制度保障、利益机制、社会责任、文化建设等方面的内容，具有全面性、系统性和渐进性的特点，是社会诚信体系建设的重要内容。

(一)道路运输市场诚信体系建设总体思路

以邓小平理论、“三个代表”重要思想和科学发展观为指导，根据道路运输“三个服务”的总体要求，树立文明经营、诚信服务的理念，按照“政府主导、部门监管、经营者自律、社会参与”的基本方针，充分发挥政府推动与市场驱动两方面的作用，全面、系统、渐进地建立健全以信息化建设为基础、以法规制度为保障、以质量信誉考核为手段的诚信建设体系。

(二)道路运输市场诚信体系建设总体目标

总体目标：以完善的道路运输法规为保障，以统一的道路运输管理信息系统、畅通的社会投诉监督体系为基础，以市场准入、市场退出、资源配置、经济处罚为主要奖惩手段，以健全的市场诚信考核制度，以及诚信结果发布、查询、使用机制为主要内容，建设企业自律、社会监督、行业考核、信息公开的道路运输市场诚信管理体系，建立公平竞争、优胜劣汰的道路运输市场激励机制，鼓励广大道路运输从业人员不断自觉地安全生产、规范经营、优质服务，鼓励企业不断自觉提高管理水平、安全水平、服务水平，

从而全面提升道路运输服务水平，为社会提供更安全、更优质、更规范、更可靠的道路运输服务。

近期目标：争取在“十二五”期间完成《道路运输条例》的修订工作，使之与社会信用管理基本制度相配套，增加法规政策对诚信体系建设的保障作用；建立健全道路运输质量信誉考核制度，发挥考核评价对道路运输诚信体系建设的重要促进作用；建立全国道路运输管理信息系统，搭建全国道路运输诚信管理信息平台，为行业诚信监管和考核评价提供有效的手段，为社会参与、市场驱动、发布企业诚信考核结果和失信行为提供信息公示平台；开展从业人员与运管人员诚信教育培训，使行业的诚信理念基本树立，人员综合素质明显提高。

（三）加快道路运输市场诚信体系建设的措施

1. 树立诚信体系建设是促进道路运输行业发展动力的理念

诚信建设是提高市场服务水平、强化运管机构职能的重要手段，应作为道路运输行业发展的一件大事来抓。各级交通运输部门应高度重视道路运输发展工作，切实加强组织与领导，通过管理理念的转变，管理手段的加强，使诚信体系建设得到切实有效的开展。同时，要将诚信监管考核结果与道路运输管理的各项制度挂钩，将诚信考核结果作为道路运输市场准入、管理与退出的重要参考因素，在道路运输市场逐步树立“扶优扶强”的理念，充分发挥诚信考核在市场准入、监管与退出等方面的重要作用。

2. 加快道路运输市场诚信体系法律法规建设

修订《道路运输条例》，在《道路运输条例》中增加诚信建设的内容和要求；明确诚信考核范围和考核对象；明确企业在诚信体系建设中的主体地位及其应做好的各项工作；明确诚信建设奖励措施及失信应承担的法律责任；明确诚信考核结果为市场准入和市场退出的重要依据。同时，抓紧启动《中华人民共和国道路运输法》的立法程序，将道路运输诚信建设纳入国家法律层面，提高诚信体系建设的法律效力，确保诚信建设有法可依。

3. 加快道路运输市场诚信体系信息化建设

无论是从国外发展经验来看，还是从当前我国道路运输市场诚信体系建设状况来考虑，再好的管理理念与制度，其效能的发挥都必须以先进的执行手段为基础。加快道路运输管理基础设施建设，提升管理手段，是建设好道路运输诚信体系，促进道路行业发展的关键。当前，道路运输管理基础设施建设最核心的内容是信息化建设。

信息化建设是道路运输业发展的关键与基础保障。信息化建设的主要内容是建立全国联网的道路运输管理系统，建立道路运输市场投诉举报机制。

建立全国联网的道路运输市场诚信管理信息平台是实现道路运输市场诚信体系建设

和诚信监管工作信息化、网络化、协同化与可持续发展的迫切要求。建立全国联网的道路运输管理信息系统，使其具备日常管理、经济统计分析、安全监管、质量信誉考核、信息公示与发布、社会调查与监督等多种功能；制定全国道路运输管理信息系统标准规范，统一数据端口与数据结构模式等技术参数。建立企业和从业人员诚信数据库，通过信息采集、处理、发布、查询与应用，实现全国道路运输行业诚信信息快速传输，信息资源共享，提高诚信监管与考核工作的效率。

建立失信投诉举报机制，加强社会监督是提升考核工作效能的一种方式，也是运管机构强化市场监管的重要手段，还是获取道路运输企业与从业人员失信记录的重要途径。建议向相关部门申请设立全国道路运输行业统一的投诉举报电话号码，并建立部、省、市、县四级联动的道路运输市场失信投诉举报查处机制，及时进行调查处理，将经核实的失信行为记入诚信档案，并在道路运输市场诚信管理信息平台网站进行公布，督促失信者按时接受处理。通过投诉举报机制，方便消费者和社会公众对道路运输失信行为进行监督和举报，有效保障消费者合法权益。

4. 持续开展质量信誉考核工作

(1)建立企业法人与经理人诚信考核制度。企业经营水平的提高及社会责任的履行，主要由其法人与经理人决定。企业法人和经理人对企业诚信建设工作起着领导与导向的重要作用，对企业诚信建设负有直接责任。企业是道路运输市场诚信建设的主体，企业诚信状况的好坏，往往取决于企业法人和经理人对诚信工作的重视程度和工作开展力度。在现行的考核办法中，仅仅强调对企业整体的考核还不够，根据我国现状，某一企业因质量信誉考核等级不高而要受到诸如强制其退出部分班线或责令退出市场的处罚时，往往因涉及社会稳定的问题而难以实现。因此，当前应解放思想、转变观念，把对企业法人和经理人的质量信誉考核作为一个大事来抓，建立经理人考核办法，加强对企业法人和经理人的考核，以促使其发挥诚信建设的积极性，引领企业充分发挥诚信建设的主体作用。同时，一旦企业存在较多的失信问题，对企业法人或经理人的处罚相对较容易实现，其效果也更为明显。

(2)扩大考核领域的覆盖面。在现有质量信誉考核办法的基础上，分别制定城市公交企业、城市出租车企业、城市轨道交通企业、客货运输场站、驾驶员培训机构和三类维修企业质量信誉考核办法，并完善及增加相应从业人员的考核办法。

(3)修改完善部分考核指标。一是完善安全考核指标。增设对客货运输企业安全管理过程的考核指标，包括设置安全管理组织机构、安全生产责任制、安全管理制度、安全保障与安全监督、安全宣传教育培训以及安全事故情况等方面的指标，通过企业自查自评与管理部门组织考评相结合、日常监督检查与年度评估考核相结合的办法，采取查阅档案资料、实地查看现场、抽查营运车辆、查验实物设备等方式，对企业总体生产经营活动的安全现状进行全面评价。

二是对各细分领域分别设置考核指标。根据班线客运企业和旅游客运企业、普货运输企业和危货运输企业各自不同的特点，分别设置不同的考核指标体系。

另外，增设对维修企业设施设备的考核指标，合理设置加分项目，建议达到合格以上等级的企业才能给以加分。

(4)完善奖惩措施。奖惩机制是促进道路运输企业及其从业人员提高诚信经营水平、主动开展诚信建设、积极参与考核的重要手段。完善落实奖惩办法，才能起到“诚信得利、失信受惩”的作用。使企业认识到诚信经营行为不仅获得好评，同时也能获得实际利益。

在奖励措施方面，增设对机动车维修企业的奖惩措施。对质量信誉度高的企业，不仅在企业进入市场、扩大经营范围、新增运力等许可方面给予优惠，还应在场站建设投资补助、技改资金补助等国家和地方政府优惠政策上给予倾斜，优先或加大补贴金额。对信誉良好的企业还应通过社会舆论宣传，提高其知名度，增强其市场竞争力，引导消费者在其企业进行消费。

在惩戒措施方面，对于“客运企业质量信誉等级达不到规定要求，许可机关应当收回其10%及以上或30%及以上到期道路客运班线经营权”这一条，建议将企业内部考核结果作为运管机构收回客运班线经营权的主要依据，由企业按月考核，年终汇总，自行向运管机构申报。建议对考核不合格的企业实行整改，整改期为一年，整改期内不得新增运力，不得扩大经营范围，并减少政府投资补助。同时建议增设对从业人员的处罚措施，对考核基本合格的从业人员应进行强制继续教育，暂时调离工作岗位，直至培训合格；对考核不合格的从业人员，吊销其从业资格证，在限定的时间内禁止进入道路运输市场再就业。

提高惩罚措施的可操作性，对考核不合格的企业，其经营期限到期的班线退出市场应由企业按规定比例自行排出顺序，再由运管机构进行核销。

(5)完善考核方式。健全日常监管考核与年度评估考核相结合、动态考核与静态管理相结合的办法。运管机构加强对场站等场所的静态管理，将平时的监督检查作为质量信誉考核的一个重要部分。企业发生较大以上安全责任事故、特大恶性污染责任事故、特大恶性服务质量等事件时，运管机构应及时下发整改通知，按规定进行处理。每月要对营运驾驶员等从业人员的考核情况进行汇总，对当月出现失信行为的从业人员，在下月要及时进行相应的强制继续教育培训。

建立管理部门考核与社会考核相结合的办法。在运管机构开展对企业法人、经理人和从业人员考核的同时，应充分发挥消费者、行业协会和社会中介机构的积极作用，建立监督员制度、设置监督电话、建立行业诚信状况定期调查制度，并及时收集其他部门对从业人员的诚信管理记录，将社会对行业的褒扬、举报投诉、管理及评价记录作为考

核的重要参考依据。

5. 建立诚信信息公布制度

参照国家《征信条例》相关要求，建立道路运输市场诚信信息公示制度，充分利用行业信息平台、网站及社会新闻媒体，扩大运输诚信建设的宣传力度，向社会发布经理人、企业与从业人员的诚信情况与质量信誉考核结果，合理引导道路运输业参与者选择合理的运输服务供应商，引导广大消费者合理消费，充分发挥市场调节的“优胜劣汰”作用。

6. 增强运管机构的监管作用

(1)提高运管机构人员素质。在道路运输市场诚信建设中，行业管理人员的自身素质是一个非常重要的因素。在成品油税费改革后，为适应新时期道路运输管理的需求，提高市场诚信的监管水平，确保监管的公平、公开、公正，提升运管形象，迫切需要加强运管机构自身的诚信建设，提高运管人员的素质。

一是建议交通运输部重新修订运管人员的录用条件，重新制订运管人员的定编标准。二是严把人员准入关，录用时应注重运管人员学识水平、工作能力与诚信道德素质。三是应全面强化道路运管人员的管理水平与道德素质教育。成品油税费改革后，为适应运管职能转变的需求，应对广大运管人员进行系统的道路运输法规、职业道德素质、市场经济管理等方面的强化培训，并严格落实考核要求。四是对于有失信行为的运管人员，应离岗进行强制培训，对于少数素质低劣、群众投诉反映大的运管人员应坚决调离执法岗位或予以辞退。

(2)转变运管机构工作职能。随着成品油税费改革的实施，运管机构应加快由“收费型”向“监管服务型”职能的转变。转变的重点是依法行政、推行政务公开，并加强对市场运行动态的调查研究，科学合理作出行政许可，提高许可效能；通过场站及其他经营场所源头管理和路面监控相结合，加强对经营行为的日常监督检查，认真受理举报投诉，依法查处违法违规行为，有效整顿市场经营秩序。

(3)增强诚信建设监管工作责任意识。各级运管机构要加强对运管人员职业道德、诚实守信的教育培训，提高人员素质，增强工作责任心。应将诚信建设的内容纳入到运管机构的行政执法目标责任考核中，认真履行职责，加强诚信建设监管，确保诚信建设监管公平公正，提高诚信行为考核的公信力。对在行政执法中不作为或乱作为，以及滥用职权、徇私舞弊、玩忽职守的运管人员，要依法依规严肃处理。

(4)加强诚信监管制度建设。一是建立日常检查监督制度，对企业和从业人员的诚信行为实行全过程监管。二是建立运管机构驻场站管理制度，明确驻站工作人员职责、监督内容、监管方式等，静态管理和动态考核相结合，充分发挥基层运管机构的作用，将运管工作深入到道路运输生产经营现场，通过源头管理加强对企业和从业人员诚信行为的监管。三是建立诚信行为检查情况通报制度。运管机构在查处失信行为时，应及时向车籍所在地运管机构进行通报，使失信行为得到及时查处。四是建立整改实施制度。根据企业和从业人员的失信程度，及时实施和严格执行整改措施，并对整改情况进行复查，确保惩戒措施落实到位。五是建立诚信档案制度。运管机构应对企业和从业人员的诚信行为建立完整的记录信息和诚信档案，为诚信建设考核提供全面准确的依据。

(5)加强诚信建设监管考核组织机构建设。各级运管机构应成立诚信建设监管部门，统一负责辖区内诚信建设管理与考核的组织、指导、监督与协调工作，明确工作职责、配备专职人员、落实装备设施及工作经费。

(6)加强对失信人员的继续教育工作。各级运管机构对在年度考核中诚信度较低的企业经理人和从业人员，要做好继续教育工作，通过继续教育达到提高诚信意识和规范诚信经营的目的。对不接受继续教育的企业经理人与从业人员，给予必要的惩处。

(7)加强诚信建设的宣传力度。各级运管机构要通过运管信息平台、行业协会刊物及新闻媒体，大力宣传道路运输诚信建设的意义和作用，以及诚信建设的内容、方式及考核结果。举办诚信建设宣讲活动，宣传诚信建设先进事迹，扩大道路运输诚信体系建设的社会影响，引导消费者选择诚信度高的服务，自觉抵制不诚信的服务行为。

7. 发挥企业在诚信体系建设中的主体作用

道路运输企业的信誉度是通过其从业人员的行为实现的，而道路运输从业人员的诚信状况直接影响到企业的信誉，在道路运输市场诚信体系建设中，应充分发挥企业和从业人员的主动性与积极性。建议通过法规制度促进企业诚信建设主体作用的发挥，促使其履行社会责任，加强从业人员管理，提高服务质量，并在考核办法中明确下列内容。

(1)建立企业诚信建设的经理人负责制度。职业经理人是企业的核心。其主要的作用是：确立目标，制定规划，创造最大价值；建立平衡机制，塑造公司文化；传授管理理念，培养锻炼下属；制定发展战略，追求自主创新。在道路运输市场诚信体系建设中，要发挥企业的主体作用，提高道路运输诚信经营水平，首先就要发挥好企业经理人的领导作用。应建立企业诚信考核的经理人负责制，在考核企业与从业人员的基础上，更重要的是落实对企业经理人的考核，并将对经理人的考核结果作为其从业、晋升及相关评定的重要依据，考核结果也通过信息平台进行公示。

(2)督促企业建立从业人员选聘与教育培训制度。加强道路运输从业人员诚信培训教育，是提升企业和行业整体诚信水平的重要举措。外在的社会规范只是在客观上对人们的行为进行约束，只有通过道路运输市场的每一个参与者将诚信准则转化为个人的自觉行动，积极进行自我约束与激励，诚信才能时时处处体现在从业人员行为中。建议组织专门力量根据道路运输诚信要求，编写从业人员诚信行为规范手册，作为全行业的学习教育资料。

企业选聘从业人员时，应认真审查其诚信记录，做好诚信测试工作，保证选用人员符合行业诚信要求。对所属从业人员进行岗前教育培训、日常教育培训、失信后的继续教育。通过岗前教育培训，使新聘人员熟悉行业基本政策法规、职业道德操守、业务技能、岗位操作规程、工作职责与社会责任，使从业人员在岗前就具备较好的职业道德素养与业务技能；通过日常教育培训，使从业人员及时了解相关政策与法规的调整，了解社会对服务需求的变化，通过典型案例分析，不断提高从业人员的服务质量与服务水平；对于失信的从业人员，强化继续教育培训，对其服务态度、职业道德操守、岗位技能等进行强化教育，使其达到优质服务、诚信经营的要求。

(3)督促企业建立内部诚信管理制度。一是建立诚信建设目标责任制度，签订诚信建设目标责任书，把诚信建设的目标责任落实到所属经营单位和从业人员，明确诚信建设应承担的义务和责任。二是建立诚信建设考核评价制度，结合诚信建设目标责任书，建立对所属经营单位和从业人员的考核办法，实行日常检查、季度测评、年终考核。对那些严守企业诚信经营规则，诚信服务的管理者和员工给予鼓励，对于违反企业诚信经营准则并给企业利益带来损害的管理者和员工，给予严厉的处罚。三是建立诚信建设奖惩制度，结合诚信建设考评结果，制定具体的奖惩办法，对守信者给予奖励，对失信者实施惩戒。四是建立诚信建设信息采集制度，对所属经营单位和从业人员建立诚信档案，及时采集并如实记录诚信行为情况，作为企业内部考核的依据，并通过与运管机构信息平台连接，及时反馈企业及从业人员的诚信行为状况。

(4)督促企业完善承包经营办法。在企业的合同管理中，应将诚信行为作为经营承包合同的重要内容，加强对承包经营者的诚信管理，全面履行经济责任与诚信经营责任，切实扭转“以包代管”的现象。

(5)督促企业切实履行社会责任。社会责任是企业重要的无形资产，是企业发展能力和综合素质的体现，反映了企业的社会价值观和战略选择。企业既要追求利润最大化，又要兼顾人与人、人与社会、人与自然之间的协调发展；既要关注企业的经济效益指标，又要关注资源、环境、人文等社会效益指标。履行社会责任的好坏，关系到现代社会的发展与进步，更直接关系到企业的健康成长。

应督促道路运输企业在节能减排、重特大应急运输保障等方面充分发挥其积极作用，充分履行好社会责任，为社会稳定与发展作出应有的贡献。

(6)督促企业不断推进企业文化建设。企业文化建设是确立企业的核心价值观，提升企业经营理念，树立品牌意识，增强企业凝聚力与创新能力的重要途径。企业应根据诚信建设要求，推进以核心价值观、依法经营理念、诚信服务宗旨、有效经营机制、品牌战略目标为主要内容的企业文化建设。制定和完善具有行业特征的职业道德守则，把职业道德的内在要求转化为核心价值观，贯穿于企业规章制度、操作规程和岗位职责。企业管理者作为企业的领头人要率先垂范，率先遵守企业诚信规则，大力倡导讲信用、重信誉、平等竞争的道德风尚，引导从业人员确立诚信意识，提高规范经营和履行社会责任的自觉性。

(7)督促企业保障员工的合法权益。企业在推进改革过程中，应严格遵守国家有关资产管理、劳动保障、工资福利等方面的政策规定，发挥工会、职代会参与企业管理的重要作用，保障企业员工的合法权益。不应擅自动用行政手段处理劳资纠纷和利益纠纷。

8. 发挥社会参与诚信建设的积极作用

(1)引入社会监督机制。通过聘请社会监督员、采取问卷调查、畅通举报投诉渠道、接受新闻媒体舆论监督等途径，建立道路运输诚信建设的社会监督网络，增强诚信建设与考核的社会性、全面性与公正性。

(2)引入社会评价机制。引入社会征信评价机制，建立运管机构与社会信用评价机构相结合的综合评价体系。在运管机构进行诚信建设考核的同时，企业可以委托具有相关信用评价资格的机构对自身的资信与信用进行评价。运管机构诚信考核结果与社会信用评价机构评价结果都可以反映企业诚信程度。

(3)发挥行业协会协调配合作用。充分利用道路运输行业协会的刊物和网站等宣传平台，发挥协会在宣传倡导诚信理念、加强行业诚信文化建设、提供诚信建设咨询服务、促进行业诚信自律等方面的作用。参与行业诚信建设的研究与行业信用标准的制定。协助建立行业内部监督和配合机制，组织会员单位开展诚信建设道德教育培训。维护会员单位的合法权益，积极促进行业诚信建设。

(4)建立部门联动机制。建立与安监、公安交警、工商、银行、保险、物价、税务、质检、环保等相关部门的协调联动机制，实现诚信数据资源的共享与信息互通，形成全社会诚信建设齐抓共管的良好局面。具体来说，在道路客运、货运、城市公交、出租车的管理中，应与公安交警部门、高速公路管理部门建立信息共享机制，及时查纠从业人员的违章行为；在道路运输驾驶员培训行业中，与公安交警驾考部门建立合作机制，信息共享，驾培部门应将驾培记录全面提供给驾考部门，驾考部门也应将驾考情况及时反馈给驾培部门，同时，应实现驾考内容和驾培内容两者的统一；在机动车维修行业中，应实现与工商、质检、质监、税务等部门的信息共享。

(四)对当前工作的两点建议

1. 尽快完善相关法律法规，解决好诚信建设缺乏法律支撑的问题

建议交通运输部在全国范围组织科研单位与运管机构及相关人员，征集相关意见，做好各项前期准备工作，尽快向国务院提出修改《道路运输条例》的建议，开展《道路运输条例》的修订工作；同时，适时启动《中华人民共和国道路运输法》的起草工作。在制定和修订相关法规时，应根据道路运输企业和从业人员的诚信水平，在市场准入、

市场退出、资源配置、法律责任方面设置相应的奖惩措施，为道路运输诚信考核工作提供可靠的法律支撑与保障。

2. 尽快开展道路运输管理信息系统建设，解决好诚信建设手段落后的问题

建立全国联网的道路运输管理信息系统，应当自上而下逐步推进。目前，尽管有不少地区已经建有区域性道路运输管理信息系统，但信息难以互联互通，“信息孤岛”现象非常突出，其核心原因在于信息化工作的管理体制还没有完全理顺，某种程度上存在多头指导、多头管理、权责不一的现象，缺乏统一规划组织和技术指导；同时，由于缺乏足够资金，引导和推动力度薄弱，各地均不愿放弃已经投入较高的现有道路运输信息系统，导致全国道路运输信息系统联网工作进展十分缓慢。因此，建议列支专项资金，按照“统一规划、统一组织、统一标准、统一维护”的原则，尽快建立全国联网的道路运输管理信息系统，实现全国道路运输信息互联互通和信息共享，为道路运输诚信建设工作奠定坚实基础。

调研专题九

道路运输信息化建设

浙江省交通运输厅
江苏省交通运输厅
甘肃省交通运输厅
西藏自治区交通厅

调研专题九调研人员名单

调研领导小组

组　长：郑黎明

副组长：张平平

成　员：方文理　吕新龙　金伟强　李小燕

调研工作小组

组　长：张平平

副组长：方文理　汪学君　赵发章　刘　锋

成　员：卢满成　汤正刚　严宏勋　周建平　唐　政

调研工作概况

信息技术已经渗透到社会经济的各个领域，给人类社会带来巨大和深远的影响。信息化作为先进的生产力，其发展水平已经成为衡量一个国家、一个地区、一个行业现代化程度的重要标志之一。如今，我国已经拥有了世界上最庞大的道路运输系统，随着交通基础设施的不断改善和道路运输市场的全面开放，道路运输市场规模正在快速扩张，各种新型服务形式正在不断涌现，经济社会发展对道路运输系统的依赖度正在不断增强，道路运输行业发展正面临着错综复杂的热点和难点问题，迫切需要创新管理和服务手段，以更好地履行行业管理和公共服务的职能。更为重要的是，当前我国道路运输业正处在由传统服务业向现代服务业转变的历史阶段，道路运输行业要实现结构调整，转变增长方式，做好三个服务，更好地融入综合运输体系发展，离不开信息化的支撑和保障。

作为本次新时期道路运输业发展大调研活动中“道路运输信息化建设”专题调研的牵头省份，浙江省道路运输管理局在部道路运输司的指导和协调下，在江苏、甘肃、西藏三省运管局和部公路科学研究院大力协助下，成立专题调研组，按照部《关于开展新时期道路运输业发展大调研活动的通知》（厅运字〔2009〕147 号）文件要求和 2009 年 7 月 10 日大调研活动部署电视电话会议精神，落实机构、人员、经费，采取问卷调查、实地调研、座谈研讨等多种形式，经过近 3 个月的努力工作，形成了《道路运输信息化建设调研报告》，圆满完成了调研任务。

一、道路运输信息化建设专题调研工作概述

领受调研任务后，调研组围绕“大交通、大网络、大转型、大发展”和综合运输体系发展的总体要求，以解放思想、凝聚智慧、谋划长远为主线，遵循“察实情、找问题、理思路、转观念、提措施、谋发展”的工作思路，在交通运输部道路运输司综合处的指导和各省(区、市)运管局的协助配合下，深入细致地开展了专题调研活动。

(1)调研准备。2009 年 7 月 10 日部召开新时期道路运输业发展大调研活动动员部署电视电话会议后，浙江省运管局随即联合江苏、甘肃、西藏三省(区)运管局和部公路院组成了专题调研组，编制了工作计划和调研大纲，明确了任务分工和进度安排，并初步搜集整理了部分省(区、市)道路运输信息化建设的基本资料。

(2)问卷调查。2009 年 7 月底，调研组向全国 31 个省(区、市)运管局发放了《道路运输信息化建设现状及需求调查问卷》，在各单位的大力配合下，1 周内即收到了来自各省(区、市)的有效反馈。通过对汇总信息的整理、核实、分析，调研组初步了解和掌握了全国道路运输管理信息化发展状况，进一步明确了实地调研的目标和重点。

(3)实地调研。2009 年 8 月，调研组分头走访了浙江、江苏、甘肃、四川、云南、山西、河北、吉林、黑龙江 9 省运管局，召开各类座谈会 21 次，并实地考察了 26 个典型信息系统应用情况。

(4)报告编写。2009 年 9 月初，调研组按照分工协作的原则着手调研报告的集中撰写工作，在整理分析调研材料、反复讨论研究的基础上，于 9 月中旬编制完成了《道路运输信息化建设调研报告》(初稿)。

(5)修改审定。2009 年 9 月 26 日，调研组在杭州组织召开了调研报告审定会，并根据与会领导和专家的审定意见及建议，进一步修改完善了《道路运输信息化建设调研报告》，于 2009 年 10 月初上报部道路运输司。

二、道路运输信息化建设的基本情况和成效

(一)道路运输信息化建设总体情况

我国道路运输信息化建设虽然起步较晚，但在交通运输部相关政策、规划的正确引导和全国各级运管部门的共同努力下，我国道路运输信息化建设呈现出了较好的发展势头，主要表现在以下 5 个方面。

1. 发展环境初步得到改善提升

(1)信息化的地位和作用正逐步得到加强和重视。随着信息化逐步应用到客运、货运、维修、驾培、执法、安全等业务领域，各地对信息化的重要性与紧迫性的认识程度显著增强。以往普遍存在的“信息技术怀疑论”逐步销声匿迹，取而代之的是对“如何加强信息技术应用”的热切期待。

(2)专项规划的制订贯彻促进了信息化统筹建设。近年来，在部《公路、水路交通信息化“十一五”发展规划》和《道路运输业发展规划纲要(2001—2010年)》指导下，全国有23个省(区、市)制订了“十一五”道路运输信息化发展规划，有19个省(区、市)将“十二五”道路运输信息化发展规划的编制列入工作计划(见表9-1)。专项规划的制订，为各地的道路运输信息化建设指明了方向、理清了思路、明确了目标。

各省(市、区)道路运输信息化专项规划编制情况　　表9-1

地　区	已编制“十一五”规划	计划编制“十二五”规划
北　京	√	√
天　津	√	
河　北	√	√
山　西	√	
内蒙古		√
辽　宁	√	√
吉　林	√	√
黑龙江	√	√
上　海		√
江　苏		
浙　江	√	√
安　徽		
福　建	√	
江　西	√	
山　东	√	√
河　南		
湖　北	√	√
湖　南	√	√
广　东	√	
广　西	√	√
海　南		
四　川	√	√
重　庆	√	√
贵　州	√	√
云　南	√	√
西　藏		
陕　西	√	
甘　肃	√	√
青　海	√	√
宁　夏		
新　疆	√	√
合　计	23个省市	19个省市

注：表中有√者为已编制规划的省、市、区。

(3)道路运输信息化建设组织管理工作得到加强。针对长期以来困扰信息化建设的职能混乱、定位不清、专业人员匮乏的不利局面，部分省(区、市)加强了组织管理工作。据统计，截至2008年年底，有64%的省级道路运输管理部门成立了信息化领导小组，其中由局长担任组长的占64%，由主管副局长担任组长的占36%。此外，全国已有10个省级道路运输管理部门成立了专业化的“信息中心或信息科”，另外有4个省由“科技处”更名为“科技信息处”(见表9-2)。组织管理机构的逐步完善和加强，在一定程度上理顺了部门间的管理职责，规范了信息化建设管理工作，增强了信息化建设的组织管理力量。

各省(市、区)道路运输信息化建设管理机构设置情况 表9-2

地　区	单　位	部　门
北　京	北京市运输管理局	科技安全处
天　津	天津市道路运输管理处	信息科
河　北	河北省道路运输管理局	科技驾培管理科
山　西	山西省交通运输管理局	科技信息中心
内蒙古	内蒙古交通运输管理局	计划科
辽　宁	辽宁省交通厅运输管理局	信息中心
吉　林	吉林省运输管理局	科技信息处
黑龙江	黑龙江省道路运输管理局	微机通讯管理办公室
上　海	上海市城市交通运输管理处	信息科
江　苏	江苏省交通厅运输管理局	信息科
浙　江	浙江省道路运输管理局	办公室
安　徽	安徽省公路运输管理局	综合计划处
福　建	福建省运输管理局	科技教育处
江　西	江西省道路运输管理局	信息科
山　东	山东省交通厅道路运输局	规划财务处
河　南	河南省交通厅道路运输局	科技信息处
湖　北	湖北省道路运输管理局	科技信息处
湖　南	湖南省公路运输管理局	信息管理中心
广　东	广东省交通厅公路运输管理处	车辆及信息技术管理组
广　西	广西道路运输管理局	办公室
海　南	海南省道路运输局	办公室
四　川	四川省交通厅公路运输管理局	信息中心
重　庆	重庆市道路运输管理局	运政事务处
贵　州	贵州公路运输管理局	计划统计科
云　南	云南省公路运输管理局	信息中心
西　藏	西藏自治区交通厅交通运输管理局	办公室
陕　西	陕西省交通厅运输管理局	信息中心
甘　肃	甘肃省公路运输管理局	科技信息处
青　海	青海省公路运输管理局	科教处
宁　夏	宁夏道路运输管理局	维培处
新　疆	新疆道路运输管理局	综合处

(4)信息化建设所需的专业人才队伍正逐步建立。近年来，各省(区、市)通过内引外联等形式充实信息化建设职能部门和专业人才，以往“无机构、无编制、无人员”的

发展困境得到了一定程度的改善。发展较好的如浙江、江苏、甘肃、四川、陕西、山西、辽宁等部分省(区、市)已初步形成了一支专人、专业、专职的信息化建设管理队伍(见表9-3和图9-1)。

全国道路运输信息化建设管理机构人员情况　　表9-3

人　数	地　区	百分比(%)
大于10	甘肃	3
5~10	黑龙江、湖北、吉林、宁夏、山西、四川、重庆	23
少于5	其他23个省市	74

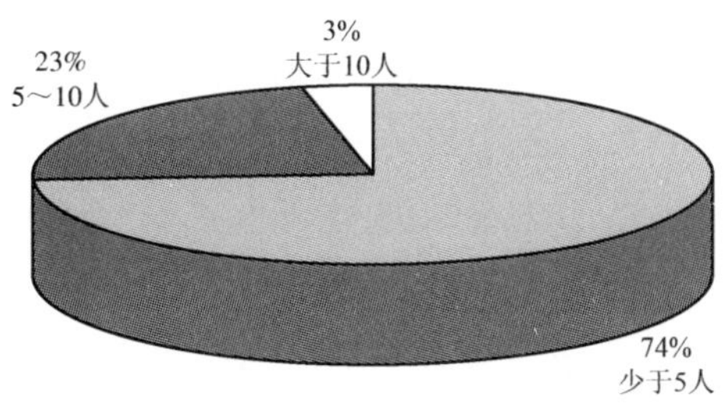

图9-1　全国道路运输信息化建设管理机构人员情况

(5)道路运输信息化建设的资金保障已有所改善。据统计，全国有七成以上的省(区、市)能够从财政经费中安排少量资金用于信息化建设和维护，以往信息化建设主要依靠科研专项经费的发展境遇已得到一定改善。

山西省信息化建设资金投入情况

山西省为确保信息化建设资金的持续投入，制定了相关管理办法，明确每年运管费的3%作为信息化建设专项资金。2005年以来，年均信息化建设投入都在1000万元上，固定的信息化建设维护费用为300万元/年。

(6)信息化标准规范体系建设取得较大进展。“十一五”期间，交通运输部修订了《道路运输电子政务平台信息分类与指标》(JT/T 414—2006)、《道路运输电子政务平台编目编码规则》(JT/T 415—2006)、《IC卡道路运输证应用技术规范》(JT/T 654—2006)、《道路运输电子政务平台数据交换格式》(JT/T 655—2006)和《交通信息基础数据元》(JT/T 697—2007)等一系列技术标准，奠定了信息交换与共享的标准化基础，有力地推动了区域和全国联网。同时，一些地方性信息化标准规范也成为行业标准的有益补充。据统计，全国有50%左右的省(区、市)制订了不同类别和等级的信息化管理制度和规范，尤其注重了机房和信息化设备使用、维护相关的制度和管理办法，以及信息采集、传输和共享方面的规章制度和管理办法的制订。

江苏省信息化标准建设

江苏省运管局先后制订了《交通运输行业信息联系制度》、《江苏省“运政在线”监督检查信息管理办法》、《江苏省驾培智能化管理系统车载终端基本功能和技术指标》、《江苏省运输管理综合信息服务平台技术规范》、《江苏省运输管理综合信息服务平台GPS数据转发接口规范》、《江苏省运输管理局视频整合技术要求》等规定，为指导各市的信息化建设和使用管理提供了有力的组织保障和制度保障。

四川省和云南省信息化标准建设

四川省运管局制订了“GPS技术规范和服务质量考核办法”，有效保证了GPS相关设备的无缝衔接，并从根本上使GPS平台服务做到有章可依，提升了平台的服务质量和效率；云南省在制订的“道条”实施细则中明确规定全省客运及危险品车辆必须安装GPS终端，并将GPS平台纳入道路运输管理工作范畴，给每台车辆补助终端费用50%。

黑龙江省信息化标准建设

黑龙江省交通厅结合本省交通行业实际情况，编制了《黑龙江省公路交通信息资源采集技术要求》、《黑龙江省公路交通信息资源数据交换技术要求》、《黑龙江省公路交通信息化技术要求》、《黑龙江省公路交通信息应用系统开发技术要求》、《黑龙江省公路交通信息应用系统集成技术要求》、《黑龙江省公路交通信息安全技术要求》，用以指导本省道路运输信息化项目的开发实施。

2. 通信信息网络不断延伸扩大

近年来，各省(区、市)采用公专结合的方式加快了省内通信信息网建设步伐。通过本次调查发现，全国除5个省网络没有连接到地市，3个省仅连接到市尚未延伸到区(县)外，其余的23个省(区、市)道路运输通信信息网络已延伸覆盖到区(县)，基本实现了全省覆盖，初步建立了连通“省—市—县(—乡)”的三(四)级道路运输基础通信信息网络，成为除高速公路光纤网络外，交通运输行业内体系最完整、覆盖面最广、利用率最高的基础通信信息网络之一。当前道路运输基础通信信息网络建设呈现以下三个特点。

(1)基础设施投入的加大增强了基础通信信息网络的承载能力。据统计，仅网络租赁费用一项，全国各级运管部门总计投入达2500万元/年，各省平均达80万元/年以上，其中有11个省(区、市)年均投入在80万以上(见表9-4和图9-2)。基础通信信息网络的承载能力较“十五”明显增强，全国具有10M以上带宽的省(区、市)超过40%，为大容量、高速度数据传输提供了基础条件。依托基础通信信息网络，各省(区、市)逐步推广应用了办公 OA、视频会议、IP 电话、GPS 监控、运政管理等大量业务应用系统，网络对信息化应用的支撑效能逐步显现。

各省(市、区)道路运输信息化基础通信信息网络租赁费用情况　　表 9-4

地　区	由省局支出的网络租赁费用(万元/年)	地　区	由省局支出的网络租赁费用(万元/年)
新　疆	300	上　海	40
四　川	300	宁　夏	40
黑龙江	300	福　建	40
广　东	260	浙　江	30
内蒙古	200	贵　州	30
山　西	186	江　西	17
吉　林	150	江　苏	12
云　南	90.48	河　南	12
湖　北	90	海　南	7.9
甘　肃	90	安　徽	6.72
辽　宁	80	湖　南	5.5
天　津	60	河　北	5
西　藏	50	青　海	2.4
山　东	50	广　西	2.4
重　庆	40	陕　西	0
北　京	40		
合　计	2537.4 万元		

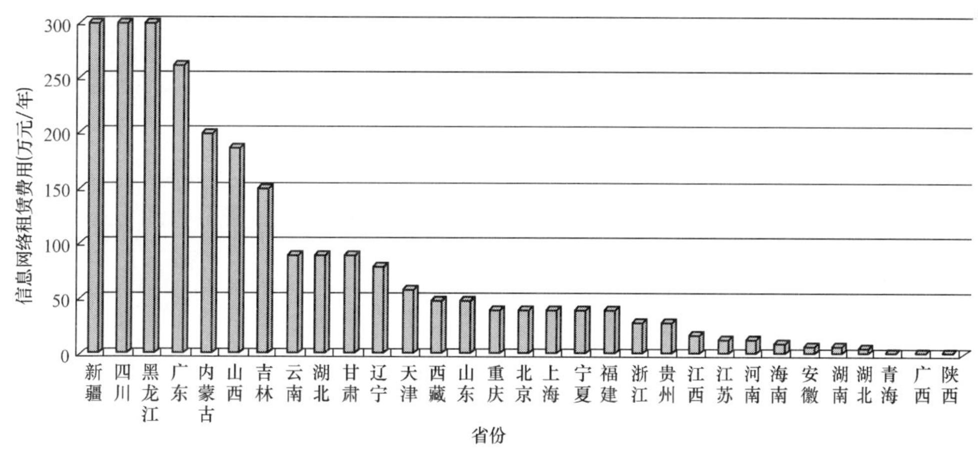

图 9-2　各省(市、区)道路运输信息化基础通信信息网络租赁费用情况

(2)合租共用的模式有效提升了基础通信信息网络的利用效率。尽管目前全国仍有 70% 的省(区、市)沿袭由运管部门独立出资租用网络的方式(见表 9-5 和图 9-3)，但在少数地区已经开始转变思想，尝试新的建设发展模式。

黑龙江省基础通信信息网络建设模式

黑龙江省道路运输管理局的业务通信专网覆盖省、市、县(区)三级运管部门，是目前黑龙江省交通行业最为完善的业务通信网络，目前，省交通厅到各地市交通局的数据传输与信息共享也依托该业务通信专网，打破了“多网并存”的局面。

各省(市、区)道路运输信息化基础通信信息网络带宽及租赁情况 表9-5

地 区	带宽(Mb/s)	网络类型 (A自租，B合租)
安 徽	>20	B
广 东	>20	A
江 苏	>20	A
江 西	>20	A
上 海	>20	A
四 川	>20	A
新 疆	>20	A
福 建	10	A
甘 肃	10	A
贵 州	10	A
河 北	10	A
西 藏	10	A
重 庆	10	A
河 南	8	B
浙 江	2	A
黑龙江	2	A
湖 北	2	A
吉 林	2	A
辽 宁	2	A
内蒙古	2	B
宁 夏	2	A
山 东	2	A
山 西	2	A
陕 西	2	B
天 津	2	A
云 南	2	A
北 京	–	B
广 西	–	–
海 南	–	–
湖 南	–	–
青 海	–	–

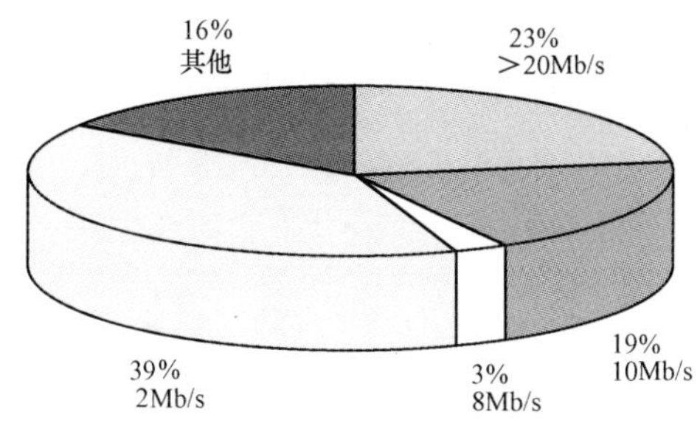

图9-3 各省(市、区)道路运输信息化基础通信信息网络带宽情况

(3)网络不断拓展延伸，为应用系统向基层单位覆盖创造了条件(见表9-6)。

全国道路运输信息化基础通信信息网络联通情况 表9-6

联通至	地 区
省	河南、广西、海南、湖南、青海
市	河北、西藏、山东
县	其他23个省市

甘肃省道路运输通信信息网络

甘肃省建设了以省运管局为核心，市处和县所为主要节点，连接主要运输企业、客货运场站、汽车检测站、驾培学校、维修企业及GPS车辆监控终端等的通信网络。截止2008年年底，全省14个市(州)道路运输信息中心、86个县(区)道路运输信息站、37个客运站、20家大型运输企业已全面联网，130家中小型运输企业的信息系统和5000多台营运车辆GPS车载终端也纳入了该网络。

3. 信息化应用正逐步深入完善

近年来，全国各级运管部门相继开发和推广了一大批业务系统，并以需求为导向，在后继的应用实践中不断拓展和完善。

(1)有1/3的省(区、市)开发推广了办公自动化系统，初步实现了网上公文流转、远程文件传输、公文和档案的联机管理等功能。

河北省电子政务系统

河北省石家庄市运管处于2006年建成应用了电子政务系统，设立了应用服务平台，包含个人助理、短信中心、语音中心等功能，还有新闻、公告等板块，实现了处发文拟稿、审核、签发、登记、归档和外来文件签批、承办、归档以及各种通知、公告、信息、请示等多项工作通过电子政务系统运行(见表9-7)。

电子政务系统应用前后比较　　表9-7

	系统建设前	系统建设后
批阅文件	需要起草者拿着纸质稿找主管领导阅批，领导不在，就办不成	只需通过系统签批，而且领导在外地也能及时阅批
下发文件	18个县(市、区)运管站要分别派人、派车到市处领取或通过邮寄，时间间隔较长	鼠标轻轻一点，就可以完成，没有时间间隔
上级来文分发各科室	需要办公室复印若干份，分别送交领导备查和科室承办	通过系统阅批、承办、存档，不占自然空间，查阅方便
下发通知	需要办公室分别拨打各科室电话和18个县(市、区)运管站电话，费时又费力	只需通过系统编辑一个短信通知，点送受通知人的手机号码就可以了

电子政务系统既提高了工作效率，又降低了行政成本，集成于办公自动化系统的电子邮件、网上交流、资料共享、手机短信提醒等功能应用，为工作人员提供了方便，促进了办事效率的提高。

(2)有27个省(区、市)由省局牵头开发推广了运政管理信息系统，实现了客运、货运、维修、驾培、场站、班线、从业人员的行政许可、年审年检和证照打印等功能，大大提高了运政管理的工作效率。

各省(市、区)运政管理系统应用情况

江苏省

江苏省开发的全省统一运政管理信息平台(江苏运政在线)，将三级运管机构的各项许可、收费、管理等职能集中到一个信息系统上办理，统一平台、统一流程、统一格式，极大地提高了工作效率。

浙江省

浙江省更新改造了运政管理信息系统，全省车辆年审周期由以往的30天缩短到10天，企业开业许可办理由原先的10～15天减少到3～5天。跨市客运线路牌变更业务等比较复杂的业务办理周期由传统管理模式下的约20个工作日缩短为约3个工作日(含每单位内部流转)；在年审最繁忙时段，最多一天可查验860台车，比传统管理模式每天最多查验180台车效率提高了将近5倍。

山西省

为了切实推进运政管理系统的应用，山西省交通运输管理局计划给全省138个运管所(119个县)直接拨付10万元/所，用于硬件配备(计算机、打印机)，目

前正以试点示范的方式在全省顺利推进。

广东省

广东省交通厅公路运输管理处统一购置一批窗口办证设备(包括计算机、针式打印机、扫描仪、身份证识读仪)分发至各市具体办证窗口和工作岗位，并由参加过全省设备使用培训班的各市运政系统管理员或技术负责人组织讲解设备使用。

(3)有26个省(区、市)推广应用了驾驶培训管理信息系统，加强了对教练员和学员的管理；有超过1/2的省(区、市)推广应用了车辆维修和检测管理系统，部分省还通过互联网加强了对车辆维修、车辆检测企业的监管。

四川省机动车驾驶员培训计时管理系统

2006年，四川省组织开发了机动车驾驶员培训计时管理系统。该系统具有教练员、学员、教练车基础信息的采集管理(IC卡)和查询功能，实现了对教练员、学员和教练车的全程监督和定量管理。从2009年4月1日起，在全省正式启用。目前，19个市、州297所驾校、1.1万辆教练车在使用IC卡系统，已培训学员12万多人。

河北石家庄市维修检测联网管理

河北省石家庄市全市汽车二级维护站、检测站的相关数据直接通过网络报备到市运管处相关岗位(见图9-4)，通过网络监控每一辆营运车辆的二级维护作业过程和检测过程，实现了远程监控、核定工作量、现场电子报备，有效地遏制了买单卖单、不维护、维护不到位现象，提高了二级维护质量，确保营运车辆的安全性能。

图9-4　汽车二级维护网络实时监控

(4)在广东、甘肃、山西3省开展了全国IC卡道路运输电子证件的应用试点工作。

2005年，交通部印发《关于启用新版道路运输证件的通知》，对推广IC卡道路运输证、从业人员资格证作了专门部署。2006年4月，“全国道路运输信息化工作会议”上进行IC卡道路运输证省级总授权卡发卡仪式，要求各省严格按照规定做好IC卡的发放和保密工作。2008年，交通部在广东、甘肃和山西三省启动了“道路运输证及道路运输从业人员从业资格证电子化试点工作”(即“IC卡道路运输证及IC卡从业资格证试点工作”），以进一步推动IC卡的使用。2009年，IC卡试点工作得到了有序开展，广东、甘肃和山西三省先后建立IC卡推广应用的政策体系、配备IC卡电子证件设施设备、确立IC卡电子证件密钥体、开发道路运政信息系统相关子模块、开展全省IC卡道路运输证换发工作。

截至目前，三地已经累计发放IC卡电子证件160余万张，试点工作取得了初步成效。通过总结试点成果，形成了一系列暂行技术要求和管理规范，为下一阶段的推广应用奠定了良好的基础。

广东省IC卡应用

自2008年12月开始，广东省对所有客运车辆和外省进入广东运营的客运车辆全面实施道路运输IC卡信息化管理，换发IC卡道路运输证和从业资格证，要求于2009年5月31日前完成IC卡从业资格证换证，2009年6月30日前完成IC卡道路运输证换证。IC卡证件的推广应用实现了对营运车辆和从业人员的信息化管理，广东通过IC卡证件和手持稽查设备实现了运政移动稽查，通过IC卡证件和进站管理系统实现了客运班车进站及安全监管(报班、检票、结算、安检)，并与公安交警联合使用IC卡证件加强车辆的动态管理。

(5)江苏、山西、甘肃等省开展了道路运输移动执法系统的应用，在大大提高道路运输行政执法效率的同时，进一步规范了执法行为。

江苏省运政移动执法

江苏省道路稽查违章案件，从登记处理到执法文书制作都在运政在线系统中完成。从2004年开始，江苏省各个运政执法单元都配备了笔记本电脑、小型针式打印机和CDMA无线上网卡，执法人员在路检路查时，以无线方式接入“江苏运政在线”系统，通过违章车辆的车牌号码可查询该车有关信息(包括证照发放情况、年度审验情况、规费缴纳情况、违章记录等)。

2007年，江苏省运管局组织开展了全省运管系统“车载动态监控取证系统”开发和推广应用工作，市级运管机构和部分区县的255辆运政执法车安装使用了“车载动态监控取证系统”（见图9-5)。通过安装在执法车辆上的动态监控取证设备(可同时进行前、后、左、右四路摄像和同步录音)，对执法全过程进行实时录像录音，同时利用CDMA公共移动通讯网络，运用最先进的视频压缩技术和传输技术，将现场图像传送到各级运政监控中心。

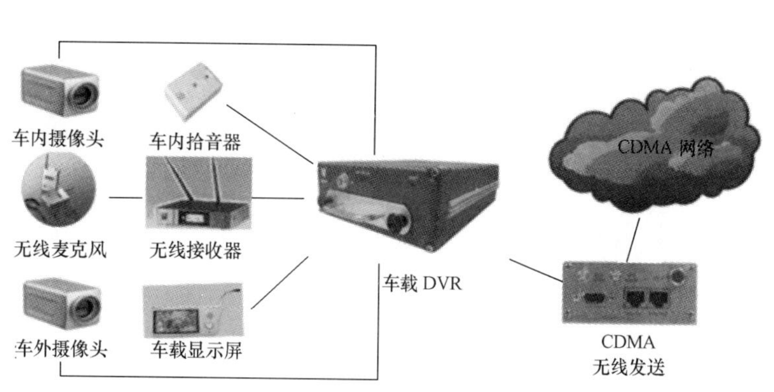

图 9-5　执法车辆内部结构图

山西省运政移动执法

2007 年 6 月，山西省在阳泉市开始运政联网车载移动稽查系统试点工作，并于 2008 年 5 月通过验收，在全省范围内全面推广运政智能识别移动稽查系统。系统通过摄像机、车牌识别仪、笔记本、无线上网等设备系统集成一体，即时调查取证、查询车辆、人员、业户的资料，增强运政稽查手段，提高运政稽查技术装备，以电子稽查方式加强执法的针对性，减少移动执法稽查工作的随意性，实现文明执法。

(6)有 6 个边疆省份不同程度地开发应用了口岸运输管理系统，初步实现了对国际道路运输的行政许可、车辆查验等监管功能。

(7)江苏、浙江、吉林 3 省建立了区域性客运联网售票系统，实现了异地联网售票和网上售票等服务功能，并通过进一步挖掘分析系统使用中采集汇总的市场动态信息在为加强市场调控提供了数据支撑的同时，也为社会公众提供了更加便捷、高效的出行信息服务。

客运联网售票

吉林省

从 2006 年至今，吉林省投入 2000 万元用以开展客运联网售票工作。截至 2008 年，全省 62 个客运站全部联网，现有代售点 74 个，主要功能为售票和拆分账。代售点由客运站自设，行业管理部门没有干预，各站之间尚未实现电子结算。运营维护费用借鉴铁路代售票收取服务费的方式，如 10 元以下车票收取 1 元服务费，10元以上收取3元。目前系统的使用率较低，春运、黄金周期间相对好些。计划利用银行网点多、分布广的优势，与农行合作售票。长春客运站已实现网上订票。

江苏省

江苏省客运联网售票实现了省内各客运站联网售票、异地售票(见图9-6)，并支持行业外的代理售票。对旅客而言，可在联网客运站内购买江苏省任意一个车站的任意一个班次的车票，实现购买中转票、返程票的功能，同时还可以进行网上订票、自助购票等操作；对于客运站，突破站区范围限制，扩大客运站的服务区域，通过一站式售票系统，旅客可以购买到所需要的各种客票；对管理部门，做到对班次、车辆、客流的准确统计和分析，进而实现对客运班次、车辆的直接控制和管理，进一步规范客运市场。目前，联网售票系统已基本推广至江苏省二级以上客运站及部分乡镇客运站，实现了预期的目标。

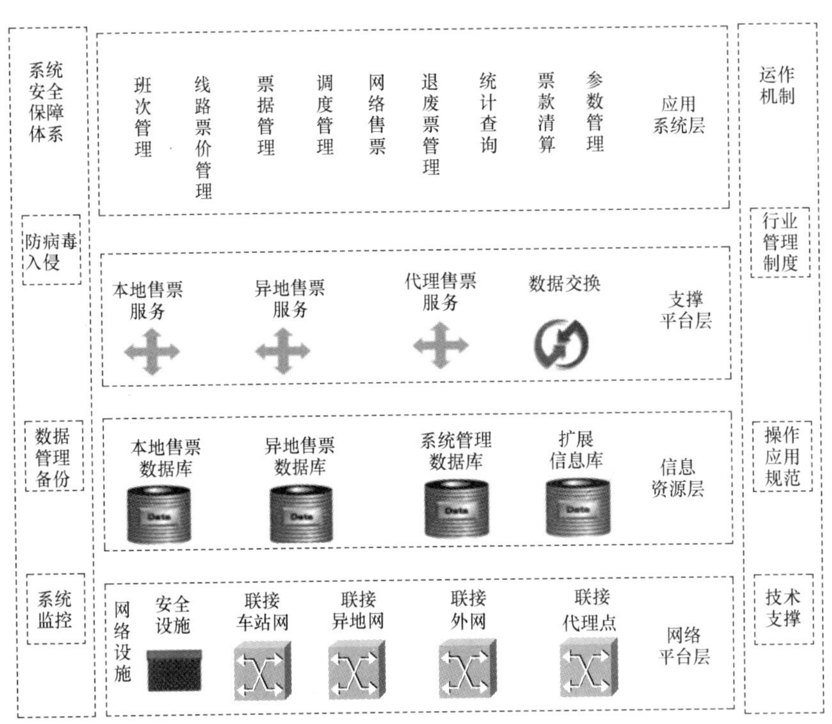

图9-6　联网售票系统整体框架图

(8)有19个省(区、市)开展了省级道路运输信用管理信息系统的建设(见图9-7)，加强了企业质量信誉考核，加快了道路运输市场诚信体系建设。

图 9-7　上海交通运输和港口管理局网站业户信用查询

(9)GPS/GIS、视频监控和无线通信等技术被广泛应用到道路运输营运车辆安全监控领域。据统计，全国有 22 个省级运管部门建立了危险品运输车、长途客运班车和城市出租车的 GPS 监控平台(见图 9-8)，通过对车辆位置、速度、图像信息的有效监控提高了安全监管水平。

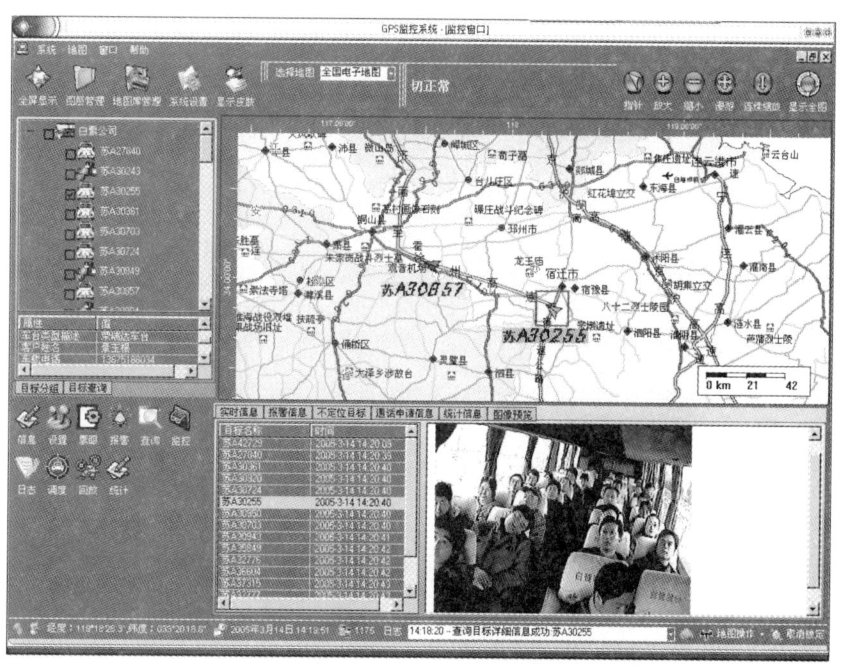

图 9-8　长途客运车辆 GPS 监管系统示意图

江苏省 GPS、GIS 基础资源共享与应用

为解决不同的GPS运营服务商之间的资源共享问题，江苏探索实现了以市级运管部门为数据中心的全省GPS整合模式，即省辖市为当地所有相关车船GPS数据中心，按照平台提出的全省车船GPS定位数据转发技术要求，各地运营商实时将GPS数据转发到省辖市GPS数据中心，数据成果可供省运管局和其他相关单位调用，综合信息服务平台提供统一的GIS＋GPS的软件系统。

通过GPS监控平台，可以实现车辆定位查询、轨迹回放、轨迹抽查功能，另外当发生突发事件时，能迅速调派运政稽查执法车前往现场，查询事故车辆信息。

黑龙江省危货车辆GPS监管服务平台

2006年10月，以一汽启明黑龙江省GPS服务中心为依托的黑龙江省道路运输GPS监管与服务平台正式启动，该平台采用公专网相结合的建设模式。目前全省部分公交和出租车已安装了GPS系统，危险品运输车辆统一安装GPS系统，目前全省安装GPS系统的危险品运输车辆已超过2400多辆，全省95%的危险品运输车辆入网，各地运管部门及运输企业对使用效果反映良好。

全国各省（市、区）道路运输信息化业务系统建设情况见表9-8。

各省（市、区）道路运输信息化业务系统建设情况 表9-8

地区	OA系统	业务系统																	
		运政管理系统	危险货物运输管理系统	口岸运输管理系统	出租车管理系统	驾培管理系统	车辆检测管理系统	车辆维修管理系统	车辆救援系统	运输安全管理系统	运输应急处置系统	GPS车辆监控系统	道路运输GIS地理信息系统	运输场站视频监控系统	客运售票管理系统	物流信息系统	服务质量监督管理系统	运输企业和从业人员信用管理系统	运政稽查管理系统
北京	√	√			√			√		√		√	√		√		√	√	
天津		√	√		√	√	√	√						√					
河北		√							√			√							
山西	√	√	√			√		√				√		√	√				√
内蒙古		√	√	√	√	√	√	√				√		√					√
辽宁		√	√		√	√	√	√										√	√
吉林		√	√	√	√	√	√	√	√			√	√	√	√	√		√	√
黑龙江	√	√		√			√	√				√	√	√					
上海	√	√	√		√	√	√	√		√	√	√	√		√		√	√	
江苏		√				√					√	√	√		√			√	√
浙江	√	√	√		√	√		√					√	√	√	√		√	√
安徽		√	√		√	√	√	√		√	√	√		√				√	√
福建		√	√		√	√				√		√						√	√

续上表

地区	OA系统	业务系统																	
		运政管理系统	危险货物运输管理系统	口岸运输管理系统	出租车管理系统	驾培管理系统	车辆检测管理系统	车辆维修管理系统	车辆救援系统	运输安全管理系统	运输应急处置系统	GPS车辆监控系统	道路运输GIS地理信息系统	运输场站视频监控系统	客运售票管理系统	物流信息系统	服务质量监督管理系统	运输企业和从业人员信用管理系统	运政稽查管理系统
江西		√				√						√		√				√	
山东		√	√		√	√	√	√				√				√		√	
河南		√	√		√	√	√	√	√	√	√	√		√		√	√	√	√
湖北		√			√	√	√	√				√	√	√				√	√
湖南																			
广东	√	√	√	√	√	√	√	√		√		√		√	√	√		√	√
广西	√					√													
海南						√						√							
四川	√	√	√			√	√			√		√							√
重庆	√	√	√		√	√						√	√	√				√	√
贵州		√	√			√	√	√						√					
云南	√	√	√	√		√	√	√				√	√					√	√
西藏	√	√	√		√	√												√	√
陕西		√	√			√						√						√	
甘肃		√	√		√	√	√	√	√	√	√	√	√	√	√	√	√	√	√
青海																			
宁夏		√	√		√	√	√					√							√
新疆		√	√	√		√		√							√			√	√
合计	10	27	21	6	17	26	16	18	4	8	5	22	10	14	9	6	4	19	18

4. 信息资源开发利用初显成效

随着大量业务系统的开发应用，产生并累计了大量的数据，信息资源的开发和利用逐步受到各级道路运输管理机构的重视。据统计，全国有50%的省(区、市)制定了信息采集、传输和共享方面的规章制度和管理办法。同时，网络基础设施的不断延伸和互联互通为数据资源的整合奠定了基础。

从2006年10月开始，交通部先后在全国31个省(区、市)开展了3批部省道路运输信息系统联网试点工作。截至2009年8月，全国已有23个省(区、市)实现了部省联网，实现了包括经营业户、营运车辆、客运线路、从业人员、运政稽查、道路运输管理机构等6个方面共计172项指标的道路运输数据上传(见图9-9)。通过部省联网试点工作，数据质量较以往有很大提高，加快了信息共享和信息资源开发利用步伐。

2005—2007年，交通部先后在全国20余个省(市、区)启动了交通信息化示范工程(见表9-9)，围绕信息资源整合开发推广了一批服务于协同管理、领导决策和公众出行的综合应用系统，起到了较好的示范效应。

图 9-9　部省道路运输信息系统联网工作情况示意图

信息资源开发利用相关工程　　表 9-9

时　间	工程名称	调研工作概况	建设范围
2005—2006 年	“省级公路交通信息资源整合工程”	交通信息化示范工程之一	3 省：山东、浙江、江苏 2 市：北京、成都
2007 年至今	“省级公路交通信息资源整合与服务工程”	交通信息化示范工程推广工作	13 个省（区、市）：黑龙江、辽宁、吉林、内蒙古、甘肃、山西、山东、江苏、浙江、广东、湖北、四川、重庆
2007 年至今	“部省道路运输信息系统联网试点工程”	第一批	13 个省（区、市）：黑龙江、辽宁、吉林、内蒙古、甘肃、山西、山东、江苏、浙江、广东、湖北、四川、重庆
		第二批	9 个省（区、市）：北京、河北、河南、安徽、江西、福建、宁夏、云南、新疆
		第三批	9 个省（区、市）：天津、上海、湖南、广西、海南、贵州、西藏、陕西、青海

5. 公众信息服务得到普遍重视

随着社会经济的持续发展和人民生活水平的稳步提高，公众对道路运输行业提出了更高的服务要求。近年来，各省坚持“以人为本”的发展理念，不断创新公众信息服务手段，丰富公众信息服务内容。

为方便社会公众及时了解道路运输政策法规和相关信息，已有28个省级运管部门建立了对外门户网站，提供了公众信息查询服务，初步实现了网上办公、网上申报、网上受理等功能，形成了社会公众、道路运输经营者与道路运输管理机构之间的信息互动，方便了广大群众和道路运输经营者。除网站外，15个省(区、市)还以热线电话、短信平台等方式为社会公众提供道路运输各类信息服务。

浙江省96520语音服务系统

浙江省的96520语音服务系统，实现了受理旅客运输、货物运输、机动车维修、驾驶培训、公路“三乱”等服务投诉和违章举报，汽车站班车信息查询，提供汽车故障抢修服务，出租汽车等客运车辆遗失物品信息登记和查询，以及各类道路运输行业的相关信息查询。甘肃省已建成的省级96779投诉服务中心和各市州分中心，提供24小时语音服务，综合语音服务系统主要是综合利用互联网、语音电话等信息工具，实现维修救援服务、投诉与建议等自动语音服务、WEB网上服务等功能，为公众出行提供多形式、多手段、全方位的在线式服务。

广东省手机短信服务

2008年春运期间，公路交通发生堵塞现象，广东韶关运管部门先后发出手机短信400多万条疏散被困旅客，每人每天接听至少1000个热线电话。信息技术在春运中发挥了巨大作用，提高了道路运输的效率和质量，得到了人民群众的一致好评。

从信息服务内容来看，超过50%的省(市、区)能够提供政策法规、标准规范、许可受理、投诉举报、企业车辆及从业人员查询、维修救援、驾培、客运班线班次等基本信息服务。浙江、江苏、北京、深圳等省市通过公众服务网站实现了网上客票的查询订购服务，社会公众可以随时查询票务信息，利用系统提供的网上售票功能进行自助购票。通过服务网站可以随时查询客运业户、营运车辆、从业人员等基础信息，以及客运企业的信用信息，并可以对客运服务进行在线咨询、建议和投诉，行业监督更加透明化。

河北、吉林、江苏等省还建立起了区域车辆救援网络，为公众出行提供了便捷、高效的救援保障。江苏省加强与电信部门的沟通协调，并努力整合交通行业和维修企业等现有资源，初步构建了96520运政服务热线、电信118114/114号码百事通、救援网点24

小时救援服务电话三级响应的救援服务体系（见图9-10）。在江苏省范围内，求救者可采用拨打三种方式电话，发出维修求救信息，求救者的维修救援需求可以得到快速的响应。

图9-10　江苏省道路客运综合信息服务网

浙江交通公众出行信息服务系统

浙江省交通公众出行信息服务系统于2006年7月建成，2009年改版，系统对全省公路、水路信息资源的充分整合，提供10大类24小类交通服务信息。改版后强化了数据资源整合，丰富了信息资源，拓展了服务功能，全新设计开发了智能地图系统和实时路况分析系统，增加了城市公交、民航到港、水运查询、公路维修养护、地市特色、长三角地区出行信息查询等功能，其中智能地图集成了公路路线、出入口、服务区、收费站、车站、交通流、互通枢纽、景点等多类信息，实现上海、浙江地图的无缝拼接并具有优秀的最捷路径策划功能；城市公交实现了杭州、宁波、绍兴等城区的公交线路查询、站站查询功能，并以文字描述结合地图动画的方式展示给用户；民航到港提供用户各个航班的预计到港和实际到港时间查询。目前，“浙江交通”公众出行服务系统日点击量达10万人次以上，其影响力在google、百度检索中均位于前列，在全国交通行业内具有示范和推广效应。

全国各省(市、区)道路运输公众信息服务系统使用情况见表9-10。

各省(市、区)道路运输公众信息服务系统使用情况　　　　表9-10

地区	公众服务系统	公众服务形式								公众服务内容									
		网站	热线电话	短信	电子信息屏	广播	手册	车载导航	电视	政策法规	标准规范	许可受理	投诉举报	客运票务	路况信息	企业、车辆及从业人员查询	维修救援服务	驾培服务	信用信息
北京	√	√								√	√	√	√	√	√	√			√
天津	√	√								√	√	√						√	
河北																			
山西	√	√	√							√	√	√	√				√		
内蒙古	√	√	√							√	√	√	√						
辽宁	√	√								√			√			√	√		
吉林	√	√	√	√	√	√	√		√	√	√		√				√	√	
黑龙江	√	√	√		√		√					√							
上海																			
江苏	√	√		√						√				√					
浙江	√	√	√	√	√	√				√		√	√	√		√	√	√	√
安徽	√	√	√							√	√	√	√			√		√	√
福建	√	√								√			√					√	
江西	√	√	√							√	√	√	√			√	√	√	√
山东	√	√								√	√		√						
河南	√	√	√	√						√	√	√	√	√	√	√	√	√	√
湖北	√	√	√	√						√	√	√	√				√	√	
湖南	√	√								√	√	√	√						
广东	√	√		√			√			√	√	√	√	√	√	√			
广西	√	√								√	√								
海南	√	√	√							√			√					√	
四川	√	√	√							√	√	√	√						
重庆	√	√	√		√					√			√			√	√		
贵州	√	√								√	√	√	√		√		√	√	√
云南	√	√								√	√		√			√			
西藏	√	√	√				√			√	√		√		√				√
陕西	√	√								√	√		√		√	√			
甘肃	√	√	√	√	√		√	√		√	√	√	√	√	√	√	√	√	
青海	√	√								√	√								
宁夏	√	√	√				√			√	√	√	√			√	√	√	
新疆																			
合计	28	28	15	7	5	2	6	1	1	27	21	16	23	6	7	12	11	12	7

(二)道路运输信息化建设的工作成效

近年来，在各省(市、区)道路运管局的共同努力下，道路运输信息化建设，在提高道路运输效率、改善道路运输服务、保障道路运输安全等方面正在发挥着越来越重要的作用，其成效大致可归纳为“5个提升”。

1. 提升了行业管理的公信力

各地开发应用的运政管理、移动执法、信用考核等业务系统在有效提高监管能力的同时，为维护经营者和社会公众的合法权益，促进建立全国统一、规范、开放、有序的道路运输市场提供了技术支撑。

(1)运政管理信息系统作为最基本的业务管理系统，已从原有单一的许可办证功能向行业管理的全业务领域逐步延伸拓展，成为道路运输日常管理中不可或缺的手段和工具。如江苏省建立的运政管理信息平台(江苏运政在线)实现了将三级运管机构的各项许可、收费、管理等职能集中到统一的信息系统中，做到统一平台、统一流程、统一格式，极大地提高了工作效率；浙江省通过资源整合，规范了许可、处罚等业务处理流程，违章处罚周期由以往的平均30天缩短到10天，企业开业等许可办理也由原先的平均10~15天减少到3~5天。

(2)以牌照自动识别和远程数据访问技术为核心的运政移动稽查信息系统在山西、浙江、广东、内蒙古等省、区得到有效推广应用。江苏省还应用了集现场图像、声音采集和远程无线传输技术为一体的车载动态视频监控取证系统，规范了执法行为，提高了现场取证的效率。

(3)江苏、浙江等省通过业务系统整合，实现了对经营行为、服务质量等信息(包括违章信息、缴费信息、被投诉举报信息、二级维护信息、年审信息)的完整记录，在充分运用到客运线路服务质量招投标管理的同时还将经营行为、服务质量、信誉等级信息在网上公布，接受社会监督，提高了行业监管的透明度，树立了运管队伍廉洁、文明形象。

(4)面对近年来各地不断出现的出租车停运、罢运和投诉纠纷事件，以广州、哈尔滨为代表的中心城市转换监管思路，创新建设运行机制，集政府、企业和社会力量，通过改造、整合出租车计价器、GPS终端、LED信息显示、公交一卡通和从业人员电子证件读写器、驾驶员星级显示顶灯、视频、录音、服务评价器等车载设备，研制开发了新型出租车车载终端设备，通过搭建多方共赢的信息平台，提高了行业监管与服务水平，规范了企业经营行为，确保了行业稳定发展，使社会公众能够享受到更加便捷、优质的出行服务。

哈尔滨出租车监管与服务平台

2009年6月，哈尔滨市交通局采取市场化融资运作的方式，与黑龙江日报报业集团签订了项目建设合作协议，由双方共同组建运营公司，省报业集团出资5000万元用于购置车载设备，哈市交通局搭建中心调度指挥平台，免费为出租车安装GPS设施，更新计价器，信息资源由行业管理部门和出租汽车企业共享，最大限度地发挥使用功能和资源利用率。

2. 提升了公共服务的品质

除网站外，各省(区、市)运管局还不断拓展服务渠道为公众提供更便捷的信息服务，为社会提供信息服务的能力不断提升。如浙江省通过构建互联网、电话网和传媒网三网一体的96520综合语音服务系统，实现了客运、货运、维修、驾培、公路“三乱”等服务投诉和违章举报的统一受理，此外还提供了客运班次、汽车救援、出租叫车、失物查找服务，以及各类行业相关信息查询服务，为公众出行提供了多渠道、多方式、一站式的在线服务。江苏省通过与电信部门的战略合作，整合了维修信息资源，初步构建了包含96520运政服务热线、电信118114/114号码百事通、救援网点24小时救援服务电话三级响应的救援服务体系。

在出行服务方面，同城、异地客运联网售票系统的建设极大方便了旅客出行。江苏省的客运联网售票系统在实现省内各客运站联网售票、异地售票的同时，还支持行业外的代理售票、自助售票等功能，旅客可在联网客运站内购买全省任意一个车站的任意班次车票，同时还可以通过网上、自助等方式购票；客运站则突破了站区范围限制，扩大了服务区域，丰富了营销手段；管理部门则可通过该系统实现对班次、车辆、客流的准确统计和分析，进而提高对客运班次、车辆控制和管理的准确性，进一步规范客运市场。

部分省(区、市)运管局通过应用现代信息和通信技术搭建物流公共信息平台，在提高物流效率、降低运输成本、提升服务质量的同时，对实现高效、经济、安全、可靠和便捷的交通运输也进行了有益尝试。

3. 提升了产业升级的速度

信息技术的广泛应用也在推进道路运输行业向组织化、专业化、集约化、规模化方向发展，实现由外延式的粗放型增长向内涵式的集约型增长转变、由以生产增长为导向的发展向以服务质量为导向的发展模式转变，促进传统产业的改造与升级方面发挥了积极的作用。部分省(市、区)运管局已经开展的物流公共信息平台建设，利用电子商务技术、射频识别技术、全球卫星定位系统、地理信息系统、电子数据传输技术、物流系统优化技术等信息化手段，在提高货源、运力等信息的采集、共享，以及实现对运输过程全方位、全流程控制，促进信息流、物资流、资金流整合的同时，进一步提高了运输调度和组织管理水平，一定程度上减少了无效出行、空驶运输、重复运输、迂回运输。

浙江省

浙江物流公共信息系统以企业信息平台为基础、公共信息平台为核心、企业平台及公共平台联网为手段、诚信化管理为主线，以立足浙江、辐射全国、服务社会为目标，由“1+3N”组成，即1个系统管理中心、N个物流公共应用信息中心、N个物流标准业务推荐软件，并与N个重要物流及相关信息系统联网。目前系统已完成了1个物流标准网站建设，为浙江省全省货运企业和货运站提供了一个免费的企业网站，启动了2个小件快运、普通货运两个标准版软件开发，其中普通货运软件提供了B/S和C/S两个版本。

吉林省

吉林省目前以政府建设平台、企业开发市场的模式开展了物流公共信息服务平台的建设，已在9个市州设立办事处，但主要业务仍在长春。目前有57个场站加入了会员，每日发布信息量30000条、成交信息量18000条。与银行合作，通过电子银行结算，实现了代收货款功能；同时推广货物丢失险；对物流驾驶人员拍照身份认证。

河南省

河南省安阳市“八挂来网”，是我国第一家面向全国发布免费货运物流信息的最大专业网站。网站通过与中国移动安阳分公司、北京掌讯集团合作，以“八挂来网”数据库为基础，开发了新的物流信息客户端系统、物流手机WAP系统、物流短信系统、卫星定位系统和网络通话系统，与“八挂来网”门户网站一起，组成“物流系统一库六平台”。

在“八挂来网”开通运营的一年多时间内，通过免费为车主和货主发布大量车找货、货找车的信息，有效地解决了货运物流信息不对称的问题，大大提高了货运车辆的实载率，达到了节省燃油，提高运力，节省过桥、过路费的目的，也是建设环境友好型、资源节约型社会的具体体现。网站日发布物流信息50多万条，最高日信息量达160万条，日点击3万多次，服务客户覆盖全国31个省、自治区、直辖市。2008年3月，河南省交通厅运输管理局在开封、周口、濮阳、鹤壁、驻马店等5市试点推广“八挂来网”。仅试点一个月，上述5个市通过使用“八挂来网”免费物流信息平台成交的货物，降低车辆行驶里程达174万公里，节约汽油和柴油4000多吨。

4. 提升了安全保障的能力

近年来，“两客一危”车辆按相关要求基本完成了GPS安装，其他营业性运输车辆GPS普及率逐步提高。据统计，有23个省(区、市)建立了不同规模的道路运输GPS监控中心，在履行“三关一监督”安全生产监督管理职责，预防和减少事故方面发挥了重要作用。行车记录仪、客运站安检仪等设备的广泛应用，也为保障运输安全提供了技术支撑。

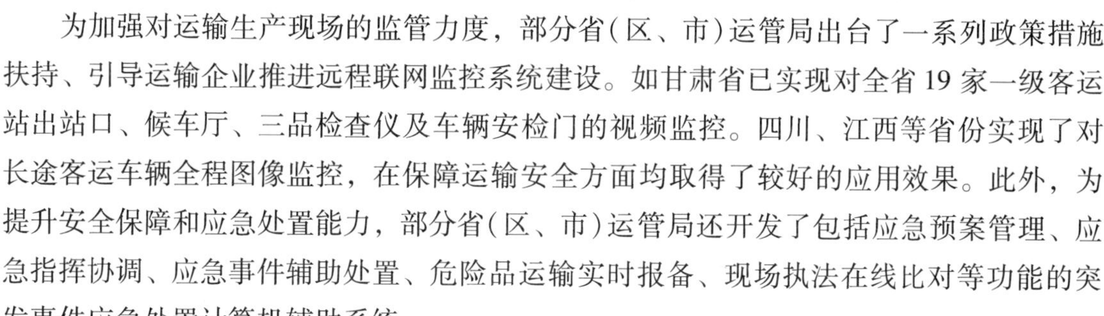

为加强对运输生产现场的监管力度，部分省(区、市)运管局出台了一系列政策措施扶持、引导运输企业推进远程联网监控系统建设。如甘肃省已实现对全省19家一级客运站出站口、候车厅、三品检查仪及车辆安检门的视频监控。四川、江西等省份实现了对长途客运车辆全程图像监控，在保障运输安全方面均取得了较好的应用效果。此外，为提升安全保障和应急处置能力，部分省(区、市)运管局还开发了包括应急预案管理、应急指挥协调、应急事件辅助处置、危险品运输实时报备、现场执法在线比对等功能的突发事件应急处置计算机辅助系统。

5. 提升了科学决策的水平

通过“交通信息化示范工程”建设中对各种信息资源的有效整合和挖掘，以江苏为代表的部分省(市、区)运管局已经初步实现将运输企业、营运车辆、客货运站(场)、营运线路、从业人员等信息的深入加工和挖掘分析，提升了集约化经营和结构调整后的效果展现。此外，通过对客运站各时段旅客发运量、发送方向和线路营运客车实载率的分析，也为行业管理部门掌握市场运行动态和进行科学决策分析提供了可靠的技术手段。

三、道路运输信息化存在的主要问题和成因

虽然取得了一些成绩，但与国内外先进水平比较，影响道路运输信息化建设的体制、机制、人才、资金等方面，问题依然十分突出，道路运输信息化建设的整体水平与发展现代交通运输业、构建综合运输体系、发展现代物流业、推进道路运输业转型和产业升级的发展战略和整体要求还有很多不相适应的地方。

1. 理解认识不到位，信息化发展的保障环境不稳固

尽管发展理念、发展规划、组织机构、人员队伍、资金投入、标准规范体系等道路运输信息化发展的基础保障环境在近年内有所改善，但还远不能满足道路运输信息化发展的要求。

部分地区运管部门对道路运输信息化建设仍存在误区，一是担心投入大、见效慢，需要长期运营维护，难出政绩；二是大部分管理部门仍然把信息化建设作为业务辅助手段来看，而没有真正认识信息化建设将为行业管理和服务带来的巨大变革；信息化建设只是被动适应，缺乏工作的主动性和积极性。由于不能够正确理解信息化对管理方式的改造与变革的影响，存在观念落后、缺乏发展眼光和紧迫感、对信息化发展作用认识不足、重视程度不够等问题，很多部门对道路运输信息化的发展只是被动适应，缺乏主动推动的观念。导致如下一些问题还普遍存在：

(1)资金投入保障不足，来源单一。相比铁路、民航以及行业内公路管理等业务领域，道路运输管理信息化建设资金投入水平严重不足，且投资来源渠道较为单一。据调查，全国31个省级运管部门中25个年均投入不足500万元，4个年均投入在500万~1000万元之间，超过1000万元的仅有2个(见表9-11)。同时，信息化建设中软件投入远低于硬件和网络建设投入，明显低于正常30%~50%的国际标准，对硬件设备和网络资源的复用率低，且忽视实际需求，动辄就提出设备改造升级。

全国道路运输管理信息化建设资金投入情况 表9-11

信息化年均投资(万元)	地　　区	百分比(%)
1500~2000	甘肃	3
1000~1500	广东	3
500~1000	浙江、湖北、辽宁、山西	13
<500	其他25个省市	81

2009年费税改革，取消运管费征收，信息化建设和维护资金渠道和份额有待明确。有些省市财政预算列表中没有“信息化”项目，即使有，资金到位的速度和金额也受到了更多限制。

河北省道路运输管理局立项的“道路运输IC卡应用系统”项目，面临IC卡成本难题。河北今年全面启动“干部作风建设年”，财政厅下文取消工本费，发放道路运输证、从业人员资格证等不能再收工本费，省财政又不拨款，河北运管局现已拖欠相关单位的从业资格证制作费用30万元，跟省财政部门交涉，对方提出《道路运输从业人员管理规定》(交通部2006年第9号令)中明确：“道路运输从业人员从业资格证件由交通部统一印制并编号”，未明确指出由省财政负担成本，将此事搁置。

(2)重建轻管现象普遍，信息化系统运营维护不健全。大部分省(区、市)运管部门对于信息系统建成后的运营与维护缺乏人、财、物等相关投入和制度保障(见表9-12和图9-11)，特别是在系统安全与数据采集共享等问题上没有给予充分重视，已经成为影响道路运输信息化建设可持续发展的一大隐患。

各省(市、区)道路运输信息化维护资金投入情况 表9-12

地　区	信息化固定维护费用	
	金额(万元/年)	资金渠道
广　东	500	财政拨款
四　川	450	财政拨款
山　西	300	财政拨款
浙　江	200	省厅信息化专项资金

续上表

地　　区	信息化固定维护费用	
	金额(万元/年)	资金渠道
甘　肃	150	运管费
湖　北	150	财政拨款
辽　宁	130	运管费
河　南	100	单位自筹
云　南	82.5	财政拨款
吉　林	60	单位自筹
上　海	50	财政拨款
山　东	40	专项拨款
广　西	10	回收资金、公路建设资金
贵　州	10	财政拨款
其他18个省市	0	-
合　计	2232.5	

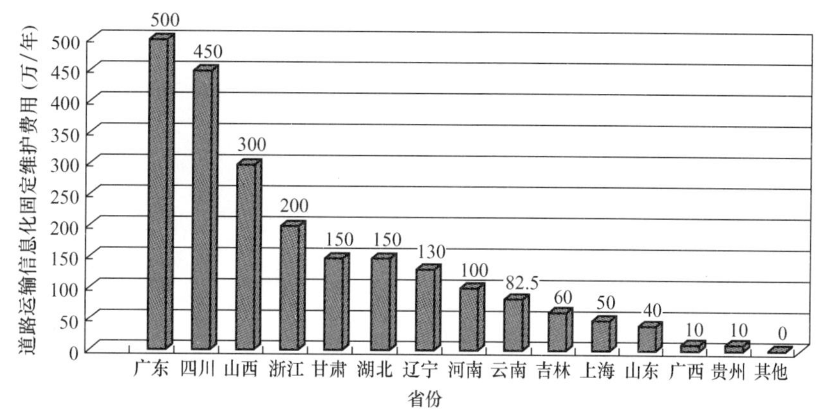

图9-11　各省(市、区)道路运输信息化维护资金投入情况

(3)考评体系建设滞后，缺乏继续发展动力。大部分省(区、市)信息化考评体系建设滞后，表现在：一方面在发展过程中不重视信息化建设的绩效评价工作，缺少绩效评价体系，没有把信息化建设作为行业主管部门的绩效考核内容；另一方面现有考核体系缺乏科学性、实用性和权威性，在评价指标、评价方式、评价结论等方面都存在不足，缺乏一整套评估管理制度，对评估部门、范围、方式、程序、周期、资金等相关问题未做出明确规定。

(4)组织协调力度不够，人员匮乏。全国31个省级运管部门中有6个成立了信息中心，有4个在信息处(科)，8个在科技(信息/安全/教育/驾培)处，4个在局办公室，4个在规划(计划)部门，其余5个在驾培、运政等其他部门(见图9-12)。全国仅有8个省级运管部门信息化专职人员大于5人，其他均为2~3人且多数兼职从事信息管理工作，专业人员队伍匮乏，且普遍存在协调力度不强，与各相关业务部门沟通不够，相关制度和机制缺失的问题，少数部门甚至仅起到网络和计算机维护作用，难以从全局角度把握和推进信息化发展。

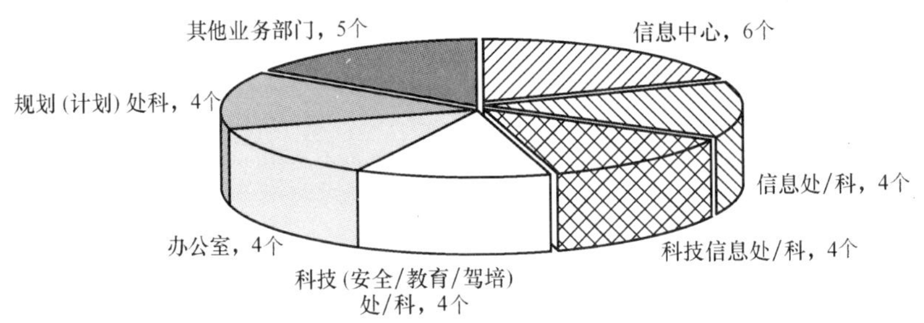

图9-12　全国道路运输信息化管理机构设置情况

河北省道路运输运管局负责信息化工作的部门是科技驾管科，具体负责信息化的，包括1位副科长在内共3个人，其中2个人年龄在50岁以上。吉林省运输管理局科技信息处工作人员共5位，只有1人在编，10多年没有引进人才，系统应用维护成难题。

（5）专项规划流于形式，执行难落实。尽管大部分省（区、市）运管部门根据自身实际制订了信息化建设专项规划，但由于缺乏资金和制度保障，规划项目和资金等往往难以及时落实（见表9-13），规划与实施脱节变成“两张皮”，使得规划往往成为“空中楼阁”，不能有序地开展建设实施。

各省（市、区）道路运输信息化制度编制情况　　表9-13

地　区	未制定的信息化制度				未自编其他制度
	A	B	C	D	
北京		×	×		×
天津	×				
河北		×			×
山西		×			×
内蒙古					
辽宁		×			
吉林					×
黑龙江					×
上海					×
江苏	×			×	×
浙江		×		×	×
安徽					×
福建	×	×		×	×
江西					
山东	×	×			
河南			×		×
湖北					
湖南	×	×			

续上表

地　区	未制定的信息化制度				未自编其他制度
	A	B	C	D	
广东					
广西	×	×			×
海南	×	×	×		×
四川					
重庆	×	×	×		×
贵州		×	×		×
云南		×			×
西藏		×			×
陕西	×	×			×
甘肃					
青海	×	×			×
宁夏					×
新疆				×	×
合计	10	16	5	4	21

注：A—网络建设和使用方面的管理制度；B—信息采集、传输和共享方面的规章制度和管理办法；C—机房管理制度；D—信息化设备使用、维护相关的制度和管理办法。×—未制定(编制)制度。

(6)标准建设尚不完善，推行欠力度。国家行业层面的标准规范仍需补充，同时大部分省(区、市)运管部门由于在信息化开发建设中对相关标准规范的贯彻和执行力度不够，符合性审查缺失，自身又缺乏对地区性标准规范的总结和完善，导致信息资源的整合、交换与共享效率不高。

各省(区、市)运管部门纷纷呼吁加快道路运输信息化标准规范编制步伐(见表9-14)，尤其是数据采集标准和实用型的应用标准、管理标准、GPS应用标准、IC卡应用标准等，都亟待国家技术标准和行业应用标准的出台。就GPS应用而言，多数运输企业不愿意对信息化投入，在没有强制性规范的情况下，行业管理部门缺乏有力手段督促企业安装GPS，同时GPS应用中道路运输管理部门的职责也有待明确。就IC卡道路运输证、从业资格证应用而言，如果不是全国一盘棋统一推行，将导致持卡者身份在异地无法得到认可和查实的尴尬局面，因此，在缺乏全国统一规定的情况下，大多数省(区、市)的运输行业管理者对推行这项工作持谨慎态度。

各省(市、区)道路运输信息化补充标准编制情况 表9-14

已编制地方补充标准的省市
安徽、北京、福建、甘肃、广东、河北、河南、黑龙江、湖北、江苏、江西、内蒙古、山东、山西、陕西、上海、四川

2. 信息资源的有效采集、交换与共享能力明显不足

道路运输信息化应用系统分散开发，单点应用造成的信息资源分散，整合难度大等问题依然突出。由于信息资源采集、共享、公开、报送等制度不完善，信息资源低水平

重复采集，历史数据缺乏积累、内容欠丰富、数据质量低、静态信息多、动态信息少等问题广泛存在。

(1)数据质量不高。各省(市、区)道路运政管理系统生成的道路运输行业最基本、最重要的经营业户、营运车辆和从业人员数据库，但是通过部省道路运输信息系统联网工作发现，目前各省的运政系统中数据质量问题较为突出，基础数据项目填写不完整、不规范，错漏项目较多，缺乏必要的校核；系统中历史垃圾数据较多、非必填项基本缺失，人、车、户数据缺乏必要的关联；许多系统仅满足行政许可和证照打印功能，对历史断面数据缺乏保存，难以支撑行业年度发展状况的分析，各级运政管理系统亟待针对数据质量问题有针对性地进行改进和完善。

以部省道路运输信息系统联网中各省上传的执法信息为例，目前23个联网省份中，仅有不到50%的联网省份(10个)上传了执法信息(见表9-15)，其中广东、北京、江苏、新疆、西藏的数据更新情况相对较好，在2009年进行了执法数据的上传和更新，其他省市最后数据上传时间为2007年和2008年。所有联网省份数据更新频次均未达到《部省道路运输信息系统联网管理规范(试行)》中“部省之间定时数据更新周期应小于24小时”的要求。

部省道路运输信息系统联网工作各省上传执法信息数据情况 表9-15

序　　号	联网单位	信息记录总量(条)	最近上传时间
1	江苏	347060	2009.04.15
2	浙江	182189	2007.11.16
3	广东	74828	2009.06.18
4	北京	18513	2009.06.09
5	云南	16151	2008.12.25
6	湖北	14802	2008.01.05
7	辽宁	4896	2008.10.17
8	新疆	3823	2009.04.04
9	山西	241	2007.11.26
10	西藏	109	2009.04.20

注：统计时间为2009年6月19日，按上传执法数据总量进行排序。

通过指标合格率分析可以看出，无论上传情况还是指标合格率，必填指标的情况均好于增量指标，但合格率低于20%的指标仍占指标总数的1/4以上。除北京市外，各省(市、区)皆有一些指标项未提供数据，云南和江苏未提供数据的指标项多达12项；已提供数据的指标大多合格率较低，辽宁合格率达80%以上的指标仅有9项，数据质量最好的是新疆，合格率为20%以下的指标也多达6项(见表9-16和表9-17)。

部省道路运输信息系统联网上传执法信息指标合格率情况 1 表 9-16

联网单位	36 项执法信息数据交换指标					
	已上传指标项		合格率 80% 以上指标		合格率 20% 以下指标	
	个数	百分比(%)	个数	百分比(%)	个数	百分比(%)
新疆	30	83.3	21	70.0	6	20.0
西藏	33	91.7	21	63.6	7	21.2
北京	36	100.0	18	50.0	13	36.1
山西	25	69.4	16	64.0	8	32.0
湖北	30	83.3	16	53.3	12	40.0
浙江	28	77.8	13	46.4	12	42.9
云南	24	66.7	12	50.0	7	29.2
广东	27	75.0	12	44.4	5	18.5
江苏	24	66.7	10	41.7	9	37.5
辽宁	33	91.7	9	27.3	13	39.4

部省道路运输信息系统联网上传执法信息指标合格率情况 2 表 9-17

联网单位	12 项必填执法信息数据交换指标					
	已上传指标项		合格率 80% 以上指标		合格率 20% 以下指标	
	个数	百分比(%)	个数	百分比(%)	个数	百分比(%)
新疆	12	100	11	91.7	1	8.3
北京	12	100	9	75.0	3	25.0
山西	12	100	9	75.0	3	25.0
广东	12	100	7	58.3	4	33.3
云南	12	100	7	58.3	3	25.0
湖北	12	100	7	58.3	4	33.3
江苏	12	100	6	50.0	5	41.7
辽宁	12	100	6	50.0	4	33.3
西藏	12	100	6	50.0	3	25.0
浙江	12	100	5	41.7	7	58.3

注：检测时间为 2009 年 3 月 5 日，按合格率 80% 以上指标个数排序。指标合格率是指根据数据交换指标校验规则，对各类上传数据的内容进行规范性和有效性检查，某一指标通过校验的数据占总数据的比例。如某单位某指标上传了 10000 条数据，其中有 2000 条不在取值范围内，则该指标的指标合格率为 80%。

(2)信息采集不及时。目前除运政系统外，许多有价值的信息尚无法及时获取。尽管有 21 个省级运管部门建设了危险货物运输管理信息系统，但却无一能够及时采集危险货物种类、数量、目的地等信息，通过 GPS 监控平台也无法了解车辆的空载信息；道路运输行政执法多数还以手工操作为主，执法信息多以文书的形式存在，尚未进行系统化管理；多数地区行业管理部门尚未对维修、检测和驾培机构实行联网管理，车辆的维修、检测结果无法及时获取，学员培训质量无法有效监控，行业监管还存在一定盲点。

(3)交换共享不充分。目前各地区道路运输信息化应用系统间关联性还不强，缺乏整合。同时，与公安、工商、税务、安监等相关政府部门间、运管机构各层级间和不同地域间的信息交换与共享还不充分。例如，由于异地道路运输行政执法信息交换不充分导致行业监管存在漏洞；车辆 GPS 监控信息无法在省域间交换，导致车辆出省后的监控出现空白；运输企业和从业人员诚信考核中必需的许多信息无法及时交换获取，影响了信用评价管理的准确性和真实性等。

3. 信息资源的综合开发利用仍处于较低水平

信息资源是行业最宝贵的资产之一，其价值已等同于公路、场站等实物资产，作为数据资产同样需要保值增值，就是要进一步加大信息资源的开发利用程度，让它们发挥更大的作用。

经过多年的信息化建设，道路运输行业已积累了大量的信息资源，但大多还处于分散、孤立、沉睡的状态，亟待加以整合利用。尽管在部组织开展的交通信息化示范工程和推广应用工作中已对省级道路运输信息资源整合进行了示范应用，在部省道路运输管理信息系统联网工作中对各省(市、区)运输信息资源向部级层面的整合开展了试点，但从总体上看，目前各省(市、区)道路运输信息化发展中不同业务领域、不同区域间的各个信息系统还属相对孤立和分散，信息资源缺乏关联和综合运用，开发利用程度低，业务系统间协同能力弱，同时对已积累的海量数据挖掘深度不足，不能在更高层面为领导决策和行业监管提供支撑和保障，为社会公众提供信息服务的能力也有待进一步加强。

(1)对监管业务协同的支持力度不强。目前，“管理属地化，服务网络化”的矛盾比较突出，亟待通过整合资源开展跨地区、全行业的协同应用。例如，尽管通过部省道路运输信息系统联网工作整合了行业基础数据库，但还没有提供物流信息服务中急需的全国营运货运车辆、从业人员的身份认证和信用管理信息；目前全国范围的道路运输行政执法信息异地交换工作还未全面展开，无法在全国布下天网，从而让违法者无处遁形；道路运输行政执法信息、公安交警部门的交通违章信息尚未与运输企业信用管理信息系统和保险机构衔接，从而无法让违法者在经济上付出更大的代价。

(2)对行业科学决策的支撑能力不强。目前全国仅有3个省开发应用了客运联网售票系统，对于客运高峰期的流量统计，多数省(区、市)只能依靠抽样分析和经验推导等方法，与实际发生量存在一定出入。道路运输信息统计工作的准确性和可靠性有待提高，各级运管部门的决策者还无法及时、准确地获得各类信息数据，针对一些复杂情况的决策还主要依赖长期的经验进行人为判断。

(3)为社会提供信息服务能力不强。尽管目前全国有28个省级运管部门以不同形式提供了面向社会公众的信息服务，但大部分因为信息资源缺乏有效的信息整合与共享，普遍存在信息无法及时更新、实用信息少、服务方式单一、服务内容欠丰富、服务缺乏创新性和灵活性等问题。由于联网售票系统建设的滞后，目前全国仅有6个省(市)能够初步提供公众出行最迫切的客运票务信息和联网购票服务，同民航、铁路部门已经实现的全国联网购票、客票电子化相比存在较大差距，由此延伸的客运站信息、公交换乘信息则更加匮乏。同时，随着汽车进入家庭，自驾出行者越来越多，社会对一站式驾培服务、网络化汽车维修救援等汽车后市场信息服务需求也越来越旺盛，而目前能够提供此类信息服务的省(区、市)仅占1/3，而且多以静态信息的发布为主，信息的准确、公正、权威性无法有效满足公众需求。

4. 总体发展与国内外的先进水平差距十分明显

放眼国际，我国道路运输信息化发展水平与西方发达国家相比差距依然非常明显，总体上尚处于发展的初级阶段。以美国为例，在电子政务方面，虽然只比我国早起步10年，但普及的效率和发挥的效能已不可同日而语。由于实施电子政务，仅1992年到1996年，美国政府员工就减少了24万人，关闭了近2000个办公室，减少开支1180亿美元；在对居民和企业的服务方面，政府的200个局确立了3000条服务标准，作废了1.6万多页过时的行政法规，简化了3.1万多页规定；美国全国雇主税务管理系统、联邦政府全国采购系统和转账系统等网络的建立，不仅节省了大量的人财物，而且提高了政务透明度。在交通行业信息化方面差距则更大，以信息化为核心美国已经建立了非常先进的综合运输体系，信息化在客运、物流等领域的应用程度已超过70%，而我国尚不足30%。根据有关调查，美国有92%的运输企业建有互联网站，95%的运输企业使用电子邮件，超过50%的企业网站能够为客户提供信息查询、个性化功能定制和电子交易、在线支付等服务。通过信息化应用，有2/3的运输企业改善了服务质量，1/4的运输企业提高了生产效率。

从民航运输来看，中国民航信息网络目前是中国规模最大的商务数据网络之一，从2004年开始，民航就通过电子客票、通用自助式充值机、二维条形码登机牌、行李改善计划、电子货运和便捷旅行六大方面的主要措施来简化流程、提高效率。诸多高科技在航空运输业中的应用，正不断提高旅客出行的服务水平，网上查询、上网购票、网上充值机、打印登机牌、电话预订、异地订购机票等业务的推出和新技术的引进，使得很多航空服务完全自动化，让人们感受到了新科技带来的便利。民航出行信息服务可谓是目前中国交通出行信息服务中起步最早、设施最为完备、技术应用最先进、质量监督管理措施较完善的典范。航信集中式的管理模式是建立统一、高效出行信息服务的最大优势。

铁路运输的特殊性和其相对集中的管理模式，为铁路出行信息的采集和发布带来了有利的条件。中国铁道部在铁路“十一五”期间的重点任务包括广泛利用现代通信和信息技术等成果，构建技术先进、结构合理、功能完善、管理科学、经济适用、安全可靠、具有中国特色的铁路信息系统，逐步实现调度指挥智能化、客货营销社会化、经营管理现代化。经过不断完善客票发售和预订系统，2007年7月1日起，全国铁路系统所有客运营业站采用计算机售票，年底全部实现了联网售票，目前，该系统已在全国建立起18个地区客票中心和铁道部客票中心，成为世界上规模最大的铁路客票发售和预订系统。依托计算机网络发售代替人工作业，乘客可在任一售票窗口预订和购买任意方向和任意车次的客票，甚至返程、联程等异地车票。

可以看出，由于一定程度上基于集中管理模式带来的便利，民航运输和铁路运输在行业信息化建设和公众信息服务方面已经基本接近或达到国际先进水平。而全国道路运输行业管理信息化和信息服务水平由于历史和体制等各方面的原因仍然落后于以上两种运输方式，更远远落后于国外先进水平，这不仅使得道路运输本身的信息化水平、服务能力和质量水平在全国各种交通运输方式中处于下游，也使得道路运输在综合运输体系中发挥更大的作用以及与其他交通方式有效衔接困难重重。没有与社会发展要求所匹配的信息化建设服务能力，就不可能实现向现代交通运输业和高效的综合运输体系的转变，道路运输信息化建设仍然任重而道远。

综上所述，道路运输信息化建设中存在着以上诸多问题虽然有体制、机制、管理等各方面客观因素，但归根结底是由于对信息化的认识不足、重视不够造成的。

一是对道路运输行业发展与信息化的融合趋势认识不足。美国前总统克林顿 1998 年 8 月在给总统信息技术顾问委员会的信中明确指出："过去的半个世纪中，我们经济增长的三分之一是由计算机和通信产业所推动的。信息技术支撑了我国的全球竞争力……"。与信息化的融合是当前各行各业发展的总体趋势，道路运输行业要实现转型升级也必须加快与信息化的融合发展。道路运输业与信息化融合能够使行业形成核心能力和提高竞争优势，能够通过促进技术创新获得管理创新、组织创新和业务创新，能够使行业充分利用资源获得更快速的增长，能够通过成本的降低和效率的提高是行业获得价值增值效应，对此我们的认识明显不足。由于物流信息共享交换不足，造成车辆配载效率低，空驶率高；由于没有建立跨区域的联网售票系统，使得客运班车实载率低，运输组织方式落后，运力投放缺乏依据；由于没有统一的叫车服务系统，出租车扫马路还是普遍的经营模式，一方面企业经营成本居高不下，同时不能从根本上解决群众打的难问题。

二是对综合运输体系构建与信息化的促进关系认识不足。从美日欧等国家、地区的发展经验看，信息化既是综合运输构建的支撑、保障，也是综合运输发展的目标、方向，信息化与综合运输是相互促进的关系，对此我们的认识明显不足。综合运输体系的落脚点是全程的公共物流系统、快速的旅客运输系统和完善的信息服务系统。其中信息服务系统已成为道路运输行业向综合运输体系发展的短腿，与其他运输方式之间存在明显的"信息鸿沟"，且差距进一步在拉大。铁路有全国统一的售票系统，可以实现异地售票和长达 20 天的预售票服务，而道路运输没有；中国预计在今年底明年初率先成为全球机票 100% 电子化的国家，不仅可全面实现网上购票、电子支付，而且还能提供自助换登机牌、自助选座等人性化服务，服务档次进一步提升，而道路运输没有。

三是行业向低碳化发展对信息化的依赖程度认识不足。低碳经济发展模式因其低能耗、低排放、低污染的特征，正成为各国转变经济发展方式，实现可持续发展的一种共识。交通运输是油品消耗大户，仅公路水路的油品消耗量就占全社会油品消耗总量的30%以上，行业碳比重一直居高不下，属于典型的“高碳经济”运行模式。道路运输要优化运输组织，提高运行效率，推进节能减排，离不开信息技术的支撑，对此我们的认识明显不足。由于信息不对称和共享交换不充分，道路运输行业货运车辆空驶率平均在30%以上，客运车辆实载率平均不足50%，由此增加20%的燃油消耗和15%的尾气排放，全国近900万辆营运车辆每年多消耗燃油近263万吨，折合成标准煤近387万吨。

四是行业管理部门转型对信息化的支撑要求认识不足。随着我国的社会转型、体制改革，政府部门将逐步由“管理型”政府转向“服务型政府”，由“单一的经济建设型”政府向“公共治理型政府”转变，由主要靠手工作业的政府向靠信息网络技术主导的信息化政府转变。道路运输信息服务总量巨大，管理部门人少事多，提高效能必须依靠信息化，对此我们的认识明显不足。道路运输是社会关注的热点行业，每年受理的投诉问询多达150万条，业务咨询、失物查找等服务需求更大，没有统一的综合性服务平台，无法满足如此大量的社会需求。由于没有统一、高效的监控系统，行业管理对市场秩序的监管很难落实到位，造成黑车泛滥，越打越多，据粗略统计，北京市出租行业就有黑车约7.2万辆已超过正规出租车。由于一线队伍信息化装备落后，手段单一，运证执法取证越来越难，滋生了执法“钓鱼”现象的不断出现，损害了队伍形象。由于没有统一的监控指挥系统，在面临突发事件时行业管理往往显得反应迟钝、措施不力，如在2008年初的抗雪救灾中，由于看不到现场画面、听不到各方信息，运管部门只能全员出动，蹲在路上去看路通了没有，雪化了没有，车到了没有，人海战术短期内虽能见效但不能持久，执行力也会衰减。

五是对行业追赶跨越发展与政府信息化的职责认识不足。历史经验表明，追赶型经济必须结合体制、机制特点，调动政府和市场各类资源，发挥后发优势，才能实现跨越式发展。道路运输信息化建设起步晚、起点低，目前企业和行业信息化做不了的事必须由管理部门利用必要的管理资源进行初期的引导和规范，才能尽快缩小差距，对此我们的认识不足。物流公共信息系统在大部分发达国家是由市场来建设和发展的，但也不乏如香港DTTN等利用政府资源建立的公共性平台。我国道路运输市场散、小、弱的特点和信息化程度极低的现状，决定了依靠企业和行业力量短时间内很难建立完整、规范、公信的区域性平台，交换、信用、代码等问题始终是困扰系统发展的瓶颈。而这恰恰是行业管理部门与生俱来所拥有的优势，只要立足公共服务，划清与市场服务的边界，利用政府的管理、资金等优势，必将在推进物流行业信息化进程中大有作为。香港、新加坡等地区和国家正是由于政府的推动，打造了DTTN等公共物流信息平台，使得这些地区的物流水平达到世界一流。

四、道路运输信息化建设的形势与需求分析

(一)信息化对道路运输行业发展的重要意义

党的十七大报告和《2006—2020年国家信息化发展战略》鲜明地提出了以信息化带动工业化，以工业化促进信息化，“两化融合、五化并举”的崭新命题，勾勒了通过实施九大战略重点和六项战略行动计划为迈向信息社会奠定基础的蓝图。交通运输作为国民经济和社会发展的基础性产业和服务性行业，要按照国家战略部署，充分运用现代科学技术、管理技术加快转变发展方式，推动产业结构优化升级和提升服务水平，推进交通运输由传统产业向现代服务业转型。从这个意义而言，交通运输信息化就是由“量变而质变”，最终实现发展方式根本变革的渐进过程，也就是说通过信息技术在交通运输行业的广泛应用和深入渗透，实现对信息资源的共享和利用，不断累积其对交通运输业扩大规模、调整结构、优化管理、提升服务、保障安全等方面的作用效果，在转变发展方式和促进综合运输体系过程中逐步形成优势地位，有效推进现代交通运输业的科学发展。

作为交通运输业的重要组成部分，道路运输面临的改革与发展的任务十分艰巨繁重。我国道路运输拥有世界上最开放的市场，但在行业构成、经营方式、服务水平、组织化程度方面还不适应经济社会发展的需要，是综合运输体系中发展相对滞后的行业。我国道路运输市场化程度高与组织化效能低的矛盾突出，比较优势得不到充分发挥；道路运输流动性特征与监管网络不健全的矛盾突出，安全形势依然严峻，市场秩序亟待规范；道路运输与其他运输方式协调衔接不够，管理水平和服务质量还需要不断提高。

实践经验证明，在道路运输行业深入和广泛应用信息技术是突破体制束缚、形成全行业网络化监管体系、促进诚信运输、保障交通运输安全的有效手段；是提升行业整体信息化水平，填补与其他运输方式间“信息鸿沟”，实现有效衔接，推进综合运输体系构建和发展的重要力量；是缩小与其他运输方式间信息服务水平差距，实现多方式出行信息服务“无缝衔接”的重要途径；是全面、准确掌握行业运行特征，把握发展规律，科学决策，通过政策引导和经济调节，调整发展结构，转变增长方式的基本保障；是提高运输效率，促进交通运输行业节约资源、保护环境、和谐发展的有力支撑。

因此，加快道路运输信息化进程，尊重发展规律，顺应发展新形势，解决当前存在的矛盾和问题的有效途径，是实现道路运输现代化的必然选择。

（二）新时期道路运输信息化建设的需求分析

随着我国经济社会的快速发展，居民收入水平的持续提高、消费结构升级、城镇化进程加快、科技进步加速、全球化趋势加强，我国未来道路运输发展不断获得新的动力，需求的拉动将形成更为有利的发展环境和条件。同时，经济社会发展对道路运输的需求正从“走得了、运得了”，向“走得好、运得好”升级，不仅要求不断提高道路运输能力，而且要求更快提升道路运输服务水平，沿袭过去传统的管理模式和手段已不能有效适应和解决道路运输业面临的新挑战。

为进一步提高交通运输服务国民经济和社会发展全局、服务社会主义新农村建设、服务人民群众安全便捷出行的能力和水平，交通运输部党组提出了“发展现代交通运输业”的重要战略举措，推动交通运输业由主要依靠基础设施投资建设拉动向建设、养护、管理和运输服务协调拉动转变，由主要依靠增加物质资源消耗向科技进步、行业创新、从业人员素质提高和资源节约环境友好转变，由主要依靠单一运输方式的发展向综合运输体系发展转变，实现交通运输又好又快发展。

发展现代交通运输业是对新时期交通运输行业的深刻变革，其主要的基本特征在于：基础设施网络化、公众出行便捷化、货物运输物流化、运营管理智能化、公共服务人性化、资源环境最优化。具体就道路运输信息化而言，在当前和今后一个时期面临的主要期待是：以信息技术应用提升行业的总体科技水平和运行效率，加快道路运输结构调整和发展方式的转变，探索资源节约、环境友好的行业发展模式；借助信息化手段，提高运输市场监管能力，加强道路运输安全保障，科学决策，智能管理，满足公众信息服务需求，服务公众，便捷出行，为实现转变政府职能、完善市场监管、提高运行效率、服务社会公众提供支撑和保障；以信息技术应用促进道路运输与其他各种运输方式的有效衔接，推动综合运输体系的发展。

近年来，道路运输信息化对行业发展的促进效应已经逐步体现，信息技术已经成为创新道路运输管理和服务的重要手段，以信息化提高道路运输效率，提升道路运输质量，促进道路运输发展，已成为全行业的普遍共识。在新时期道路运输业发展的特定背景下，需要进一步将信息技术的应用与道路运输行业发展需求有效结合，最大限度地发挥信息化对行业管理的支撑、推动和改造作用。

1. 加快行业发展方式转变，需要以信息化为途径

目前，我国道路运输有效供给能力仍显不足，结构性矛盾依然突出，增长方式依然粗放，能源、环境压力依然巨大，运输效率和质量依然有待提高。为进一步推动道路运输业向组织化、专业化、集约化、规模化方向发展，实现道路运输由外延式的粗放型增长向内涵式的集约型增长转变、由以生产增长为导向的发展向以服务质量为导向的发展转变，需要以信息化为途径，加快道路运输传统产业的改造与升级。

第一，运用信息技术，提高运输组织效率。通过利用电子商务技术、射频识别技术、全球卫星定位系统、地理信息系统、电子数据传输技术、物流系统优化技术等信息化手段，实现货源、运力等信息的采集和共享，对运输过程实现全方位、全流程控制，促进信息流、物资流、资金流的整合，进一步提高运输调度和组织管理水平，减少无效出行、空驶运输、重复运输、迂回运输，实现道路运输的高效连接、快速响应、准时精确、合理组织，从而提高物流效率，降低运输成本、提升服务质量。

第二，运用信息技术，提高运输资源利用率。改进和优化道路运输企业业务流程，使企业经营管理更加系统化、高效化，全面提升企业集约化水平；通过信息技术应用，充分发挥已有的基础设施的功能，提高运营效率，减少能源消耗，降低环境污染，综合利用资源，保护生态环境，发展循环经济。建设低能源消耗、低资源占用、低环境污染、低成本使用的道路运输系统，走资源节约和环境友好的发展之路。

2. 提高运输市场监管能力，需要以信息化为依托

在新时期道路运输业发展的特定背景下，为建立健全全国统一、规范、开放、有序的道路运输市场，要求道路运输管理部门进一步积极推进管理职能的转变，切实改变“重收费、重罚款，轻教育、轻监督”的趋向，规范执法行为，严格依法行政，提高市场监管能力，提供优质服务，创造公平竞争的市场环境。借助信息化手段，在服务中加强管理，在管理中体现服务，以强化市场监管为重点，全面、及时、准确掌握道路运输市场信息，科学决策，严格市场准入和退出，以更加科学、机动和人性化的方式监管市场。

第一，利用信息技术，全面掌握市场信息。全面、及时、准确掌握道路运输市场业户、营运车辆、从业人员静态基本信息和动态营运信息，严格市场准入。通过整合业务管理数据和市场统计数据，为道路运输结构调整、运力调控、行业监管等综合运行分析和宏观调控提供科学决策。

第二，利用信息技术，加强运政稽查工作。严格打击非法营运，实现营运车辆移动稽查和异地联网稽查，对营运车辆、从业人员的道路运输违章处罚信息实行联网查询和处理，将企业信誉考核信息、从业人员诚信信息作为准入和退出市场的重要考核指标。

3. 加强道路运输安全监管，需要以信息化为支撑

近几年，伴随着道路运输供给能力的提高，道路运输在应对雨雪冰冻灾害、抗震救灾、抗击 SARS 和甲型 H1N1 型流感、春运和黄金周客流高峰等重要时段发挥了重要作用，例如道路运输领域防控甲型 H1N1 流感疫情工作的成效，就得到了外国同行的肯定。

但是，我们也清醒地认识到，目前的道路运输安全监控和应急保障体系仍不完善，

能力有待提高，安全隐患仍然严重，例如危货车辆营运尚未实现全程、实时和异地监控，例如应急救援时，运输车辆组织和道路信息共享情况尚不理想。当前，极端天气逐渐频繁，恐怖事件时有发生，对道路运输安全造成重大威胁，需要以信息化为支撑，进一步切实提高安全监管和应急处置能力。

第一，利用信息技术，加强对营运车辆(特别是危货运输车辆和长途客运车辆)、驾驶员和场站的安全源头管理、动态全程监控和事故预警。加强对各类可能引发突发事件的信息监测，利用GIS、GPS、视频监控等技术强化对运输过程和重点场站的安全监管。统计、分析道路运输事故类型和原因，评价安全措施效果，确定安全监管重点，以及科学制订应对性较强的应急保障预案。

第二，充分利用信息技术，完善应急保障体系，提升应急处置能力。运用信息化手段，掌握日常气象信息和道路通行状况，合理布局和掌握应急集结地和维修点，加强道路运输应急队伍和车辆的日常管理。事件发生后，及时掌握事故信息，并为应急保障决策提供参考信息，加强应急队伍和车辆的调度与协调，以及与其他运输方式的衔接和协作。

4. 增强公众信息服务能力，需要以信息化为手段

在构建和谐社会、打造服务型政府的新形势下，要求各道路运输管理单位增强服务意识，实现工作重心由“行政管理”转变到“服务管理”，在服务中加强管理，在管理中体现服务，积极提高服务能力和水平。

第一，通过信息技术的应用，推进政务公开，提高管理效率和服务水平。创新管理方式，推动政府由管理型政府向服务型政府的转变，推进政务公开和信息公开，推进公众办事网上受理、公示和审批，简化办事程序，开展便民服务，让社会公众切实感受到信息化建设带来的便利。

第二，利用多种信息化手段，为公众提供出行信息服务。随着道路运输需求的爆炸式增长，公众对道路运输服务的品质提出了更高的要求，公众信息服务需求更加多样化。要充分利用网站、手机短信、热线电话等方式，为公众提供内容更加丰富、范围更加广泛、手段更加经济和便捷、能够满足个性化、多样化需求的出行信息服务，包括向公众及时提供公交、换乘、客运线路、班次、票务、气象、路况、维修救援等出行相关信息，以及铁路、民航、水运等其他运输方式的换乘信息。

5. 推进综合运输体系发展，需要以信息化为助力

交通运输部的组建，公路、民航、水运和城市客运管理将逐步实现统筹，为综合运输体系的构建和发展扫除体制障碍。推进综合运输体系的发展，需要整合运输通道和运

输枢纽中的信息资源，以信息化为助力，充分发挥道路运输在综合运输体系中的比较优势，加强和铁路、水路、航空、管道等运输方式的有效衔接，实现客运“零距离换乘”和货运“无缝隙衔接”。

第一，充分发挥信息技术的作用，以综合客运枢纽建设为依托，开发建设综合客运枢纽信息服务平台。进一步改善公众出行信息服务，加强枢纽辐射重点区域的交通信息交换和共享，进行枢纽周边区域交通诱导和人性化的枢纽换乘信息服务，促进各种运输方式的有效衔接，实现客运“零距离换乘”。

第三，充分发挥信息技术的作用，以加快发展现代物流为契机，加快区域公共物流信息平台建设。促进各种运输方式之间的信息资源的整合、对接和共享，以推动各种运输方式的协同运转，提高交通运输管理效能和应急联动能力，实现道路运输与其他运输方式的协调发展、高效衔接、协同运转，实现货运“无缝隙衔接”。

综上所述，新的历史时期对道路运输信息化的发展提出了更高的要求，同时也给道路运输信息化的发展提供了舞台和机遇。当前正处于道路运输业大转型、大发展的环境之中，沿袭过去传统的管理模式和手段已不能有效适应时代的需求，中国要想从“运输大国”发展成为“运输强国”，必须创新发展理念，顺应信息化发展潮流，把握信息化发展新机遇，借助信息技术应用，革新管理和服务手段，在新的历史起点上，进一步积极推动和深化道路运输信息化的发展。

但是，我们也清醒地认识到，目前，道路运输信息化对行业管理科学决策的支撑能力、业务应用协同的保障能力、社会公众的信息服务能力十分不足。基础保障环境不稳固，尤其是人才和资金匮乏；部分地区业务系统应用深度和广度都有所欠缺，即使已投入运行使用的业务软件系统也大多需要进行版本完善和升级；信息资源数据质量差，采集能力弱，交换与共享不充分，综合开发利用水平低，综合管理和服务系统的开发应用尚处在起步阶段等，都是当前道路运输信息化发展中存在的突出问题。

如果以上这些问题不能得到有效解决，将在很大程度上制约道路运输信息化的发展，影响信息化对道路运输业发展的支撑、促进和改造作用，阻碍道路运输业向“基础设施网络化、公众出行便捷化、货物运输物流化、运营管理智能化、公共服务人性化、资源环境最优化”发展。

因此，在新的历史时期，积极、踏实、科学地推动道路运输信息化的大发展，对促进道路运输业又好又快的发展是十分必要、重要且紧要的。各级道路运输管理部门，应该高度重视信息化建设，理清发展思路，明确重点任务，让信息化的巨大作用在管理工作中得到进一步充分发挥。

五、新时期道路运输信息化建设的总体思路

（一）总体要求

随着我国经济社会的快速发展，居民收入水平的持续提高，消费结构不断升级，以及城镇化进程加快和区域经济活动的频繁，将为道路运输行业的发展带来更为有利的发展环境，形成新的发展动力。但是，我们也应清醒地认识到，目前道路运输行业的有效供给能力依然不足，结构性矛盾依然突出，增长方式依然粗放，运输安全形势依然严峻，综合运输体系建设依然任重道远，道路运输发展的质量和效益仍有待提高。道路运输行业在新的发展时期如果仍旧沿袭过去传统的管理模式和服务手段，将不能有效适应和解决不断出现的新情况、新问题。我国要想从世界“运输大国”发展成为“运输强国”，必须要创新发展理念，借助信息技术的应用，革新管理和服务手段，顺应信息社会的发展潮流，主动把握信息化发展的新机遇，在新的历史起点上，积极探索有中国特色的道路运输信息化发展之路。

在新时期道路运输行业发展的特定背景下，必须将信息技术的应用与行业发展战略、管理体制、运行机制和业务需求有效结合起来，最大限度地发挥信息化对提升管理效能的推动和支撑作用；必须通过信息技术的应用，提升行业总体科技水平，减少资源消耗，探索资源节约、环境友好的行业发展模式；必须通过信息技术的应用促进道路运输与其他各种运输方式的有效衔接，推动综合运输体系发展；必须通过信息技术的应用提高监管水平，建设服务型、责任型政府，增强公共服务能力，发挥信息化在促进道路运输业向现代服务业转型、构建现代综合运输体系中的重要作用，为更好实现政府职能转变、完善市场监管、提高运行效率、服务社会公众的发展目标提供支撑和保障。

（二）指导思想

新时期道路运输信息化建设的指导思想是：根据党中央、国务院关于加快国民经济信息化进程的总体部署，大力推进道路运输信息技术的研究开发与推广应用。立足行业实际，着眼未来发展，坚持“统筹规划，资源共享，应用主导，面向市场，安全可靠，务求实效”的发展方针，大力加强电子政务系统建设，增强政府监督和公共服务能力，提高行政质量和效率，提高综合决策水平、管理水平以及为社会和企业的服务水平；推动企业信息技术应用和信息系统的建设，提高运输效率，增加经济效益，加快实现现代交通运输业。

推进道路运输信息化建设要把握好信息化的3个特点：

一是渗透性的特点。信息化表面是技术问题，实质是管理模式、运行模式、服务方式的结合和发展。信息化可以提升管理服务，但不能取代实体的运输服务。信息化在快速向各行各业结合渗透中实际上涉及的是整个管理体系、发展理念、管理模式、服务方式。所以，讲信息化的实质是讲管理和服务。而我们道路运输行业这个管理服务体系又实在太庞杂，因此渗透性是我们在推进道路运输信息化建设时需要高度关注的一个问题。

二是开放性的特点。实现信息互联互通的基本要求是开放性，但开放性的贯彻往往受到技术标准和发展眼光的制约。一般讲，运行标准规范一个系统的内部运行，交换标准联通系统间的外部运行。从政府的角度看，应更注重于交换标准，以推进信息的互联互通。但在实际工作中，我们常常会更多用内部的运行标准而不是外部的交换标准去推进信息化，因此很容易在消除了小信息孤岛的同时形成更大的信息孤岛。例如，高速公路不停车收费系统(ETC)，它既需要系统自身的标准统一，同时还要与港口、物流园区、开发区的标准相一致，在点上线上都能实现甩挂运输车辆电子标签数据的读取、交换。这是开放性特点要求的，所以在推进道路运输信息化建设中把握信息化的开放性特点很重要。

三是虚拟性的特点。一般讲，信息高速公路比高速公路难把控，信息电子枢纽比交通枢纽难把控。这不但有形象思维与抽象思维上的差别，也有其技术上、功能上的专业特殊性。但这决不意味着虚拟设施不重要。相反，现在的社会和经济运行越来越依赖于信息化，西方国家甚至把对信息化基础设施的破坏定性为恐怖袭击。虚拟性是认识信息化要把握的一个特点。

（三）总体目标

与行业转型升级和构建综合运输体系的发展背景相适应，新时期道路运输信息化建设的总体发展目标是：建立以统一标准为基础、以服务公众为核心、以推广应用为主线、以综合利用为导向的公共信息平台，完善以整合、规范、交换、共享为重点的信息化建设基础保障体系，形成行业全面覆盖、技术全面跟进、需求全面满足的道路运输综合信息服务体系。

其中，“十二五”期间道路运输信息化建设将围绕信息资源整合和共享交换这一主线，以部、省道路运输综合信息平台建设为核心，加快推进部、省、市、县四级道路运

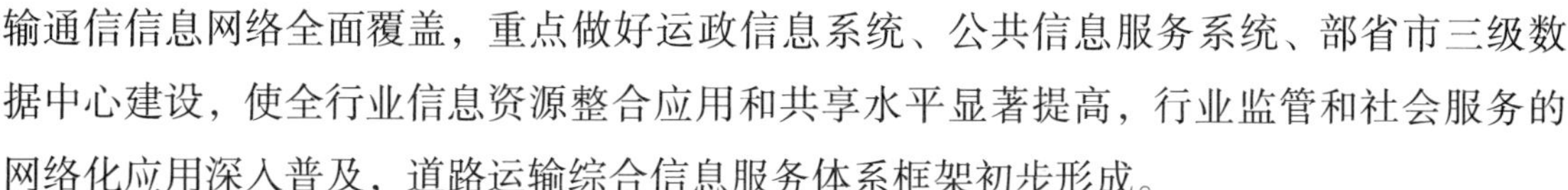

输通信信息网络全面覆盖，重点做好运政信息系统、公共信息服务系统、部省市三级数据中心建设，使全行业信息资源整合应用和共享水平显著提高，行业监管和社会服务的网络化应用深入普及，道路运输综合信息服务体系框架初步形成。

1. 建立以服务功能为核心的行业公共信息平台

信息化要为行业管理提供支撑，为社会提供最简捷的信息获取通道，让百姓能及时从身边最普及的手机、PDA、互联网上得到最需要的信息。因此，信息化建设中要始终围绕服务去整理需求、设计框架、建设系统，要站在被管理者的角度去考虑电子政务系统建设，要站在社会公众的角度去考虑电子事务系统建设，要充分利用现有管理体制下政府的各种资源优势，在推动行业信息化的过程中重点做好信息标准化和基本公共信息服务。此外，综合运输体系的打造要求道路运输信息化必须实现各个应用环节的数据联通，无论对于物流企业实现与上下游服务企业间信息的无缝对接，还是对于公共交通出行要实现零换乘和一卡通都显得至关重要，但由于标准的不统一和没有公共的交换服务，信息难以共享和交换。因此，信息交换应该是由政府来主导建设和提供给各方的公共服务的核心产品。

2. 建立以行业应用为关键的行业公共信息平台

道路运输作为传统行业信息化起步晚，应用层次低，许多企业生产经营还停留在原始的手工操作阶段，自身拥有信息系统的企业少之又少。而公共信息平台中大量数据必须来源于各类应用系统，尤其是第一手准确的市场数据必须来源于企业的信息化应用。没有应用，数据的采集和交换都是无源之水。

在运政信息系统建设方面，要在各省原有工作基础上，一是重点推进全行业性综合应用，包括深化开展部省道路运输信息系统联网工作，加快建立部省市三级道路运输数据中心体系；加快普及并完善运政管理系统，推广应用IC卡道路运输电子证件，适时推出资质认证服务；逐步建设与完善道路运输行业综合运行分析系统，提升行业管理决策能力；探索建设汽车后市场服务及监管体系信息化应用；二是加快推进区域性综合应用，包括加强运输安全监管与应急处置系统的建设，加快实现涉安数据的区域交换共享；加快跨区域执法数据交换，进一步完善道路运输信用管理；推进区域公共交通“一卡通”建设，促进区域交通一体化的统筹发展；推进区域客运联网售票系统建设。

在行业信息化建设方面，要认识到信息化的真正主体是企业，应该跨越所谓的电子政务和市场化运作的人为界限，引导扶持运输企业使用信息化。在具体实施中，一是要围绕综合运输体系构建，以综合客运枢纽为切入点，推进综合客运枢纽管理与信息服务系统建设；以信息交换和公共服务为核心，推进物流公共信息平台建设；二是围绕职能转变，积极开展城市客运领域的示范工作，积极推进出租车运行监管和服务系统的试点工作；加速公交运营管理智能化的完善升级。

3. 建立以通用标准为基础的行业公共信息平台

联合国欧洲经济委员会早在20世纪90年代研究信息共享问题时就提出关键是解决异构、异构数据间的交换。我国道路运输信息化发展近20年，标准化工作始终滞后于应用开发，产生了大量信息孤岛。由于数据不共享，各省甚至各市间的车辆、业户、人员等基础信息互不共享，甲地违章扣证乙地遗失补办现象无法杜绝，异地稽查处罚无法推行；由于标准不一致，甲地发的卡不被乙地识别，车辆在不同园区、场站间无法实现一卡通，一车(户)多卡现象普遍存在，车主负担加重，公众出行不便。因此，信息化建设要把标准化作为基础工作放在重要位置，不但宣贯好已有标准，更要在信息系统推广应用中不断形成标准、完善标准、提升标准。在标准化工作中，一是要坚持开放的原则，即我们推行的标准不是为某个部门、某个区域、某些单位，而是为全行业、全社会服务的，不但要能对接行业内部，还要与其他行业的标准甚至国际标准相衔接；二是要坚持服务的原则，即我们制订标准的出发点不是去控制别人、约束别人，而是要为规范业务管理、促进共享交换、提升服务能力提供服务；三是要坚持规范的原则，即标准的推行要能够规范业务、规范流程、规范管理、规范服务，能够通过标准进一步明确边界和确定接口；四是要坚持稳定的原则，即标准的推行要考虑多数人的利益，要正视事实标准的存在，要以行业稳定和应用可操作性为前提。

4. 建立以综合信息为方向的行业公共信息平台

推进综合运输体系的发展，需要整合运输通道和运输枢纽中的信息资源，以信息化为助力，充分发挥道路运输在综合运输体系中的比较优势，加强和铁路、水路、航空、管道等运输方式的有效衔接。道路运输信息化需要在整合的基础上实现内外延伸，综合是信息化发展的方向。对内，要能够延伸到企业和市场信息化，实现与企业的生产系统、运营系统等对接，为公众的出行购票、物品托运、车辆救援等提供更加高效的信息服务；对外，要能够延伸到相关行业的信息化，使公众不仅能提前实现网上购票，还要能够通过电子屏、公告牌、短信、广播等及时获知相关的民航、铁路班次票务信息，并得到无缝的一站式换乘服务；能够综合运输、仓储、销售各环节信息为货运物流提供准确的流转信息和可视化的跟踪服务，以及实现RFID卡在不同港口、园区间的通行和整合停车、收费、餐饮等多种服务功能；还要为行业管理部门提供各种运输方式的动态市场信息和运力分布格局，为政府宏观决策提供全方位的综合信息支撑。

(四)应用框架

新时期道路运输信息化发展的总体应用框架主要分为六大平台——公共物流信息平台、综合客运服务平台、公众信息服务平台、综合决策分析平台、应急指挥管理平台、综合行业监管平台(见图9-13)。

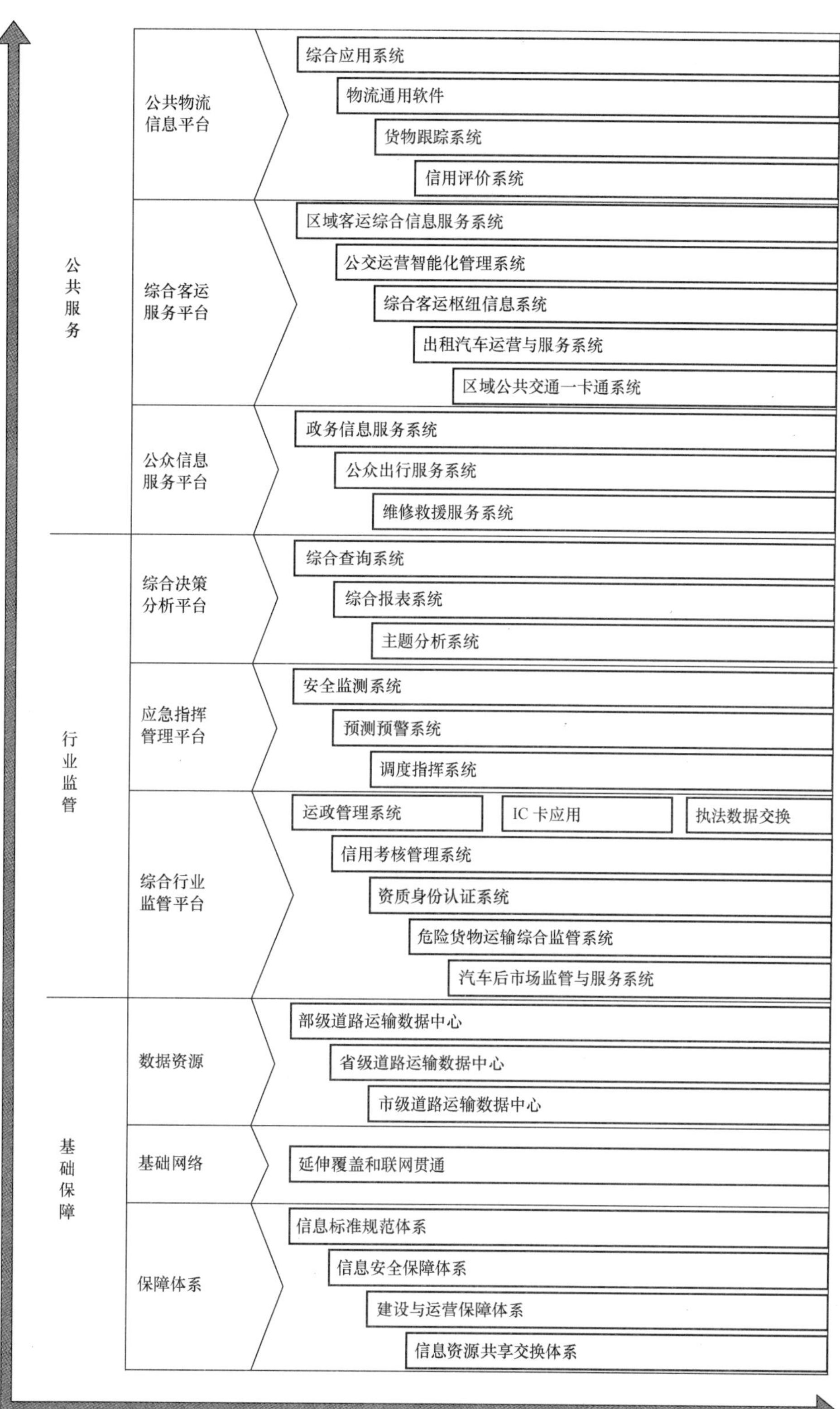

图 9-13　新时期道路运输信息化发展的总体应用框架

（五）建设框架

新时期道路运输信息化发展的总体建设框架可描述为：“一张网络、两类平台、三级中心、四个体系”（见图9-14）。

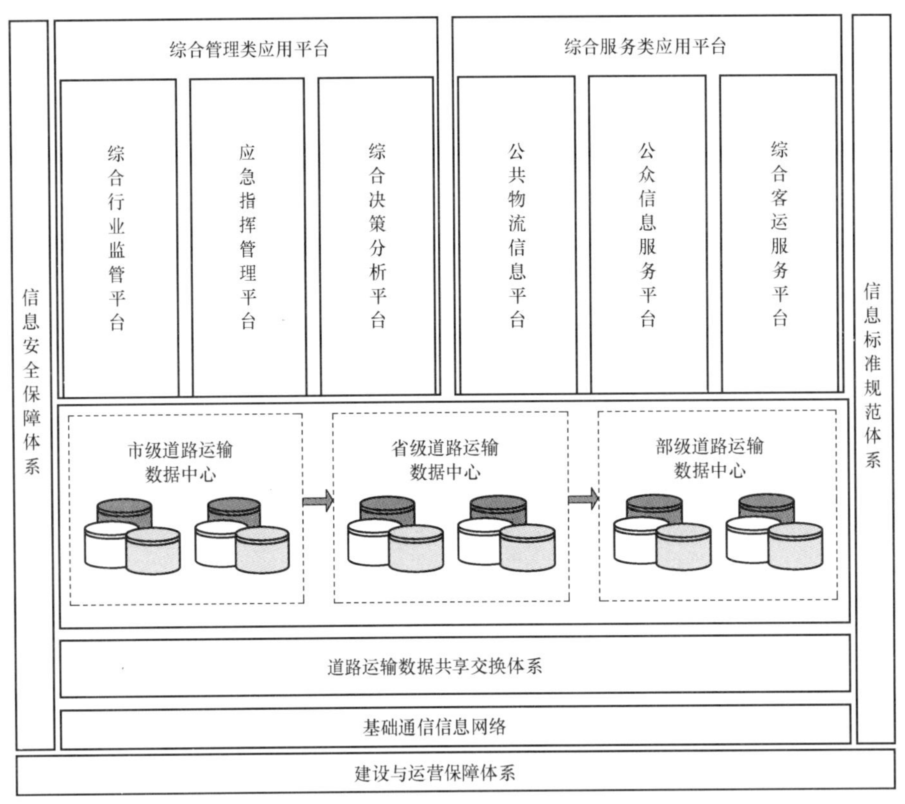

图9-14 新时期道路运输信息化发展的总体建设框架

1. 一张网络

围绕承载信息采集与传输的道路运输信息专网的延伸和覆盖，全面建设天地合一、公专结合，联通部省市县四级运管机构及重要运输企业、客货运场站的通信信息网络，在行政执法、公共物流、客运售票等动态信息采集方面取得突破性进展。

2. 两类平台

在信息资源充分整合交换的基础上，建设各级道路运输综合管理类应用平台和综合服务类应用平台，支撑业务协同、科学决策和公共服务能力建设。其中：

1)综合管理类应用平台包括综合行业监管平台、应急指挥管理平台、综合决策分析平台

(1)综合行业监管平台，涵盖运政管理、IC卡应用、区域执法数据交换、信用考核系统、从业资质认证系统、汽车后市场监管系统；

(2)应急指挥管理平台，涵盖安全监控与采集、预警预测、应急指挥、危险货物运输综合监管等系统；

(3)综合决策分析平台，包括综合数据查询、综合报表生成、主题分析决策系统；

2)综合服务类应用平台包括公共物流信息平台、综合客运服务平台、公众信息服务平台

(1)公共物流信息平台，涵盖物流信息共享交换、物流通用软件发布、公共信息查询、信用评价、货物追踪、运输交易等内容。

(2)综合客运服务平台，主要包括区域客运联网售票系统、综合客运枢纽管理与服务系统、城市出租车监管与服务系统、公交运营智能化管理系统、区域公共交通一卡通系统；

(3)公众信息服务平台，包括一站式的政务信息服务和出行信息服务，汽车后市场服务系统，以及区域性维修救援服务网络等。

3. 三级中心

构建完善部、省、市三级道路运输数据中心，实现“纵向贯通、横向衔接”，保障不同层级间、地域间、政府部门间的信息交换与共享。

4. 四个体系

建立完善道路运输信息资源共享交换体系、信息标准规范体系、信息安全保障体系、建设与运营保障体系。

道路运输综合信息服务体系的建设，要与新时期道路运输行业转型发展相适应，要与综合运输体系构建同步协调发展，以需求的逐步提升为导向，以应用的完善推广为根本，以标准的贯彻落实为基础，围绕公众出行、运政监管、基础保障三大领域，努力打造六大平台——公共物流信息平台、综合客运服务平台、公众信息服务平台、综合决策分析平台、应急指挥管理平台、综合行业监管平台。

(六)发展战略

新时期道路运输信息化建设要坚持“整合、应用、服务、效益”的发展理念，建立行业管理、运输企业和社会公众间有机互动的发展模式，围绕信息服务体系建设，实现“四个能力”的突破。

第一，政企互动、加大投入，加强信息采集能力建设，实现区域性道路运输信息资源体系的建立和完善。

第二，突破体制与地域束缚，加强交换共享能力建设，实现跨部门和跨区域的业务协同和综合监管应用。

第三，以人为本、服务社会，加强信息服务能力建设，实现全国性道路运输信息服

务体系的构建与发展。

第四，培养人才、建章立制，加强持续发展能力建设，实现道路运输信息化建设健康、稳定、持续发展。

新时期道路运输信息化建设要按照循序渐进、稳步提升的原则，根据不同阶段的需求特性和行业特征，确定不同的建设重点逐步推进。

1. 夯实基础，巩固提高

进一步完善各省(区、市)道路运输基础通信信息网络和软硬件支撑平台建设，以运政管理系统建设为龙头，全面覆盖客运、货运、驾培、维修、行政执法等各类业务，开发建设或改造升级多级标准协同式道路运输管理系统，全面提高行业管理效率；加快建立和完善道路运输信息化建设与运营保障体系、标准规范保障体系、信息安全保障体系，为道路运输管理信息化的快速发展奠定坚实的基础。

2. 逐步普及，深化完善

在开发建设各类业务管理系统的基础上，逐步深化、完善、普及和推广，力争覆盖业务管理的全流程。同时，加强对运输企业信息化建设的引导和推动，尤其为广大中小企业搭建信息平台，实现电子政务与电子商务有机结合的发展局面。高度重视对运输企业经营管理信息的采集和分析，从而更加全面准确地掌握行业运行态势。

3. 整合资源，集成应用

加强各类信息资源整合，构建部、省、市三级道路运输数据中心体系，建立经营业户、从业人员、营运车辆等基础数据库，按照“一数一源、共建共用”的原则，建立和完善跨部门、跨地区的信息资源交换共享体系；加强对行业信息资源的整合应用，开发推广道路运输行业综合统计与分析系统、运输企业和从业人员信用管理系统、道路运输安全与应急管理系统等一批综合应用系统，提高信息资源的综合开发利用水平。

4. 以人为本，服务社会

在信息资源整合的基础上，开发面向社会的道路运输信息服务系统，逐步建立和完善信息服务体系，以便捷、经济的方式为社会公众和运输企业提供政务信息服务、出行信息服务和物流公共信息服务，实现信息资源在政府、企业和社会公众三者间的有机互动与共享。

5. 部门协同，区域共享

围绕区域交通一体化，建立和完善区域性道路运输信息资源交换共享机制，推动区域性业务协同工作的开展；建立信息交换和共享平台，实现与公安、工商、海关、安监、保险等部门的信息交换与共享；突破管理体制的束缚，促进不同管理部门间的业务协同，逐步实现业务应用由地区性局部应用向跨区域和行业性整体应用的延伸和突破。

6. 部省联合，逐步成网

以“部省道路运输管理信息系统联网工作”为基础，以部级“道路运输综合管理和服务系统”建设为契机，带动各级道路运输数据中心和业务管理系统的完善，形成“上下贯通、左右衔接、互联互通、信息共享”的发展格局。以部省联合、有机互动的方式整体推进道路运输信息化建设，加快实现全国道路运输行业监管和公共服务网络化。

7. 高效衔接，协调发展

顺应综合运输体系发展需要，以综合客运枢纽建设为依托建立综合客运枢纽管理与信息服务平台；以加快发展现代物流为契机加快区域公共物流信息平台建设；以整合和共享各种运输方式的信息资源为基础，实现道路运输与其他运输方式的协调发展、高效衔接、协同运转，推进综合运输体系的建立和完善。

六、道路运输信息化建设下阶段的主要任务

下阶段道路运输信息化建设应充分发挥交通运输部的指导力和牵引力，融合各级运管部门主动力，调动社会各方积极性，形成发展合力。要积极采取示范试点、技术支持、资金补助、联合建设等形式，根据社会及行业发展的需求和建设条件，考虑轻重缓急、有所侧重、突出重点、合理有序地推进全行业性、跨区域性综合应用；要适应职能调整，重点加大城市客运领域信息化应用；支撑综合运输体系构建，大力推进综合客运枢纽信息系统和公共物流信息平台建设。

(一)推进全行业性综合应用

1. 完善通信网络基础设施条件，形成覆盖行业的道路运输通信信息网络

力争利用3~5年时间，以现有基础通信信息网络为基础，充分利用交通通信专网和社会公网资源，在全国范围内建设覆盖部、省、市、县四级运政管理机构的广域通信信息网络；以CDMA、GPRS等传统无线网络为主，有条件地区可以考虑利用3G网络优势，向基层单位和执法现场延伸，为移动执法和移动办公的推广应用创造条件；上联下延，从根本上解决各级运管部门间数据难以集中，信息不能互通、业务分级断层等问题。

已初步完成全省道路运输基础通信信息网络建设的省份，应进一步拓展网络的覆盖深度和广度，逐步将网络向大型综合客运枢纽、运输企业和物流园区等重点目标延伸，为安全生产监控、客运联网售票、综合客运枢纽信息系统、公共物流平台等相关工程建设奠定基础。

2. 深化部省运政系统联网工作，建立部、省、市三级道路运输数据中心体系

巩固和深化部省道路运输信息系统联网工作成果，完善有关标准和规范，建立长效的数据交换与共享制度。以即将开展的部级道路运输管理与服务系统建设为契机，探索部省两级道路运输数据中心的建设、运营及维护模式，完善数据的采集、更新机制，制订数据采集、存储、加工、处理、更新、交换的流程等相关标准与规范。在全国范围开展针对营运车辆和驾驶员的异地执法信息交换、行业资质认证和信用管理以及综合查询、统计信息服务等(见图9-15)。

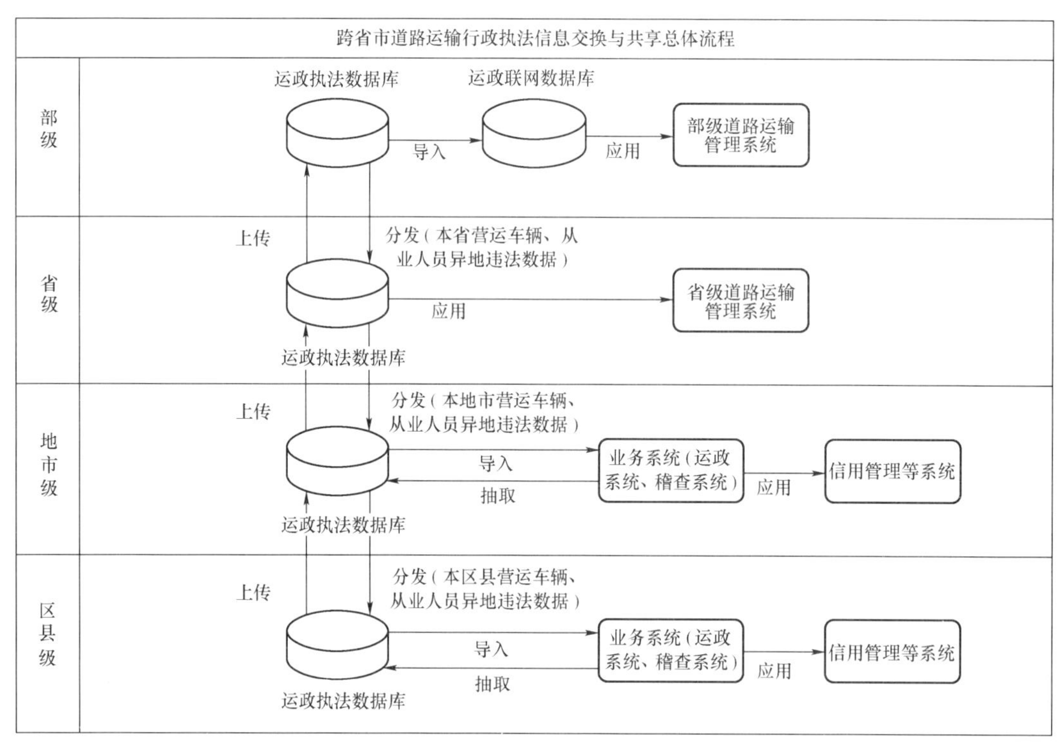

图9-15　典型道路运输行政执法信息交换与共享总体流程图

进一步加强对行业管理运政业务系统和运输企业运营管理系统的数据整合，依据各自的职能设置，构建部、省、市三级道路运输数据中心体系，建立和完善道路运输经营业户、从业人员、营运车辆等基础数据库，实现跨部门、跨区域的信息交换与共享。

市级道路运输数据中心。以城市客运业务管理和服务数据为主要管理对象，提供面向出租车、城市公交、地铁、车辆维修、驾培等行业业务管理相关的数据存储、交换和共享平台，为城市客运日常业务管理和应急指挥调度协同提供基础支撑。应采用重点中心城市优先发展、其他城市逐步跟进的发展模式，加快市级道路运输数据中心的建设。

省级道路运输数据中心。以客货运输业务管理、全省道路运输行业管理和服务的相关数据以及全省运输相关基础性、综合性数据为主要管理对象。省级道路运输数据交换

共享平台为全省各级道路运输管理部门与上级省交通厅、交通运输部之间的信息上传下达，以及管理部门与客运、货运、维修、驾培、口岸、运输服务等相关企业间的数据传输、存储、交换和共享提供基础支撑。

部级道路运输数据中心。在全国各省、自治区、直辖市道路运输管理数据库建立完善的基础上，建设以全国统一的运输业户、营运车辆、营业性驾驶员和运政执法数据库为核心的数据中心，实现全国范围针对营运车辆和驾驶员的异地执法信息交换和对道路运输业户的身份认证和信用管理，并在此基础上通过数据挖掘分析，掌握和了解全国道路运输市场运行状况，为实现行业宏观引导和调控，提高行业管理决策的科学性提供方法和手段。

3. 提升道路运输管理信息系统，推广应用电子证件和推出资质认证服务

对于已建道路运政管理系统的省份，一是要根据部省联网的阶段工作总结，抓紧开展系统的数据质量完善工作，建立严格规范的数据审验校核体系；二是要根据本地区情况，加快信息资源整合，形成全省道路运输基础数据的统一、集中管理，业务的协同应用。对于还未实现运政管理系统全省联网的省份，要加快建设基于标准协同模式的部、省、市、县四级道路运输政务管理信息系统。

加快实现国际道路运输经营许可管理、口岸物流信息交换、口岸车辆查验和核放的全程电子化、网络化和数字化，与边检、海关、检验检疫等单位共同协作，以各种技术手段和信息整合、共享为依托，实现口岸车辆的安全监控和快速通关。

力争利用2~3年时间，在广东、甘肃、山西开展IC卡道路运输证和从业人员资格证试点工作基础上，总结经验，完善相关技术标准和管理规范，在全国范围开展推广应用工作。逐步以IC卡道路运输电子证件取代传统的纸质证件，实现各省发卡、全国互认。要以IC卡道路运输电子证件推广工作为契机，规范和提高各级道路运输管理机构的数据采集、应用与管理水平。

此外，要以数据完整性、准确性为前提，制定完善的相关认证管理规范，选择有利时机，适时推出道路运输行业资质认证服务。

4. 建设行业综合运行分析系统，提升行业管理宏观决策和统计分析能力

以数据资源体系为依托，建设部省两级道路运输行业综合运行分析系统。采取多种数据分析技术手段和展现形式，实现行业数据综合查询、主题分析、辅助决策等功能，为部、省层面的客货运输需求结构分析、发展趋势特征分析、市场结构调整、运力投放调控、行业运营数据分析等运行状况分析和宏观调控、科学决策提供数据支撑。

5. 顺应社会机动化的发展趋势，探索和建立汽车后市场服务及监管体系

要将信息技术充分应用到汽车后市场服务及监管体系中，实现驾培联网管理、区域维修救援网络服务、机动车配件质量保证和追溯、机动车检测服务、维护修理、装潢美

容、配件交易等服务与监管，为行业管理部门更好地监控市场发展动态，提高服务规范化程度和行业服务质量，进而建立公平、规范、优质的汽车后市场服务提供技术保障。

（二）加快跨区域性综合应用

在完善各业务系统基础上，通过信息资源整合，建设道路运输行业综合统计与分析系统、运输企业和从业人员信用管理系统、道路运输安全与应急管理系统等一批综合应用系统，全面提高信息资源的开发和利用水平。

1. 建设安全监管与应急处置系统，加快实现涉安数据的区域交换共享

实时掌控营运车辆的运行状况和应急资源，完善跨区域的运输应急处置协作与信息共享机制，及时应对和处理突发事件，提高区域性安全监管和应急处理能力。

充分利用上海世博会加强营运车辆安全管理系统建设的契机，在全国有条件地区会同安监、公安等部门，开展危险货物运输信息网上强制备案试点工作，及时获取并共享危险货物品类、数量、线路等信息，对危货车辆运行状态信息进行实时监控和跟踪预警，并通过 GPS 数据交换，实现危货过境车辆的过境通报和异地监控，在试点基础上着手开发建设全国危险货物运输监管与服务平台。

2. 加快跨区域行政执法数据交换，进一步完善道路运输信用管理体系

大力推进全国道路运输企业和从业人员信用体系建设，建立健全完善的道路运输企业信用考核评价指标体系和信用信息资源共享和审核机制。以全国道路运输执法数据交换体系建设为契机，同时加快同公安等相关部门的协商，进一步完善道路运输信用管理体系，规范运输相关企业、从业人员的经营行为，加强道路运输市场监管，以信用为核心完善退出机制，为倡导运输市场诚信经营提供保障和支持。

3. 推进公共交通“一卡通”建设，促进区域交通实现一体化统筹发展

以优惠政策为引导，加快城市公交 IC 卡系统推广普及，方便居民出行，降低出行成本，提高公交吸引力和分担率。

以城市群为先导，发挥政府引导作用，破除区域交通壁垒，通过市场化运作，推动区域合作，首先在小区域内实现公共交通“一卡通”，逐步完善推广，最终形成长三角、珠三角等大经济区域交通一体化的统筹发展。

4. 推广区域性客运联网售票系统，丰富公众出行信息服务手段和方式

积极引导并推动道路客运企业提供更加便利的联网售票服务，借助互联网、电话、短信等方式为出行者提供网上售票、电话订票、信息咨询等服务。有条件的省份和交通活动频繁的经济区域可加强区域业务协同合作，试点建设跨区域的客运联网售票系统和电子客票系统。

(三)促进综合运输体系建立

1. 加快综合客运枢纽信息化建设，提升综合客运枢纽的服务效能

加快推进国家公路运输枢纽、城市综合客运枢纽的管理信息系统的建设工作，积极探索符合地域特色和出行需求的综合客运枢纽的管理模式和运行机制，建设综合客运枢纽管理与服务系统。借助现代通信和信息技术，提供人性化的枢纽换乘诱导和信息服务，实现有效的枢纽周边区域交通智能诱导，加强枢纽辐射重点区域的交通信息交换和共享，增强枢纽安全监测、疏散诱导与应急管理能力建设(见图9-16)。

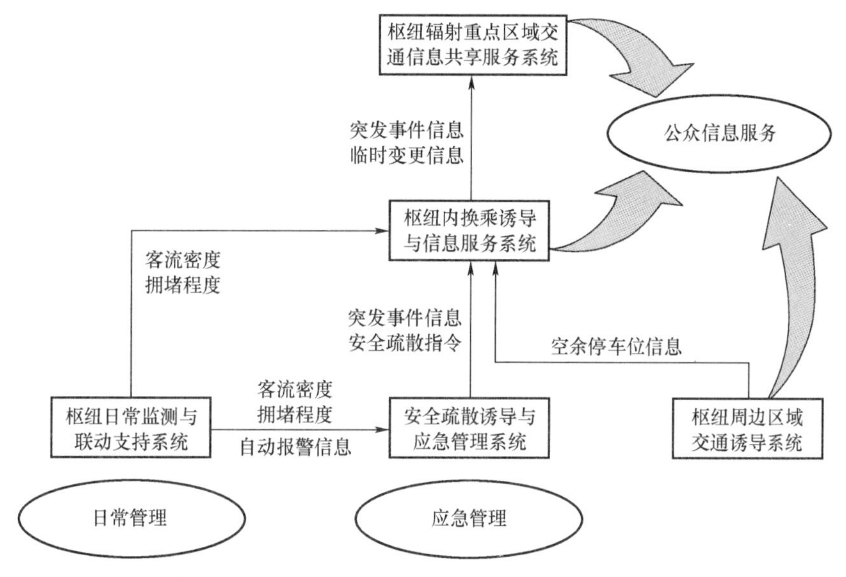

图9-16　典型综合客运枢纽管理和服务系统建设内容框架

2. 明确定位推进物流信息化建设，促进各类物流信息的充分交换

一是要加快推动“物流公共信息服务平台”建设，提供交通运输企业和从业人员资质以及信用查询服务，以邮政物流为基础推动农村物流系统、应急物流保障系统、大件运输和危险品运输系统等物流信息平台建设。二是要引导物流信息化研究成果的推广应用，包括RFID技术、集装箱多式联运技术，采用“政府推动、第三方实施、市场化运作”的方式，积极开展公共服务模式的物流信息平台建设示范。三是由政府主导将分散在行业管理、工商税务和物流企业的信息资源整合在统一的平台之上，并进行充分的挖掘、加工和利用，使之成为开展物流服务的信息载体。加强政府与企业、企业与企业、企业与客户间信息的充分交换与共享，物流管理与生产活动参与各方间的有机衔接、协调配合，促进全国各区域物流信息互通、互联、共享，避免重复开发建设，逐步消除信息技术标准差异、信息平台功能不足、区域信息孤岛化等障碍，促进传统货运业的转型

升级。三是倡导物流企业间的联合与协作，鼓励各省推动物流信息资源的整合，逐步形成若干具有较强的辐射功能和影响力的区域性物流公共信息平台。

(四)开展城市客运领域示范

为加强城市客运的指导职能，借助信息化手段，对城市公交管理系统、出租车运行监管和服务系统进行示范、试点工程建设，总结经验，全国推广。

1. 推进出租车运行监管和服务系统建设试点工作

由地方交通主管部门主导，在中心城市推行出租车运行监管和服务系统建设试点工作。实现出租车辆GPS监控、智能调度管理、企业在线管理、动态监管稽查、服务质量监督考评等功能(见图9-17)；为公众提供电话约车、失物招领和投诉建议服务，为出租车驾驶员提供路线规划、里程费用查询、出城登记、语言翻译等服务，提升出租车整体服务质量。通过系统建设，采集出租车日常运行数据，建立营运成本和利润测算模型，为行业管理部门的出租车调价、燃油补贴、运力投放、服务质量招投标等行政决策提供辅助决策支持；通过IC卡和动态识别码的应用，有效打击克隆车；通过投诉受理和轨迹回放认定，有效遏制拒载、绕行、倒客、甩客等现象。同时利用GPS辅助管理功能准确识别预警异常聚集事件，及时有效处理，降低社会影响。此外还可通过浮动车技术掌握市内主要干线交通流量、流速信息，为社会公众出行服务提供数据支持。

图9-17　典型城市出租车运行监管与服务系统功能框架示意图

2. 加速公交运营管理智能化信息系统的完善升级

选取部分基础较好的中心城市开展公交运营管理智能化信息系统的示范建设，优化公交运行管理流程，提高车辆运行效率和企业经营效益，改进服务质量。同时，应加强

公交企业与运管部门间的信息交换和共享，实现各类动态、静态信息的收集、整理和综合分析，客观、直观地反映城市公交发展运行态势，合理调控运营线路与运力投放，建立健全行业监管机制，为行业管理实现科学决策提供技术手段。

（五）完善综合信息服务体系

在信息资源整合的基础上，建设面向社会的道路运输综合信息服务系统，为综合运输体系的逐步建立和发展完善提供信息技术支撑。

抓紧建设和完善面向社会公众的统一的道路运输服务网站和服务热线，建立政府与社会公众之间服务的通道，将公众与政府互动质量评价作为相关部门的工作考核内容。通过该系统及时发布各类政务信息，逐步与道路运输业务系统的衔接，实现网上申请、查询、下载、行政许可等功能，提供咨询、投诉、预约等服务。整合各类道路运输信息服务资源，为社会公众和运输企业提供及时、准确、可靠的客运出行信息服务、货物运输与物流信息服务、车辆维修与救援信息服务、驾驶培训信息服务、道路运输地理信息服务等，构建面向社会公众的“一站式”道路运输综合信息服务体系。

七、道路运输信息化建设措施与建议

1. 制订道路运输信息化建设发展战略规划

建议交通运输部加快组织制订“十二五”道路运输信息化建设发展规划，明确发展方向和目标，作为引导和推动地方道路运输信息化发展的纲领性文件，形成以需求带规划、以规划带项目、以项目带资金、以资金带政策、以政策促发展，持续推进道路运输信息化建设发展的良好局面。

2. 加大对道路运输信息化建设的资金投入

建议交通运输部将道路运输信息化建设资金列入交通基础设施建设专项，将每年车购税或燃油税增额部分的一定比例，切块用于支持地方交通运输部门信息化建设，并且出台规范性文件明确将信息化建设与运营维护资金纳入各级交通运输部门的财政预算，为各地向财政争取资金提供政策依据。

3. 继续以示范、试点工程引领信息化发展

建议交通运输部在近几年一系列信息化示范工程取得显著成效以及本次调研成果的基础上，对重点领域中基础条件具备、应用需求突出、建设效益明显、示范效应显著的项目，如物流公共信息平台、出租车运行监管和服务平台、综合客运枢纽信息平台等项

目，继续以示范、试点工程的形式引导其建设和转化。

4. 提高道路运输信息化建设组织保障能力

要做好日益庞大、复杂的信息化建设和运行维护工作，必须依靠科学的管理体制和稳定的投入。为此，建议交通运输部通过出台相关政策性文件，进一步明确设立专门信息化建设管理机构的必要性和设置要求，为各省向地方政府争取编制和引进人才提供政策依据。

调研专题十

道路运输管理机构职能调整与队伍建设

山西省交通运输厅
吉林省交通运输厅
云南省交通运输厅
海南省交通运输厅
厦门市交通委员会

调研专题十调研人员名单

调研协调领导组

组　长： 王志民

副组长： 厉正强　唐文祥　李年佑　林国泰　李华中

成　员： 杨吉平　蔺建煌　张　翼　时晋杰　葛双平　马骏勇
程世文　闫长文　刘晋安　冯学词　屈经国

调研协调领导组办公室

主　任： 李华中

副主任： 闫长文　刘晋安　冯学词　屈经国　史晓华

主要调研人员

王志民　李华中　杨吉平　吴秀武　赵振伟　加年丰　丁纪岗
陈引社　雷孟林　霍　莉　史晓华　席建华　裴增武　郭　钰
薛睿华　秦　晨

调研工作概况

道路运输是综合运输体系中从业人员最多，运输量最大，通达程度最深，服务面最广的一种运输方式，在综合运输体系中发挥着十分重要的作用。随着新一轮政府机构改革的深化，成品油价格与税费改革的实施，综合运输体系建设进程的加快，城乡道路运输一体化发展的推进，道路运输管理工作面临诸多新情况、新问题，特别是道路运输管理机构职能面临重新调整和性质需要重新定位，队伍建设需要进一步理顺思路、加大力度。面对新形势和新要求，交通运输部审时度势，按照“三个服务”和构建综合运输体系的要求，围绕城乡道路运输发展面临的突出问题，确定了10个专题，在全国开展新时期道路运输业发展大调研活动，无疑是十分必要、及时和重要的，是事关道路运输长远发展的战略举措。

由山西省交通运输厅牵头，吉林省交通运输厅、云南省交通运输厅、海南省交通运输厅和厦门市交通委员会协助开展的《道路运输管理机构职能调整与队伍建设》专题调研是当前交通运输部10大调研项目中涉及道路运输发展非常重要、社会关注度高、改革敏感性强、要求推进迫切、面临机遇良好、行业发展影响深远的一个调研项目。调研工作在交通运输部的统筹安排下，特别是在交通运输部道路运输司的直接指导下，紧紧围绕“查实情、找问题、理思路、转观念、提措施、谋发展”的总体思路，按照“创新、深入、务实、协作”四个方面的调研工作要求，通过周密部署、精心组织、团结协作、及时沟通、深入扎实地开展工作，形成了诸多共识，提出了许多可行建议，圆满完成了各项调研任务，为有效推进道路运输机构职能调整和强化队伍建设，理顺道路运输管理体制，提供了第一手资料，并打下了改革与发展的基础。

专题调研组自2009年7月16日组建并有效开展工作以来，以开拓创新、广泛深入、求真务实、加强协作、卓有成效为调研工作目标，通过强化调研组织保障，精心制订调研方案，重点深入现场调研，科学整理调研资料，认真形成调研报告等调研工作组织，采取书面发函调研、设立专门调研邮箱、召开座谈会、电话征询意见等多种调查方式开展调研工作。调研组先后分别对山西、吉林、云南、海南、浙江、山东、河南、北京、陕西等省市和福建省厦门市进行了重点调查，调查对象主要包括各级政府编制、财政、交通运输主管部门、道路运输管理机构、运输企业、行业协会、研究机构等部门领导和工作人员。调研期间，先后向全国各地省级道路运输管理机构发放相关调查表2套62份416页，召开各级各类座谈会、研讨会、咨询会等25次，参会人员达370人次，收集各类改革文件、相关规范、制度规定、资料汇编、“三定”方案等文字资料140余份，为全面掌握和分析道路运输管理机构职能调整与队伍建设现状与问题提供了基础保障。专题调研组经过科学整理资料，认真分析现状与问题，准确把握新形势与新要求，先后数易其稿，形成调研报告，圆满完成了调研工作。

专题调研工作得到了交通运输部道路运输司领导的大力支持和具体协调指导，得到了政府编制、财政部门的积极配合，得到了全国各地道路运输管理机构的无私帮助和最有力的配合支持，得到了相关研究机构、大学的极力协助。

经过深入调研，总结分析，专题调研组深切体会到，道路运输管理机构自组建设立以来，承担了综合运输体系中运输量完成最大、从业人员最多、通达深度最大的监管任务，在切实贯彻落实国家运输政策，促进经济社会健康发展，推动道路运输业又好又快发展，加强运输市场监管，维护运输市场秩序，科学构建综合运输体系，积极推动城乡一体化运输，应对突发公共事件所带来的应急运输等诸多方面，发挥了十分巨大的体制机制保障作用。面对新的发展形势和要求，通过强化、优化、整合道路运输管理机构职能，加强管理队伍建设，更是关系到国家运输政策能否落实到位，关系到对运输市场监管能否到位，关系到运输经济的正常运行和保障人民群众的出行，是事关道路运输当前重大问题解决和长远战略发展的重要举措。

一、道路运输管理机构的历史沿革

道路运输管理机构是指交通运输主管部门下设的具体负责实施道路运输管理工作的组织。道路运输管理机构的组建设立，是我国道路运输发展的历史必然，其历史沿革基本上与经济体制、行政管理体制改革以及道路运输业的发展步伐同步，经历了一系列的演化过程。新中国成立60年以来，我国道路运输管理机构的沿革变化大体可划分为三个阶段。

（一）内设管理阶段（1949—1978年）

新中国成立后到改革开放前，我国总体上实行的是计划经济体制，运输企业的性质基本上为国营企业，道路运输由隶属于政府的交通专业运输企业承担，运输活动主体性质单一，运输市场没有形成。因此，这一时期，不存在对道路运输的行业管理，交通运输主管部门也没有下设的独立的道路运输管理机构，管理职能由交通运输主管部门直接行使。交通运输主管部门的管理方式体现为通过计划进行管理的直接管理方式，管理工作十分具体，反映在统一货源、统一调度、统一结算、统一价格等统一计划管理上。这一时期的主要特点为：

(1)没有独立设置道路运输管理机构。道路运输管理职能由各级交通运输主管部门相应的内设机构行使。

(2)管理方式为直接的计划管理方式。政府交通运输主管部门主要通过统一货源、统一调度、统一结算、统一价格等管理方式直接管理指挥运输企业生产经营活动，运输管理的核心也主要集中在运输生产管理方面。

(3)存在对非机动车等民间运输活动进行管理的机构。由于运输难问题突出，国家鼓励非机动车参与运输活动，也因此设置了一些相关管理机构(民间运输管理机构)，如山西省忻州市忻府区在1958年成立的联合运输办公室，云南省在20世纪60年代成立的民间运输管理总站等。这些机构实际上并不是独立的行政管理机构，附属于交通运输主管机关，管理方式仍然是计划管理方式。

（二）单独创设阶段（1978—2004年）

改革开放使国民经济得到了迅速恢复和发展，运输需求大幅度增加。与迅速增加的运输需求相比之下，当时的道路运力供给明显不足，运输能力不足的矛盾十分严重，“运货难、出行难”成为当时社会生产与人民生活中的一个突出问题，交通运输成为经济社会发展的主要“瓶颈”之一。

为满足运输需求对运力的要求，缓解交通运输全面紧张的状况，国家采取了一系列措施。1979 年 8 月，原交通部召开全国汽车运输座谈会，根据中央“调整、改革、整顿、提高”的方针，研究加强运输市场管理和改革汽车运输管理体制等问题；1983 年 3 月在全国交通工作会议上，明确提出“有路大家行车”的开放运输市场的政策；1985 年，原交通部又提出了“三个一起干、三个一起上”，即各部门、各行业、各地区一起干，国营、集体、个人以及各种运输工具一起上的政策。这些政策的贯彻落实，极大地解放了运输生产力，有效地缓解了交通运输紧张的状况，客观上形成了多元化主体的道路运输市场，也使当时道路运输业成为向社会开放最早的行业之一。

多元主体的道路运输市场的形成，极大地推动了道路运输事业的发展，也带来了一些亟待解决的管理问题。如欺行霸市、垄断货源、宰客、骗客、倒客、卖客、甩客等不规范的运输行为。这些行为严重地扰乱了正常的道路运输市场秩序，侵害了旅客和货主的权益。为纠正这些行为，加强对道路运输市场的管理，迫切需要建立一个独立的道路运输管理机构，对道路运输全行业进行管理。

作为创设阶段的成果，1986 年 12 月原交通部、国家经委颁布了《公路运输管理暂行条例》和《公路运输管理费征收使用管理规定》；1987 年 4 月，原交通部出台了《公路运输管理部门工作条例》。按照这些规章，这一时期道路运输管理机构在职能和设置方面主要有以下几个特点：

(1)创设五级道路运输管理体制。到 20 世纪 90 年代初期，全国除广东省外，均在交通运输主管部门下设立了独立的道路运输管理机构，从而形成道路运输管理机构实行中央、省级、市级、县级和乡镇五级管理体制。

(2)道路运输管理机构性质为自收自支的事业单位。事业费来源依据是 1986 年出台的《公路运输管理费征收使用管理规定》。

(3)明确了道路运输管理机构管理职能范围。主要为：道路旅客运输、道路货物运输、搬运装卸、汽车维修和运输服务等管理职能。个别地方道路运输管理机构依据地方法规或政府委托，也履行与道路运输活动相关的其他职能。

(4)道路运输管理机构的运输行政执法主体地位不统一。有的是交通运输主管机关委托执法，实际上没有独立的行政执法主体资格；有的是根据地方法规或规章的授权，具有独立的行政执法主体资格，但授权依据层次太低。

(5)道路运输管理机构作用突显。道路运输管理机构组建后，通过规范化、制度化建设，加强政策引导，强化管理职能，有力促进了道路运输业的快速发展，也奠定了道路运输业又好又快发展的体制机制基础。

(三)法律授权阶段(2004至今)

2004年国务院颁布实施的《中华人民共和国道路运输条例》(以下简称《道路运输条例》),以行政法规的形式授权县级以上道路运输管理机构负责具体实施道路运输管理工作,对道路运输管理机构的建设和相关管理职能进行了立法规范。这一时期,道路运输管理机构在职能履行和机构设置方面主要有以下几个特点:

(1)道路运输管理机构职能进一步明确。在职能范围方面,道路运输管理机构负责履行对经营性道路旅客运输、货物运输、客货运场站、机动车维修和驾驶员培训的管理职能。为实现这些职能,依照《道路运输条例》的规定,道路运输管理机构担负着市场准入(道路运输行政许可)、市场监管、安全管理、技术管理、信息服务和应急保障等具体管理职责。另外,根据地方性法规、规章或政府委托,一些地方的道路运输管理机构还承担着对机动车综合性能检测机构、道路运输源头治超等管理职能。

(2)形成四级道路运输管理体制。乡镇级道路运输管理机构不再具有独立的道路运输行政管理主体资格,在立法上统一并基本形成了中央、省级、市级和县级四级道路运输管理体制。在管理体制模式方面,基本实施“条块结合模式”。这一时期,各地对管理体制模式进行了一些有益的探索,试点推行垂直管理的体制模式,有些省份已建立起市、县两级道路运输管理机构的垂直管理模式,较成功地解决了上下级道路运输管理机构政令不畅、行政效率低下等问题。

(3)道路运输管理机构行政管理主体地位明显提升。在道路运输管理机构地位方面,《道路运输条例》进行了卓有成效的规范,以行政法规的形式授予道路运输管理机构对道路运输活动的行政管理权力,确立了道路运输管理机构独立的行政管理主体地位,结束了长期以来道路运输管理机构行政管理主体资格不统一的局面。

(4)道路运输管理机构性质改革的探索。在道路运输管理机构性质方面,由于《道路运输条例》并未触及燃油税费的改革问题,道路运输管理机构的经费来源仍然依赖对公路运输管理费等费用的收取,机构性质依然多为自收自支的事业单位。但值得关注的是,这一时期,一些地方为扭转自收自支事业单位性质给道路运输管理带来的诸多问题与困扰,对机构性质进行了一些改革探索,有些已经实现了从自收自支到“参公”或“转公”性质的过渡。

(5)道路运输管理机构在构建综合运输体系等方面的作用越来越明显。构建综合运输体系,发挥道路运输的比较优势,加强与其他运输方式的沟通与联系,积极推动城乡运输一体化发展,加大综合运输枢纽体系规划与建设等方面,道路运输管理机构起到了十分重要的作用。另外,道路运输管理机构在应急保障运输、稳定行业发展、促进运输生产安全等方面,其作用也在日益增强。

(6)道路运输管理机构面临新的发展改革机遇。2008年以来,道路运输管理机构面临新的发展改革机遇，也有可能是道路运输管理机构沿革进入新的发展阶段的重要转折时期。其主要标志：一是国务院机构大部制改革，成立交通运输部，道路运输管理机构职能必然要求发生调整；二是成品油价格与税费改革所带来道路运输管理机构相关规费收取职能的取消，道路运输管理机构性质需要予以重新定位；三是构建综合运输体系，道路运输管理机构职责发生新变化；四是城乡道路运输一体化发展、一体化管理已经基本形成，发展现代服务业使道路运输发展迈上新台阶。

二、职能调整与队伍建设现状

(一)机构设置现状

截至2008年年底，全国31个省级行政区中共有省级运管机构40个，广东省未设立独立的省级道路运输管理机构；全国288个市级行政区中共设有448个市级道路运输管理机构；全国2730个县级行政区中共设有2888个县级道路运输管理机构。此外，一些道路运输管理机构还下设了直属机构或派出机构，由于这些直属机构或派出机构不是一级独立的机构，因此，上述数字并不包括这些直属机构或派出机构。另外，以上数据也未完全考虑“一套人马，数个牌子”的因素。

1. 机构组织结构模式

(1)地方道路运输管理机构体系——三级和两级体系并存。《道路运输条例》取消了乡镇级道路运输管理机构，确立了省级、市级和县级三级地方道路运输管理机构体系。目前，新的三级管理机构体系已在全国普遍形成，但也有例外，如，海南省。由于“省管县”的行政管理体系，除海口和三亚两个地级市外，海南省只有省、县两级机构。个别中心城市未设区级机构，实际上形成了省市两级机构体系，如福建省的厦门市。该市共有6个市辖区，其中岛内2个区没有设置区一级的机构。直辖市基本上实行两级管理机构体系。

(2)机构组织结构模式——条块与垂直并存。即道路运输管理机构接受地方交通运输行政主管部门的直接领导和上级道路运输管理机构的业务指导。具体而言，上级道路运输管理机构负责管理“事权”，地方交通运输行政主管部门负责管理“人、财、物”。在具体运作过程中，条块结合模式在不同地区还表现出了很多差异。目前，全国24个省、自治区、直辖市实行的是条块结合模式，占77.4%。新疆、重庆、西藏、云南、甘肃、四川、陕西等7个省、自治区、直辖市全部或部分实行了垂直管理，占22.6%。实行垂

直管理模式的地方也各具特点。从垂直管理的层级上看，多数为两级垂直管理，如云南、陕西、重庆、西藏等，也有实行省、市、县三级垂直管理的，如新疆等。在实行两级垂直管理的地方，多数实行市县两级垂直管理，也有省(直辖市、自治区)直管县或省(直辖市、自治区)直管市的，前者如重庆，后者如西藏。

2. 机构横向分设架构

所谓机构分设，是指统一的道路运输管理职能分由隶属于同一交通运输主管机关的不同的道路运输管理机构行使的机构设置现象。目前，各级地方运管机构横向分设情况较为普遍，省级机构被分设的情况较少，市、县两级情况较严重。

(1)省级机构分设情况。省级机构被分设的情况较少，仅在个别省份存在。天津市分设有4个省级机构，包括天津市道路运输管理处、天津市机动车维修管理处、天津市交通运输执法大队和天津市客运管理办公室。黑龙江省和四川省也存在省级道路运输管理机构分设情况。

(2)市级机构分设情况。全国市级运管机构被分设的情况最为普遍，在288个市级行政区中共设有448个市级运管机构，因分设而多出的机构达160个。以西安市为例，运管机构就被分设为：交通运输管理处、维修管理处和出租车管理处。另外，机动车驾驶员培训管理机构、机动车维修管理机构被分设情况比较明显。特别是在中心城市，机构分设情况非常普遍。

(3)县级机构分设情况。全国2730个县级行政区中共设有2888个县级道路运输管理机构，机构分设情况并不突出。但值得注意的是，在个别地方，县级机构被分设的情况则较为严重。如徐州市下辖7个县(市、区)，分别设立了27个管理机构，平均每个县有近4个县级道路运输管理机构。

3. 机构交叉设置情况

机构交叉设置情况在一些地方较为突出。以山西省忻州市忻府区为例，在该区所辖区域内，同时设置有忻府区运管所和忻州市运管处直属运管所两个机构。西安市也存在同样情况。由于市直属所实为市级运管机构的派出机构，其与区运管所之间的职能交叉实际上表现为市、县两级机构的职能交叉。全国类似情况相对比较普遍。

4. 机构性质现状

目前，全国道路运输管理机构性质主要有三类：

(1)自收自支事业单位性质。目前，全国有17个省份省级道路运输管理机构为自收自支事业单位性质，有21个省份的全部或部分市级道路运输管理机构也定性为自收自支事业单位。

(2)参照公务员管理的事业单位性质。目前，全国有12个省份的省级道路运输管理机构为参照公务员管理性质，有10个省份的全部或部分市级道路运输管理机构参照公务员管理。

(3)行政机关性质。目前，全国公务员管理性质的省级道路运输管理机构有2个，市级道路运输管理机构有31个。这类道路运输管理机构与交通运输行政主管部门的关系定位为“二级局”。

5. 机构名称现状

目前，全国地方道路运输管理机构名称繁多、各具特点。有称“道路运输管理局(处)”的，有称“公路运输管理局(处)”的，也有称“交通运输管理局”的，还有称“运输管理局(处)”的。根据调查，全国道路运输管理机构名称，省级机构主要有16种，市级机构主要有20种，县级机构主要有17种。

由于机构名称的不统一、不规范，使得道路运输管理机构名称难以真实反映管理机构的主体地位和管理内容，在管理活动中带来了诸多不利影响。

6. 机构规格现状

在机构规格方面，全国现有省级道路运输管理机构中，有10个省级道路运输管理机构已升格为副厅级单位或主要负责人高配为副厅级。机构规格为副厅级的省份，如北京、天津、重庆、浙江、山东、新疆、江西等；主要负责人高配为副厅级的省份，如山西、四川、湖北等；其他省级道路运输管理机构多为县处级；市级道路运输管理机构设置规格差异较大，有青岛、杭州等4个市级道路运输管理机构为副局(厅)级，西安、厦门、哈尔滨等61个为正县级，太原、海口等162个市的为副处级，还有221个为科级；县级运管机构中，浙江萧山市、青岛崂山区等11个县的为副处级，吉林乾安县等461个为正科级，山西清徐县等783个为副科级，还有1632个无明确级别。

道路运输管理机构规格设置主要表现为：

(1)机构规格设置不统一。不统一不仅表现在各地机构规格设置上的差异，即使在同一行政区域，规格设置也不统一。如广东省的市级机构中，规格设置为正县级的12个、副县级3个、正科级19个、无级别15个；县级机构多数无级别。

(2)机构规格设置不规范。有些地方的下级机构的规格设置偏高，而上级机构规格设置相对偏低。这一情况主要存在于省级机构与副省级城市的市级机构之间。

(3)机构规格设置不对等。机构规格设置不对等，是指机构规格设置与机构职能的不对等，表现为机构规格设置偏低，不能适应日益扩大的道路运输管理职能的履行需要。

(二)职能调整现状

道路运输管理机构的职能是指道路运输管理机构的职责与功能，包括管理职能的范围、内容和方式等。职能调整是指道路运输管理机构的职责与功能的转换、重组与优化。

1. 原有职能范围

（1）《道路运输条例》规定的职能。根据《道路运输条例》的相关规定，运管机构依法对道路旅客运输经营、道路货物运输经营、道路运输站（场）经营、机动车维修经营和机动车驾驶员培训履行管理职能。为实现这些职能，运管机构还依法享有安全管理、行政许可、行政执法、政策引导、信息服务等职能。1986年原交通部、国家经委颁布《公路运输管理暂行条例》、《公路运管费征收和管理办法》，也明确运管机构对公路运输的监督检查及运管费征收职责。此外，运管机构还负有应急运输保障、节能减排等社会管理职能，在2008年的冰雪灾害、汶川地震和奥运会应急运输保障中发挥了重要作用。

（2）地方性法规、交通运输部规章以及地方政府规章及“三定”方案规定的其他管理职能。包括对出租车经营的管理、对城市公交经营的管理、对地铁轻轨运营的管理、对机动车租赁经营的管理、对机动车辆检测的管理、对道路运输源头治超的管理等职能。20世纪90年代之后，全国有27个省（市、区）相继出台有关道路运输的地方性法规、规章，不仅赋予各地运管机构在管理道路运输及其相关业务的职能，还增加了其他的职能：如江苏、福建等省市的运管机构还负责水路运输行业管理；北京、上海、广州等城市运管机构还承担轻轨、地铁等轨道交通管理职责；河北、浙江、青海等省运管机构一直负责出租车管理；山西省运管机构还承担着源头治超职责；江西省运管机构还负责营运车辆综合性能检测管理等。

（3）交通运输主管部门探索实施交通行政综合执法对道路运输管理机构法定职能的影响。从2003年开始，全国部分地区（广东、重庆等）探索实施交通行政综合执法试点，在提高整个交通系统行政执法能力，加大行政执法单位整合，降低行政执法成本，统一规范行政执法等方面，进行了有益的探索。但是，调研中发现，很多地方对交通综合执法的看法分歧较大。有些地方认为，交通综合执法将《道路运输条例》所授予道路运输管理机构的行政执法职能予以剥离，交由交通行政综合执法机构履行，使道路运输管理机构的法定职能被肢解，造成道路运输执法主体与复议主体的错位，容易引发行政复议和行政诉讼，影响到道路运输管理机构整体职能作用的有效发挥，对行业稳定健康发展，特别是运输市场监管影响较大，目前也极大制约了道路运输管理机构所进行的道路运输源头治超工作的开展。也有地方认为，交通综合执法在法律上无依据，职责上分不清，实践中不可行，需要认真研究对待。

2. 新增职能及落实情况

新增职能是指2009年3月国务院办公厅以国办发〔2009〕18号发布的《交通运输部主要职责内设机构和人员编制规定》所确定的运管机构的职能，包括对公共汽车、出租汽车、城市地铁和轨道交通、汽车租赁、车辆综合性能检测的管理职能及对发展现代物流的指导职能等。成品油价格与税费改革后，取消了道路运输管理机构的行政征收职能。

新增职能落实涉及两个层次，一是将建设主管部门原有的城市客运的管理职能调整到交通运输主管部门；二是在交通运输主管部门内部将新增职能进行具体落实。

新增职能在第一层次的落实情况较为理想。目前，全国除四川省因灾推迟上报国务院政府机构改革方案外，30个省份全部上报并经国务院批准。大部分省份的政府机构改革方案都明确将各部门城市客运的管理职能整体划入新成立的交通运输厅。上海、天津2个直辖市成立交通运输和港口管理局，将建委承担的指导城市客运的职责整体划入，北京、重庆2个直辖市仍为交通委员会，其职能以前已包括新增职能，此次不涉及调整。

新增职能在第二层次的落实情况缓慢，观望情况较为普遍。根据目前调研组掌握的部分交通运输厅《主要职责内设机构和人员编制规定》的内容汇总，各省厅普遍设立主管道路运输和城市客运的处室，有的省份还专门设立治超管理处室，但所有省都未明确省交通运输行政主管部门相关处室与省级运管机构的职责分工，仍沿袭以前的职能定位。在市、县两级，全国绝大多数的交通运输主管机关的"三定方案"仍未出台，新增职能在交通运输部门内部基本没有落实。具体表现为：新增职能的承担主体没有落实；管理机构和人员没有落实；具体管理职责没有落实。

在个别已经进行职能移交的地方，存在新的机构分设情况。有些已经将新增职能交由相关分设机构行使。这种情况势必造成道路运输行政主体混乱，割裂了道路运输子行业之间的内在联系，也为推进城乡道路运输一体化发展和构建综合运输体系带来严重障碍，同时也带来了交通运输系统内部的职能交叉与多头管理。

3. 工作重点和方式转变

成品油价格与税费改革后，地方运管机构的行政征收职能被取消，组成运管机构职能调整重要内容的运输管理工作重点及方式也应随之进行转变。

(1)工作重点转变情况。成品油价格与税费改革前，地方运管机构的性质是行使行政管理职能的自收自支的事业单位，事业经费依赖对公路运输管理费的收取。由于收取费用直接关系到机构的利益，各地投入了大量的人力、物力和财力，使收费工作成为税费改革前运管机构的工作重点。调研组在陕西调研时，有位运管所长坦言：自己原在交通局工作，没当所长前，认为运管人员重收费轻监管，很不以为然，准备新官上任整顿作风，但时间不长，思想认识发生质的转变，一个所长如果解决不了基本的管理经费和人员工资等，谈何规范化管理，真正明白"仓廪实而知礼节"的含义。运管工作的其他内容，往往依靠规费征收来带动，如对道路运输市场发展状况的了解分析、打击非法营运、加强运输市场的监管等。

成品油价格与税费改革后，运管机构的规费征收职能被取消，机构有了更多的时间和精力用于履行行业规划、市场监管、安全管理、公共服务等管理职能，管理工作重点已开始发生一些转变。主要表现在：

第一，强化市场监管。目前，运管机构在强化市场监管职能方面的工作重点包括：严格市场准入；严厉打击非法经营等违法行为，维护道路运输市场秩序；采取一些现代信息技术，强化对道路运输市场的动态监管。

第二，强化公共服务。主要工作重点是：着力构建与社会经济发展水平相适应的道路运输服务体系；着力构建道路旅客运输网络、货物运输网络、客货运场站网络、机动车维修与救援网络、运输信息网络；大力推进城乡交通一体化进程；积极引导物流产业发展等。

第三，规范行政执法。各级运管机构切实履行《道路运输条例》赋予的职责，进一步规范执法行为，认真贯彻执行《道路运输管理工作规范》和交通行政执法的五个规范，建立健全执法监督机制，落实行政执法责任制，建立执法评议考核制度。加大执法行为投诉举报查处力度，及时纠正不规范执法行为。

第四，加强农村运输管理。加大政策扶持力度，加快发展农村客运服务；统筹规划农村客运站点建设；因地制宜制订农村客运组织方式；积极发展农村货运。

第五，提高安全监管能力。按照“三关一监督”的要求，运管机构开始切实履行安全监管职能，督促运输企业提高安全管理水平，强化汽车场站安全源头管理和货运源头治超，继续推进驾驶员素质教育工程，加强车辆技术状况管理，高度重视农村客运安全管理，抓好安全责任追究制度的贯彻落实。

(2)工作方式转变情况。成品油价格与税费改革前，收费是运管机构的管理工作重点之一，因此，相应的管理方式就围绕着收费这一重点工作而展开。为确保运管费用的应征不漏，运管机构主要侧重于行政手段、经济手段而非法律手段，倾向于直接管理而非间接管理，围绕征费罚款的动态管理偏多，主要采取事中监管、过程管理的行政管理方式。改革后，各地开始不断研究新形势下的管理手段和方法，创新管理方式，强化监管措施，寓管理于服务之中。工作方式转变情况主要表现为：

第一，完善行政许可方式，加强“窗口”机构建设。为完善行政许可方式，各地积极采用线路招投标制度，减少环节，简化程序，提高透明度，建立健全联动审查机制。加强许可大厅、执法队伍、信访受诉和政务咨询机构等“窗口”机构的规范化建设和监督管理，健全办事程序，公开办事依据，落实便民措施，转变工作作风，提高文明服务水平。

第二，创新管理手段，多种管理方式并举。充分运用间接管理和事后监督管理等手段对道路运输活动实施管理。间接管理方面，充分发挥相关行业协会的作用。在事后监督管理方面，着力推进行业诚信体系建设，以企业质量信誉考核为契机，逐步建立道路运输市场的诚信考评体系，激励企业加强管理，诚信经营，优质服务。在动态监管方面，各地道路运输管理机构进一步扩大监管范围，主动、积极进行行业运行过程监管，避免过多趋利监管，以达到事先、事中、事后监管的有机结合和效能最大化。在监管手段方面，开始积极探索利用现代信息技术，规划和建设监管信息网络平台，实施即时动态监管。

第三，重视行政规划、行政指导、行政合同等方式的运用。做好客运线路发展及运力投放规划、公布和实施，完善客运线路布局和客运网络体系；引导运输经营者合理投放车辆，调整和优化运力结构；解决跨市、县等重点热线增加班次运力难和运力投放不足等问题。各省也继续实行并完善客运班线服务质量招投标和经营权使用合同制，通过签订行政合同、发布行政指导意见书等方式完善市场监管。

第四，改进信息化管理和服务方式。行政管理方面，加快电子政务建设，推进政府上网工程的建设和运用，扩大政府网上办公的范围，构建行业统一的电子政务平台，普遍制定道路运输信息化发展规划，建设道路运输车辆、营运驾驶员和经营业户数据库，不断创新管理手段。服务行政方面，完善道路运输公共服务信息平台，向社会提供综合信息查询、公众投诉、求助服务，提高公共服务能力。

(三)队伍建设现状

队伍建设现状主要包括：人员总数和队伍结构、内设机构和人员编制、领导任用和人员准入、队伍经费等。

1. 管理人员规模与结构

据不完全统计，全国现有运管人员为174063人，其中，省级3083人，市级32428人，县级138552人，分别占总数的1.77%、18.63%和79.60%。根据对历年运管机构人数变化情况的统计，从1996年至2008年年底，机构人数年均增长率为6.05%，基本上与道路运输量的增长速度同步。

(1)来源结构。在实有人员结构方面，工人身份的人员大约占到30%左右。不同时期的人员来源结构明显不同。改革开放初期，人员来源较复杂，工人出身的人员比例较大；20世纪80年代中期，大批转业军人进入运管机构，随着工人与转业军人新老更替，转业军人逐渐成为主力军；20世纪90年代至今，大中专学生和面向社会公开招考的人员数量逐年递增。

(2)学历结构。调研资料显示，在人员学历结构方面，学历偏低现象在县级道路运输管理机构较为普遍。据不完全统计，省级道路运输管理机构中，大学本科及以上学历约占62.97%，大专及以上学历约占87.29%；市级道路运输管理机构中，大学本科及以上学历约占37.57%，大专及以上学历约占83.86%；县级道路运输管理机构中，大学本科及以上学历约占18.19%，大专及以上学历约占73.05%。但在调查中发现，第一学历为大专以上的所占比例非常小，有些省份仅占10%左右。

(3)专业结构和职称结构。在各基层道路运输管理机构的人员构成中，具有经济、管理、行政、法律、运输、汽车、物流等专业知识背景的本科以上学历的人员明显缺乏。职称结构也不合理，如四川省，具有副高及以上专业技术职称的仅占2%，中级职称占16%，初级职称占21%，具有专业技术职称的仅占总人数的39%。工人身份的人员所在比例较高，大约占到30%以上。

(4)年龄结构。调研发现，由于有些省对进人控制比较严格，近些年来，年轻管理人员所占比例逐渐下降，管理人员年龄老化问题比较突出，甚至已经影响到正常工作的开展。

(5)人员分布结构。人员冗余与人才不足的结构性问题依然存在。调研资料显示，全国实有运管人员总数超过1万人的省份有4个，实有运管人员总数不足3千人的省有15个；人员最多是河南省，实有人员28060人，人员最多的县级机构的实有人数有800人之众，最少的县级机构的实有人员数仅有4人。另外，人才不足还表现在高素质人才的缺乏上。尽管一些机构的实有管理人员较多，但真正懂专业、会管理、善思考的中高级管理人才却非常缺乏。

2. 内设机构和人员编制

同一级别、不同地方的运管机构的内设机构呈现出较大差异。机构分设体制模式的普遍存在；没有统一的、示范性的内设机构的规范性文件，是造成这一情况的重要原因；其他方面的原因，如不同地区道路运输发展的不平衡，有的地方旅游客运发展较为突出，就可能单独设置旅游客运管理科室，而有些地方则更加强调应急保障工作、节能减排工作、行政许可工作等，相应的内设机构就可能出现。另外，在边境省份，省级运管机构设国际运输管理处或相应分支机构。

目前，全国除个别基层运管机构仍未定编外(如海南省临高县交管总站)，大部分省级、市级、县级三级机构人员均纳入编制管理，但各省份的编制标准、编制管理不一。目前只有吉林、黑龙江、浙江、湖北、福建、新疆、云南等14个省份是省级编办(委)与省交通运输厅联合发文下达核定人员编制，其他均为分级核定编制。实行省级统一核编的省区，人员基本能控制在编制数上限，编制管理效果相对较好。

由于大部分省份仍按事业单位性质核编，导致编制控制不严，规范性、约束性不足，人员准入随意性较大，非正常渠道进人情况在一些地方较为严重，这也是导致人员超编的主要原因，尤其在县级道路运输管理机构普遍存在超编情况。如徐州市的7个县(市、区)中，除铜山县运管机构没有超编外，其他县(市、区)均超编，平均超编74人，其中超编最多的是邳州市，超编237人。

3. 经费现状和拨付渠道

(1)经费水平。成品油价格与税费改革前，地方机构的性质多为自收自支的、履行道路运输行政管理职能的事业单位，经费相对能够保障。改革后，各地经费保障情况呈明显的苦乐不均态势。经费保障情况较好的省份有：云南、山西、吉林、江苏、浙江等，大部分省份经费保障不足。据查，经费明显不足的地方主要有：河南、陕西、海南、山东等省的县级运管机构。

(2)经费来源。成品油价格与税费改革后，各地运管机构的经费纳入了财政全额预算，由中央财政下拨。其他经费来源还包括一些专项资金。专项经费主要是依据地方政府委托履行的管理职责所拨付的经费，如山西省的治超经费、云南省绿色通道建设经费等。

(3)经费拨付渠道。第一种渠道，是将经费统一预算、财政分级支付，这符合国家关于财政国库转移支付制度的要求。在此渠道管理中，又有两种情况，一是经费由各级财政转移支付到各级交通运输主管部门，再由各级交通运输主管部门拨付各级运管机构；二是经费直接由各级财政转移支付各级运管机构，如省财政转移省运管局、市财政转移市运管处、县财政转移县运管所。第二种渠道，是将经费纳入省级统一预算，省级财政统一支付。此渠道也有两种方式，一是省财政转移支付省交通运输厅，由省交通运输厅下拨各级地方交通运输主管部门，再分配给相应的运管机构；二是省财政转移支付省交通运输厅，由交通运输厅下拨省运管局或省财政转移支付给省运管局，由省局直接下拨各级运管机构。经费在省级运管机构得以控制，可以较好的提升上级行业指导监督的地位。其中以第二种渠道第二个方式情况居多。

三、职能调整与队伍建设中存在的主要问题

(一)机构性质定位不科学

现行运管机构的性质多被定性为事业单位，这一性质定位既不符合事业单位的本质特征，也与其履行的行政管理职能不相适应，主要表现在：

(1)不符合事业单位的本质特征。根据国务院《事业单位登记管理暂行条例》的规定，事业单位至少具有以下几个特征：一是由国家机关举办；二是设立宗旨是为社会提供教育、科技、文化、卫生等社会服务；三是不以盈利为目的。由此可见，事业单位的本质特征是提供社会服务。社会服务是一种非物质生产和劳务，服务对象是社会公众，是一种公共产品，应由财政为社会服务“买单”。道路运输管理机构并不向社会公众提供非物质生产和劳务，而是履行政府运输行政职能，因此，不具有事业单位的本质属性。

(2)性质定位不科学的历史渊源。道路运输管理机构被定性为自收自支的事业单位有着深刻的历史原因。一方面，改革开放后的道路运输市场已经形成，需要有一个履行行

政管理职能的政府机构；另一方面，当时国家财政紧张，加上政府编制的控制，客观上又不允许设立由财政供养的政府机构。于是，一种被变通了性质的运管机构就应运而生——它是事业单位，却履行着政府应当履行的道路运输行政管理职能。

(3)符合转化为行政机构的条件，折射出运管机构性质定位的不科学。根据《中华人民共和国公务员法》及事业单位分类改革的有关规范性文件的规定，对依法履行行政职能，经费由财政拨款的事业单位，应转化为行政机构。所以要进行改革，其前提就是承认那些依法履行行政职能，经费由财政拨款的事业单位不应当被定性为事业单位，而应定性为行政机构。

(4)性质定位不科学带来的后果。首先，不科学的性质定位是运管机构膨胀、人员冗余的根源。自收自支事业单位性质下的运管机构的编制权在地方政府，经费来源却游离于地方政府之外，这一与生俱来的缺陷使通过编制控制人员的理想沦为空谈。其次，不科学的性质定位也是运管机构人员素质普遍偏低的根源。因为，当机构的准入大门大开的时候，难以控制的就不仅仅是人员的数量，同样也包括了对人员素质要求的失控。再次，不科学的性质定位是道路运输管理水平低下的重要原因。因为，当管理人员的素质还普遍偏低的时候，道路运输管理的专业性就难以实现，管理水平的低下就不难想象，毕竟人是管理的主体。最后，自收自支的事业单位性质定位，不仅在理论上不科学，实践中也缺乏必要的严肃性和权威性，会对道路运输长期稳定发展带来不利影响。

(二)机构职能调整进展缓慢

税费改革后，各地道路运输管理机构努力探寻管理职能的调整途径，取得了一定的探索性成果，但总体而言，新职能已经落实到位的省份较少，绝大多数地方仍持观望态度，调整进程缓慢的问题还比较突出，究其原因主要有以下几方面：

(1)政府支持力度不够。职能调整既涉及调出和调入两个政府主管部门，也涉及编制、财政、组织人事等政府部门，既需要道路运输管理机构的配合，更需要政府各相关部门、尤其是地方政府的大力支持，仅靠道路运输管理机构一家的努力是难以顺利实现的。调研情况表明，由于一些地方政府及其部门对新职能尽快调整的重要性认识不到位，职能调整的地方“三定”方案至今仍未出台，导致新职能难以落实到位。

(2)落实主体选择困难。新的职能应该落实给谁，是由城市交通运输主管部门亲为行使，还是由道路运输管理机构统一行使，拟或是在交通运输主管部门下另设独立的城市公共交通管理机构，并由其行使，对此，各地看法莫衷一是，做法也是大相径庭。目前，各级交通运输主管部门没有统一的指导性意见，大大影响到新增职能的落实，迟滞了道路运输行业一体化管理工作的推进。

(3)落实工作涉及的利益主体多，利益难以摆平，落实工作难度较大。

(4)新职能落实敏感性强，落实措施一旦出现偏差，就可能引发不和谐、不稳定因素。惧怕产生不和谐、不稳定现象，也是新职能落实中产生观望、等待的重要原因。

(5)不知职能如何履行。职能转换也是职能调整的重要内容。职能转换进程缓慢的集中表现是对“如何管”的问题不清楚。“如何管”折射出的问题，一是在收费管理职能和方式成为过去的情况下，运管人员对目前情况下的管理职能和方式缺乏明晰的认识，管理理念还没有转变。二是由于管理理念还没有转变，还没有找到具体的管理职能和有效的管理方式、手段。不知道“如何管”的问题在货运管理方面的表现尤为突出。三是面对新职能，由于缺乏应有的专业管理技能，不知道“如何管”的问题更加突出。

职能调整缓慢既可能造成在一定时期内的职能“睡眠”，或“权力真空”，也可能造成权力滥用，权力缺乏监督。调研情况表明，由于职能调整缓慢，一些地方的管理人员缺乏工作的主动性，等待观望情绪浓厚，造成市场秩序无人监管。也有一些地方出现权力滥用，缺乏监督的现象。

(三)机构行政规格相对偏低

部门横向比较，显示运管机构规格偏低。现行省、市、县运管机构的规格多为正处级、科级和股级，而同为交通运输主管部门下属的省、市、县公路管理机构的规格则普遍高于道路运输管理机构；与原建设主管部门下的出租车、城市公交车管理机构的规格比较，相同层级的运管机构的规格也普遍偏低；同样，与其他部门同级管理机构(如城市公用管理、卫生医疗管理等)相比，运管机构规格普遍偏低。运管机构规格设置偏低，使道路运输管理体制已难以适应道路运输行政执法和市场监管的需要；难以适应运输管理职能转变的需要；难以适应构建综合运输管理体制的需要；难以适应道路运输生产力发展的需要；难以适应“三个服务”的要求。

道路运输管理机构规格低造成道路运输管理权责不对等。《道路运输条例》明确规定，县级以上道路运输管理机构负责具体履行道路运输管理工作。这一规定，以行政法规的形式授予道路运输管理机构独立的行政执法主体资格，也赋予了对道路运输进行管理的职能。新的交通运输部“三定”方案实际上赋予了运管机构对出租车运输、城市公共交通、地铁经营、轻轨经营和汽车租赁经营等的管理职能。根据有关规定，运管机构还履行源头治超等职能。为实现这些职能，运管机构实际上担负着安全管理、市场监管、应急保障、行政许可等重要职责。这些职责履行的好坏，既关乎道路运输事业的发展，也关乎人民的生命财产安全。为确保这些职责的履行，根据国家有关责任追究的制度，当出现重大道路运输事故时，对道路运输负有管理责任的道路运输管理机构及有关人员将可能被追究责任。总而言之，作为独立的主体资格，运管机构责任重大。

与所承担的责任相比较，多数地方运管机构的规格明显偏低，导致了机构的道路运输管理权责不对等，在相当程度上制约了道路运输管理工作的开展，与“路运并举”的道路交通运输管理工作的重心转移极为不适应。表现在：一是对重要的道路运输管理工作缺乏应有的“发言权”。道路运输管理需要政府及其各部门的大力支持，仅靠道路运输管理机构一家是难以完成的，因此，在一些重大管理问题上，如打击非法营运、治理非法超载超限运输等，政府往往要协调各有关部门，通力合作，以求实效。然而，由于机构的规格低，协调难度大，权责不对等，有些工作难以有效推进。二是不具有合作的基础。强化道路运输管理不完全是一个部门的事情，需要地方政府及其部门的通力合作。合作双方的地位或规格平等是合作顺利与成功的基础和保障，位卑言轻是不利于正常合作的，只能导致委曲求全。调研情况表明，无论是在治超，还是各地的城市公交、出租车管理职能的调整，都是加强道路运输管理的内容，而在这一加强管理的过程中，低规格的阻障影响都如影随形。

按照权责相当的要求，机构规格的高与低无疑应考虑机构担负的职能的多寡与重要性，如负责单一出租车管理职能的原建设主管部门下的出租车管理机构的规格普遍高于担负多项重要职能的运管机构的规格，造成出租车管理职能调整缓慢。

（四）机构经费保障不足

成品油价格与税费改革前，地方运管机构的性质多为自收自支的、行使道路运输行政管理职能的事业单位，机构经费相对能够保障。改革后，全国实行了管理经费的财政转移支付的政策，预算基数由各地2007年基数形成。调研发现，由于改革前有些地方测算的基数较少，从而造成这些地方的经费预算基数少，事业经费保障明显不足。

经费保障明显不足在县级运管机构的表现尤为突出，主要表现在：一是人均年经费数明显不足。据估计，人均年经费数不足2万元的省份大约有近一半。在一些地方，运管人员的月工资不足1000元（如西安市的高陵、蓝田等运管所），还不及一些刚参加工作的临时工，接近最低工资标准；二是管理人员工资拖欠问题时有发生。

经费保障不足给运管工作带来了严重的消极影响。主要表现在：

（1）道路运输行政管理的宗旨被扭曲，乱处罚现象有所抬头。从上海出现的“钓鱼执法”事件来看，其表面原因是执法机构追求经济利益，背后的深层原因则是道路运输管理机构经费保障的严重不足。为解决经费保障不足的问题，一些运管机构还给执法人员下达罚款任务，并把任务完成情况与考核评优结合，实际上是在鼓励罚款。

（2）政企不分的现象在个别地方重新抬头。如有的道路运输管理机构为解决经费不足问题，竟然自行从事客运班线经营，还有的运管机构自行经营营运车辆综合性能检测等。这些问题的存在，混淆了“裁判员”和“运动员”的角色，是运管职能行使的严重错位。

（3）由于经费保障不足，也开始影响到运输管理办公设施设备水平、队伍装备水平。执法车辆不到位、技术状况落后，执法服装、标识缺乏统一规范等，这些已经严重影响到道路运输管理机构管理工作的正常开展和队伍执法的形象。

(4)经费无保障严重挫伤了运管人员的工作积极性和主动性。在一些地方，正常会议没人开，正常工作没人干、不愿干，甚至正常的上班都难以保障，纪律松弛、人心涣散问题严重。

(5)尤其应当引起高度重视的是，个别地方甚至出现了道路运输管理人员因经费不足、生活难以保障的问题而集体上访，甚至上街游行的极端行为，在一定程度上影响了行业稳定和社会安定。

(五)人员结构和素质难以适应发展要求

近年来，道路运输管理队伍建设得到了长足发展，但与新形势要求相比，依然存在许多问题，队伍依然存在规模大而管理能力不强，人员多而管理人才匮乏等现象。道路运输管理队伍结构不适应道路运输发展要求的主要表现在：素质学历结构的不适应、队伍来源结构的不适应、专业职称结构不适应、年龄结构不适应以及人员冗余与人才不足并存等问题。由于管理人员结构的不合理，严重影响道路运输管理水平、执法水平、管理效率的提高，影响到道路运输管理工作规范化的开展，影响到运管机构的形象，从根本上来讲，也会势必影响道路运输业的健康发展。

导致机构管理人员结构性问题的原因，主要有：

(1)自收自支的事业单位性质是引发队伍结构性问题的根源。在自收自支的事业单位性质下，地方道路运输管理机构的经费来源依赖自收的公路运输管理费等费用，地方政府负责机构的人员编制，造成了经费控制和人员控制的脱节，使通过经费控制人员的机制失去作用，从而导致了人员编制增加的随意和人员进入的随意。相比之下，实行公务员管理或参照公务员管理的省份，编制管理与人员进入管理比较规范，结构性问题表现相对就不那么突出。

(2)机构缺乏用人自主权是引发队伍结构性问题的重要原因。目前，地方运管机构仍多沿用计划经济时期的用人制度，人员与机构之间具有行政依附关系和事实上的终身制的特点。当事实上的终身制用人机制还在继续运转的时候，进得来、出不去，上得去、下不来的格局就很难被打破，高素质、有能力的人进不来，低素质、不称职的人出不去的现象就将继续存在下去。

(3)人员准入标准及规范化管理程度不同。调研结果显示：有的省份制定了人员准入条件，且严格按条件进人，甚至实行了“凡进必考”制度，这里的人员数量控制就较好，结构相对也较为合理；有的省份未制定明确的人员准入条件，或虽制定了进人条件，但执行不严格，这里的人员数量规模就失控，结构性问题就突出。

(六)队伍建设规范性不足

运管队伍建设的规范性问题，涉及队伍建设规划、岗位设置与岗位考核、用人自主

权落实、用人机制等内容。调研情况表明，目前，地方运管机构在队伍建设的规范性问题上主要存在以下几个方面的不足：

(1)缺乏队伍建设整体规划。目前，全国运管机构普遍未制定队伍建设规划，有些省份虽然在个别时期制定过队伍建设规划，但执行不力，往往流于形式，因而效果不明显。

(2)用人机制不活。现行地方运管机构的性质多为事业单位，因而，运管人员与运管机构的关系具有行政依附关系和事实上的终身制特点，尚未形成广纳群贤、人尽其才、能上能下、充满活力的用人机制。其后果表现为：一是人员能进不能出；二是干部能上不能下；三是人员转岗分流渠道不畅。

(3)岗位设置不合理。地方运管机构的人员岗位被分为专业技术人员岗位、管理人员岗位和工勤人员岗位三类。岗位设置不合理具体表现为：岗位职责含糊，在人员较多的运管机构，有些工勤岗位甚至没有明确的岗位职责；岗位设置重叠、遗漏或定位不准、层次不清；在一些运管机构，专业技术人员岗位、管理人员岗位和工勤人员岗位的人员比例不尽合理。

(4)岗位考核流于形式。运管机构大都建立了一整套考核制度，甚至制定了量化考核办法，但考核指标没有与管理的目标宗旨挂钩，有的机构由于受利益驱动，甚至把罚款作为考核的指标，多罚多得、鼓励罚款；软性考核指标多，缺乏承诺、跟踪、有针对性的指标，优秀轮流做，先进换着当，难以取得令人信服的考核结果；评优成为考核的代名词，只评优、不罚劣，干好干坏差不多。

(5)队伍装备不统一。由于众所周知的原因，目前，全国道路运输管理人员的装备并不相同，即使在一个省，装备不统一的情况也普遍存在。装备不统一不利于加强道路运输行政执法的权威性，解决执法的“软”的问题；不利于增强执法人员的使命感，自觉规范执法行为；不利于行政相对人更直接、更清楚的了解执法人员的身份和权力，配合执法；不利于人民群众识别、监督和支持道路运输管理工作。

四、新时期所面临的形势与要求

新时期，道路运输管理机构职能调整与队伍建设面临新的形势与新的要求，既有挑战又有机遇，正确认识、合理把握形势、要求、挑战与机遇，是道路运输管理机构职能调整与队伍建设的重要前提和重要内容。

(一)新一轮政府机构改革的新形势

党的十七大提出要加快行政管理体制改革，“加大机构整合力度，探索实行职能有机统一的大部门制。”十七届二中全会《关于深化行政管理体制改革的意见》对改革做出了具体部署，提出今后五年要加快政府职能转变，深化政府机构改革，加强依法行政和制度建设。十一届全国人大一次会议通过了《国务院机构改革方案》，组建了新的交通运输部。在国务院机构改革的同时，地方政府机构改革也已全面跟进。根据《中共中央国务院关于地方政府机构改革的意见》，地方政府机构改革要着力转变政府职能，理顺权责关系，调整优化组织结构，规范机构设置。机构改革的范围既包括地方各级政府交通运输主管部门，也包括承担行政管理职能的各种事业性质的专业管理机构。构建交通运输大部门体制，是破除体制束缚的突破口和深化体制改革的切入点。新一轮政府机构改革要求有以下几点：

(1)地方交通行政管理体制改革的客观要求要体现以职能转变为核心，以机构改革为载体。职能调整要着力改进职能手段，进一步理顺职能关系，优化职能结构，全面、正确、高效地履行好行业管理的职能。政府职能转变，最终要体现在机构改革上。按照精简统一效能的原则和决策权、执行权、监督权既相互制约又相互协调的要求，进一步优化行政组织结构，规范机构设置。机构改革的范围既包括地方各级政府交通运输主管部门，也包括承担行政管理职能的各种事业性质的专业管理机构。

(2)着力转变道路运输管理职能，创新管理方式。新一轮政府机构改革的核心是转变政府职能，即变计划经济体制下的直接管理职能，为市场经济体制下的间接管理职能，变微观管理为宏观管理，变指挥命令为调节服务。道路运输管理机构依法履行道路运输行政管理职能，应当树立公共服务理念，提高管理能力，创新管理方式，尽快将收费职能转化到向广大道路运输经营者服务上来，转化到市场监管、依法行政上来。

(3)加快职能整合，构建统一行使道路运输管理职能的机构。目前，统一的道路运输管理职能被人为分割的情况普遍存在，机构分设、重复设置的情况较为严重。这一现象的存在，与构建交通运输大部门体制的要求极不适应，应当加快职能整合进程，构建统一行使道路运输管理职能的道路运输管理机构。

(4)加快转变道路运输管理机构的性质。按照事业单位分类改革的要求，履行行政管理职能，经费由财政拨付的事业单位应转化为行政机构。现行运管机构的性质尽管多为自收自支的事业单位，但其依法履行道路运输行政管理职能，并已实现了经费的财政转移支付，符合转化为行政机构的条件，应加快进行转变的步伐。转变道路运输管理机构的性质，是解决长期以来道路运输管理能力不足，改变道路运输管理“疲软”的切入点和突破口。

(二)成品油价格与税费改革带来的新挑战

国务院2008年12月18日印发了《关于实施成品油价格和税费改革的通知》，决定自2009年1月1日起实施成品油税费改革，同时决定完善成品油价格形成机制，理顺成

品油价格。

这次成品油价格与税费改革，通过建立规范的税费体制和完善的价格机制，实现促进节能减排、环境保护和结构调整，公平负担，依法筹措交通基础设施维护和建设资金等多重政策目标。总体思路是：规范政府收费行为，取消公路养路费、公路运输管理费等收费；在不提高现行成品油价格的前提下，提高现行成品油消费税单位税额，依法筹集交通基础设施养护、建设资金；完善成品油价格形成机制，理顺成品油价格。成品油价格与税费改革后，地方道路运输管理机构的规费征收职能被取消，道路运输管理的工作重点和工作方式也应随之发生变化。过去所存在的“重收费，轻监管”、“重处罚，轻服务”的管理现象必须予以改变，这无疑给道路运输管理机构带来新的挑战。面对新的挑战，道路运输管理机构管什么？如何管？管理的重点工作该放在哪里？传统的管理工作方式如何转变等，这些都是摆在道路运输管理机构面前必须首先研究解决的突出问题。

另外，成品油价格与税费改革后，道路运输管理机构经费不再自收自支，而是实行中央财政转移支付，这为重新定位道路运输管理机构性质提供了新的难得的历史机遇。从本质上来讲，道路运输管理机构已经具备了政府行政机构性质的本质要求，各级道路运输管理机构应在交通运输主管部门的领导下，及时与政府编制、财政等部门沟通，重新定位道路运输管理机构的行政机构性质，加快道路运输管理机构改革，有效推进职能调整、强化队伍建设，迎接新的挑战。

(三)构建综合运输体系创造的新机遇

综合运输体系是各种运输方式在社会化的运输范围内和统一的运输过程中，按照技术经济特点组成分工协作、有机结合、联结贯通、布局合理的交通运输综合体系。发展现代综合运输体系，就是推进各种运输方式的有机衔接，实现交通运输资源的优化配置，发挥各种运输方式的比较优势和组合效率，这符合世界交通运输发展的普遍规律，也是发展现代道路运输业的必由之路。在综合运输体系中，道路运输作为一种特定的运输方式，既需要发挥其通达度高、覆盖面广以及机动灵活、组织多样、产品齐全等比较优势，还需要承担连接其他运输方式、促进良性互动发展的重要功能，使各种运输方式之间和某种运输方式内部有机衔接，实现客运“零距离换乘”和货运“无缝衔接”，做到“人便于行、货畅其流”。

新一轮政府机构改革，突出强调探索实行交通大部门体制，这体现了我国加快构建综合运输体系对行政管理体制改革的要求。通过构建大部门体制，整合交通运输行政资源和管理职能，有利于促进交通运输由分散到集中的行政管理，避免多头行政、责权不清对构建综合运输体系形成的体制障碍，实现交通运输向管理一体化、行政集约化、发展综合化的根本转变。

在构建综合运输体系的大背景下，道路运输发展面临新的机遇：公路网密度的提高为提高道路运输通达度和覆盖面提供了空间，综合运输枢纽规划建设促进了道路运输网络布局和市场资源优化与重新配置，城市公共交通管理体制的逐步理顺为统筹城乡客运协调发展提供了保障。交通运输主管部门负有构建综合交通运输体系的新职责为道路运输管理职能转变也提供了新机遇。

构建综合运输体系必然需要管理体制顺畅的、行政管理职能明确的、法制化的、规范的行业行政管理机构对行业发展提供宏观调控与引导，以健康、有序、和谐的市场环境为保障，准确提出促进道路运输与其他运输方式有效衔接与良性互动发展的工作思路、管理重点和政策措施，这些都是道路运输管理机构进行职能调整和队伍建设的重要任务。

(四)发展现代道路运输业提出的新任务

新时期道路运输发展成绩斐然，但也面临更加严峻的挑战，与发展现代道路运输业相比，依然存在许多问题。一方面，道路运输业发展积累的深层次矛盾还没有得到很好解决，另一方面，也出现了诸多新情况、新问题，如道路运输组织结构不合理，发展方式粗放，市场组织化程度较低，法规和标准体系建设滞后等。

面对新情况，交通运输部《关于进一步促进公路水路交通运输业平稳较快发展的指导意见》中明确了当前和今后道路运输工作的基本思路，就是围绕做好“三个服务”，把科学发展观贯穿于道路运输改革、发展的全过程，加快结构调整，促进产业升级，大力发展现代道路运输业。发展重点在以下几个环节：一是统筹城乡客运协调发展；二是大力推进结构调整；三是促进道路运输发展方式的根本转变；四是积极服务现代物流发展；五是规范出租汽车行业发展；六是推进运输枢纽和场站建设；七是加强行业文明建设；八是加强基础研究。这些无疑对道路运输管理工作和管理队伍建设提出了新的任务。

(五)构建和谐社会提出的新要求

道路运输是支撑经济协调发展、促进生产力合理布局、沟通城乡、保障国家安全和社会稳定的基础性、先导性产业，也是重要的生产性和消费性服务业。它面向国民经济所有部门，贯穿于社会生产、流通、消费各个环节，与人民群众的生产生活息息相关，在构建社会主义和谐社会中承担着重要职责。

在服务于构建社会主义和谐社会的要求下，道路运输业应表现为以下几方面的发展方向：一是服务国民经济和社会发展全局，为构建社会主义和谐社会提供交通基础设施；二是服务社会主义新农村建设，为构建社会主义和谐社会创造交通条件；三是服务人民群众安全便捷出行，为构建社会主义和谐社会增强交通运输保障能力。

安全是社会和谐的基础。道路运输的行业特点决定了其是安全生产高风险行业。近些年，道路运输行业安全生产管理摆在道路运输管理工作的突出位置，认真落实“三关一监督”工作职责，不断完善安全监管制度，不断健全安全生产监管网络，不断推进技

术进步，安全生产形势出现明显好转。注重安全发展，是道路运输工作践行“以人为本”的基本要求。今后的道路运输管理工作中应该继续落实道路安全监管职责，建立道路运输安全管理长效机制。加强道路客运和危险货物运输安全管理，开展道路运输企业安全评估，监督道路运输企业切实履行安全生产主体责任，做好挂靠车辆的安全管理。继续加强车辆超限超载治理，建立车辆超限超载治理长效机制。另外，要加强道路运输安全应急体系建设，完善道路运输突发公共事件应急体系，提高应对突发公共事件的能力，提高事故预防、处置和救助能力。

在构建社会主义和谐社会总目标下，建设资源节约型和环境友好型社会是落实科学发展观的基本要求。道路运输是资源消耗型行业，每年消耗的成品油约占全社会消耗总量的28%。推进道路运输节能减排工作，发展现代道路运输服务业，实现道路运输发展方式转变，从源头上消除或取缔高耗能车辆从事道路运输，完善车辆能耗标准化管理、实施准入退出机制等。

总之，构建和谐社会，在新的历史条件下，为道路运输业的发展提出了新的要求，这些要求不仅涉及道路运输从业者，更重要涉及道路运输管理机构和管理人员，涉及道路运输管理工作重点和工作方式的转变，涉及管理人员管理素质的提高。

五、职能调整与队伍建设的整体思路

道路运输管理机构是交通运输部门的重要组成部分，是交通运输部门履行运输市场规划、监管、安全、保障、应急、发展等职能的主要载体，既对推动道路运输结构调整、节能减排和运输现代化发挥着引导、推动作用，又对政府“保增长、保民生、保稳定”目标的实现发挥着支撑、保障功能。新形势下为了更好地履行道路运输管理机构在发挥道路运输比较优势，构建综合运输体系中负有的重要使命和历史责任，对运管机构职能进行调整、规范，切实加强运管队伍建设，显得尤为重要和迫切。

(一)职能调整与队伍建设的指导思想

道路运输管理机构职能调整与队伍建设的指导思想可概括为：按照党的十七大要求，以科学发展观为统领，以中央、国务院关于深化行政管理体制改革精神和地方政府机构改革方案为指导，以“三个服务”为宗旨，以构建综合运输体系和强化道路运输一体化发展为着眼点，遵循有利于统筹城乡道路运输协调发展、有利于发挥道路运输业比较优势的思路，按照“精简、统一、效能”、权责一致的原则，着力完善充实道路运输管理机构职能，规范机构设置，完善用人机制，提高行政效能，促进道路运输管理队伍的正规化、科学化、规范化管理，为推进现代道路运输业发展创造良好的体制基础和机制保障。

（二）职能调整与队伍建设的基本原则

道路运输管理机构职能调整与队伍建设中应该坚持的基本原则是：权力的公共性原则、法治规范原则、规划协调原则、统一效能原则、服务理念原则等。

1. 权力的公共性原则

道路运输管理机构职能调整，可以说是道路运输行政管理权力的再分配，这些权力的获得、职能的履行、责任的承担，应体现出行政管理的基本价值观，即平等、正义、公开、公平、民主、伦理以及责任心等方面；应体现出道路运输管理机构组织的代表性、行为的公务性、宗旨的公益性、权力的法定性；应体现出通过道路运输专业性管理职能的履行，实现经济社会利益的趋同和公益的最大化；应体现在公共权力行使与公共责任承担对应一致的要求上；应体现在避免公权私用、强化部门利益、争权夺利等方面的要求。

2. 法治规范原则

对道路运输管理机构职能调整与队伍建设而言，法治规范原则应体现在落实道路运输管理法定职能和权力上来，即道路运输管理职能法定原则；应体现依法履行管理职能，规范队伍建设；应体现出通过法治的渠道推进道路运输管理职能调整与强化队伍建设的精神核心。

3. 规划协调原则

道路运输管理机构职能调整与队伍建设是一项涉及多环节、多部门、长期性的重要工作，应该在扎实深入的基础上，广泛征求社会方方面面的意见和建议，及时与政府相关部门（编制、财政部门等）进行沟通交流，加强系统规划与协调，积极有效、稳妥推进道路运输管理职能调整，强化队伍建设，特别是在队伍建设方面要有中长期规划，形成道路运输管理队伍建设的长效机制。

4. 统一效能原则

道路运输管理机构职能调整的统一效能理念，应体现在对相近职能进行合并，由一个机构统一履行；应体现在政企、事企、管办分离的思想，理清管理职能界限，提高职能履行的效能；应体现在管理机构性质、名称、规格、内设机构、体制模式以及相关法规制度的统一；应体现在道路运输管理资源的有机整合，以有利于政令畅通和运转效率的提高。

5. 服务理念原则

体现服务理念原则的途径与范围是多方面的，交通运输部所提出的“三个服务”是

道路运输业最高的服务理念。就道路运输管理机构职能调整与队伍建设而言，服务理念主要体现在要把服务职能通过规范化形式固定下来，作为道路运输管理机构的重要职能，要明确规定服务职能的规范化内容，要把机构的服务职能与管理人员的服务要求紧密结合起来。要强化“以人为本”理念，在队伍建设中，应结合管理人员的素质特点、结构状态等，合理制定建设方案，构建学习型服务型管理机构；在人员转岗分流方面，更应体现出管理人员的差异性，充分照顾到每个管理人员的实际情况，维护行业队伍稳定。

（三）职能调整与队伍建设的整体目标与任务

推进道路运输管理机构职能调整与队伍建设的基本思路是，以职能调整为核心，确保职责清晰，管理规范；以完善道路运输管理机构改革为载体，建立统一、高效的运输管理体系；以强化队伍建设为抓手，促进运管队伍的科学化、正规化。通过职能调整与队伍建设，为发展现代道路运输业创造良好的体制机制和人才保障。

1. 推进职能调整的整体目标与任务

按照相同、相近职能合并和统一由一个管理机构履行的原则，结合交通运输部“三定”方案以及各地交通运输主管部门“三定”方案，推进道路运输管理机构职能调整的整体目标与任务主要是保持原有法定职能，加快落实与道路运输管理有关的新增职能，切实转变管理工作重点与工作方式。具体包括：

(1)继续保留原有法定职能。一是各级道路运输管理机构继续保留《道路运输条例》授权的道路运输管理职能，包括从管理范围方面所授权的职能，如道路旅客运输、道路货物运输、道路运输相关业务经营的管理等职能，也包括从管理职责方面所授权的职能，如行政许可、监督检查、行政处罚、行政强制等职能；二是尊重地方的相对差异性，保留地方性法规、政府规章以及“三定”方案所赋予各级道路运输管理机构的法定职能。

(2)明确落实新增职能。根据道路运输一体化管理原则和按照大部门制改革要求，将出租汽车客运、城市公共汽车客运、地铁、轻轨运营的管理纳入道路运输管理机构的职能范围；明确落实将车辆租赁管理和机动车检测管理活动纳入到道路运输管理机构职能范围；根据各地道路运管机构在治理超限超载的实际情况，明确道路运输管理机构源头治超职能；明确落实道路运输管理机构的物流市场管理职能。

(3)整合运输管理资源。通过整合道路运输管理分设机构，将分设机构的管理职能统一交由一个管理机构履行，实现运输管理资源的有效整合，并达到政令畅通、政令统一。取消交通综合执法，避免职能肢解，确保运管机构履行职能的统一、高效。

(4)明确管理层级职责。省级运管机构应重点转移到行业规划、政策措施引导、普遍运输信息服务、信息化平台搭建等方面上来；市县级道路运输管理机构应从管理专业化、精细化角度重点抓好道路运输行政许可、市场监管与市场秩序维护、安全生产管理、运政执法等工作。

(5)转变道路运输管理职能实现方式。道路运输管理机构代表政府行使对道路运输活动的管理职能，权力的行使具有权威性，因此，道路运输管理职能的实现方式必然要求依法行政，要把道路运输管理职能的内容、范围、运行方式等纳入法制的轨道，控制权力的滥用。

(6)提高道路运输管理机构履责能力。道路运输管理职能的转变要求增强道路运输管理机构的能力。衡量道路运输管理机构的能力大小强弱的标准，一是机构的权威性；二是机构的有效性。道路运输管理机构的能力具体表现为，规划指导能力、社会动员能力、分配能力、适应能力、利益整合能力、协调监督能力、服务能力等。目前，道路运输管理机构的能力还相当有限，这是由其事业单位的性质、管理人员的素质、执法手段和执法物质保障手段的不足所决定的。因此，必须增强道路运输管理机构的能力，以适应道路运输管理职能转变的要求。

2. 完善机构设置的整体目标与任务

完善机构设置，是职能转变的重要载体。完善道路运输管理机构设置的整体目标与任务可以概括为“五个统一”，即统一体制模式、统一机构性质、统一机构名称、统一机构规格和统一内设机构。有鉴于我国地域广阔、各地经济社会发展差异大、运输管理工作重点的不同等实际情况，统一内设机构和统一体制模式应保留一定的相对性和灵活性。

(1)统一体制模式。继续坚持部、省、市、县四级管理机构设置和体制运行模式。地方三级管理体制模式，应按照“条块结合”进行设置。从提高管理效率、强化统一管理、保证政令畅通、树立运管工作一盘棋的思想等角度考虑，同时在保持地方管理优势的情况下，有条件的地方，可以实行垂直管理或部分层级的垂直管理；采取措施，整合分设机构，取消分设的驾驶员培训管理、机动车维修管理等机构，统一整合到道路运输管理机构中；在设区的市尝试通过合并、精简的方式，取消所辖各区设置的运管机构，以减少管理环节，降低管理成本，提高管理效率。

(2)统一机构性质。应将各级道路运输管理机构性质统一明确定位为行政机构性质，履行道路运输行政管理职能，纳入行政编制，经费由财政全额预算、拨付，管理人员为公务员，按照《中华人民共和国公务员法》进行管理。

(3)统一机构名称。按照道路运输管理机构职能科学确定机构名称，并原则上进行统一。省级道路运输管理机构名称为××省(自治区、直辖市)道路运输管理局；市级道路运输管理机构名称为××市道路运输管理局；县级道路运输管理机构名称为××县(市、区)道路运输管理局。

(4)统一机构规格。按照道路运输管理机构行政规格低于同级交通运输主管机关半格的精神，以现有机构规格为基础，以“就高不就低”的原则，统一机构设置规格。建议：

省级道路运输管理机构设置为副厅级；市级道路运输管理机构设置为副县级，有条件的较大城市市级道路运输管理机构可设置正县级；县级道路运输管理机构设置为副科级，较大城市的区级道路运输管理机构设置为正科级。

(5)统一内设机构。依照管理职能，优化内部组织结构，基本做到省内上下对口，确保政令统一，运转高效。省级道路运输管理机构内设机构包括：运政执法总队、城市出租汽车客运管理指导办公室、城市客运管理处、道路客运管理处、道路货运管理处、机动车维修管理处、驾驶员培训管理处、综合规划处、政策法规处、安全管理处、源头治超办公室以及其他党务、政务、组织人事、财务、勤务等内务机构；市级道路运输管理机构与省级机构对应设立科室，有些相近科室可以合并设立，突出城市客运管理职能；县级机构包括运政执法大队、运输管理科、维修及驾培管理科、安全管理科以及相关内务科室。相关派出机构可根据派出机构性质、管理工作内容、职责范围、管辖区域等对应设置相关内设机构。

3. 强化队伍建设的整体目标与任务

(1)考虑职能，加强编制管理。科学的人员编制标准应当充分考虑管理范围、管理对象、管理职能、管理幅度、道路运输行业发展规模、社会经济发展状况等，据此，提出如下加强编制管理的目标与任务：

第一，确定新的编制标准。确定道路运输管理机构新的编制标准所考虑的因素主要包括：营运车辆、城市公交和出租车、从业人员、各类站点机构(客运站、货运站、机动车维修业户、检测站、驾驶员培训机构、车辆租赁业户等)、重点源头单位等，同时考虑了各地经济发展水平、道路运输市场规模、行政区域等因素。

第二，加强人员编制管理。随着道路运输发展规模的变化、运输管理职能的调整等，适当调整标准和编制职数。建议每三年进行一次编制的调整。为加强道路运输管理机构人员编制管理工作的规范化，建议对道路运输管理机构人员编制工作由省级道路运输管理机构会同省级人事编办部门具体实施管理，由省级道路运输管理机构统一编制全省各级各类道路运输管理机构人数，实行编制审批和备案制度。省级道路运输管理机构应将各级管理机构编制与机构管理经费密切挂钩，可以通过控制管理经费控制管理人员的盲目增长。

(2)明确身份，实施分类管理。按照职能、定岗、定员分类管理的要求，将行使行政管理职能的岗位及人员纳入公务员管理或在过渡期参照《中华人民共和国公务员法》管理，对从事公共服务的岗位及人员继续按照事业单位管理。

(3)转变观念，转变管理工作重心。通过转变观念，实现基层运管机构的工作重心从重许可向许可准入与动态管控并举转移，从重处罚向处罚教育与政策引导并举转移，从重监管向市场监管与服务公众并举转移。推动基层运管力量向客货集散地和运输源头延伸，向培育市场环境和提供公众服务延伸。

(4)平稳过渡，积极稳妥推进。道路运输管理机构职能调整涉及面广、人多，会触及一些人的既得利益，关系到行业发展大局的稳定，因此，务必强调要放眼发展未来，坚持平稳过渡的队伍转型与建设思路。为此，各地在职能调整和队伍建设方面应当紧紧依靠地方政府，在地方政府的领导下，按照有关要求抓紧落实职能调整，妥善安排人员，做好人员分流工作。另外，要从道路运输长远发展大局谋划管理人员配备，不能一味强调分流、减员，而应考虑培育强有力的队伍建设，以适应不断发展的道路运输行业的需要，有些地方管理人员不足的，应该快速稳妥增加人员，满足管理工作需要。

要注重队伍建设的基础性管理工作，科学设置职位，对因机构调整出现的领导职数和非领导职数超限额的问题，应制定措施，明确期限，尽快消化解决。凡超职数的单位，不得提拔任命新的领导职务和非领导职务。按照“工作需要、群众参与、综合考评、组织决定”的原则，积极运用竞争上岗的方式，做好人员定岗工作。

(5)提高素质，优化队伍结构。道路运输管理队伍建设的核心是提高人员素质，优化队伍结构。应经过不懈地努力，彻底改变运输管理队伍规模大而管理能力不强、人员数量多而管理人才不足等状况，其目标与任务包括：

第一，制定和完善人员准入条件与标准。通过制定人员准入条件，提高准入门槛，实现进入人员的高素质，改变不合理的人员结构。

第二，加强现有管理人员的培训。每年管理经费中，应有5%以上的经费专款用于管理人员的培训工作。着力建立管理培训登记制度，应分不同层次、类型加大管理人员轮训力度，争取每五年对管理人员轮训一遍。

第三，建立道路运输管理人员考试录用制度。市级以上地方人民政府交通运输主管机关负责制定考试录用方案，同级人事主管机关按照国家规定，承担考试录用工作。

第四，建立用人核准制度。录用、调整、调用道路运输管理机构人员，应当征求上一级道路运输管理机构核准。

第五，严格领导干部的任用。县级以上道路运输管理机构正职领导职务的提名，应当事先征得上一级道路运输管理机构意见，取得省级道路运输管理机构核准在编。

(6)统一装备，提升队伍形象。道路运输行政管理的对象是动态的，动态管理需要有明显的标志标识。统一装备能让行政相对人更直接、更清楚的了解执法人员的身份和权力，配合执法；统一装备便于人民群众识别、监督和支持道路运输管理工作；统一装备有利于加强执法的权威性，在一定程度上解决道路运输行政执法的“软”的问题；能在一定程度上增强执法人员的使命感，自觉规范道路运输行政执法行为。因此，要把统一装备作为提升队伍形象的建设途径。应当抓紧研究解决道路运输行政执法的统一装备问题，以便提升道路运输行政执法队伍形象，加强队伍的规范化建设。

4. 统一经费标准及预算的整体目标与任务

(1)提高经费标准和构成。2009—2011 年过渡期内，应首先改善经费转移拨付标准和构成。第一，调整由中央财政转移支付的标准。应以 2008 年各地征收的公路运输管理费的实际数额为基数，在此基础上增加 10% 或按营运车辆(经营业户或从业人员等管理对象)增长速度递增，形成新的中央财政转移支付的标准。第二，增加源头治理超载超限运输等专项经费。为建立治理超载超限运输的长效机制，确保“治超”的经费，各省应当增加道路运输管理机构治理超载超限运输的专项经费，并使之纳入各级财政预算。第三，增加道路运输管理机构采用信息化实施道路运输动态监管经费，及相关网络化建设和运营经费。第四，地方财政给予必要的补助。过渡时期在确实存在经费困难的地方，地方财政应给予必要的补助，以保证运输管理工作的正常开展和运输管理队伍的稳定。

(2)积极纳入统一财政预算管理。积极创造条件，转换道路运输管理机构性质，从根本上确立道路运输管理机构经费保障的长效机制，尽快将道路运输管理经费纳入统一财政预算。在预算管理中，除正常管理经费外，应能够根据不同时期的特殊工作需要，确定必要的专项经费预算。

(3)积极创造条件，实施财政预算统管。根据道路运输专业化管理所形成的条块结合模式的管理需要，提高省级道路运输管理机构统筹协调区域道路运输发展的能力，建议由省级道路运输管理机构对省内各级道路运输管理机构经费实行统一预算，统一纳入省级财政预算。

(四)职能调整与队伍建设的重点工作

根据当前政府机构改革的整体推进情况，特别是事业单位分类改革情况，面对成品油价格与税费改革后所提供的良好机遇以及构建综合运输体系和推进道路运输一体化发展的新要求，当前及今后一段时期，推进道路运输管理机构职能调整与队伍建设工作，应重点抓好以下几个方面的重点工作。

1. 尽快明晰道路运输管理机构职能

结合交通运输主管部门“三定”方案，急需进一步明确道路运输管理机构职能，特别是对交通运输主管部门新增的管理职责，应具体明确到道路运输管理机构。在此基础上，应重点指导大部制改革确定划归交通运输部门新职能在地方的移交。按照“相近相同职能进行合并，由一个机构统一履行”的原则，促进道路运输行政管理资源合理、高效配置，避免在交通运输系统内部出现职责交叉和“多头”管理体制。

2. 推进“转公”或“参公”

交通运输主管部门应与各级编办部门协调，定位道路运输管理机构为行政机构性质，这是一项涉及机构改革、职能调整、管理队伍建设的十分重要的具体工作，协调难度也非常大。应重点研究开展道路运输管理机构按职能、定岗、定员分类管理工作。将行使行政管理职能的岗位纳入公务员管理或在一定时期先参照《中华人民共和国公务员法》管理，对从事公共服务的岗位及工勤岗位继续按事业单位管理。

3. 积极开展整合运输管理资源改革试点

根据地方机构改革和干部人事制度改革实际，按照机构改革和干部人事制度改革的基本要求，在设区的市尝试通过合并、精简，取消在设区的市所辖各区设置的区级道路运输管理机构，有效整合道路运输行政管理资源和道路运输市场资源，促进道路运输行业的统一规划和实施调控，减少管理环节，降低行政成本，提高行政效率。为有效推进此项工作稳定进行，结合职能调整与队伍建设，可以先选择个别地区进行试点，积累经验，然后再推广。

4. 强化编制管理研究

编制管理是队伍建设的关键。应结合职能调整、机构设置与整合、内设机构、管理需求以及经费保障等情况，合理确定管理队伍规模。应重点会商编制部门，出台道路运输管理机构人员编制标准、编制调整方式以及编制管理办法，明确管理人员录用条件和方法。

5. 尽快制定队伍建设总体规划

队伍建设是提高道路运输管理水平的关键，应尽快从长远战略角度出发，制定道路运输管理队伍建设中长期规划，形成运管队伍建设的长效机制，为道路运输业的快速发展提供管理队伍保障。

（五）职能调整与队伍建设的保障措施

实现道路运输管理机构调整与队伍建设改革目标是一项较长期而艰巨的系统工程，它涉及面广，政策性强，工作难度大，需要各种政策、法规、标准、观念和思想等多方面予以促进和保障，才能收到预期的效果。

1. 转变管理理念，提高工作认识

首先，要认真贯彻落实《中华人民共和国行政许可法》和《道路运输条例》，深刻领会道路运输管理机构和队伍建设对提高管理效率和管理水平的重要意义，把思想统一到精简机构、规范职能、优化队伍、依法行政的总体改革思路与要求上来；其次，要彻底转变以往对运输管理职能理解上的错误认识和陈旧观念，彻底根除运输管理就是征费管理、运输管理就是业务办理、运输管理就是稽查处罚等不正确认识，坚持“用法律管理行业、用政策引导行业、用信息指导行业、用科技发展行业、用人才培育行业”的原则，把道路运输管理职能切实转变到“研究行业发展战略、制订行业发展规划、出台政

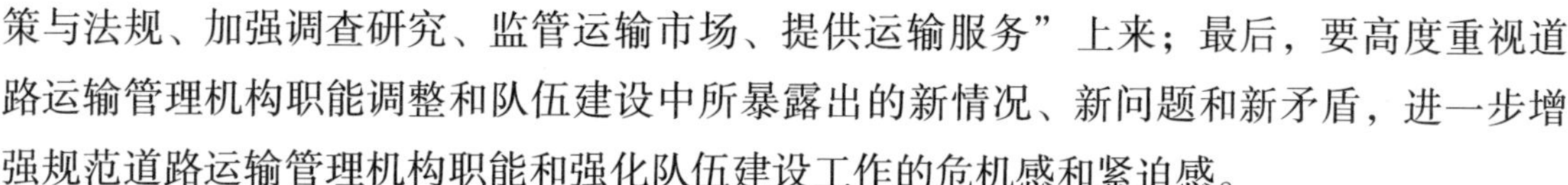

策与法规、加强调查研究、监管运输市场、提供运输服务”上来；最后，要高度重视道路运输管理机构职能调整和队伍建设中所暴露出的新情况、新问题和新矛盾，进一步增强规范道路运输管理机构职能和强化队伍建设工作的危机感和紧迫感。

2. 统一组织领导，强化部门联动

首先，各级人民政府应加强对道路运输管理机构职能调整与队伍建设工作的统一组织领导，统一部署，强化部门联动与协调，特别是强化交通、编制、财政、人事等部门之间的协作；第二，各级交通运输主管部门应以职能整合优化为核心，以优化队伍结构为根本，认真研究，系统规划，尽快明晰运管机构职能并加快督促落实；第三，各级道路运输管理机构要按照职责要求做好职能调整和队伍建设工作。

3. 制定切实规划，稳妥有序推进

首先，在调研的基础上，确定职能调整与队伍建设目标，制订切实可行方案，将运管机构职能与队伍建设纳入整体规划，切忌一蹴而就，一劳永逸或半途而废；第二，及时发现和总结职能调整与队伍建设中出现的新情况、新问题，特别是队伍分流、身份转换中可能出现的情况，要提前有所考虑，防止出现不稳定现象；第三，要将队伍建设纳入长期建设规划之中，常抓不懈。

4. 制定编制标准，强化准入退出管理

首先，要根据总体改革方案，按照“精简、高效”和统一管理、科学定编、规范控制的原则，尽快制定道路运输管理机构编制标准和管理办法；第二，各地、各级交通运输主管部门和道路运输管理机构，要按照规范的编制控制标准，严格核定队伍规模，严格按编定岗定员，严把运管人员“准入关”，严格进人标准，坚持“凡进必考”。实行省级统一组织、公开考试、择优录用制度，确保做到政治合格、业务过关、素质过硬、身体健康；第三，对于超编甚至严重超编的地区和机构，要坚决精简消肿，同时要重视做好精简、分流人员的妥善安置工作，通过制定扶持、保障政策，广开就业门路、拓宽安置渠道，确保行业和社会稳定；第四，要强化省级道路运输管理机构在人员编制、人员录用、分流指导、监督检查等方面的作用。

5. 强化人员培训，构建学习服务型管理机构

首先，建立运管机构人员培训管理制度，强化培训管理工作的规范化，分层次、类别开展培训工作，争取每五年管理人员培训一遍，形成提高管理人员素质的长效机制；第二，加强对运管机构管理干部培训工作的组织领导，应把管理干部培训工作作为机构内部的重要工作，设立运管人员培训专项经费；第三，加强对管理人员培训考核工作，并把培训事项列入管理人员档案，作为管理人员选拔任用、晋级提升的重要条件；第四，鼓励管理人员通过自学、成人院校专业学习、提高自身素质。通过学习、培训，不断提

高管理水平，增强服务观念和服务意识，形成新时期有活力的学习服务型管理机构，建设一支思想好、业务精、作风硬、适应现代管理要求的学习型、服务型和纪律型运输管理机构与管理队伍。

六、道路运输管理机构职能调整与队伍建设的建议

转变道路运输管理机构职能，加强运输管理队伍建设，促进现代道路运输业发展，各级运管部门责无旁贷，必须切实履行职责，发挥主观能动性。运管机构职能调整与队伍建设也迫切需要部党组的重视和支持，需要上下协调，共同努力，促进工作。在此，提出以下几点建议。

（一）进一步完善法律法规，实现机构职能法定化

建议进一步完善道路运输法律法规，抓紧修改《道路运输条例》，出台《城市公共交通条例》和《出租汽车管理条例》，启动《道路运输法》的立法研究工作。这次改革管理职能的变化，集中在运管领域，应适应部职能变化的形势，在深入调研、吸收各省在道路运输职能调整和队伍建设方面好的做法基础上，切实完善道路运输法律法规，将运管机构的职能予以明确，实现运管职能的法定化。在制定出台其他法规规章中，也应当重视调整和理顺内外部职能关系。

要切实保障国家法律法规赋予运管机构的管理职能，这是运管机构履行行业管理职责的前提。针对目前有些地方正在试行交通综合执法改革情况，我们认为，执法改革必须在现行法律法规的框架内进行，必须符合行业和各地的实际情况，不能造成执法主体错位，造成行业管理职能的肢解，从而削弱行业管理机构对市场的监管。为此，建议不宜强行推动交通综合执法，应当实行“联合执法，综合治理”，在维护行业部门职能完整统一的前提下，确保取得最佳执法效果。

（二）加大重视和指导，促进职能调整与队伍建设

道路运输管理部门的机构、职能、队伍建设的职责都在地方。但是，从各个行业的对比情况来看，中央部门对行业的机构、职能、队伍建设，重视与不重视不一样，指导与不指导不一样，指导力度大小也不一样。运管事业能够有今天的发展成绩，很重要的是有交通运输部党组的有力领导和政策指导。建议：一是部尽快研究制定加强运管队伍建设规划，制定规范运管机构和队伍建设指导意见，指导规范运管机构职能职责、性质、规格、内设机构、人员管理、经费保障及工作要求等，为推进运管机构“参公”或纳入

公务员管理创造条件。二是建议部会商中编办和财政部联合出台《道路运输管理机构与人员编制管理指导意见》，明确编制标准、编制调整方式和方法，由省级交通运输主管部门和编制部门核定人员编制，合理确定运管队伍规模，从根本上提高队伍素质。三是建议出台规范运管机构工作人员录用和岗位设置的指导意见，加强人员录用管理，明确准入标准。我们认为，这不是对地方政府事权的干涉，而是一个部门负责任的具体表现。四是尽快明确源头治超政策。目前，山西省已出台了两个政府令，明确了源头治超的相关政策措施。而其他省份没有相关规定。建议部结合修订《道路运输条例》，尽快制定相关规章，确保运管机构源头治超有法可依。

（三）加大支持力度，提高机构有效履责能力

当前，道路运输管理机构承担了综合运输体系中完成运输量最大、从业人员最多、通达深度最大的道路运输监管任务，需要不断强化管理和执法手段，特别是利用现代信息化管理手段来改革传统管理方法、手段，切实全面有效履行道路运输管理职责，因此，建议部里应进一步加大对道理运输管理信息化和队伍装备的资金投入，强化道路运输管理和执法手段。

投入的重点包括：部省道路运输管理信息系统联网建设，道路运输电子证件试点、示范工程建设，营运车辆异地稽查信息共享系统建设，客运联网售票试点、示范工程建设，机动车维修救援网络建设，货运车辆异地身份核查及货物配载试点、示范工程建设，全国道路运输服务热线建设等；另外，加大支持道路运输管理机构装备建设和相应的管理经费保障。

（四）加紧试点，稳妥推进职能调整与队伍建设

运管机构职能调整和队伍建设是实现道路运输经济发展的组织基础和保证。建议部加强与相关部门的沟通和联系，统筹协调，选择条件成熟的地方，进行运管机构职能调整与队伍建设的试点工作，检验和进一步探索相关政策措施，通过试点积累经验，完善政策，事半功倍地推动运管机构职能调整与队伍建设工作。